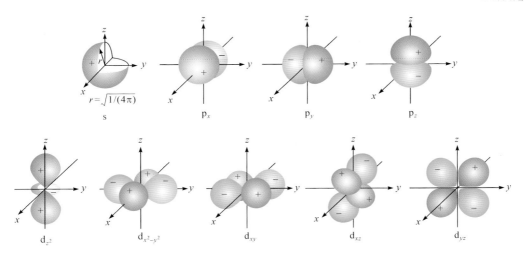

图 5.2　氢原子波函数角度分布图

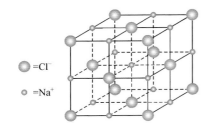

图 5.27　NaCl晶胞结构示意图

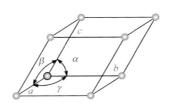

图 5.28　晶胞参数

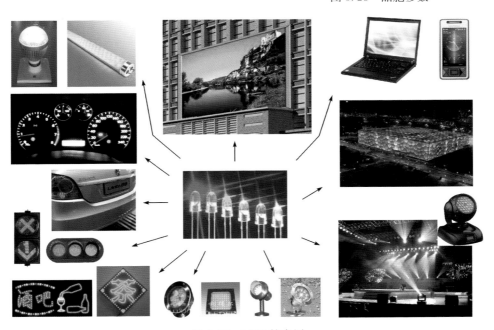

图 8.34　LED 的应用

表 5.6　参与杂化的轨道与杂化轨道构型关系表

杂化类型	参与杂化的轨道类型和数目	杂化轨道构型	例
sp	1 个 s+1 个 p	直线形	$BeCl_2$
sp^2	1 个 s+2 个 p	正三角形	BF_3
sp^3	1 个 s+3 个 p	正四面体	CH_4
dsp^2	1 个 $(n-1)$d+1 个 ns+2 个 np	正方形	$[Ni(CN)_4]^{2-}$
sp^3d	1 个 s+3 个 p+1 个 d	三角双锥体	PF_5
sp^3d^2	1 个 s+3 个 p+2 个 d	正八面体	SF_6
d^2sp^3	2 个 $(n-1)$d+1 个 ns+3 个 np	正八面体	$[Fe(CN)_6]^{3-}$

大 学 化 学

龚孟濂　乔正平　主编

梁宏斌　甘　峰　石建新　等　编著

科学出版社

北　京

内 容 简 介

　　本书内容分为三部分：第一部分无机化学原理，包括化学热力学导论、化学反应速率、化学平衡、物质结构、氧化还原反应与电化学、配合物与配位平衡；第二部分元素无机化学，介绍重要元素单质和无机化合物的存在、制备、物理化学性质及应用，并简介无机材料；第三部分定量分析基础。本书既重视理论论述的科学性，也重视理论的应用。与本书配套的电子教案可以从中山大学教学网站下载，网址是：http://ce.sysu.edu.cn/univchem/。

　　本书可作为综合性院校生命科学、物理学、材料科学、环境科学、地学、气象学、海洋科学、医学、药学等专业和师范院校相关专业本科生的大学化学、普通化学、无机化学与分析化学或无机化学教材，也可以作为与化学有关的其他本科专业的教学参考书，以及报考有关专业硕士学位研究生的读者的参考书。

图书在版编目（CIP）数据

大学化学 / 龚孟濂，乔正平主编. —北京：科学出版社，2018.8
ISBN 978-7-03-058317-8

Ⅰ. ①大⋯　Ⅱ. ①龚⋯ ②乔⋯　Ⅲ. ①化学-高等学校-教材　Ⅳ. ①O6

中国版本图书馆 CIP 数据核字（2018）第 163683 号

责任编辑：赵晓霞 / 责任校对：何艳萍
责任印制：赵　博 / 封面设计：陈　敬

科 学 出 版 社　出版
北京东黄城根北街 16 号
邮政编码：100717
http://www.sciencep.com
天津市新科印刷有限公司印刷
科学出版社发行　各地新华书店经销

*

2018 年 8 月第　一　版　开本：787×1092　1/16
2024 年 7 月第七次印刷　印张：19 1/2　插页：2
字数：480 000

定价：58.00 元
（如有印装质量问题，我社负责调换）

序

化学是一门中心科学。化学与信息、生命、材料、环境、能源、地球、空间和核科学八大朝阳科学紧密联系，产生了许多重要的交叉学科，如分子生物学、结构生物学、生物物理学、材料化学、化学信息学、环境化学、药物化学、固体化学、化学器件学等。化学与这些学科在相互交叉、相互渗透、相互促进中共同发展。

化学又是一门应用科学，化学科学的应用为人类创造了大量物质财富。

化学科学作为中心科学和应用科学的重要性正在被越来越多的人认识。因此，学习与掌握化学科学的基本理论和知识，不仅是对高等学校相关专业本科生的专业要求，而且对于提高其他专业本科生的基本素质也有重要作用。

无机化学和定量分析都是化学的分支，也是化学科学的基础。一本好的教材，对于引导本科一年级学生学好大学阶段的第一门化学基础课，跨进化学科学的大门，无疑会产生良好的作用。

由中山大学 6 位教师合作编著、龚孟濂和乔正平主编的《大学化学》即将由科学出版社出版。我校无机化学学科是国家重点学科，参加编写的教师均长期从事本科化学基础课程教学工作和科学研究工作，有丰富的经验，为编著该书奠定了基础。

该书的特点之一是在选材上密切结合各专业的需要，既保证化学基础理论的相对完整性，又注重了化学在各个专业方向的应用，以适应不同专业的教学需要。

该书在编排上采取"化学原理—元素无机—定量分析"的模式，并用科学、严谨、流畅的语言介绍化学基础理论，还用了不少篇幅向读者展现了国内外化学新的重要科研成果，这有利于激发学生的学习兴趣，培养学生的科学素质。这是该书的另一特点。

我很高兴作为最早的读者之一，阅读了该书内容。这是一本值得推荐的教材。借《大学化学》出版之际，我向全体参加编写的教师表示衷心的祝贺。我相信，教材的出版、使用将有助于读者了解和掌握化学理论和知识，顺利跨进化学科学的大门。

中国科学院院士、中山大学教授

2018 年 1 月 18 日

前　言

大学化学(或普通化学)是综合性院校生命科学、物理学、材料科学、环境科学、地学、气象学、海洋科学、医学、药学等专业和师范院校相关专业本科生的专业必修课。大学化学作为大学阶段的第一门化学基础课，是一门"承前启后"的课程。一本好的教材，对于引领相关专业的大学新生进入化学科学的大门，将会起到良好的作用。

根据高等学校本科教学的需要，编者受科学出版社委托，编写适用于非化学类各专业本科生的《大学化学》教材。中山大学无机化学学科是国家重点学科，具有重视本科教育和科学研究的优良传统。参加本书编著的 6 位教师都长期参与本科化学基础课程的教学工作，并且活跃在化学科学研究的第一线。

本书具有以下特点：

(1) 科学性。保证化学理论的正确性，使读者能接触并学习科学、严谨表达的化学基础理论。

(2) 前沿性。紧跟化学学科发展前沿，充分利用编著人员科研力量强的优势，把国内外化学方面最新的重要科研成果简要介绍给读者。

(3) 应用性。紧密联系化学相关的应用领域，既重视理论，也重视应用。

(4) 适用性。考虑到非化学类不同专业的教学需要，本书包括三部分内容，共 9 章：第 1～7 章为无机化学原理，第 8 章为元素无机化学，第 9 章为定量分析基础。教师可根据本专业的需要有针对性地选用本书的内容。书中标注"*"的内容供选学。

为了帮助学生理解和掌握相关的化学基础理论，在章末编写了相应的习题，供学生练习。这些习题是编者在长期的教学过程中精选出来的，有一定的代表性、广度和深度，基本可以满足教学的需要。教师和学生可以按照教学的需要和各校、各专业的特点选用。

本书由龚孟濂、乔正平主编。参加本书编写的人员有：龚孟濂(第 1 章、第 6 章和附录 7)、乔正平(第 2 章、第 5 章、第 7 章和附录 1～6 及附录 8)、梁宏斌(第 3 章、第 4 章)、石建新(第 8 章 8.1～8.6 节)、卢锡洪(第 8 章 8.7 节)、甘峰(第 9 章)。各章的电子教案由该章编写人编写。全书由龚孟濂、乔正平统稿。书末"化学元素周期表"由高胜利、陈三平、谢钢编著。

本书从策划、编辑到出版，科学出版社的赵晓霞编辑做了大量的工作，在此表示诚挚的感谢。张吉林博士协助绘制和修改部分图形，中山大学化学学院对本书的编著、出版给予了大力支持，谨表谢意。

由于编者水平有限，书中疏漏之处在所难免，恳请读者和同行专家不吝赐教，以便重印时修正。

编　者

2018 年 3 月 28 日

目　　录

第 1 章　绪　论
(Introduction)

化学对人类社会的发展起着重大作用，可以说，现代人类的衣、食、住、行和健康都离不开化学。化学作为中心科学的地位正被越来越多的人所认识。本章将简要介绍化学研究的对象、化学与人类社会发展的关系及学习化学的方法。

1.1　化学研究的对象
(What does chemistry study)

1.1.1　化学的定义

先看我们熟悉的物质发生变化的两个例子。

【例 1.1】　氢气在氧气中燃烧生成水：

$$H_2(g) + \frac{1}{2} O_2(g) == H_2O(l)$$

在研究这个变化时，涉及"物质的组成"——氢气、氧气和水，分别由氢分子、氧分子和水分子组成；每个氢分子由 2 个氢原子组成，每个氧分子由 2 个氧原子组成，每个水分子由 2 个氢原子和 1 个氧原子组成。在这个过程中，物质发生了变化，物质的组成也发生了变化。同时，也涉及"物质的结构"——氢分子、氧分子和水分子，它们分别由相应的原子通过"共用电子对"形成"共价键"而构成：

$$H—H \quad O==O \quad H—O—H$$

另外，在这个过程中，两种物质(氢气和氧气)发生变化，生成了一种新的物质(水)；物质的"凝聚态"也变了，氢气和氧气均为气体(gas)，而水是液体(liquid)。

发生这一变化的过程伴随着能量的变化，这是一个放热过程($-285.83 \ kJ \cdot mol^{-1}$)。

【例 1.2】　钠与氯气作用生成氯化钠：

$$2Na(s) + Cl_2(g) == 2NaCl(s)$$

这同样涉及物质的组成、结构和变化(新物质的生成及过程中的能量变化)。这是一个放热过程($-410.9 \ kJ \cdot mol^{-1}$)。钠和氯化钠是晶体(crystal)，而氯气是气体。

这些变化涉及物质的三个层次：原子(或带电的原子，即离子)、分子及其凝聚态(气态、液态、固态、等离子体等)。

这样，我们可以给出"化学"的定义："化学是从原子、分子及其凝聚态层次上研究物质的组成、结构、性质、变化规律及其应用的科学"[①]。其中，"分子"是化学研究的中心层次，因此有学者认为可以简称"化学是分子的科学"。在变化过程中生成了新的物质，但各元素的

---

① 关于"化学"的定义，曾有过 20 多种提法。

原子核不发生改变，这种变化称为"化学变化"(chemical change)，或"化学反应"(chemical reaction)。

1.1.2　化学变化的基本特征

由上述两个例子可归纳出"化学变化"的三个基本特征。

1. 新物质生成，但各元素原子核均不改变

化学变化过程中，参加反应的物质(反应物)原有的化学键被破坏，而重组为新的化学键(生成新的物质，即生成物)。例如，H_2 分子中的 H—H 键、O_2 分子中的 O═O 键被破坏，而 H—O—H 键生成。

注意：化学变化中各元素原子核不变。由于化学键的重组只涉及原子核外电子的变化，各元素原子核均不变，因此不会产生"新的元素"。对比核裂变和核聚变过程，虽然也生成了新的物质，如

$$\ce{^{235}_{92}U} + \ce{^{1}_{0}n} \longrightarrow \ce{^{141}_{56}Ba} + \ce{^{92}_{36}Kr} + 3\,\ce{^{1}_{0}n}$$

$$\ce{^{2}_{1}H} + \ce{^{3}_{1}H} \longrightarrow \ce{^{4}_{2}He} + \ce{^{1}_{0}n}$$

但是参加反应的各元素原子核也发生了改变，生成了新的元素。这类变化不属于"化学变化"范围，而称为"核反应"(nuclear reaction)，通常属"核物理学"研究范围。

2. 化学变化是定量变化，服从"质量守恒定律"

由于化学变化只涉及核外电子的重组，各元素原子核不发生变化，不产生新的元素，因此反应系统中所有元素的原子核总数和核外电子总数在反应前后并无变化，它们的总质量必然不变，即遵守"质量守恒定律"。例如，2.016 g H_2 与 15.999 g O_2 完全化合，必然生成 18.015 g H_2O。

3. 化学变化过程伴随能量变化，服从"能量守恒定律"

由于破坏反应物的化学键需要从环境中吸收能量，而生成新的化学键则要向环境放出能量，所以化学变化过程中必然伴随着能量变化。如前所述，1 mol $H_2(g)$ 与 $\dfrac{1}{2}$ mol $O_2(g)$ 完全化合为 1 mol $H_2O(l)$ 的过程中，反应系统向环境放出能量(-285.83 kJ $\cdot$ mol^{-1})，而环境的能量等量增加($+285.83$ kJ $\cdot$ mol^{-1})。这样，反应系统和环境总的能量变化为

$$(-285.83 \text{ kJ} \cdot \text{mol}^{-1}) + 285.83 \text{ kJ} \cdot \text{mol}^{-1} = 0 \text{ kJ} \cdot \text{mol}^{-1}$$

这就是"能量守恒定律"。在热力学中，就是"热力学第一定律"。

1.1.3　化学的二级学科

在自然科学中，数学、物理学、化学、生物学等被列为"一级学科"。通常认为，现代化学是从 19 世纪末开始发展的。1895 年，德国科学家伦琴(W. K. Röntgen)发现了 X 射线；1896 年，法国科学家贝克勒尔(A. H. Becquerel)发现了铀的放射性；1897 年，英国科学家汤姆孙(J. J. Thomson)发现了电子。这三项重大发现动摇了物理学的传统观念，也冲击着道尔顿(J. Dalton)

"原子是不可分割的最小微粒"这一观点，其重要意义在于打开了"原子结构"和"原子核结构"的大门，使物理学和化学研究进入了"微观世界"，孕育了新的科学概念和科学理论。在随后的 20 多年中，物理学中提出了"量子论"(M. Planck, 1900 年)、"相对论"(A. Einstein, 1905 年)和"量子力学"(E. Schrödinger 和 W. Heisenberg, 1926 年)，在化学中则提出了"原子结构理论"和"分子结构理论"，这标志着现代化学进入了蓬勃发展阶段。自 20 世纪 30 年代起，按照研究对象、研究方法或研究目标的不同，现代化学划分为无机化学、有机化学、分析化学、物理化学和高分子学科 5 个二级学科。

1. 无机化学

无机化学是研究除碳氢化合物及其衍生物之外的所有元素的单质和化合物的组成、结构、性质、变化规律及应用的化学分支学科。

人类早期的化学实践活动大多属于"无机化学"的范畴，如陶器制造(1 万年前)、青铜器制造(5000 年前)、"点金术"和"炼丹术"(2100 年前)、黑火药制造(1300 多年前)等。无机化学(也就是早期的化学)在 18 世纪中叶至 19 世纪中叶奠定了理论基础，其发展的主要里程碑有：1748 年罗蒙诺索夫(M. B. Ломоно́сов)提出"质量守恒定律"；1808 年道尔顿提出"原子论"；1811 年阿伏伽德罗(A. Avogadro)提出"分子论"；1840 年赫斯(G. H. Hess)提出"赫斯定律"及 1869 年门捷列夫(Д. И. Менделе́ев)创立"元素周期律"。从此，无机化学形成一门独立的化学分支。无机化学的现代化始于 20 世纪 20～30 年代原子结构和分子结构理论的建立与现代测试分析技术的应用，它使无机化学的研究由宏观深入微观，把无机物的性质、反应与其分子、原子结构联系起来。随着无机化学的发展，按照被研究对象的不同，无机化学划分为普通元素化学、稀有元素化学、配位化学、金属间化合物化学、同位素化学、无机合成化学、无机高分子化学等分支。

2. 有机化学

有机化学是研究碳氢化合物及其衍生物的化学分支学科。已知的有机化合物达 1000 多万种，而无机化合物则只有几十万种。有机化合物具有不同于无机化合物的特征，如分子组成复杂、容易燃烧、熔点低(通常低于 400 ℃)、难溶于水、反应速率慢、副反应多等。有机化学可以划分为天然有机化学、合成有机化学、结构有机化学等。天然有机化学研究动物、植物、微生物等天然有机物的结构、性能，并进行人工合成。合成有机化学则利用天然的(如煤焦油、石油、动植物等)或人工的原料，合成各种染料、香料、医药、农药、肥料、炸药、有机光电材料、塑料、纤维和橡胶等。1965 年，我国人工合成了一种具有生物活性的蛋白质——牛胰岛素；1970 年，77 单位的多核苷酸基因片段被合成，标志着有机化学在探索生命现象中发挥着越来越重要的作用。结构有机化学主要研究有机物结构理论，进行结构测定和分析，它对其他有机化学分支起着理论指导作用。

3. 分析化学

分析化学是研究物质化学组成的分析方法及有关理论的一门化学分支学科，其任务是鉴定物质的化学成分、测定各成分的含量和物质的化学结构(分子结构、晶体结构)，它们依次属于定性分析、定量分析和结构分析研究的内容。根据分析对象属于无机物还是有机物，可把分析化学分为无机分析化学和有机分析化学。根据测定原理的不同，分析化学的分析方法可分为两大类：以物质的化学反应为基础的分析方法称为"化学分析法"，它是分析化学的基础，主要包括重量分析法和滴定分析法；以物质的物理和物理化学性质为基础的分析方法，因需要特殊的仪器，称为"仪器分析法"，它包括原子发射光谱法、原子吸收光谱法、原子荧光光谱法、紫外-可见分光光度法、红外光谱法、核磁共振波谱法、X射线荧光分析法、X射线衍射分析法、分子发光(荧光、磷光)和化学发光法、质谱法、电化学分析法、色谱法、热分析法、激光光谱分析法、圆二色谱法和电子能谱法等。仪器分析是在化学分析的基础上发展起来的，一些仪器分析方法需要先用化学分析手段进行试样处理、分离、掩蔽或富集，然后用仪器测定，可以说二者是相辅相成的。随着近代计算机科学、物理学、数学和生物学的成就不断地被引入分析化学，仪器分析法已发展成为一门化学信息科学，即产生、获得和处理各种化学信息(除了物质的化学组成、含量和化学结构之外，还包括状态分析、表面分析、微区分析、化学反应参数测定和其他化学信息)。这些信息被其他化学分支及物理学、生物学等学科广泛采用，并应用于工农业生产、贸易、环境监测和医学等领域。

4. 物理化学

物理化学是借助物理学的原理和方法来探求化学变化基本规律的一门化学分支学科，是整个化学学科的基础理论部分，它包括化学热力学、化学动力学和结构化学三部分。化学热力学研究化学反应过程的能量变化、方向和限度；化学动力学研究化学反应的速率、机理和化学反应的控制；结构化学研究物质的结构(原子、分子、晶体结构)及其与物质的性能之间的关系。物理化学的基本原理在各个化学分支都得到广泛应用，化学热力学、化学动力学、催化和表面化学的成果更促进了石油炼制、石油化工和材料等工业的发展。物理学提供的新技术，如超快速($10^{-15} \sim 10^{-12}$ s)激光光谱技术、分子束技术、X射线衍射、X射线光电子能谱、俄歇电子能谱等，以及计算机科学成果的引入，大大促进了物理化学的发展，其发展趋势具有以下几个特点：

(1) 从体相到表相。多相化学反应总是在表相上进行。应用光电子能谱，可以研究物质表相几层原子范围内的组成和结构。这类"表面化学"的研究促进了催化化学的发展和应用，并成为新材料的生长点。

(2) 从静态到动态。化学热力学研究方法是典型的由静态判断动态的例子，因此无法给出变化过程的细节。随着超快速激光光谱技术和分子束技术出现并应用于化学动力学研究，诞生了"分子反应动力学"(又称"微观反应动力学"或"化学动态学")，使超快过程($10^{-15} \sim 10^{-12}$ s)的动态研究成为可能。例如，蛋白质行使其功能时，"构象"变化发生在 10^{-6} s 之内，目前已可以对此做动态研究，这将加深对复杂的生命化学过程的认识。

(3) 从平衡态到非平衡态。平衡态热力学(可逆过程热力学)只限于研究孤立系统或封闭系统，而大多数真实体系属于开放系统(非平衡系统)。20世纪60年代以来，非平衡系统的研究发展迅速，已形成了"非平衡态热力学"，它与生命科学、化学反应动力学等有密切的联系，成为当前物理化学研究的前沿之一。

5. 高分子学科

高分子学科(或科学)是在有机化学、物理化学、生物化学、物理学等学科的基础上形成的。

1924 年，施陶丁格(H. Staudinger)首次明确提出"大分子"的概念；1928 年，卡罗瑟斯(W. H. Carothers)建立了缩聚反应理论；20 世纪 30 年代，自由基聚合获得成功，一系列烯类聚合物相继投产。从此，"高分子学科"真正成为化学的一门分支学科。"高分子"是指相对分子质量为 $10^4 \sim 10^6$ 的大分子，一般由许多相同的、简单的结构单元通过共价键(有些以离子键)有规律地重复连接而成，因此又称"聚合物"(polymer)。按主链元素组成的不同，高分子可分为 3 类：①碳链高分子，主链完全由碳原子组成，如乙烯基类和二烯烃类聚合物；②杂链高分子，主链除碳原子外，还含有氧、氮、硫等原子，如聚醚、聚酯、聚酰胺等；③元素有机高分子，主链不是由碳原子，而是由硅、硼、铝、氧、氮、硫、磷等原子组成，如有机硅橡胶。高分子学科包括高分子化学和高分子物理两部分，二者相互渗透，很难截然分开。高分子物理的任务是研究聚合物的结构与性能的关系及其应用；高分子化学的任务是根据性能的要求，研究聚合原理，探索最佳工艺条件，选择合适原料、引发剂等，合成出预期结构和性能的聚合物。近年来，高分子学科的研究已朝着提高聚合物产量和综合性能、注重环境保护和功能化等方向发展，在精细高分子合成、高分子设计、新的合成方法和表征手段及特殊功能高分子材料方面的研究十分活跃。这里的特殊功能高分子材料包括高性能结构材料、光敏高分子、高分子导体和半导体、光导体、高分子分离膜、高分子试剂、催化剂和药物、自然降解用毕寿终聚合物(环保聚合物)、生物高分子、具有能量转换性能聚合物和信息传递大分子等。可以说，一场新材料革命已经开始，高分子学科和无机材料学科等将在其中发挥重大作用。

应当指出，化学作为一门自然科学，被划分为若干分支学科，有其自身发展和社会生产发展的客观需要，而各个分支学科之间又是紧密联系、互相渗透的。例如，无机化学被公认是化学的基础；物理化学为各个化学分支提供了基本理论；分析化学方法和技术在各个化学分支中被广泛应用；高分子学科是由有机化学等学科衍生出来的；无机化学与有机化学的互相渗透产生"金属有机化学"，这两门化学分支的界限现已很难明确划分。化学与其他科学的互相渗透也是十分显著的：化学与生物学的互相渗透产生了生物化学；计算机科学的成果应用于化学而形成"计算化学"；无机化学原理(特别是配位化学原理)应用于生物体系，就诞生了"生物无机化学"等。因此，要学习好化学，不但要求掌握化学各个分支学科的基础理论和基本知识，而且必须对物理学、数学、生物学、计算机科学等学科的理论和知识有相当的了解。

1.2 化学与人类社会发展的关系
(Relationship between development of human society and chemistry)

化学已经对人类社会的发展做出了巨大贡献。下面从化学在科学中的位置、化学为人类创造物质财富的贡献、化学与人类生存环境、化学与人类健康和化学对人类文化发展的影响五个方面论述化学与人类社会发展的关系。

1.2.1 化学在科学中的位置

20 世纪，化学科学和与它密切相关的化学工业取得了辉煌的成就。1900 年在美国《化学文摘》(*Chemical Abstracts*, CA)上登录的从天然产物中分离出来的和人工合成的已知化合物只有 55 万种，1945 年达到 110 万种，1970 年为 236.7 万种。由于化学科学的发展，以后新化合物增长的速度每隔 10 年翻一番，到 1999 年 12 月 31 日已达 2340 万种，至今已超过 3000 万种。在这 100 年中，化学合成和人工分离了 2285 万种新化合物、新药物、新材料、新分子来满足人类生活和高新技术发展的需要，而在 1900 年前人类几百万年的历史长河中，人们只知道 55 万种化合物。没有一门其他科学能像化学那样在过去的 100 年中为人类社会创造出如此多的新物质。

化学是一门中心科学(central science)，这是基于以下四个方面的原因。

1. 研究对象

从研究对象而言，化学是一门承上启下的中心科学。按照研究对象由简单到复杂的程度，"科学"可以划分为上游、中游和下游：数学、物理学是上游，化学是中游，材料学、生命科学、医学、环境学等是下游。上游科学研究的对象较简单，但研究的理论深度很深，而且其方法学具有普遍适应性；下游科学的研究对象比较复杂，除了用本门科学的方法以外，还需要借用上游科学、中游科学的理论和方法；化学则处在中心位置，是从上游到下游的必经之地，化学科学创造和分离的物质，正是材料学、生命科学、医学、环境学、物理学研究的物质基础。

如果从"研究对象尺寸"角度看，化学也正处于物理学和其他科学的"包围"之中(表 1.1)，除了提供研究对象的物质基础外，材料学、生命科学、医学、药学、环境学研究中的许多重大问题，只有在"分子"水平上才能获得解决，而"分子"及其各种凝聚态正是化学研究的主要对象之一。因此，化学理论的发展，促进了材料学、生命科学、医学、药学、环境学的发展。

表 1.1 各门科学的研究对象及其相互关系

科学分类	物理学	化学	材料学	生命科学	医学、药学	环境学	物理学
	数学						
研究对象	原子核及更小的微粒	原子和分子及其各种凝聚态	分子材料、各种凝聚态材料	生物体	人体	人类环境中各种凝聚态物质	物体，天体
研究对象尺寸	小			$\longrightarrow$			大

2. 化学与其他科学的紧密联系

化学作为中心科学，与信息、生命、材料、环境、能源、地球、空间和核科学八大朝阳科学(sunrise science)都有紧密的联系，它们互相交叉和渗透，产生了许多重要的交叉学科。例如，化学与生物学的互相渗透，产生了"生物化学—分子生物学"、"生物大分子的结构化学—结构生物学"和"生物大分子的物理化学—生物物理学"；化学与材料学的互相渗透，产生了"材料化学"；化学与信息学的互相渗透，产生了"化学信息学"；化学与环境学的互相渗透，产生了"环境化学"；化学与药学的互相渗透，产生了"药物化学"；化学与物理学的互相渗透，产生了"固体化学—凝聚态物理学"、"溶液理论、胶体化学—软物质物理学"、"量子化学—原子分子物理学"等。有的交叉科学有两个名称，前一名称是化学家使用，后一名称则是相关学科的科学家使用。

又如，"基因学"中的"基因测序"用的是凝胶色谱等分离化学和仪器分析方法；分子晶体管、分子芯片、分子马达、分子导线、分子计算机等都是化学家开始研究的，微电子学家称之为"分子电子学"，化学家称之为"化学器件学"。

21 世纪的化学将在与物理学、生命科学、材料科学、信息科学、能源科学、环境科学、海洋科学、空间科学的相互交叉、相互渗透、相互促进中共同大发展。

3. 化学又是人类社会发展迫切需要的一门应用科学

化学是一门应用科学(useful science)，其应用为人类创造了大量物质财富(详见 1.2.2 小节)。

4. 化学合成与分离技术是 20 世纪发明的七大技术的物质基础

20 世纪发明的七大技术是：①化学合成与分离技术；②信息技术，包括无线电、半导体、芯片、集成电路、计算机、通信和网络等；③生物技术，包括基因重组、克隆和生物芯片等；④核科学和核武器技术；⑤航空航天和导弹技术；⑥激光技术；⑦纳米技术。其中最重要的是信息技术、化学合成与分离技术和生物技术。除了化学合成与分离技术外，其他六大技术如果缺少一两个，人类照样生存。但如果没有发明合成氨、合成尿素和第一、第二、第三代新农药的技术，世界粮食产量至少要减少 30%，70 多亿人口中的许多人就会挨饿；如果没有发明合成各种抗生素和大量新药物的技术，人类平均寿命要缩短 25 年；如果没有发明合成纤维、合成橡胶、合成塑料的技术，人类生活要受到很大影响；如果没有合成大量新分子和新材料的化学工业技术，其他六大技术根本无法实现。

1.2.2 化学为人类创造物质财富的贡献

现代人类的衣、食、住、行、医药、能源、材料甚至人口控制本身，没有一样可以离开化学。

1. 化学与粮食生产和人口控制

目前，全世界人口有 70 多亿，粮食年总产量有 20 多亿吨。地球表面的 71%被水(海洋、湖泊、江河)覆盖，余下 29%为陆地，除去山脉、沙漠等，可耕地的面积并不充裕。人类正面临"粮食问题"，必须通过"增加粮食生产"和"限制人口增长"来解决，而这两方面的努力都依赖于化学科学的发展。我国耕地面积目前为 1.50 亿公顷(22.5 亿亩)，人均占有耕地仅为世界平均值的 40%、美国的 1/7。在有限的耕地面积上，要进一步增加粮食总产量、满足人口不断增长的需要，只能依靠单产的提高。要提高单位面积的产量，增施化肥是不可缺少的措施。世界粮食总产量的 30%~50%得益于化肥、农药和植物生长调节剂。我国化肥、农用塑料薄膜和农药产量都居世界首位。化学工业为农业的发展做出了巨大贡献。

一些豆科植物的根瘤菌具有"固氮功能"，即把元素状态的氮转变为氮的化合物而被植物吸收。"化学模拟固氮的研究"正在进行，已发现某些金属有机化合物和簇合物具有固氮酶的催化作用，一旦生物固氮机理被完全认识，农业将大为改观。

"人工模拟光合作用"是化学家研究的另一个重大课题。绿色植物的叶绿素可以吸收阳光，把二氧化碳和水转变为氧气和有机化合物，以满足植物生长的需要。化学家已证明叶绿素是一种镁(Ⅱ)-卟啉衍生物配合物，并人工合成了一些模拟化合物。H. Michel、J. Deisenhofer 和

R. Huber 用 X 射线衍射技术测定了叶绿素光合作用中心的化学结构，证明它有序地排列着某些蛋白质和叶绿素分子，因而获得了 1988 年诺贝尔化学奖。由于光的吸收和能量转移过程很快($10^{-12} \sim 10^{-9}$ s)，化学家和生物学家与物理学家合作，利用超快速激光光谱等技术，研究光合作用的复杂反应机理。尽管目前在实验室里还无法实现模拟天然光合作用，但化学家仍然期望能发展利用太阳能的人工光合系统，生产出更多的食物。

控制人口增长是解决粮食问题的另一个重要途径，20 世纪 80 年代以来，世界人口每年增加 9000 万左右，"人口爆炸"危机依然存在。为控制人口增长，化学家、生物学家和药学家正合作研究，并已为人类提供了一些安全、有效、副作用小的避孕药物，对控制人口起了积极的作用。

2. 化学与能源开发

煤的气化和液化、石油的炼制和石油化工产品的生产都离不开化学和化学工业。煤、石油和天然气既是当前人类的主要能源，又是主要的化工原料。然而这些能源的储存量是有限的。20 世纪 90 年代以来，世界每年开采石油量达 95 亿吨以上。据估算，现已探明的石油储量只能再供开采 40 年左右，煤可开采 200 年左右。因此，人类不得不加快开发新的能源，其中核能和太阳能是两种重要能源。物理学家和化学家已为人类提供了核能。目前，核能已在一些国家的能源供应中占有较大比例。电化学已提供了把太阳能转化为电能的实用装置，供居民、工农业和宇宙飞船使用。氢能源被认为是无污染、最理想的能源，储氢材料、储氢电池研制已进入了实用阶段。人工模拟光合作用有可能光解水而生成氢气，提供新的能源。

3. 化学与现代材料

材料科学是多学科互相渗透而诞生的科学，如图 1.1 所示。

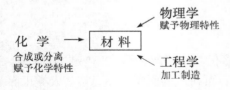

图 1.1　化学、物理学和工程学
与材料的关系

由于化学是人们认识和控制物质的组成、结构和性质的中心科学，化学家具有合成和控制物质组成的特殊才能，因此在制备材料中起关键作用。但这并不意味着排斥其他学科。化学、物理学、工程学等多学科专家的协同工作，为人类提供了大量的"材料"，如"传统材料"的钢铁、铝、其他合金、各种塑料、合成纤维、合成橡胶，具有特殊的光、电、磁、声、热或力学功能的"特殊材料"。这些材料被人类用来制造汽车、飞机、宇宙飞船、建筑物、桥梁、衣物、电视机、计算机等。材料、能源和信息被认为是新的产业革命的三大要素，而材料则是这些要素的物质基础。因此，具有特殊功能的新材料的研制是当前科学研究的中心课题之一。"超导体"是近 20 年来最热门的研究领域之一，$YBa_2Cu_3O_x$($x \approx 7.5$)被发现具有超导性，其居里温度(零电阻率起始温度)T_C 为 90 K，这为在液氮(沸点 77 K)冷却条件下长距离传输电能不受损失、制造大规模计算机集成电路和无摩擦的超导悬浮列车等提供了可能。

更重要的是，新材料的出现可引导产生新的工业。例如，有了"聚合物"，就出现了塑料工业、合成纤维工业和合成橡胶工业；合成了荧光材料，就诞生了电视机工业；有了半导体，就出现了计算机工业和近几年刚兴起的半导体固态照明产业等。新工业的诞生极大地推动了社会生产的发展。

1.2.3 化学与人类生存环境

现代工业生产给人类创造了巨大的物质财富，与此同时，工业排放的废气、废水、废渣（"三废"），矿物燃料燃烧的废气、废渣及使用工业制品后的废弃物却造成了日益严重的环境污染。应当指出，"环境污染"并不是现代工业的一种"新发明"。有史以来，就存在人类干扰自然环境的记载；城市的出现，加剧了环境污染（如下水道污水问题、燃料燃烧的废渣废气问题等）。与化学工业有关的环境污染是由下列原因之一（或多个原因）引起的：

(1) 缺乏对化学及其工艺知识的全面了解，未能选择污染最小的工艺生产流程和设备，处理工业"三废"不力。

(2) 缺乏"环境保护"意识，使用工业制品后随意废弃。

(3) 环境保护法规不够完善，有关职能部门监管力度不够。

由于上述原因，显而易见，"环境保护"是一项"综合工程"。在这项"综合工程"中，化学再次处于"中心科学"的地位。因为，在保护和治理环境之前，我们必须了解：

(1) 环境中存在哪些潜在的有害物质？

(2) 这些潜在的有害物质来自什么地方？

(3) 有什么减少或消除这些物质的方案？

(4) 某物质的危害性与接触它的程度有什么依赖关系？

(5) 对问题(3)提出的多种方案，如何做出选择？

显然，在解决前 3 个问题时，化学家将起核心作用；第 4 个问题应该由医学家来回答；最终的环境保护和治理方案，必须由有关企业和职能管理部门做出选择。

化学在环境保护中发挥"中心科学"的作用，包括保护臭氧层、减少酸雨、限制温室效应、处理工业"三废"等。

1.2.4 化学与人类健康

生命活动是最复杂的变化过程。化学与生物学相结合来研究人体生命活动的化学机制，促进了医药学的发展，使我们得以根据药物对生物体作用的化学机制，以合乎逻辑的方式去寻找或合成新的药物，以替代传统的试验和不当的筛选方法。现代化学家与生理学家、医药学家的合作已为人类提供了治疗各种疾病的药物，包括酶抑制剂、抗生素（抗细菌剂和抗病毒剂）、激素、维生素、不会上瘾的新镇痛药及抗癌药等。可以预期，化学科学的进步将帮助我们进一步从分子水平上了解生命过程及药物对生物体的作用机制，合理地设计和合成药物，更好地保障人类的健康。

1.2.5 化学对人类文化发展的影响

化学文化是科学文化的一部分，它由化学物质、化学变化、化学组织、化学活动、化学方法、化学语言、化学理论和化学思想等要素构成。化学文化的价值在于它的科学精神和应用的合理性。人们在日常生活中经常接触化学物质、化学变化，如果缺乏化学知识，迷信就可能流行。化学教育的普及，提高了社会的文明程度。

化学与伦理学有着必然的联系。化学的应用性对人的行为准则提出了新的内容、新的要求。一个化学工业企业，可以带来物质财富；但如果经营者只顾经济效益，不顾社会效益，任由"三废"污染环境，其伦理道德就应受到谴责。

对生命起源和人类起源的认识是人文文化和化学文化共同的重要内容。尽管任重道远，但生物化学将逐步揭开生命之谜，这在人类文化发展中将是极有意义的篇章。

1.3 学习化学的方法
(How to learn chemistry)

对于不同的学习者，要指出学习某一学科的统一的、细致的学习方法是意义不大的。读者应该按照自身的具体情况，找到适合自己的具体学习方法。下面关于学习化学方法的意见，对一般读者具有共性，仅供读者参考。

1.3.1 重视做好化学实验

化学科学本身既是理论科学，又是实验科学。化学理论产生于化学实验和生产实践活动，同时又接受实践的检验。

元素周期表ⅢB族的 Sc、Y、La～Lu 共 17 种元素，合称为"稀土元素"。从 1794 年发现钇(Y)，到 1947 年从人工铀核裂变的碎片中用离子交换法发现钷(Pm)，历时 153 年，至少有几百名科学家进行了大量的分离、分析和鉴定实验工作，才完成了稀土元素的发现。化学家和生物学家合作，通过化学合成与生物活性筛选的穿插结合及超大规模技术，从除半胱氨酸之外的所有 L-氨基酸构成的 52 128 400 种六肽中筛选出 3 种强活性肽，可用作鸦片受体拮抗剂，可见实验工作之艰巨。认识化学实验的重要性，认真做好化学实验，掌握实验的基本技能，以巩固、深化学习的理论和知识，学会使用有关化学理论知识和技能分析与解决化学现象或问题的方法，培养实事求是的科学态度和严谨的科学作风，既为学好化学所必需，也是一名化学家成长的基础。

1.3.2 重视化学理论的指导作用

我们强调做好化学实验的重要性，同时也重视理论对学习和实验、生产实践的指导作用。理论来源于实践，正确的理论才能阐明"本质"问题，因而更深刻并具有科学预见性。1869年门捷列夫发现"元素周期律"，曾大胆地重新排列了一些元素(如 Os、Ir、Pt、Au、Te、I、Ni、Co 等)，果断地修正了一些元素的相对原子质量(如 In、Ca、Y、Er、Ce、Th、U 等)，还大胆地在"元素周期表"中留下空位(当时只发现了 69 种元素)，预言了十几种尚未被发现的元素的存在，其中"类铝"、"类硼"和"类硅"分别在 4 年、8 年和 15 年之后被发现，并依次称为镓(Ga)、钪(Sc)和锗(Ge)。门捷列夫关于"类铝"、"类硼"、"类硅"的物理、化学性质的预言后来被实验事实证明准确得令人惊奇。从此，"元素周期律"在国际化学界获得普遍承认。而化学也在"元素周期律"的基础上，首次连成一个完整的科学体系。可以认为"元素周期律"是近代无机化学，乃至整个近代化学的奠基石。

在本书中，我们尝试以化学理论，尤其是化学热力学原理和物质(原子、分子、晶体)结构理论为纲，并贯穿在全书内容的论述中。希望读者首先学习好化学热力学原理和物质结构理论，以这些理论为纲，把化学原理和元素化学连成一个完整的学习体系，并以这些理论作为基础，分析、说明所遇到的化学问题，以求收到"事半功倍"的学习效果。"理论来自实践，又高于并指导学习和实践"，这是我们在学习化学时应该记住的。

学习一个新的化学概念、定律、原理或理论时，首先应该注意问题提出的背景、有什么实验或理论依据、本身的含义和应用条件怎样、解决了什么问题、还存在什么缺陷，然后再了解细致的推导过程。由于"大学化学"是一门基础课，所以学生在学习化学理论时，把主要精力放在理论的物理模型的意义和理论的应用条件、应用范围上是必要的，有时不必过多注意具体的数学推导过程，更严谨的推导过程可在后继课程中学习。

1.3.3 在学习中掌握逻辑思维方法

"归纳法"和"演绎法"是最基本的逻辑思维方法，也是我们在化学课程学习中应该掌握的思维方法。

归纳法即"归纳推理"，由个别的、具体的事物或现象推出"结论"或"规律"，即由"个别"到"一般"的思维方法。

演绎法即"演绎推理"，由"一般原理"推出个别的、具体的结论，即由"一般规律"到"个别事物"的思维方法。

一般教科书的编写大量使用"演绎法"，即利用"一般原理"去解释"个别事物"。这有利于在短时间内掌握课程或学科的基本原理。在课程学习的入门阶段，经常采用"演绎法"。在掌握基本原理和一定学科知识的基础上，读者应该注意逐步使用"归纳法"思考，在从各种相关教材、参考书、刊物、网络等获得大量信息材料的基础上，利用已有的知识、理论，去伪存真、去粗取精，总结各种"事物"或"现象"之间内在的联系，最终上升到"规律"。这可以总结为"先把书读厚，再把书读薄"的学习方法。了解和掌握"归纳"和"演绎"这两种逻辑思维方法，有利于学好化学基本理论。

1.3.4 抓好各个学习环节

要学好化学，抓好各个学习环节是有用的。预习—上理论课和做实验—复习—解答习题……只要认真做好每一个学习环节，就会收到较好的学习效果。我们希望学生在重视做好实验的同时，也认真地解答一些化学习题。本书所列的习题是我们在多年教学实践的基础上精选出来的，具有一定的代表性、深度和难度。通过解答这些习题，可以锻炼思维方法，巩固所学的理论知识，提高分析、解决化学问题的能力。当然，在各个具体的学习环节上如何分配时间和精力，读者应该根据自己的实际情况来决定。

1.3.5 学一点化学史

化学史是化学与历史学交叉的一门化学分支学科。"历史给人智慧"，在学习化学的同时，学习一点化学史将大有裨益。

(1) 更深刻地认识化学理论的形成和发展。每一个化学概念、定律、原理或理论的提出，都有其实验基础或生产实践基础，有特定的历史背景。同时，限于当时的实验技术水平、生产水平或科学家自身的认识水平，又会存在一定的局限性。当我们以后人的眼光审视前人的成就和不足时，就会更深刻地理解这些理论的形成过程，更懂得如何继承和发展这些理论。

(2) 吸取前辈的经验教训，掌握科学研究方法，提高工作能力和工作效率。通过了解化学前辈成功的经验和失败的教训，分析、比较各种研究方法的优劣，掌握科学研究的方法和规律，可以帮助我们在实际工作中少走弯路，提高工作能力，取得更高的工作效率。

(3) 学习前辈献身科学的精神、实事求是和严谨治学的科学态度，培养自身的科学素质。

本章教学要求

1. 了解化学研究的对象。
2. 了解化学对于人类社会发展的中心科学地位。
3. 了解学习化学的方法。

　　　　　　　　　　　　　　　　　　　　　　　　　　　　　　　　　（龚孟濂）

第 2 章　化学热力学导论
(Introduction to chemical thermodynamics)

19 世纪中叶，随着蒸汽机的发明和应用，在研究热与机械功之间的转换关系时，逐步形成了"热力学"。**热力学(thermodynamics)是研究热与其他形式的能量之间转化规律的科学。**利用热力学原理和方法研究化学反应及伴随这些化学反应的物理变化称为"**化学热力学**"(chemical thermodynamics)。

化学热力学主要研究和解决与化学反应相关的能量变化及化学反应进行的方向和限度三大问题。化学热力学方法具有"**宏观**"、"**统计**"和"**不涉及时间**"三个特点，"宏观"是指探讨被研究对象系统内大量粒子的行为，而不涉及粒子的微观结构；"统计"是指按照统计规律来认识这些粒子的行为，而不涉及个别粒子；"不涉及时间"是指不考虑反应具体经历的过程。化学热力学能够回答：①物质之间能否自发发生化学反应；②能发生的化学反应，能量变化是怎样的；③如果发生化学反应，反应可以进行到什么程度。本章将涉及前两个方面的内容，而"反应的程度"将在第 4 章叙述。

2.1　热力学基本概念及热力学第一定律
(Basic concepts and the first law of thermodynamics)

2.1.1　基本概念

1. 系统和环境

作为研究对象的物质称为"系统"(system)，又称"体系"。与系统密切相关(有物质与能量交换)的部分称为"环境"(surrounding)。例如，烧杯中 Na 与 H_2O 的反应，以烧杯中的所有物质及释放到空气中的 H_2 为研究对象，定义为"系统"；烧杯和空气中的其他气体都是"环境"。

系统与环境之间的边界(boundary)可以是实在的物理界面，也可以是抽象的无形的数学界面。例如，上述系统中烧杯壁是有形的，而 H_2 与空气中其他气体间的边界就是无形的。热力学系统是根据系统与环境之间的物质交换和能量交换关系进行分类的，共分为三类。

(1) "敞开系统"(open system)：系统与环境之间，既有物质交换，又有能量交换。

(2) "封闭系统"(closed system)：系统与环境之间，没有物质交换，只有能量交换。

(3) "孤立系统"(isolated system)：系统与环境之间，既无物质交换，也无能量交换。

物质都是相互关联、互相依赖的，绝对的孤立系统是不存在的。为了研究问题方便，在适当的条件下可以近似地确定孤立系统。例如，盖着的保温杯：盖子很严、与外界没有物质交换；保温效果很好，杜绝了能量交换。以保温杯外壁为边界，保温杯及其内部物质为系统，这就可作为"孤立系统"来研究。研究烧杯中 Na 与 H_2O 的反应时，烧杯中的所有物质及释放到空气中的 H_2 为系统，由于烧杯是不隔热的，所以是"封闭系统"。如果仅以烧杯中的物质为系统，由于过程中有 H_2 放出，该系统为"敞开系统"。可见，系统的选择有一定的任意性，系统的选择原则是要使被研究的问题得到适当的解决，并使问题的处理尽量简单明确。通常化学反应都是作为封闭系统研究的，本书主要讨论的是封闭系统。注意：系统一经确定，在同一研究中，不能做任何变动。

2. 状态及状态函数

热力学系统的"状态"(state)是指该系统一切物理和化学性质的综合表现，是由一系列物理量确定下来的系统的存在形式。热力学把这些确定系统状态的物理量称为"状态函数"(state function)。例如，气体压力(p)、体积(V)、物质的量(n)及温度(T)等都是"状态函数"。

状态函数有三个特点：

(1) 系统的"状态"是由系统的全部"状态函数"共同决定的；当系统的"状态"确定后，系统的每个"状态函数"就有确定的值，与系统经历的过程无关。例如，一杯 298 K 的水，无论是由沸水冷却下来的还是由冰水缓慢升温上来的，其温度就只有一个数值。这是"状态函数"的第一个特点：**状态一定，值一定**。

(2) 当系统状态发生变化时，变化前的状态称为"始态"(initial state)，变化后的状态称为"终态"(final state)，系统从始态变化到终态，它的各种状态函数也发生了变化，设 X 代表系统的一个状态函数，则系统状态发生变化时，变化值为 $\Delta X = X_{终} - X_{始}$，其变化值与途径无关，只取决于系统的始态和终态。例如，登山时，山底出发地和山顶目的地相同，无论是沿山路攀爬还是乘缆车直升，同一物体势能变化值是相同的。这是"状态函数"的第二个特点：**殊途同归变化等**。

(3) 若系统经过一系列变化，最后"终态"和"始态"相同，这种过程称为"循环过程"。"循环过程"中，任何一种"状态函数"的变化均为零。例如，从山底登山到山顶，再返回山底同一地点，势能变化为零。这是"状态函数"的第三个特点：**周而复始变化零**。

系统的状态可以用多个状态函数描述，如理想气体有物质的量(n)、压力(p)、温度(T)、体积(V)、密度(ρ)、质量(m)等，但状态函数之间是相互关联的，如 $pV=nRT$，$nM=m$，$\rho V=m$，确定其中某几个状态函数，其余状态函数的值随即确定。所以描述系统的状态不需要列出全部状态函数的值。

状态函数按照其值是否与系统内物质的数量有关，分为两大类。

(1) **广度性质**(extensive property)：又称容量性质，具有加和性，其大小与系统中物质的数量成正比，整个系统中某广度性质的数值是系统中各部分该性质数值的总和，如质量、体积。

(2) **强度性质**(intensive property)：其数值与系统中物质的数量无关，可由系统中每一点确定，如温度、压力、浓度、密度、黏度、折光率、摩尔体积。

两个广度性质之比为强度性质，如质量和体积都是广度性质，二者之比得到的密度就是强度性质。

3. 过程与途径

系统从始态到终态变化的经过称为"过程"(process)。完成某一状态变化过程的具体步

骤称为"**途径**"(path)。一个"途径"可以只有一个"过程"，也可以是若干"过程"的组合，如图 2.1 所示。

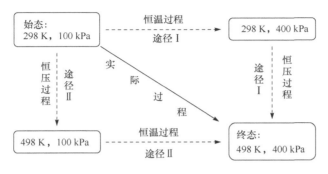

图 2.1　实际过程可经过不同途径实现

系统状态变化过程中，温度恒定不变的($T_{始} = T_{终} = T_{环境}$)称为"**恒温过程**"(isothermal process)；压力始终保持恒定的($p_{始} = p_{终} = p_{环境}$)称为"**恒压过程**"(isobaric process)；体积不变的($V_{始} = V_{终}$)称为"**恒容过程**"(isochoric process)；系统与环境之间没有热交换的($Q = 0$ J)称为"**绝热过程**"(adiabatic process)。注意恒温过程和绝热过程的区别，即恒温过程是过程中温度保持不变，但可能有吸热或放热；而绝热过程是过程中系统与环境没有热交换，但温度可能变化，导致温度变化的能量来源是其他形式的能量，不是热。

实际发生的过程会更复杂，但由于状态函数具有殊途同归变化等的特点，所以热力学通常将复杂的实际过程设计为经历多个简单过程的复合过程来计算状态函数的变化值。

2.1.2　热力学第一定律、热和功

自然界中能量有各种不同形式，能量可以传递，也可以从一种形式转化为另一种形式，但转化中能量的总值不变，这就是"能量守恒定律"(law of conservation of energy)。这个定律应用于宏观的热力学系统就是热力学第一定律。

热力学第一定律的数学表达式为

$$\Delta U = Q + W \tag{2.1}$$

U 表示热力学能(thermodynamic energy)，单位焦耳(J)，是热力学系统内物质所具有的各种能量的总和，包括系统内物质分子、原子的平动能和振动能、势能、电子运动能、原子核能等；随着人们对于物质结构层次认识的不断深入，还会包括其他形式的能量，因此热力学能的绝对值是无法确定的。但热力学能是系统内部能量的总和，是系统自身的性质，所以是状态函数，且具有广度性质，有加和性；若发生一个过程，其改变量只取决于系统的始态和终态，而与变化的途径无关，即热力学能的改变量$\Delta U = U_{终} - U_{始}$。

Q 表示系统状态变化时，系统与环境之间存在温度差而引起交换或传递的能量，称为"热"(heat)，单位焦耳(J)。**系统从环境吸收热量，Q 取正值；系统对环境放热，Q 取负值。**

系统状态发生变化时，除热之外，其他与环境进行能量交换的形式均称为"功"(work)，以符号 W 来表示，单位焦耳(J)。热力学规定：**环境对系统做功，W 取正值；系统对环境做功，W 取负值。**式(2.1)表示当系统状态发生变化时，系统与环境之间交换能量有两种不同形式，

一种是热，另一种是功。

热力学将功分为两种：一种是在一定环境压力下系统的体积发生变化时而与环境交换能量的形式，称为"体积功"(volume work)；除体积功外的其他功称为"非体积功"(non-volume work)或"其他功"，如电功、表面功。

功最初是力学的概念，它被广泛定义为广义力与广义位移的乘积，如表面功=表面张力×表面积的改变，体积功=力×力作用方向上的位移距离。体积功是热力学中最重要的功之一。液体、固体在变化过程中体积的变化较小，通常只考虑反应前、后气体体积发生变化产生的体积功。大部分化学反应在 1 atm(1 atm=1.013 25×10⁵ Pa)下进行，此过程是气体抵抗恒外压膨胀或压缩的过程。恒外压膨胀的体积功计算的方法是将气体的行为做如下模拟：将一定量气体置于横截面积为 S 的活塞圆筒中(图 2.2)，若活塞质量可以忽略，且活塞与筒之间也无摩擦力，筒内气体进行膨胀过程，移动了距离 ΔL，则外力 $F_{外} = p_{外} \times S$，功 $W = F_{外} \times \Delta L = p_{外} \times S \times \Delta L = p_{外} \Delta V$；由于气体膨胀是系统对环境做功，按热力学规定 W 取负值，所以气体抵抗恒定外压膨胀时的体积功为

$$W = -p_{外} \Delta V \tag{2.2}$$

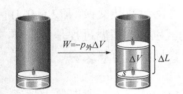

图 2.2　体积功示意图

气体在恒定外压下压缩，环境对系统做功，W 取正值，同时 $\Delta V = V_{终} - V_{始}$，是负值，所以不难看出，恒外压下压缩体积功 W 依然等于 $-p_{外} \Delta V$。根据这个公式，有两种特殊情况：气体向真空中膨胀(自由膨胀过程)，由于外压为零，体积功等于零；恒容过程系统体积没有发生变化，体积变化为零，体积功也等于零。

【例 2.1】　盖·吕萨克-焦耳(Gay-Lussac-Joule)热力学实验：如图 2.3 所示，旋塞两侧是容量相等的导热容器，放在水浴中，左侧充满气体、右侧真空。将温度计插入水浴中监测温度变化。打开旋塞，左侧气体向右侧扩散。温度计显示扩散前后水浴温度没有发生任何变化。以导热容器内部气体为系统，求此过程的 W、Q 和 ΔU。

解　向真空中膨胀，$W = 0\,\text{J}$；水浴温度没有发生变化；$Q = 0\,\text{J}$；$\Delta U = Q + W = 0\,\text{J}$。

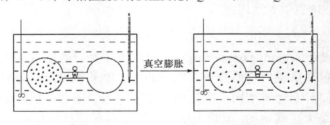

图 2.3　盖·吕萨克-焦耳热力学实验

分析上述盖·吕萨克-焦耳热力学实验结果，气体扩散前后 p、V 皆发生了变化，但热力学能并没有变化，说明该系统热力学能大小与体系的 p、V 无关。客观上由于水的热容很大，即使气体膨胀时吸收了一点点热量，水温变化也未必能测得出来，所以实验本身并不严谨。但是该实验在气体始态 p 越趋近于零时，结果越正确。这是因为实际气体当压力趋向于零时，分子之间相互作用可以忽略，分子体积对气体的体积影响可以忽略。此情况下气体分子有质量、无体积，每个分子在气体中的运动是独立的，与其他分子无相互作用，这称为理想气体

(ideal gas)。因此，从盖·吕萨克-焦耳热力学实验，科学家总结出**理想气体热力学能只是温度的函数**。但注意实际气体的热力学能与温度和体积都有关。

【例 2.2】　一定量的理想气体，在恒外压 $p_外 = 1.0 \times 10^5$ Pa 下，从始态($p_始 = 16.0 \times 10^5$ Pa，$V_始 = 1.0$ m³)一次恒温膨胀至终态($p_终 = 1.0 \times 10^5$ Pa，$V_终 = 16.0$ m³)，求此过程中体系所做的体积功 W。

解　由体积功的表达式(2.2)得

$$W = -p_外 \Delta V = -1.0 \times 10^5 \text{ Pa} \times (16.0 - 1.0)\text{m}^3 = -15 \times 10^5 \text{ J}$$

【例 2.3】　系统与例 2.2 的系统相同，始态、终态也相同，不同的是这次系统先在 $p_{外1} = 8.0 \times 10^5$ Pa 下恒温膨胀至中间态 $p_中 = 8.0 \times 10^5$ Pa，$V_中 = 2.0$ m³，再在 $p_{外2} = 1.0 \times 10^5$ Pa 下恒温膨胀至终态。求此过程中系统所做的体积功 W。

$$W_1 = -p_{外1} \Delta V_1 = -8.0 \times 10^5 \text{ Pa} \times (2.0 - 1.0)\text{m}^3 = -8.0 \times 10^5 \text{ J}$$

$$W_2 = -p_{外2} \Delta V_2 = -1.0 \times 10^5 \text{ Pa} \times (16.0 - 2.0)\text{m}^3 = -14 \times 10^5 \text{ J}$$

$$W_总 = W_1 + W_2 = (-8.0 \times 10^5 \text{ J}) + (-14 \times 10^5 \text{ J}) = -22 \times 10^5 \text{ J}$$

比较例 2.2 和例 2.3，系统的始态和终态相同，但途径不同。前者(途径Ⅰ)是一次恒温、恒外压膨胀，后者(途径Ⅱ)是两次恒温、恒外压膨胀。计算结果表明两种途径的体积功 W 不同，可见**功不是状态函数**，其大小与具体途径有关。上述两种途径都是恒温过程，因为吸收的热量全部用来对外做功，根据理想气体热力学能只是温度的函数,两种途径 ΔU 都等于 0 J。根据热力学第一定律，途径Ⅰ的 $Q = 15 \times 10^5$ J，途径Ⅱ的 $Q = 22 \times 10^5$ J，可见**热也不是状态函数**。注意，不存在 ΔW 和 ΔQ，因为 Δ 只表示状态函数的变化值。

2.1.3　化学反应的热效应与焓

1. 反应热、恒容反应热、恒压反应热

化学反应通常伴随有吸热或放热现象发生。对化学反应中的热效应进行精密测定，并对其规律进行研究，构成了化学热力学的一个重要组成部分——热化学(thermochemistry)。**在不做"非体积功"(其他功)条件下发生化学反应后，使产物温度回到反应开始前反应物的温度，这个过程中系统所吸收或放出的热称为该反应的"热效应"(heat effect)，也称为"反应热"**(heat of reaction)。

如果化学反应是**在恒容条件下进行**，则反应热称为"**恒容反应热**"(heat of reaction at constant volume)，用符号 Q_V 表示。

如果化学反应是**在恒压条件下进行**，则反应热称为"**恒压反应热**"(heat of reaction at constant pressure)，用符号 Q_p 表示。

一些化学反应的热效应是可以直接测量的，测量反应热的仪器统称为热量计(calorimeter)。基本的热量计有弹式热量计和杯式热量计，如图 2.4 所示。

弹式热量计测量的化学反应在密闭容器——

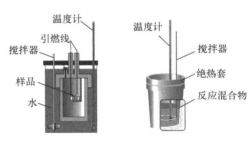

图 2.4　弹式热量计(左)和杯式热量计(右)

刚性的氧弹中进行，测量物质燃烧过程中的反应热。氧弹内充满高压氧气，样品杯中盛有待燃烧的固体，引燃线通电流引起固体燃烧，释放的热量使氧弹外水温升高，绝热套保障燃烧所释放的热量全部被水吸收。根据水温变化及热量计热容计算待测样品的燃烧热。以氧弹内的物质为体系，反应过程中体系体积没有变化，因此弹式热量计测的是"恒容反应热"。

杯式热量计用于研究溶解、中和、水合及在溶液中进行的反应的热效应。反应在绝热套内发生，根据反应开始及结束时的温度差值计算热效应的数值。由于反应是在恒压条件下进行的，所以杯式热量计测的是"恒压热效应"。

2. 恒容反应热与热力学能、恒压反应热与焓

根据热力学第一定律，恒容过程 $\Delta U = Q_V + W$，在不做其他功条件下，功只是体积功，$\Delta V = 0 \text{ m}^3$，$W = -p_{外}\Delta V = 0 \text{ J}$，所以

$$Q_V = \Delta U \tag{2.3}$$

式(2.3)表明：在恒容、不做其他功条件下，系统吸收(或放出)的热全部用来增加(或降低)系统的热力学能。需要强调的是，两者只是数值相等，热力学含义是不同的：ΔU 是状态函数的变化值，只与始态和终态有关，与过程无关；Q_V 只是恒容过程的反应热，与过程有关。

根据热力学第一定律，恒压过程 $\Delta U = Q_p + W$，在不做其他功条件下，$W = -p_{外}\Delta V$。因为恒压过程 $p_{系统} = p_{始} = p_{终} = p_{外}$，直接用 p 表示 $p_{系统}$，则 $W = -p\Delta V$，所以

$$\Delta U = Q_p - p\Delta V \qquad Q_p = \Delta U + p\Delta V$$

展开 ΔU 和 ΔV：$\Delta U = U_{终} - U_{始}$，$\Delta V = V_{终} - V_{始}$，有

$$Q_p = (U_{终} - U_{始}) + (pV_{终} - pV_{始})$$

$p = p_{始} = p_{终}$，合并状态相同的部分：

$$Q_p = (U_{终} + p_{终}V_{终}) - (U_{始} + p_{始}V_{始})$$

U、p、V 都是系统的状态函数，其组合"$U + pV$"也一定是系统的状态函数，在热力学中定义为"焓"(enthalpy)，用符号"H"表示。

$$H \equiv U + pV \tag{2.4}$$

恒等号意味着等式两端的状态函数不仅数值相等，热力学含义也相同。引入焓后，有

$$Q_p = H_{终} - H_{始}$$

$$Q_p = \Delta H \tag{2.5}$$

式(2.5)表明：在恒压、不做其他功条件下，系统吸收(或放出)的热全部用来增加(或降低)系统的焓。与式(2.3)类似，式(2.5)中 $Q_p = \Delta H$ 只意味着在恒压过程中 Q_p 在数值上等于 ΔH。

"焓"是与热力学能有关的热力学函数，具有广度性质和加和性，单位是焦耳(J)。由于一般化学反应大多是在恒压下进行的，所以"焓"比"热力学能"更有实用价值。

2.2　赫斯定律及其应用
(Hess' law and its application)

2.2.1　反应进度

为了清晰地讨论化学反应热效应，需要先定义一个物理量——反应进度(extent of reaction,

符号 ξ)。

一个化学反应的方程式可以写为

$$a\,A + d\,D = g\,G + h\,H$$

A、D、G 和 H 代表各反应物和产物的化学式，a、d、g 和 h 是其系数。用单位为 1 的物理量——化学计量数(ν)来表示物质化学式前的系数，并规定对于反应物，化学计量数为负，对于产物，化学计量数为正，则上式中，$\nu_A = -a$，$\nu_D = -d$，$\nu_G = g$，$\nu_H = h$。

反应初始时，即 $t = 0$ 时，各物质的物质的量分别为 $n_0(A)$、$n_0(D)$、$n_0(G)$、$n_0(H)$，则 t 时刻的反应进度定义为

$$\xi = \frac{n(A) - n_0(A)}{\nu_A} = \frac{n(D) - n_0(D)}{\nu_D} = \frac{n(G) - n_0(G)}{\nu_G} = \frac{n(H) - n_0(H)}{\nu_H} \tag{2.6}$$

因此，反应进度 ξ 的 SI 单位是摩尔(mol)。$\xi = 1$ mol，表示反应按化学方程式进行了 1 mol 反应，即恰好消耗了 a mol A 和 d mol D，生成 g mol G 和 h mol H。显然，无论用何种物质的物质的量的变化为基准来计算反应进度，都会得到同一值。

对于某一化学反应，反应方程式的化学计量数写法不同，则反应进度 ξ 的单位摩尔(mol)所表示的"基本单元"不同。例如，以下两个方程式都表示氢气燃烧的反应。

$$2H_2(g) + O_2(g) = 2H_2O(l)$$

$$H_2(g) + \frac{1}{2}O_2(g) = H_2O(l)$$

同样是 $\xi = 1$ mol 时，第一个方程式表示 2 mol $H_2(g)$ 与 1 mol $O_2(g)$ 反应，生成 2 mol $H_2O(l)$，而第二个方程式表示 1 mol $H_2(g)$ 与 $\frac{1}{2}$ mol $O_2(g)$ 反应，生成 1 mol $H_2O(l)$。这是因为两个方程式中 "mol" 所代表的"基本单元"不同。因此，表示 ξ 时，必须先写出有关的化学方程式。

热力学能 U 是能量的一种形式，而热和功则是系统经历一过程传递的能量，U、ΔU、Q 和 W 的单位都是 J，焓和焓变(H 和 ΔH)的单位也是 J。在引入反应进度这一物理量后，一个反应的摩尔热力学能变 $\Delta_r U_m$ 和摩尔焓变 $\Delta_r H_m$ 就表示为

$$\Delta_r U_m = \frac{\Delta U}{\xi} \tag{2.7}$$

$$\Delta_r H_m = \frac{\Delta H}{\xi} \tag{2.8}$$

$\Delta_r U_m$ 和 $\Delta_r H_m$ 的单位都是 J·mol^{-1}(或 kJ·mol^{-1})，可以理解为反应进度 $\xi = 1$ mol 发生的热力学能变和焓变。

2.2.2　热化学方程式

表示出反应热效应的化学方程式称为"热化学方程式"(thermochemical equation)。例如

$$N_2(g) + 3H_2(g) = 2NH_3(g) \qquad \Delta_r H_m^{\ominus} = -91.88 \text{ kJ·mol}^{-1}$$

反应式后的 $\Delta_r H_m^{\ominus}$ 代表在一定温度下反应的标准摩尔焓变，其值等于反应进度为 1 mol 时的恒压反应热 Q_p；下标 r 表示 reaction(反应)；m 表示 mol(摩尔)，在热化学方程式中表示反应进度的单位；上标 "$\ominus$" 表示热力学标准状态(standard state，S.S.，简称"标态")。
热力学标准状态是热力学的一个重要概念。对于固态和液态物质，标准状态是它的摩尔

分数 $x = 1$，即"纯净物质"；对于水溶液中的溶质 B，其标准状态是活度 $a_B = 1\ \text{mol} \cdot \text{kg}^{-1}$，近似用质量摩尔浓度 $m_B = 1\ \text{mol} \cdot \text{kg}^{-1}$，用符号 $m^{\ominus}$(或 $b^{\ominus}$)表示，即 $m^{\ominus} = 1\ \text{mol} \cdot \text{kg}^{-1}$(对于稀溶液，近似为浓度 $c = 1\ \text{mol} \cdot \text{dm}^{-3}$，标态浓度用符号 $c^{\ominus}$ 表示，即 $c^{\ominus} = 1\ \text{mol} \cdot \text{dm}^{-3}$)；对于气态物质，其标准状态是气体分压为 $p = 1 \times 10^5\ \text{Pa}$，标态压力用符号 $p^{\ominus}$ 表示，即 $p^{\ominus} = 1 \times 10^5\ \text{Pa}$。系统处于热力学标准状态，是指系统内的每种物质都处于标准状态。

书写热化学方程式应注意以下几点：

(1) 注明温度，如果未注明温度，则是指反应在 298.15 K 下进行。

$$\text{H}_2(\text{g}) + \text{I}_2(\text{g}) = 2\text{HI}(\text{g}) \qquad \Delta_r H_m^{\ominus} = -9.4\ \text{kJ} \cdot \text{mol}^{-1}$$

$$\text{H}_2(\text{g}) + \text{I}_2(\text{g}) = 2\text{HI}(\text{g}) \qquad \Delta_r H_m^{\ominus}(573\ \text{K}) = 53\ \text{kJ} \cdot \text{mol}^{-1}$$

(2) 先书写化学方程式，再写 $\Delta_r H_m^{\ominus}$。

标准摩尔焓变 $\Delta_r H_m^{\ominus}$ 的单位是 $\text{kJ} \cdot \text{mol}^{-1}$，其中的 mol 是表示反应进度的单位，如前所述，以下两个方程式中，mol 所表示的基本单元不同：

$$2\text{H}_2(\text{g}) + \text{O}_2(\text{g}) = 2\text{H}_2\text{O}(\text{l}) \qquad \Delta_r H_m^{\ominus} = -571.6\ \text{kJ} \cdot \text{mol}^{-1}$$

$$\text{H}_2(\text{g}) + \frac{1}{2}\text{O}_2(\text{g}) = \text{H}_2\text{O}(\text{l}) \qquad \Delta_r H_m^{\ominus} = -258.8\ \text{kJ} \cdot \text{mol}^{-1}$$

这与焓是状态函数、广度性质，具有"加和性"一致。

(3) 注明各物质的物态。反应物和生成物的物态对反应热有影响，所以书写热化学方程式时，应注明各物质的物态，对固态物质还应该注明晶形。常用 g 表示气体，l 表示液体，s 表示固体(solid)，aq 表示水溶液(aqueous)，c 表示晶体，am 表示非晶体(amorphous)。

$$\text{C(石墨)} + \text{O}_2(\text{g}) = \text{CO}_2(\text{g}) \qquad \Delta_r H_m^{\ominus} = -393.5\ \text{kJ} \cdot \text{mol}^{-1}$$

$$\text{C(金刚石)} + \text{O}_2(\text{g}) = \text{CO}_2(\text{g}) \qquad \Delta_r H_m^{\ominus} = -395.4\ \text{kJ} \cdot \text{mol}^{-1}$$

(4) 当反应逆向进行时，逆向反应与正向反应的 $\Delta_r H_m^{\ominus}(T)$ 的绝对值相等而符号相反。

$$\text{H}_2(\text{g}) + \frac{1}{2}\text{O}_2(\text{g}) = \text{H}_2\text{O}(\text{l}) \qquad \Delta_r H_m^{\ominus} = -258.8\ \text{kJ} \cdot \text{mol}^{-1}$$

$$\text{H}_2\text{O}(\text{l}) = \text{H}_2(\text{g}) + \frac{1}{2}\text{O}_2(\text{g}) \qquad \Delta_r H_m^{\ominus} = 258.8\ \text{kJ} \cdot \text{mol}^{-1}$$

除化学反应外，各种物理变化也伴随焓的改变，其热效应也可用热化学方程式表示，如固体的熔化、液体的蒸发、晶形的改变等这一类相变过程。例如

$$\text{I}_2(\text{s}) = \text{I}_2(\text{g}) \qquad \Delta_r H_m^{\ominus} = 31.13\ \text{kJ} \cdot \text{mol}^{-1}$$

大分子在溶液中发生构象变化时也有焓变。例如，小牛胸腺 DNA 在 345.2 K、$0.15\ \text{mol} \cdot \text{dm}^{-3}$ NaCl 溶液中由双股螺旋变成单股螺旋时，其焓变为

$$\Delta_r H_m^{\ominus}(345.2\ \text{K}) = 29.29\ \text{kJ} \cdot (\text{碱基对})^{-1}$$

2.2.3　赫斯定律

1840 年，赫斯在总结大量实验结果的基础上提出一条定律："**任一化学反应不管是一步完成还是分几步完成，其热效应总是相同的。**"由热力学第一定律可知，热效应与途径有关，所以上面的表述中需要加两个限制条件：系统只做体积功及过程中压力或体积保持不变。赫

斯定律在"热力学第一定律"之前提出，有了焓的概念后，赫斯定律实际上就是"焓是状态函数、广度性质"的具体表述，即焓变只与系统的始态和终态有关，而与途径无关。因此，由若干步反应构成的复杂反应，其总反应的焓变等于各步反应的焓变之和。

有些化学反应热效应可以通过实验测得。但许多反应速率过慢、测量时间过长，或热量散失，使得反应热不能准确测量；还有的反应条件难于控制、产物不纯等也会造成反应热测量不准确。赫斯定律的主要用途是从已经知道的一些化学反应的热效应来间接计算难于测准或根本不能测量的反应热，如例 2.4 所示。

【例 2.4】 石墨不完全燃烧生成 CO 的焓变，实验难以测定，但是石墨和 CO 气体都能完全燃烧生成 CO_2 气体，且 $\Delta_r H_m^\ominus$ 容易测定。根据赫斯定律，利用这两个反应的 $\Delta_r H_m^\ominus$，求石墨不完全燃烧生成 CO 的 $\Delta_r H_m^\ominus$。

已知：
$$2C(石墨) + 2O_2(g) = 2CO_2(g) \qquad \Delta_r H_m^\ominus(1) = -787.0 \text{ kJ} \cdot \text{mol}^{-1}$$
$$2CO(g) + O_2(g) = 2CO_2(g) \qquad \Delta_r H_m^\ominus(3) = -566.0 \text{ kJ} \cdot \text{mol}^{-1}$$

解 如图 2.5 所示，反应间关系：

$$2C(石墨) + 2O_2(g) = 2CO_2(g) \qquad (1)$$
$$2C(石墨) + O_2(g) = 2CO(g) \qquad (2)$$
$$2CO(g) + O_2(g) = 2CO_2(g) \qquad (3)$$

反应(2) = (1) − (3)，所以

$$\Delta_r H_m^\ominus(2) = \Delta_r H_m^\ominus(1) - \Delta_r H_m^\ominus(3)$$
$$= (-787.0 \text{ kJ} \cdot \text{mol}^{-1}) - (-566.0 \text{ kJ} \cdot \text{mol}^{-1})$$
$$= -221.0 \text{ kJ} \cdot \text{mol}^{-1}$$

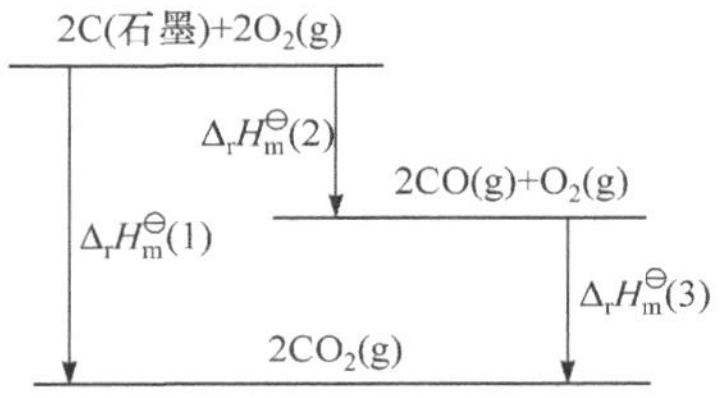

图 2.5　石墨燃烧相关反应 $\Delta_r H_m^\ominus$ 相互关系图

2.2.4　几种热效应

很多化学反应的热效应无法直接测量，而需要通过赫斯定律(或者说利用焓的状态函数性质)间接计算，这就需要先了解几种热效应：物质的生成焓、燃烧焓和键焓。

1. 生成焓(生成热)

在反应温度下，由处于标准状态的指定单质生成标准状态下 1 mol 物质时的反应热称为该物质的"标准摩尔生成焓"(standard molar formation of enthalpy)，又称**"标准生成热"**，用 $\Delta_f H_m^\ominus$ 表示，单位为 $\text{kJ} \cdot \text{mol}^{-1}$。$\Delta_f H_m^\ominus$ 是反应物(指定单质)和生成物的量(1 mol)的一种特殊的 $\Delta_r H_m^\ominus$，所以用下标"f"(formation)代替了"r"(reaction)。附录 3 给出了 298.15 K 各物质的 $\Delta_f H_m^\ominus$。

由于焓的绝对值无法测量，热力学规定指定单质的 $\Delta_f H_m^\ominus = 0 \text{ kJ} \cdot \text{mol}^{-1}$，其他物质通过与指定单质比较，而得到相对值。指定单质多数是 298.15 K、1 $p^\ominus$ 下最稳定的单质，如金属除 Hg 外，指定单质都是固体金属单质；对于同素异形体，规定 C(石墨)、P(白磷)、S(斜方)、Sn(白锡)为指定单质。例如，下述反应的标准摩尔焓变就是 $H_2O(l)$ 的标准摩尔生成焓：

$$H_2(g) + \frac{1}{2} O_2(g) = H_2O(l) \qquad \Delta_r H_m^\ominus = \Delta_f H_m^\ominus [H_2O(l)] = -285.83 \text{ kJ} \cdot \text{mol}^{-1}$$

如图 2.6 所示，利用赫斯定律，或根据焓的状态函数性质，推导出由标准摩尔生成焓计算反应焓变的公式：

$$\Delta_r H_m^{\ominus} = \sum_i \nu_i \Delta_f H_m^{\ominus}(\text{生成物}) - \sum_i \nu_i \Delta_f H_m^{\ominus}(\text{反应物}) \tag{2.9}$$

式中，ν_i 代表反应方程式中各物质的化学计量数。

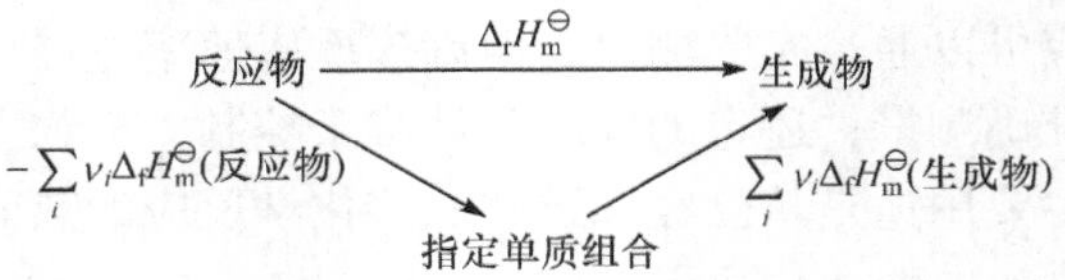

反应物 $\xrightarrow{\Delta_r H_m^{\ominus}}$ 生成物

$-\sum_i \nu_i \Delta_f H_m^{\ominus}(\text{反应物})$　　　　　　$\sum_i \nu_i \Delta_f H_m^{\ominus}(\text{生成物})$

指定单质组合

图 2.6　利用赫斯定律由 $\Delta_f H_m^{\ominus}$ 计算 $\Delta_r H_m^{\ominus}$ 方法示意图

【例 2.5】　运用以下热力学数据：

物质	CaO(s)	Ca(OH)₂(s)	H₂O(l)
$\Delta_f H_m^{\ominus}$ /(kJ · mol⁻¹)	−635.5	−986.2	−285.83

计算下列反应的焓变 $\Delta_r H_m^{\ominus}$：

$$CaO(s) + H_2O(l) = Ca(OH)_2(s)$$

解　写出与 $\Delta_f H_m^{\ominus}$ 相关的热化学方程式：

序号	反应方程式	$\Delta_r H_m^{\ominus} = \Delta_f H_m^{\ominus}$ /(kJ · mol⁻¹)
1	$Ca(s) + \frac{1}{2} O_2(g) = CaO(s)$	−635.5
2	$H_2(g) + \frac{1}{2} O_2(g) = H_2O(l)$	−285.83
3	$Ca(s) + O_2(g) + H_2(g) = Ca(OH)_2(s)$	−986.2

总反应 $CaO(s) + H_2O(l) = Ca(OH)_2(s)$ 等于反应(3)−(2)−(1)，所以

$$\Delta_r H_m^{\ominus} = \Delta_f H_m^{\ominus}[Ca(OH)_2(s)] - \Delta_f H_m^{\ominus}[CaO(s)] - \Delta_f H_m^{\ominus}[H_2O(l)]$$
$$= (-986.2 \text{ kJ} \cdot \text{mol}^{-1}) - (-635.5 \text{ kJ} \cdot \text{mol}^{-1}) - (-285.83 \text{ kJ} \cdot \text{mol}^{-1})$$
$$= -64.87 \text{ kJ} \cdot \text{mol}^{-1}$$

2. 燃烧热

无机化合物大部分可由单质直接合成，而许多有机化合物则很难由单质直接合成，所以生成焓无法测定，但绝大部分有机化合物都能燃烧。

热力学规定：**1 mol 的物质在标准压力下完全燃烧时的热效应称为该物质的"标准摩尔燃烧热"**(standard molar combustion of enthalpy)，用符号 $\Delta_c H_m^{\ominus}$ 表示，单位为 kJ · mol⁻¹。下标"c"表示 combustion(燃烧)。所谓"完全燃烧"，是指 C 变为 CO_2(g)，H 变为 H_2O(l)，S 变为 SO_2(g)，N 变为 N_2(g)，Cl 变为 HCl 水溶液等；同时规定，这些燃烧产物的燃烧热为零，单质氧燃烧热也为零。

表 2.1 列出了几种有机化合物和无机化合物的标准摩尔燃烧热。

表 2.1　几种有机化合物和无机化合物的标准摩尔燃烧热

物质	$\Delta_c H_m^{\ominus}/(kJ \cdot mol^{-1})$	物质	$\Delta_c H_m^{\ominus}/(kJ \cdot mol^{-1})$
$CH_4(g)$	−890.8	$C_2H_5OH(l)$	−1366.8
$C_2H_6(g)$	−1560.7	$C_6H_6(l)$	−3267.6
$HCHO(g)$	−570.7	$C_7H_8(l)$	−3910.3
$CH_3OH(l)$	−726.1	$C_6H_5OH(s)$	−3053.5
C(石墨)	−393.5	$CO(g)$	−283.0
$H_2(g)$	−285.8	$N_2H_4(g)$	−667.1

由图 2.7 可知，由反应物、生成物的标准摩尔燃烧热计算反应热的公式如下：

$$\Delta_r H_m^{\ominus} = \sum_i \nu_i \Delta_c H_m^{\ominus}(\text{反应物}) - \sum_i \nu_i \Delta_c H_m^{\ominus}(\text{生成物}) \tag{2.10}$$

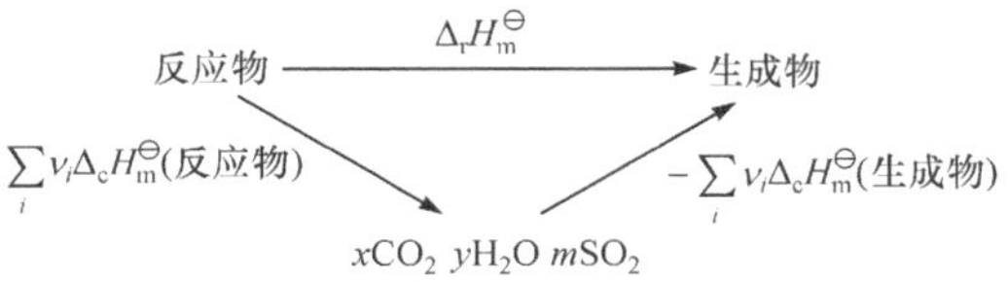

图 2.7　利用赫斯定律由 $\Delta_c H_m^{\ominus}$ 计算 $\Delta_r H_m^{\ominus}$ 方法示意图

【例 2.6】　利用表 2.1 的物质标准摩尔燃烧热的数据，计算 1 mol 甲醇(l)氧化生成甲醛(g)反应的 $\Delta_r H_m^{\ominus}$。

解

$$CH_3OH(l) + \frac{1}{2} O_2(g) =\!=\!= HCHO(g) + H_2O(l)$$

$$\Delta_r H_m^{\ominus} = \Delta_c H_m^{\ominus}[CH_3OH(l)] - \Delta_c H_m^{\ominus}[HCHO(g)]$$
$$= (-726.1\,kJ \cdot mol^{-1}) - (-570.7\,kJ \cdot mol^{-1})$$
$$= -155.4\,kJ \cdot mol^{-1}$$

3. 键焓

从原子-分子水平看，化学反应的实质是通过化学键的变化引起原子间的重新组合，即反应物中化学键的断裂和生成物中新化学键的形成。由于断开化学键需要消耗能量，而形成化学键要放出能量，这样就可以应用"键焓"(bond enthalpy)数据估算出化学反应热，即化学反应热为断开化学键所吸收热量和形成化学键时释放的能量的代数和。

"键焓"的定义是：在标准压力(1×10^5 Pa)和指定温度下，气态分子断开 1 mol 化学键过程的焓变。 其本质上是键的解离焓(bond dissociation enthalpy)，符号 $\Delta_D H_m^{\ominus}$，单位 kJ · mol^{-1}。由于断开化学键需要吸收能量，所以键焓值都是正值。例如，298.15 K 时，一些"键焓"的数值：

$$H\!-\!H(g) \longrightarrow H(g) + H(g) \qquad \Delta_r H_m^{\ominus} = \Delta_D H_m^{\ominus}(H\!-\!H) = 436\ kJ \cdot mol^{-1}$$

$$Cl\!-\!Cl(g) \longrightarrow Cl(g) + Cl(g) \qquad \Delta_r H_m^{\ominus} = \Delta_D H_m^{\ominus}(Cl\!-\!Cl) = 243\ kJ \cdot mol^{-1}$$

$$H\!-\!Cl(g) \longrightarrow H(g) + Cl(g) \qquad \Delta_r H_m^{\ominus} = \Delta_D H_m^{\ominus}(H\!-\!Cl) = 432\ kJ \cdot mol^{-1}$$

$$N\!\equiv\!N(g) \longrightarrow N(g) + N(g) \qquad \Delta_r H_m^{\ominus} = \Delta_D H_m^{\ominus}(N\!\equiv\!N) = 945\ kJ \cdot mol^{-1}$$

【例 2.7】 氰为一种有毒气体，其结构式为 N≡C—C≡N。利用下列键焓数据，计算氰的燃烧热，即反应 NCCN(g) + 2O₂(g) === N₂(g) + 2CO₂(g) 的标准摩尔焓变。

化学键	$\Delta_D H_m^\ominus$ /(kJ·mol⁻¹)	化学键	$\Delta_D H_m^\ominus$ /(kJ·mol⁻¹)
C—N	293	C—O	358
C=N	615	C=O	799
C≡N	891	C≡O	1072
N—N	163	C—C	348
N=N	418	O—O	146
N≡N	945	O=O	495

解　NCCN 的结构为 N≡C—C≡N，因此反应可以写成：

$$N≡C—C≡N + 2O=O \longrightarrow N≡N + 2O=C=O$$

反应标准摩尔焓变：

$$\Delta_r H_m^\ominus = 2\Delta_D H_m^\ominus(C≡N) + \Delta_D H_m^\ominus(C—C) + 2\Delta_D H_m^\ominus(O=O) - \Delta_D H_m^\ominus(N≡N) - 2×2×\Delta_D H_m^\ominus(C=O)$$

$$= 2 × 891\ kJ·mol^{-1} + 348\ kJ·mol^{-1} + 2 × 495\ kJ·mol^{-1} - 945\ kJ·mol^{-1} - 2 × 2 × 799\ kJ·mol^{-1}$$

$$= -1021\ kJ·mol^{-1}$$

从例 2.7 总结由"键焓"数据估算"反应热"的公式如下：

$$\Delta_r H_m^\ominus = \sum_i \nu_i \Delta_D H_m^\ominus(反应物) - \sum_i \nu_i \Delta_D H_m^\ominus(生成物) \tag{2.11}$$

显然，在不同的化合物中断开同一种化学键所需要的能量并不相同，在多原子分子中如 CH₄，断开第一个 C—H 键和第二个 C—H 键所需要的能量也不同。因此，书中列出的"键焓"值实际上是该种化学键在若干种化合物中的平均近似值。利用键焓和标准摩尔生成焓计算化学反应的热效应，两种方法的计算结果不相同但相近，差异是由键焓值是"平均近似值"引起的。由于反应物和生成物的状态与键焓的定义未必吻合，尤其是有固态或液态参与的反应，因此键焓虽然反映了反应热的微观本质，但利用键焓求反应热，有时只能是估算，得到近似值。

2.2.5 食物与燃料*

人体从食物中获取能量。例如，糖类的平均燃烧值[①]为 4 kcal·g⁻¹，在人体内可以快速分解，所以体内只能储存少量的糖。食物的平均燃烧值各不相同，花生 5.5 kcal·g⁻¹、面包 2.8 kcal·g⁻¹、鸡蛋 1.4 kcal·g⁻¹、牛奶 0.74 kcal·g⁻¹、苹果 0.59 kcal·g⁻¹。多余的能量在人体内以脂肪的形式储存，这是由于脂肪不溶于水，而且脂肪的平均燃烧值是 9 kcal·g⁻¹，高于蛋白质或糖类。

燃料如煤、石油、天然气是人类生活的主要能量来源。煤的储量丰富，占全球化石燃料的 90%。固体煤运输成本高，因为煤中含 S，直接燃烧造成大气污染。煤气化(coal gasification)技术以氧气(空气、富氧或纯氧)、水蒸气或氢气等作气化剂，在高温条件下通过化学反应将煤或煤焦中的可燃部分转化为气体燃料或下游原料，气化后得到的合成气(syngas，CH₄、H₂、CO 等混合气)可以简单地通过管道运输，也避免了 SO₂ 的释放。

① 1 g 燃料燃烧释放的能量称为燃烧值，单位千卡·克⁻¹（kcal·g⁻¹）或 kJ·g⁻¹(非 SI 单位)。燃烧热 $\Delta_c H_m^\ominus$ 为负值，但燃烧值定义为燃烧热的相反数采用正值。

2.3　过程的自发性、熵、热力学第二定律和第三定律
(Spontaneity of process, entropy and the second/third law of thermodynamics)

2.3.1　过程的自发性

自然界水总往低处流，热总是从高温物体传递到低温物体。化学反应也有很多这样的例子，如 Zn 片插入 $CuSO_4$ 中就会发生置换反应。这些过程都是不需外功就能自动进行，而且还可以用来做功(如发电)；但也不是无止境地进行，当高度下不降了，水就不流了，温度相同了热就不传递了。虽然 Zn-Cu 的置换反应是可以进行到反应物耗尽，但也有大量反应在反应物没有耗尽的时候也不会再继续进行了，如氮气和氢气合成氨的反应。**这类无须环境对系统做功就能自动进行的过程，称为"自发过程"(spontaneous process)；相反，需消耗外功才能进行的过程，称为"非自发过程"(non-spontaneous process)。**

自发过程具有以下两个特征：

(1) 单方向趋于平衡。例如，热自动从高温物体传递到低温物体，直到两物体温度相等。

(2) 不可自动逆转。系统经自发过程达到平衡后，如无环境作用，系统不能自动返回到原来状态。

自然界所有的自发过程都是热力学的不可逆过程(irreversible process)。例如，理想气体恒温向真空膨胀(盖·吕萨克-焦耳热力学实验，图 2.3)是一个自发过程，膨胀后的气体如要恢复原来状态，需借助压缩过程来达到；压缩过程中环境必须对系统做功。当系统回到原来状态环境损失了功 W，而得到了热 Q。此时环境与原来状态相比已发生了变化。这说明理想气体恒温自由膨胀是一个自发、不可逆过程。

2.3.2　熵、热力学第二定律

如图 2.8 所示，两种气体，放入绝热、刚性的容器中，中间有一隔板将这两种气体分开。当隔板抽掉后，两气体自发混合，是自发过程；而其逆过程，将不同气体分开，是非自发的。以所有气体和这个容器作为系统，这是一个与环境没有能量交换和物质交换的**孤立系统**，隔板拿掉前后 ΔU、Q 和 W 都等于 0 J。从微观角度分析这个自发过程发现：把隔板拿掉之后，这两种气体从原来各自在小室内活动，变成在整个容器中，活动范围大了，驱动这个过程自发进行的是系统混乱度的增加。

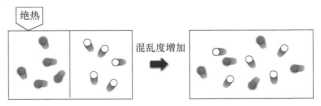

图 2.8　气体恒温绝热混合过程示意图

19 世纪 50～60 年代，克劳修斯(R. Clausius)引入了状态函数熵(entropy，符号 S)，后来玻

尔兹曼(L. Boltzmann)等将熵与混乱度定量地联系起来：从微观的角度来看，**熵是系统微观状态(混乱度)的一种量度**，具有统计意义。

上述例子说明，气体混合这个自发过程，只有熵增加了。事实上，**孤立体系自发变化总是熵增加的过程**，这是**热力学第二定律**(the second law of thermodynamics)的表述形式之一，用公式表示为

$$\Delta S_{孤立} > 0 \quad J \cdot K^{-1} \tag{2.12}$$

过程自发。显然，$\Delta S_{孤立} < 0 \ J \cdot K^{-1}$ 的过程是非自发的，而 $\Delta S_{孤立} = 0 \ J \cdot K^{-1}$ 的过程则是热力学可逆过程(reverse process)。

可逆过程与不可逆过程是热力学两种重要的过程。主要区别在于：系统经历不可逆过程由始态变化到终态，若再回到始态，系统状态未发生改变，但环境状态一定改变了，如自发过程；系统经历可逆过程由始态变化到终态，若再回到始态，系统和环境状态都未发生改变。

热力学证明：恒温可逆过程的熵变

$$\Delta S = \frac{Q_{rev}}{T} \tag{2.13}$$

式中，Q_{rev} 为"可逆过程热"。

相变点的相变过程近似为可逆过程，因此可以利用其热效应计算相变过程的熵变，具体方法：相变过程为可逆过程，$\Delta S_{孤立} = 0 \ J \cdot K^{-1}$，而 $\Delta S_{孤立} = \Delta S_{体系} + \Delta S_{环境}$，因此相变过程 $\Delta S_{系统} = \dfrac{Q_{rev}}{T}$，$Q_{rev}$ 即为相变过程的热效应。

【例 2.8】 1×10^5 Pa 下，水在 100 ℃ 下沸腾，其标准摩尔蒸发焓 $\Delta_{vap} H_m^{\ominus} = 40.67 \ kJ \cdot mol^{-1}$，求该过程的标准摩尔蒸发熵 $\Delta_{vap} S_m^{\ominus}$。

解 蒸发过程吸收的热为恒压热，即 $Q_{rev} = \Delta_{vap} H_m^{\ominus} = 40.67 \ kJ \cdot mol^{-1}$，所以

$$\Delta_{vap} S_m^{\ominus} = \frac{Q_{rev}}{T} = \frac{40.67 \ kJ \cdot mol^{-1}}{373.15 \ K} = 109.0 \ J \cdot K^{-1} \cdot mol^{-1}$$

2.3.3 热力学第三定律和标准熵

根据熵的定义，对于同一物质，由固态到液态，再到气态，混乱度依次增大，熵依次增大。20 世纪初，科学家根据一系列的低温实验结果及推测，总结出一条经验规律，即**在热力学 0 K 时，任何纯物质的完美晶体的熵值都等于零**，这就是**热力学第三定律**(the third law of thermodynamics)。该定律的数学表达式为

$$S^*(0 \ K，完美晶体) = 0 \ J \cdot K^{-1} \tag{2.14}$$

式中，上标"*"表示"纯净物质"(摩尔分数 $x = 1$)，所谓"完美晶体"，是指以一种规律的几何方式去排列分子或原子，其微观状态数为 1。

若 1 mol 纯净物质的完美晶体在标准压力 $p^{\ominus}$ 下，从 0 K 可逆升温至 T 时的指定状态，其熵变 $\Delta S_m^{\ominus} = S_m^{\ominus}(T) - S_m^{\ominus}(0 \ K)$。

根据热力学第三定律，完美晶体 $S_m^{\ominus}(0 \ K) = 0 \ J \cdot K^{-1} \cdot mol^{-1}$，所以

$$\Delta S_m^{\ominus} = S_m^{\ominus}(T) \tag{2.15}$$

式中，$S_m^{\ominus}(T)$ 称为温度 T 时物质的标准摩尔熵，简称"标准摩尔熵"(standard molar entropy)，其值等于 1 mol 纯净物质的完美晶体在标准压力下从 0 K 升温至 T 时过程的熵变，单位为 $J \cdot K^{-1} \cdot mol^{-1}$。通过热力学方法，可以计算出过程的熵变 $\Delta S_m^{\ominus}$。这样就求得了各种物质在标准状态下的标准摩尔熵。可见，熵与热力学能和焓都是状态函数，但是熵与热力学能和焓不同的是，其绝对值可以求得。

因为化学反应通常是在不可逆情况下进行的，其反应热不是 Q_{rev}，所以化学反应的熵变一般不能直接用反应热除以反应温度来计算。但若知各物质的标准摩尔熵 $S_m^{\ominus}(T)$，就可以很方便地计算化学反应的熵变。对于任意化学反应：

$$\Delta_r S_m^{\ominus} = \sum_i \nu_i S_m^{\ominus}(生成物) - \sum_i \nu_i S_m^{\ominus}(反应物) \tag{2.16}$$

物质的标准摩尔熵受温度、物态、分子大小和结构复杂性的影响。无相变时，温度越高，$S_m^{\ominus}$ 越大；严格的计算不能忽略温度的影响，但在一定温度范围内而且无相变条件下，温度的影响是比较小的，物质的 $S_m^{\ominus}$ 和反应的 $\Delta_r S_m^{\ominus}$ 可以近似地用 298.15 K 的相关数据代替。但发生相变时，$\Delta_r S_m^{\ominus}$ 不能用 298.15 K 的数据代替。

一些物质在 298.15 K 的标准摩尔熵见附录 3。由标准摩尔熵数据可得

(1) 同一物质：$S_m^{\ominus}(s) < S_m^{\ominus}(l) \ll S_m^{\ominus}(g)$。

(2) 同系列物质：摩尔质量越大，则 $S_m^{\ominus}$ 越大。例如

$$S_m^{\ominus}[F_2(g)] < S_m^{\ominus}[Cl_2(g)] < S_m^{\ominus}[Br_2(g)] < S_m^{\ominus}[I_2(g)]$$

(3) 对于气态物质，多原子分子的 $S_m^{\ominus}$ 值大于单原子分子的 $S_m^{\ominus}$ 值。例如

$$S_m^{\ominus}[O_3(g)] > S_m^{\ominus}[O_2(g)] > S_m^{\ominus}[O(g)]$$

(4) 对于摩尔质量相同的物质，结构对称性越低，则 $S_m^{\ominus}$ 值越大。例如

$$S_m^{\ominus}(CH_3CH_2OH) > S_m^{\ominus}(CH_3—O—CH_3)$$

以上物质的标准熵值变化规律性，容易从"熵"是系统混乱度量度的物理意义理解。

【例 2.9】　根据熵与结构的关系，预测下列反应前后是熵增还是熵减，查表计算检验你的结果。

化学反应	熵的变化 [根据 $S_m^{\ominus}(s) < S_m^{\ominus}(l) \ll S_m^{\ominus}(g)$ 预测]	$\Delta_r S_m^{\ominus}/(J \cdot K^{-1} \cdot mol^{-1})$
$CaCO_3(s) = CaO(s) + CO_2(g)$	增	+161
$H_2O(g) + C(s) = H_2(g) + CO(g)$	增	+134
$NH_4Cl(s) = NH_3(g) + HCl(g)$	增	+285
$PbBr_2(s) = Pb(s) + Br_2(l)$	增	+56
$N_2(g) + 3 H_2(g) = 2 NH_3(g)$	减	−198.1
$PbI_2(s) = Pb(s) + I_2(s)$	根据所含物质种类预测增	+5
$H_2O(g) + CO(g) = H_2(g) + CO_2(g)$	根据分子结构对称性预测减	−85.95

2.4　吉布斯自由能与化学反应自发性判据
(Gibbs free energy and spontaneity criterions of chemical reactions)

2.4.1　吉布斯自由能

自然界中一切过程都有一定的方向和限度，不可能自发按原过程逆向进行。如何判定在指定条件下，系统中某一过程的方向和限度？

化学反应通常是在恒温（$T_{始}=T_{终}=T_{环境}$）、恒压（$p_{始}=p_{终}=p_{环境}$）下进行的，通常伴有热效应 $\Delta_r H_m^{\ominus}$，但并不是孤立系统，采用热力学第二定律孤立系统熵变的判据来判断化学反应的自发方向略显复杂。因此，从热力学第二定律出发，可推导恒温、恒压下进行的化学反应自发性判据。

自发过程的 $\Delta S_{孤立}>0\,J\cdot K^{-1}$，$\Delta S_{孤立}=\Delta S_{系统}+\Delta S_{环境}$，即 $\Delta S_{系统}+\Delta S_{环境}>0\,J\cdot K^{-1}$；使环境热交换为可逆过程，$Q_{环境}=(Q_{rev})_{环境}$，则 $\Delta S_{环境}=\dfrac{Q_{环境}}{T}$。

恒温、恒压、除体积功外不做其他功时，系统热效应为 $\Delta H_{系统}(Q_{系统})$，又因系统热效应与环境热效应数值相等、符号相反，所以 $Q_{环境}=-\Delta H_{系统}$，则 $\Delta S_{环境}=\dfrac{-\Delta H_{系统}}{T}$，代入 $\Delta S_{系统}+\Delta S_{环境}>0\,J\cdot K^{-1}$，得出 $\Delta S_{系统}+\dfrac{-\Delta H_{系统}}{T}>0\,J\cdot K^{-1}$，过程自发进行。

展开 $\Delta S_{系统}$ 和 $\Delta H_{系统}$：$\Delta S_{系统}=S_{终}-S_{始}$，$\Delta H_{系统}=H_{终}-H_{始}$，且恒温 $T_{始}=T_{终}=T$，并整理相同状态的状态函数且左右两边同时乘以 T，得 $(H_{终}-T_{终}S_{终})-(H_{始}-T_{始}S_{始})<0\,J$，过程自发进行。

上式中 H、T、S 都是系统的状态函数，其组合项 $(H-TS)$ 也是系统的状态函数，为纪念首先提出"自由能"概念的吉布斯（J. W. Gibbs），**定义吉布斯自由能（Gibbs free energy）**为

$$G \equiv H - TS \tag{2.17}$$

吉布斯自由能属于广度性质，具有加和性，单位与焓一致。

用式(2.17)代入 $(H_{终}-T_{终}S_{终})-(H_{始}-T_{始}S_{始})<0\,J$，得

$$\Delta_r G_m < 0\,J\cdot mol^{-1} \tag{2.18}$$

过程自发进行。式(2.18)称为**反应自发性的吉布斯自由能判据**，其物理意义是：**在恒温、恒压、不做非体积功条件下，一个封闭系统吉布斯自由能减小的过程为自发过程，这是热力学第二定律的另一种表述形式**。其逆过程，系统吉布斯自由能增加，为非自发过程；若吉布斯自由能既不减小也不增加，为可逆过程，对应系统的"平衡态"（图 2.9）。由于化学反应通常是在恒温、恒压下进行的，所以**吉布斯自由能判据是化学反应自发性最基本的判据**。

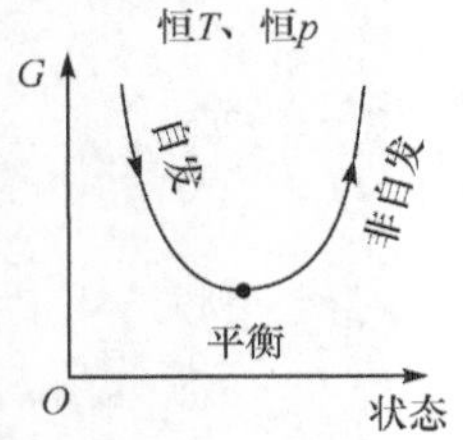

化学反应自发性的吉布斯自由能判据总结如下：

$\Delta_r G_m < 0\,J\cdot mol^{-1}$，正反应以不可逆方式自发进行；

$\Delta_r G_m = 0\,J\cdot mol^{-1}$，反应以可逆方式进行，对应系统的"平衡态"；

$\Delta_r G_m > 0\,J\cdot mol^{-1}$，正反应不能自发进行，逆反应以不可逆方式

图 2.9　自发过程 ΔG 判据

自发进行。

热力学证明：吉布斯自由能是恒温、恒压过程系统对外做非体积功的最大值，该数值等于恒温、恒压、可逆过程系统所做的非体积功。

2.4.2　标准摩尔生成吉布斯自由能

对于某个化学反应，只要计算出其 $\Delta_r G_m$，就能判断出反应自发进行的方向。与热力学函数 U、H 一样，物质的吉布斯自由能的绝对值也是无法测量的。仿照定义标准摩尔生成焓计算化学反应的标准摩尔焓变方法，引入物质的"标准摩尔生成吉布斯自由能 $\Delta_f G_m^{\ominus}$"。

在某温度下，处于标准状态的由指定单质生成 1 mol 某纯物质的吉布斯自由能的改变量，称为此温度下该物质的标准摩尔生成吉布斯自由能(standard molar Gibbs free energy of formation)，用符号 $\Delta_f G_m^{\ominus}$ 表示，单位是 $kJ \cdot mol^{-1}$；与 $\Delta_f H_m^{\ominus}$ 一样，处于标准状态的指定单质的 $\Delta_f G_m^{\ominus}$ 为零。附录 3 列出了 298.15 K 时一些物质的 $\Delta_f G_m^{\ominus}$。

同标准摩尔焓变类似，利用状态函数殊途同归变化等的特点，以及各物质的 $\Delta_f G_m^{\ominus}$，可计算出化学反应的吉布斯自由能的改变量 $\Delta_r G_m^{\ominus}$，计算公式为

$$\Delta_r G_m^{\ominus} = \sum_i \nu_i \Delta_f G_m^{\ominus}(\text{生成物}) - \sum_i \nu_i \Delta_f G_m^{\ominus}(\text{反应物}) \tag{2.19}$$

2.4.3　吉布斯-亥姆霍兹方程

由吉布斯自由能的定义式(2.17)可知，在恒温条件下，得到某温度下反应的吉布斯自由能变、焓变和熵变之间的关系

$$\Delta_r G_m = \Delta_r H_m - T\Delta_r S_m \tag{2.20}$$

标准状态下，有

$$\Delta_r G_m^{\ominus} = \Delta_r H_m^{\ominus} - T\Delta_r S_m^{\ominus} \tag{2.21}$$

式(2.20)和式(2.21)依次称为任意态和标准态的"吉布斯-亥姆霍兹方程"(Gibbs-Helmholtz equation)。在 ΔT 不大而且无"相变"的条件下，温度 T 的 $\Delta_r H_m^{\ominus}(T)$ 和 $\Delta_r S_m^{\ominus}(T)$ 可近似用 $\Delta_r H_m^{\ominus}(298\,K)$ 和 $\Delta_r S_m^{\ominus}(298\,K)$ 数据代替，计算 $\Delta_r G_m^{\ominus}(T)$：

$$\Delta_r G_m^{\ominus}(T) \approx \Delta_r H_m^{\ominus}(298\,K) - T\Delta_r S_m^{\ominus}(298\,K) \tag{2.22}$$

但是，从吉布斯-亥姆霍兹方程式(2.20)式(2.21)可以看出，温度对 $\Delta_r G_m(T)$ 和 $\Delta_r G_m^{\ominus}(T)$ 的影响不能忽略。

【例 2.10】　计算合成 SO_3 反应 298 K 和 400 K 下的 $\Delta_r G_m^{\ominus}(T)$。

$$2SO_2(g) + O_2(g) \Longrightarrow 2SO_3(g)$$

解　查表得 298 K 下各物质的 $\Delta_f G_m^{\ominus}$、$\Delta_f H_m^{\ominus}$、$S_m^{\ominus}$ 值。

物质	$SO_2(g)$	$O_2(g)$	$SO_3(g)$
$\Delta_f G_m^{\ominus} /(kJ \cdot mol^{-1})$	−300.13	0	−371.02
$\Delta_f H_m^{\ominus} /(kJ \cdot mol^{-1})$	−296.81	0	−395.7
$S_m^{\ominus} /(J \cdot K^{-1} \cdot mol^{-1})$	248.223	205.152	256.77

$$\Delta_r G_m^{\ominus}(298\ K) = 2 \times \Delta_f G_m^{\ominus}(SO_3, g) - 2 \times \Delta_f G_m^{\ominus}(SO_2, g) - 1 \times \Delta_f G_m^{\ominus}(O_2, g)$$
$$= 2 \times (-371.02\ kJ \cdot mol^{-1}) - 2 \times (-300.13\ kJ \cdot mol^{-1}) - 1 \times (0\ kJ \cdot mol^{-1})$$
$$= -141.78\ kJ \cdot mol^{-1}$$
$$\Delta_r H_m^{\ominus}(298\ K) = 2 \times \Delta_f H_m^{\ominus}(SO_3, g) - 2 \times \Delta_f H_m^{\ominus}(SO_2, g) - 1 \times \Delta_f H_m^{\ominus}(O_2, g)$$
$$= 2 \times (-395.7\ kJ \cdot mol^{-1}) - 2 \times (-296.81\ kJ \cdot mol^{-1}) - 1 \times (0\ kJ \cdot mol^{-1})$$
$$= -197.78\ kJ \cdot mol^{-1}$$
$$\Delta_r S_m^{\ominus}(298\ K) = 2 \times S_m^{\ominus}(SO_3, g) - 2 \times S_m^{\ominus}(SO_2, g) - 1 \times S_m^{\ominus}(O_2, g)$$
$$= 2 \times 256.77\ J \cdot K^{-1} \cdot mol^{-1} - 2 \times 248.223\ J \cdot K^{-1} \cdot mol^{-1} - 1 \times 205.152\ J \cdot K^{-1} \cdot mol^{-1}$$
$$= -188.06\ J \cdot K^{-1} \cdot mol^{-1}$$

从 298 K 到 400 K，各物质无相变，$\Delta_r H_m^{\ominus}(400\ K) \approx \Delta_r H_m^{\ominus}(298\ K)$，$\Delta_r S_m^{\ominus}(400\ K) \approx \Delta_r S_m^{\ominus}(298\ K)$，则

$$\Delta_r G_m^{\ominus}(400\ K) \approx \Delta_r H_m^{\ominus}(298\ K) - T\Delta_r S_m^{\ominus}(298\ K)$$
$$= -197.78\ kJ \cdot mol^{-1} - 400\ K \times (-188.06 \times 10^{-3}\ kJ \cdot K^{-1} \cdot mol^{-1})$$
$$= -122.56\ kJ \cdot mol^{-1}$$

计算结果表明，温度对 $\Delta_r G_m^{\ominus}$ 的影响是显著的，在有些反应中甚至可以改变 $\Delta_r G_m^{\ominus}$ 的符号，使反应的方向逆转。吉布斯-亥姆霍兹方程的重要意义是，它综合了标准状态 $\Delta_r H_m^{\ominus}$、$\Delta_r S_m^{\ominus}$ 或任意状态 $\Delta_r H_m$、$\Delta_r S_m$ 对反应方向（$\Delta_r G_m^{\ominus}$ 或 $\Delta_r G_m$ 正、负值）的影响，可以用来判定化学反应的自发性与温度的关系。以非标准状态为例，因为当温度变化不大且没有相变的情况下，$\Delta_r H_m$、$\Delta_r S_m$ 随温度变化不大，所以利用吉布斯-亥姆霍兹方程[式(2.20)]，以 $\Delta_r G_m$ 对温度 T 作图时，将得到一条直线，如图 2.10 所示，$\Delta_r H_m$ 为截距，$\Delta_r S_m$ 为斜率。通过此图，可以看出 $\Delta_r G_m$ 随温度变化的趋势，以及反应的自发方向。如果要判断标准状态反应的自发方向，则可根据式(2.21)得到类似的一条直线，考察 $\Delta_r G_m^{\ominus}$-T 的关系。表 2.2 根据吉布斯-亥姆霍兹方程(2.20)，总结了影响化学反应方向性的因素。

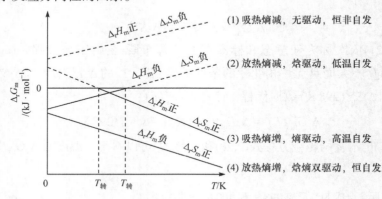

图 2.10　$\Delta_r G_m$ 随温度变化趋势示意图

表 2.2　影响化学反应方向性的因素

类型	$\Delta_r H_m$	$\Delta_r S_m$	自发性	驱动力	实例(标准状态、298 K)	$\Delta_r H_m^{\ominus}$ /(kJ · mol⁻¹)	$\Delta_r S_m^{\ominus}$ /(J · K⁻¹ · mol⁻¹)	$\Delta_r G_m^{\ominus}$ /(kJ · mol⁻¹)
1	+	−	任意 T 正反应非自发	无	$2CO(g) == 2C(石墨) + O_2(g)$	+221.1	−178.7	+274.3
2	−	−	低温正反应自发	焓	$HCl(g) + NH_3(g) == NH_4Cl(s)$	−176.3	−88.73	−91.2

续表

类型	$\Delta_r H_m$	$\Delta_r S_m$	自发性	驱动力	实例(标准状态、298 K)	$\Delta_r H_m^{\ominus}$ /(kJ·mol^{-1})	$\Delta_r S_m^{\ominus}$ /(J·K^{-1}·mol^{-1})	$\Delta_r G_m^{\ominus}$ /(kJ·mol^{-1})
3	+	+	高温正反应自发	熵	$CaCO_3(s) = CaO(s) + CO_2(g)$	+179.2	+160.2	+131.4
4	−	+	任意 T 正反应自发	焓、熵	$H_2(g) + F_2(g) = 2\,HF(g)$	−546.60	+14.087	−550.8

上述 2、3 两种类型的反应中，在不同温度区间反应自发进行的方向不同，正反应自发需 $\Delta_r G_m < 0$，利用 $\Delta_r G_m = \Delta_r H_m - T\Delta_r S_m$，反应自发进行的温度区间为

$$T < \frac{\Delta_r H_m}{\Delta_r S_m}(类型2), \quad T > \frac{\Delta_r H_m}{\Delta_r S_m}(类型3) \tag{2.23}$$

在温度差不大、同一物质无相变条件下，式(2.23)中温度 T 的 $\Delta_r H_m^{\ominus}$、$\Delta_r S_m^{\ominus}$ 可用 298 K 时的相应数据代替。

【例 2.11】　利用热力学数据，计算标准状态下列反应的转变温度。

$$CaCO_3(s) = CaO(s) + CO_2(g)$$

解　查表，得 298 K 时各物质的 $\Delta_f G_m^{\ominus}$、$\Delta_f H_m^{\ominus}$、$S_m^{\ominus}$ 值。

物质	CaCO$_3$(s)	CaO(s)	CO$_2$(g)
$\Delta_f G_m^{\ominus}$ /(kJ·mol^{-1})	−1129.1	−603.3	−394.39
$\Delta_f H_m^{\ominus}$ /(kJ·mol^{-1})	−1207.6	−634.92	−393.51
$S_m^{\ominus}$ /(J·K^{-1}·mol^{-1})	91.7	38.1	213.785

$$\Delta_r G_m^{\ominus}(298\ K) = (-394.39\ kJ·mol^{-1}) + (-603.3\ kJ·mol^{-1}) - (-1129.1\ kJ·mol^{-1})$$

$$= +131.4\ kJ·mol^{-1}$$

$\Delta_r G_m^{\ominus}(298\ K) > 0\ kJ·mol^{-1}$，正反应非自发，逆反应自发。

$$\Delta_r H_m^{\ominus}(298\ K) = (-393.51\ kJ·mol^{-1}) + (-634.92\ kJ·mol^{-1}) - (-1207.6\ kJ·mol^{-1}) = +179.2\ kJ·mol^{-1}$$

$$\Delta_r S_m^{\ominus}(298\ K) = (213.785 \times 10^{-3}\ kJ·K^{-1}·mol^{-1}) + (38.1 \times 10^{-3}\ kJ·K^{-1}·mol^{-1}) - (91.7 \times 10^{-3}\ kJ·K^{-1}·mol^{-1})$$

$$= +160.2 \times 10^{-3}\ kJ·K^{-1}·mol^{-1}$$

$$T > \frac{\Delta_r H_m^{\ominus}(T)}{\Delta_r S_m^{\ominus}(T)} \approx \frac{\Delta_r H_m^{\ominus}(298\ K)}{\Delta_r S_m^{\ominus}(298\ K)} = \frac{+179.2\ kJ·mol^{-1}}{+160.2 \times 10^{-3}\ kJ·K^{-1}·mol^{-1}} = 1119\ K$$

即 $T > 1119$ K 时，反应方向逆转，正反应自发。

本章教学要求

1. 理解热力学基本概念：系统和环境、状态和状态函数、过程和途径、体积功。

2. 掌握热力学的四个状态函数——热力学能(U)、焓(H)、熵(S)和吉布斯自由能(G)及它们之间的关系。

3. 理解热力学第一定律。

4. 熟练运用赫斯定律，计算化学反应的标准摩尔焓变；掌握使用物质的标准摩尔生成热和标准摩尔燃烧热，计算化学反应的标准摩尔焓变的方法。

5. 理解热力学第二定律，了解热力学第三定律。

6. 掌握使用物质的标准摩尔生成吉布斯自由能和标准摩尔熵，计算化学反应的标准摩尔吉布斯自由能变和标准摩尔熵变的方法。

7. 熟练运用吉布斯自由能变判断恒温恒压下化学反应的自发方向。

8. 掌握使用标准状态吉布斯-亥姆霍兹方程 $\Delta_r G_m^{\ominus} = \Delta_r H_m^{\ominus} - T\Delta_r S_m^{\ominus}$ 做有关运算，了解温度对化学反应的吉布斯自由能变和反应自发方向的影响。

习　题

1. 为什么说绝热过程不一定是等温过程？

2. 可逆过程和循环过程是同一个过程吗？

3. 在 298.15 K 标准状态下，Na 与水在烧杯中发生反应，放出 2 mol 的氢气(理想气体)。系统对环境所做的体积功是多少？

4. 求下列两个过程系统热力学能变化值是多少？

(1) 系统从环境吸收了 140 J 的热，对环境做了 85 J 的功。

(2) 系统向环境散热 1150 J，体积膨胀对系统做 480 J 的体积功。

5. 已知反应 2Mg(s) + O₂(g)══2MgO(s)　$\Delta_r H_m^{\ominus} = -1204$ kJ · mol⁻¹，求标准状态及恒压条件下，2.40 g Mg 燃烧放出多少热？7.50 g MgO 分解需要吸收多少热？(Mg 的相对原子质量为 24.3，MgO 的相对分子质量为 40.3)

6. 已知下列反应的焓变

$$N_2O_4\,(g)══2NO_2\,(g)　\Delta_r H_m^{\ominus} = 57.20 \text{ kJ} \cdot \text{mol}^{-1}$$
$$NO\,(g) + 1/2O_2\,(g)══NO_2\,(g)　\Delta_r H_m^{\ominus} = -57.07 \text{ kJ} \cdot \text{mol}^{-1}$$

计算反应 2NO(g)+O₂(g)══N₂O₄(g)的焓变。

7. 已知反应 CuO(s) + H₂(g)══Cu (s) + H₂O(l)　$\Delta_r H_m^{\ominus} = -129.7$ kJ · mol⁻¹，以及 $\Delta_f H_m^{\ominus}$ [H₂O(l)] = −285.830 kJ · mol⁻¹，求 CuO(s)固体的 $\Delta_f H_m^{\ominus}$。

8. 根据下列热力学数据，求 75.0 mL 0.100 mol · dm⁻³ Na₂SO₄(aq)与 25.0 mL 0.200 mol · dm⁻³ AgNO₃(aq)反应吸收(或放出)多少热量？

物质	Ag⁺(aq)	SO₄²⁻(aq)	Ag₂SO₄(s)
$\Delta_f H_m^{\ominus}$ /(kJ · mol⁻¹)	105.9	−909.3	−715.2

9. 根据下列热力学数据，求甲醚[CH₃OCH₃(g)]的 $\Delta_f H_m^{\ominus}$。

(1)

物质	C(石墨)	H₂(g)	CH₃OCH₃(g)
$\Delta_c H_m^{\ominus}$ /(kJ · mol⁻¹)	−393.5	−285.8	−1461

(2) C(石墨) ⟶ C (g)，　$\Delta_s H_m^{\ominus} = 717$ kJ · mol⁻¹

化学键	$\Delta_D H_m^{\ominus}$ /(kJ · mol⁻¹)	化学键	$\Delta_D H_m^{\ominus}$ /(kJ · mol⁻¹)
H—H	436	C—O	358
O=O	495	C—H	415

10. 预测下列反应 $\Delta_r S_m^{\ominus}$ 的正负。

(1) $HCl(g) + NH_3(g) \Longrightarrow NH_4Cl(s)$

(2) $2SO_2(g) + O_2(g) \Longrightarrow 2SO_3(g)$

(3) N_2 从 20 ℃冷却到−50 ℃

11. 以下说法是否正确？为什么？

(1) 恒温恒压下，放热反应都可以自发进行。

(2) $\Delta_r G_m^{\ominus} > 0$ 的反应不能自发进行。

(3) 标准状态下，$\Delta_r H_m^{\ominus}$、$\Delta_r S_m^{\ominus}$ 都大于零的反应在高温下可能自发进行。

(4) 不管有没有发生相变，物质温度越高，熵值越大。

(5) 纯物质的 $\Delta_f G_m^{\ominus}$、$\Delta_f H_m^{\ominus}$、$S_m^{\ominus}$ 值都等于零。

12. 乙酸在气相时可以通过氢键结合为二聚体，反应方程式如下：

$$2CH_3COOH(g) \Longrightarrow [CH_3COOH \text{—} HOOCCH_3] \qquad \Delta_r H_m^{\ominus} = -66.5 \text{ kJ} \cdot \text{mol}^{-1}$$

(1) 请判断该反应的熵变是增加还是减少，并简述理由。

(2) 根据 25 ℃的自由能变 $\Delta_r G_m^{\ominus}$ (+16.5 kJ · mol^{-1})计算该反应的熵变，并与你的预测结果比较。

13. 利用下列热力学数据计算：

$$2RbCl(s) + 3O_2(g) \Longrightarrow 2RbClO_3(s)$$

(1) 25 ℃反应的 $\Delta_r G_m^{\ominus}$、$\Delta_r H_m^{\ominus}$ 和 $\Delta_r S_m^{\ominus}$。

(2) 60 ℃反应的 $\Delta_r G_m^{\ominus}$。

(3) 25 ℃ $O_2(g)$的标准摩尔熵 $S_m^{\ominus}$。

物质	$\Delta_f H_m^{\ominus} /(kJ \cdot mol^{-1})$	$\Delta_f G_m^{\ominus} /(kJ \cdot mol^{-1})$	$S_m^{\ominus} /(J \cdot K^{-1} \cdot mol^{-1})$
RbCl	−430.5	−412.0	92
RbClO$_3$	−392.4	−292.0	152

14. 利用热力学数据计算标准状态下合成氨反应的转变温度。通过查找资料，了解该反应在实际工业生产中的条件。

物质	N$_2$(g)	H$_2$(g)	NH$_3$(g)
$\Delta_f G_m^{\ominus} /(kJ \cdot mol^{-1})$	0	0	−16.4
$\Delta_f H_m^{\ominus} /(kJ \cdot mol^{-1})$	0	0	−45.94
$S_m^{\ominus} /(J \cdot K^{-1} \cdot mol^{-1})$	191.609	130.68	192.776

15. 通过查找资料，以及热力学数据计算铝热反应、中和反应、汽油的主要成分辛烷燃烧反应、氢气燃烧反应、火箭燃料甲基肼[CH$_6$N$_2$(l)]、肼[N$_2$H$_4$(l)] 燃烧反应的 $\Delta_r H_m^{\ominus}$。分析火箭燃料的特点。

物质	C$_8$H$_{18}$(l)	CH$_6$N$_2$(l)	N$_2$H$_4$(l)
$\Delta_f H_m^{\ominus} /(kJ \cdot mol^{-1})$	−250.1	54.2	50.6

(乔正平)

第3章 化学反应速率
(Chemical reaction rate)

化学热力学告诉我们如何判断过程自发进行的方向、衡量过程进行的限度及能量变化，即解决反应过程的"可能性"问题；但是，热力学不考虑时间因素，因而没有解决反应的"现实性"问题。

化学动力学主要研究化学反应速率和反应机理，其任务就是回答化学反应的"现实性"问题。

本章主要论述"化学反应速率"，首先叙述"化学反应速率"的定义和测定方法，然后讨论反应条件(浓度、温度和催化剂等)对化学反应速率的影响，介绍关于化学反应速率的阿伦尼乌斯公式及"有效碰撞理论"和"过渡状态理论"。"反应机理"问题在物理化学课程中论述。

3.1 化学反应速率定义和测定方法
(Definition and determination of rate of a chemical reaction)

在实际应用中，多以浓度变化定义反应速率。对反应：

$$aA + bB = dD + eE$$

反应速率 r 可以用式(3.1)浓度对时间的微分形式定义：

$$r = \frac{1}{\nu_i} \cdot \frac{dc_i}{dt} \tag{3.1}$$

式中，ν_i 为反应系统中任一物质 i 的化学计量系数；c_i 为该物质的物质的量浓度。反应速率 r 可以用任一反应物质的浓度变化来表示。例如，上面反应的速率可表示为

$$r = -\frac{1}{a} \cdot \frac{dc_A}{dt} = -\frac{1}{b} \cdot \frac{dc_B}{dt} = \frac{1}{d} \cdot \frac{dc_D}{dt} = \frac{1}{e} \cdot \frac{dc_E}{dt}$$

对反应物的计量系数取负值，对生成物的计量系数取正值，使反应速率取正值。

在一般情况下，多采用容易测量的反应物或产物的浓度变化来表示给定反应的速率。

式(3.1)所表示的速率，可以看作在某一时刻 t 时反应的速率，称为反应在 t 时刻的"瞬时速率"。

【例 3.1】 写出下列反应在某时刻 t 时的瞬时速率表达式。

(1) $I^-(aq) + OCl^-(aq) = Cl^-(aq) + OI^-(aq)$

(2) $3O_2(g) = 2O_3(g)$

(3) $4NH_3(g) + 5O_2(g) = 4NO(g) + 6H_2O(g)$

解 (1) $r = -\frac{dc_{I^-}}{dt} = -\frac{dc_{OCl^-}}{dt} = \frac{dc_{Cl^-}}{dt} = \frac{dc_{OI^-}}{dt}$

(2) $r = -\frac{1}{3} \cdot \frac{dc_{O_2}}{dt} = \frac{1}{2} \cdot \frac{dc_{O_3}}{dt}$

(3) $r = -\frac{1}{4} \cdot \frac{dc_{NH_3}}{dt} = -\frac{1}{5} \cdot \frac{dc_{O_2}}{dt} = \frac{1}{4} \cdot \frac{dc_{NO}}{dt} = \frac{1}{6} \cdot \frac{dc_{H_2O}}{dt}$

若反应在时间范围 Δt 内，浓度变化为 Δc_i，同样可以计算其反应速率：

$$\bar{r} = \frac{1}{v_i} \cdot \frac{\Delta c_i}{\Delta t} \tag{3.2}$$

式(3.2)表示反应在 Δt 时间段的反应速率，称为这一时间段的"平均速率"。

例如，对反应：

$$N_2(g) + 3\,H_2(g) = 2\,NH_3(g)$$

时刻 t 的瞬时速率：

$$r = -\frac{dc_{N_2}}{dt} = -\frac{1}{3} \cdot \frac{dc_{H_2}}{dt} = \frac{1}{2} \cdot \frac{dc_{NH_3}}{dt}$$

时间段 Δt 的平均速率：

$$\bar{r} = -\frac{\Delta c_{N_2}}{\Delta t} = -\frac{1}{3} \cdot \frac{\Delta c_{H_2}}{\Delta t} = \frac{1}{2} \cdot \frac{\Delta c_{NH_3}}{\Delta t}$$

从上面的讨论可见：

(1) 化学反应速率 r 或 $\bar{r}$ 的单位是[物质的量浓度]·[时间]$^{-1}$，其 SI 单位为 $mol \cdot dm^{-3} \cdot s^{-1}$。对速率小的反应，时间单位也可以用分(min)、小时(h)等，反应速率的单位也就可以用 $mol \cdot dm^{-3} \cdot min^{-1}$ 或 $mol \cdot dm^{-3} \cdot h^{-1}$ 等。

(2) 由于在不同时刻反应物质的浓度可能不同，所以不同时刻反应的瞬时速率也可能不同，不同时间范围反应的平均速率也可能不同。

例如，过氧化氢水溶液的分解反应：$H_2O_2(aq) \xrightarrow{\ \Gamma\ } H_2O(l) + \frac{1}{2} O_2(g)$，对不同反应时间 H_2O_2 及 O_2 浓度进行测定，其数值如表 3.1 所示。

表 3.1　H_2O_2 水溶液分解反应在不同时间的浓度测定结果

$t\,/\,min$	$c_{H_2O_2}\,/(mol \cdot dm^{-3})$	$c_{O_2}\,/(mol \cdot dm^{-3})$
0	0.800	0
20	0.400	0.200
40	0.200	0.300
60	0.100	0.350
80	0.050	0.375

在 0～20 min，$\bar{r} = -\dfrac{\Delta c_{H_2O_2}}{\Delta t} = \dfrac{\Delta c_{O_2}}{\frac{1}{2}\Delta t} = 0.020\ mol \cdot dm^{-3} \cdot min^{-1}$，在 20～40 min，$\bar{r} = 0.010$ $mol \cdot dm^{-3} \cdot min^{-1}$；在 40～60 min，$\bar{r} = 0.0050\ mol \cdot dm^{-3} \cdot min^{-1}$。不同时间范围平均反应速率 $\bar{r}$ 不同，随反应物 H_2O_2 浓度减小而减小。

3.2　浓度对化学反应速率的影响
(Influence of concentration on a chemical reaction rate)

化学反应速率的大小，首先是由其内因，即反应本身决定的，这种内因主要是反应的活化能(activation energy)。此外，一些外部条件，如浓度、温度、催化剂等对化学反应速率也有影响。本节讨论其他条件保持不变时，浓度对化学反应速率的影响。

3.2.1 速率方程

在 3.1 节讨论过，过氧化氢水溶液分解反应：

$$H_2O_2(aq) \xrightarrow{\ \Gamma\ } H_2O(l) + \frac{1}{2}O_2(g)$$

从表 3.1 的数据可见，随着反应进行，反应物 H_2O_2 浓度逐渐减小，反应速率减小。与这个例子类似，一般的化学反应，反应速率均随反应物浓度减小而减小。

对任一反应：

$$aA + bB = dD + eE$$

浓度与反应速率 r 的关系，可通过实验测定。这种关系可用式(3.3)表示：

$$r = kc_A^m c_B^n \tag{3.3}$$

式中，k 为反应的速率常数，它是温度的函数，不随浓度变化，其数值可以看成每种反应物质浓度均为 $1\ mol \cdot dm^{-3}$ 时的反应速率；c_A 为在某时刻反应物 A 的浓度；c_B 为在某时刻反应物 B 的浓度；m 和 n 分别为反应物 A 和反应物 B 浓度的幂指数，其数值由实验测定。式(3.3)称为**"反应速率方程式"**，也称为**"反应动力学方程式"**。"反应速率方程式"明确给出了指定化学反应在一定温度下的速率与反应物质浓度之间的关系。

【例 3.2】　在 300 K 时，测得反应 $2NOCl(g) = 2NO(g) + Cl_2(g)$ 的 NOCl 浓度和反应速率的数据如表 3.2 所示。

表 3.2　反应 $2NOCl(g) = 2NO(g) + Cl_2(g)$ 的 NOCl 起始浓度 c_0 和起始速率 r_0

序号	$c_0(NOCl)/(mol \cdot dm^{-3})$	$r_0/(mol \cdot dm^{-3} \cdot s^{-1})$
1	0.30	3.60×10^{-9}
2	0.60	1.44×10^{-8}
3	0.90	3.24×10^{-8}

(1) 求反应速率常数。

(2) 写出反应速率方程式。

(3) 如果 NOCl 的起始浓度从 0.30 mol · dm⁻³ 增大到 0.45 mol · dm⁻³，反应的起始速率为多少？

解　对实验 2，NOCl 的起始浓度为实验 1 中 NOCl 起始浓度的 2 倍，此时反应的起始速率为实验 1 的

$$\frac{1.44 \times 10^{-8}\ mol \cdot dm^{-3} \cdot s^{-1}}{3.60 \times 10^{-9}\ mol \cdot dm^{-3} \cdot s^{-1}} = 4.00\ 倍。$$

对实验 3，NOCl 的起始浓度为实验 1 中 NOCl 起始浓度的 3 倍，此时反应的起始速率为反应 1 的

$$\frac{3.24 \times 10^{-8}\ mol \cdot dm^{-3} \cdot s^{-1}}{3.60 \times 10^{-9}\ mol \cdot dm^{-3} \cdot s^{-1}} = 9.00\ 倍。$$

即如果用 c_{NOCl} 代表实验 1 中 NOCl 的起始浓度，用 r 代表实验 1 时的起始速率，对实验 1、2、3 有

$$r = k(c_{NOCl})^m \qquad 4r = k(2c_{NOCl})^m \qquad 9r = k(3c_{NOCl})^m$$

把第 1 个方程代入第 2 个方程或第 3 个方程，得到 $m = 2$，说明反应速率 r 与 NOCl 浓度的 2 次方成正比，可得

(1) 该温度下反应的速率常数为

$$k = \frac{r}{(c_{NOCl})^2} = \frac{3.60 \times 10^{-9} \ mol \cdot dm^{-3} \cdot s^{-1}}{(0.30 \ mol \cdot dm^{-3})^2} = \frac{1.44 \times 10^{-8} \ mol \cdot dm^{-3} \cdot s^{-1}}{(0.60 \ mol \cdot dm^{-3})^2}$$

$$= \frac{3.24 \times 10^{-8} \ mol \cdot dm^{-3} \cdot s^{-1}}{(0.90 \ mol \cdot dm^{-3})^2} = 4.0 \times 10^{-8} \ mol^{-1} \cdot dm^3 \cdot s^{-1}$$

(2) 该温度下反应速率方程式为 $r = 4.0 \times 10^{-8} \ mol^{-1} \cdot dm^3 \cdot s^{-1} \times (c_{NOCl})^2$。

(3) 如果 NOCl 的起始浓度从 0.30 mol · dm^{-3} 增大到 0.45 mol · dm^{-3}，反应速率 $r = 4.0 \times 10^{-8}$ mol^{-1} · dm^3 · s^{-1} × (c_{NOCl})^2 = 4.0×10^{-8} mol^{-1} · dm^3 · s^{-1} × (0.45 mol · dm^{-3} · s^{-1})^2 = 8.1×10^{-9} mol · dm^{-3} · s^{-1}。这一数值大于起始浓度为 0.30 mol · dm^{-3} 时的反应速率，计算结果说明增加反应物浓度时，反应速率增大。

上述讨论说明了反应物浓度对反应速率的影响，其原因可以根据"有效碰撞理论"从微观角度理解。

3.2.2　有效碰撞理论

目前被普遍接受的化学反应速率理论，主要有 1918 年路易斯(Lewis)在气体分子运动论基础上提出的"碰撞理论"(collision theory)及 30 年代艾林(Eyring)和波兰尼(Polanyi)在量子力学和统计力学基础上提出的"过渡状态理论"(transition state theory)。在此先介绍有效碰撞理论，并用有效碰撞理论来解释反应速率随反应物浓度改变的一般规律。

化学反应的本质是原有化学键的破坏和新化学键的生成。要实现化学反应，先决条件是反应物分子间的相互接触。"碰撞理论"认为，化学反应的先决条件是反应物质分子间相互碰撞；只有反应物分子间接触(碰撞)后，才可能引起化学反应。

但并不是所有碰撞都会引起化学反应。实际上，在为数极多的碰撞中，只有极少数碰撞会引起化学反应。可以发生化学反应的分子间碰撞称为"**有效碰撞**"。而不会导致化学反应的碰撞，只是通过碰撞在分子间交换能量。

为什么只有部分碰撞是有效碰撞？这可以从"**分子能量**"和"**碰撞取向**"两个方面来考虑。

(1) 发生有效碰撞的分子必须具有足够高的能量。

对气体 A 和 B 间的反应，只有当两个具有足够能量的分子以极大的速度相互碰撞时，才可能克服分子无限接近时电子云间的斥力，从而导致分子中原子的重排，实现旧键的破坏及新键的形成，即实现化学反应。这些具有足够能量的分子称为"活化分子"。

由于分子间不断通过碰撞交换能量，每个分子的能量在不同时刻是不同的。但在一定温度时，所有分子的能量分布是不变的，即在一定温度下，活化分子在所有分子中所占的比例(活化分子百分数)是固定的。

根据"分子运动论"，在一定温度下，气体分子的能量分布符合图 3.1 所示的不对称峰形分布曲线，称为"麦克斯韦-玻尔兹曼分布"(Maxwell-Boltzmann distribution)。在图 3.1 中，横坐标表示分子动能，纵坐标表示具有一定能量 E 的分子数占总分子数的百分数。由图 3.1 可见，一定温度下，具有较高能量 E_1 的"活化分子"的比例是极少的。

按照有效碰撞理论，活化分子所具有的最低能量 E_1 与气体分子平均能量 $E_平$ 的差值称为"活化能"，用符号 E_a 表示，即 $E_a = E_1 - E_平$，其 SI 单位为 J · mol^{-1}。对一个化学反应，活化能越大，意味着在所有分子中，能满足能量要求的活化分子所占的百分数越小，显然，有效碰撞的频率也越小，从而导致反应速率越小。

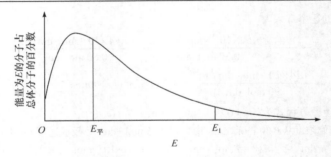

图 3.1　气体分子能量分布曲线

(2) 是否发生有效碰撞还与碰撞取向有关。

活化分子间的碰撞可能是"有效碰撞",也可能不是"有效碰撞",因为除能量因素外,能否发生有效碰撞还与碰撞时分子的取向有关。

根据有效碰撞理论,只有当活化分子以合适的取向碰撞时,反应才能发生。气体反应的反应速率或有效碰撞频率 Z^* 与碰撞频率 Z、有效碰撞分数 f 及取向因子 P 有关,即

$$Z^* = ZfP \tag{3.4}$$

由式(3.4)可知,要发生有效碰撞,必须既满足能量要求,又满足取向要求,下面以反应 $2NO_2(g) + F_2(g) = 2NO_2F(g)$ 为例说明。

根据对反应机理的实验研究结果,该反应过程由以下两步构成:

(a)　　　　　　　　　　$NO_2(g) + F_2(g) = NO_2F(g) + F(g)$

(b)　　　　　　　　　　$F(g) + NO_2(g) = NO_2F(g)$

由于步骤(a)为慢反应,所以整个反应的速率由第(a)步反应决定。在化学动力学中,把这样的慢反应称为"定速步骤"(rate determining step)或"速控步骤"(rate controlling step)。对第(a)步反应涉及的"分子能量"和"分子取向"问题,分 3 种情况讨论,如图 3.2 所示。

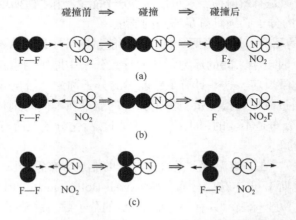

图 3.2　$NO_2 + F_2 = NO_2F + F$ 反应过程示意图

图 3.2(a)中,碰撞分子具有的动能小于活化分子的最低能量,所以是非反应性碰撞;图 3.2(b)所示的碰撞,碰撞分子为"活化分子",具有足够大的动能,且碰撞有合适的取向,是"有效碰撞",导致化学反应发生;图 3.2(c)中,尽管碰撞分子为"活化分子",但由于碰撞取向不合适,是非反应性碰撞,不能发生化学反应。

图 3.2 直观地说明，发生有效碰撞必须同时满足能量要求和取向要求。由于一般反应的碰撞取向是随机的，要在实验上通过改变外界条件提高一个特定反应的速率，由式(3.4)可知，要么必须提高碰撞频率 Z，要么必须提高有效碰撞分数 f。

浓度对化学反应速率的影响，可用"有效碰撞理论"解释：当反应物浓度增大时，单位体积内的分子总数增大，在温度不变的情况下，尽管活化分子的百分数不变(有效碰撞分数 f 不变)，但单位体积内的分子总数及活化分子数(活化分子数等于活化分子百分数乘分子总数)增大，单位体积内碰撞频率 Z 增大，导致单位体积的有效碰撞频率 Z^* 增大，反应速率增大。

"碰撞理论"有形象直观的优点，可以成功解释一些简单反应，如气体双原子反应。但它把分子看作刚性球体，没有考虑分子内部结构及其运动特点，对于一些较复杂的反应及某些分子质量较大的有机物分子反应，则不能很好地说明。随着原子分子结构理论、量子化学及统计力学的发展，20 世纪 30 年代提出了反应速率的"过渡状态理论"，该理论将在 3.4.1 小节介绍。

3.3　温度对化学反应速率的影响
(Influence of temperature on a chemical reaction rate)

温度对大多数化学反应的速率有显著影响。根据"有效碰撞理论"，当升高温度时，分子获得能量，原来不是活化分子的分子，可能因为获得能量而变为活化分子，因而单位体积的活化分子数目(或活化分子百分数)增大，有效碰撞分数 f 增大，有效碰撞频率 Z^* 随之增大，所以反应速率增大。

19 世纪末，荷兰化学家范特霍夫(van't Hoff)根据对大量实验的总结，认为在一般情况下，浓度不变时，反应系统温度每升高 10 K，反应速率增大 2～4 倍。

3.3.1　阿伦尼乌斯反应速率公式

1889 年，瑞典化学家阿伦尼乌斯(S. A. Arrhenius)根据实验提出，在一定的温度范围内，反应速率常数 k 与反应温度 T 存在以下关系：

$$k = A \cdot e^{-E_a/RT} \tag{3.5}$$

式中，A 为反应的频率因子，对一确定的化学反应是一常数；E_a 为反应活化能；R 为摩尔气体常量(8.314 J · mol^{-1} · K^{-1})；T 为热力学温度。

对式(3.5)取自然对数，得

$$\ln k = -\frac{E_a}{RT} + \ln A \tag{3.6}$$

对式(3.5)取常用对数，得

$$\lg k = -\frac{E_a}{2.303RT} + \lg A \tag{3.7}$$

式(3.5)～式(3.7)均称为阿伦尼乌斯反应速率公式。用阿伦尼乌斯公式讨论速率常数 k 与温度 T 的关系时，可以近似地认为，在不大的温度范围内，活化能 E_a 和频率因子 A 不随温度改变。

由阿伦尼乌斯公式可见：

(1) 活化能 E_a 处于指数项，其大小对反应速率有显著影响。

(2) 温度上升时，速率常数 k 将增大，反应速率增大。由于 k 与 T 为指数关系，温度的微小变化将引起速率常数 k 较大的变化，对活化能较大的反应来说，尤其如此。

3.3.2　阿伦尼乌斯公式的应用

1. 计算反应的活化能 E_a

根据式(3.7)，以 $\lg k$ 对 $\dfrac{1}{T}$ 作图，得直线，其斜率为 $-\dfrac{E_a}{2.303R}$，据此可求得反应的活化能 E_a。

【**例 3.3**】　表 3.3 为不同温度下反应 $2N_2O_5(g) \Longrightarrow 4NO_2(g) + O_2(g)$ 的反应速率常数，求该反应的活化能 E_a。

表 3.3　不同温度下反应 $2N_2O_5(g) \Longrightarrow 4NO_2(g) + O_2(g)$ 的反应速率常数 k

T/K	k/s^{-1}
338	487×10^{-5}
328	150×10^{-5}
318	49.8×10^{-5}
308	13.5×10^{-5}
298	3.46×10^{-5}

解　根据阿伦尼乌斯公式：

$$\lg k = -\frac{E_a}{2.303RT} + \lg A$$

利用表 3.3 的数据，以 $\lg k$ 对 $\dfrac{1}{T}$ 作图，如图 3.3 所示。

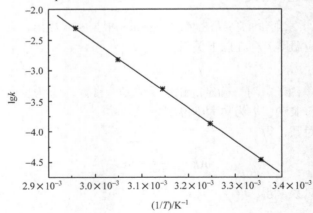

图 3.3　反应 $2N_2O_5(g) \Longrightarrow 4NO_2(g) + O_2(g)$ 的 $\lg k$-$\dfrac{1}{T}$ 图

拟合数据，得直线方程：

$$\lg k = -5.38 \times 10^3 \times \frac{1}{T} + 13.6$$

直线斜率为

$$-\frac{E_a}{2.303R} = -5.38 \times 10^3$$

代入 $R = 8.314 \text{ J} \cdot \text{mol}^{-1} \cdot \text{K}^{-1}$，得

$$E_a = 1.03 \times 10^5 \text{ J} \cdot \text{mol}^{-1}$$

2. 利用反应的活化能 E_a 及温度 T_1 时的速率常数 k_1，计算温度 T_2 时的速率常数 k_2

由阿伦尼乌斯公式[式(3.6)和式(3.7)]可以推得以下两点式方程：

$$\ln \frac{k_2}{k_1} = \frac{E_a}{R}\left(\frac{1}{T_1} - \frac{1}{T_2}\right) = \frac{E_a}{R}\left(\frac{T_2 - T_1}{T_1 \times T_2}\right) \tag{3.8}$$

$$\lg \frac{k_2}{k_1} = \frac{E_a}{2.303R}\left(\frac{1}{T_1} - \frac{1}{T_2}\right) = \frac{E_a}{2.303R}\left(\frac{T_2 - T_1}{T_1 \times T_2}\right) \tag{3.9}$$

因为活化能 E_a 总是正值，从式(3.8)和式(3.9)可以清楚地看到，当 $T_2 > T_1$ 时，则 $k_2 > k_1$，即升高温度时，反应速率常数增大，反应加快。

【**例 3.4**】 某气相反应的活化能 E_a 为 $103 \text{ kJ} \cdot \text{mol}^{-1}$，该反应在 298 K 时的速率常数为 $3.46 \times 10^{-5} \text{ s}^{-1}$，求在温度为 328 K 时的速率常数。

解 根据阿伦尼乌斯公式[式(3.9)]，代入数据，得

$$\lg \frac{k_2}{k_1} = \frac{103 \times 1000 \text{ J} \cdot \text{mol}^{-1}}{2.303 \times 8.314 \text{ J} \cdot \text{mol}^{-1} \cdot \text{K}^{-1}}\left(\frac{1}{298 \text{ K}} - \frac{1}{328 \text{ K}}\right) = 1.64$$

$$\frac{k_2}{k_1} = 44$$

$$k_2 = 44 \times k_1 = 44 \times 3.46 \times 10^{-5} \text{ s}^{-1} = 1.5 \times 10^{-3} \text{ s}^{-1}$$

温度升高 30 K，反应速率增大为原来的 40 多倍。

3.4 催化剂对化学反应速率的影响
(Influence of catalysts on a chemical reaction rate)

"催化剂"是能改变反应速率，而本身在反应前后组成和质量不变的物质。催化剂改变反应速率的作用，称为"催化作用"。有催化剂参加的反应，称为"催化反应"。

催化剂一般都有很高的专一性，或者说有特殊的选择性，一种催化剂通常只能显著影响一种或少数几种特定类型的反应。例如，尿酶只能催化尿素 $CO(NH_2)_2$ 生成 NH_3 和 CO_2 的反应。催化剂的这种特殊选择性具有重要的现实意义。例如，选用不同的催化剂 Cu 或 Al_2O_3，可以使乙醇 C_2H_5OH 发生下面完全不同的反应：

$$C_2H_5OH \xrightarrow{\text{Cu}} CH_3CHO + H_2$$

$$C_2H_5OH \xrightarrow{Al_2O_3} C_2H_4 + H_2O$$

根据催化剂对反应速率影响的不同，催化作用可分为"正催化"和"负催化"。正催化剂是指能增加反应速率的催化剂。负催化剂是指能减小反应速率的催化剂，由于负催化剂抑制了反应的进行，也常称为"抑制剂"，如橡胶、塑料工业中采用的抗老化剂等。

此外，某些反应在开始时进行的速度很慢，如

$$2MnO_4^- + 5H_2O_2 + 6H^+ \Longrightarrow 2Mn^{2+} + 5O_2(g) + 8H_2O$$

随着反应进行而产生较多的 Mn^{2+}，而产物 Mn^{2+} 对该反应有催化作用，从而使反应速率大大加快，这种作用称为"自(动)催化作用"。自催化反应的特点是：在反应初期，反应速率较小；经过一段时间的诱导期后，反应中期速率明显加快；由于反应物的消耗，在反应后期，速率又下降。

如果催化剂和反应物处于同一相中，不存在相界面，这样的催化反应称为"均相催化反应"。如果在反应物和催化剂间存在相界面，催化反应在相界面上进行，这样的催化反应称为"多相催化反应"。

均相催化反应多是气相或液相反应。对这类反应，通常采用"过渡状态理论"、利用活化络合物的形成来解释。下面介绍过渡状态理论。

3.4.1　过渡状态理论

"过渡状态理论"(transition state theory)认为，化学反应不是通过简单的碰撞生成产物的。当两个具有足够能量的反应物分子相互接近时，首先要经历一个过渡态。这个过渡态称为"活化络合物"。在活化络合物过渡态，反应物分子的化学键重排，原来的化学键被削弱，新的化学键部分地形成。

在活化络合物过渡态，反应物分子的动能暂时转化为活化络合物的势能，活化络合物的势能既高于始态，也高于终态。因此活化络合物是不稳定的，本身既可以分解为反应物分子，也可以分解为产物分子。反应过程中的势能变化可用图 3.4 所示的反应历程-势能图表示。

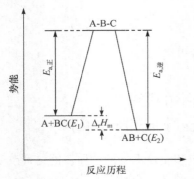

图 3.4　反应历程-势能图

在图 3.4 中，"A + BC"表示具有能量 E_1 的反应始态，A 与 BC 反应生成 AB 和 C，"AB + C"表示具有能量 E_2 的反应终态，"A-B-C"表示反应的过渡态。

由图 3.4 可见，在活化络合物 A-B-C 与反应物 A + BC 或生成物 AB + C 之间存在"能垒"。要使反应进行，必须首先使体系爬上这个势能"山头"，而后体系才可能落回到较低势能的状态。能垒 $E_{a,正}$ 是活化络合物的势能与反应物的势能之差，称为"正反应的活化能"；能垒 $E_{a,逆}$ 是活化络合物的势能与生成物的势能之差，称为"逆反应的活化能"。

图 3.4 还说明：正反应和逆反应都要经历相同的过渡态。正反应活化能 $E_{a,正}$ 与逆反应活化能 $E_{a,逆}$ 之差就是反应热 $\Delta_r H_m$，即

$$\Delta_r H_m = E_{a,正} - E_{a,逆}$$

若 $E_{a,正} > E_{a,逆}$，则 $\Delta_r H_m > 0\ kJ \cdot mol^{-1}$，正反应为吸热反应；

若 $E_{a,正} < E_{a,逆}$，则 $\Delta_r H_m < 0\ kJ \cdot mol^{-1}$，正反应为放热反应。

在过渡状态理论中，活化能的概念与碰撞理论中活化能的定义有本质的区别，活化能被赋予更明确的意义，揭示了活化能的本质。根据过渡状态理论，在过渡态时，反应物分子的化学键重排。不同分子的化学键不同，键能也不同，因此在反应中要改造这些键，需消耗的能量也不同，即活化能不同，从而决定了不同物质的反应有不同的反应速率。这就是说，"活

化能"是决定反应速率的内在因素。

通常，一般的化学反应活化能为 $60 \sim 250$ kJ·mol^{-1}；活化能小于 40 kJ·mol^{-1} 时，反应速率极大，以致反应速率无法用实验测定；活化能大于 400 kJ·mol^{-1} 时，反应速率太小。

3.4.2 催化剂影响化学反应速率的历程

催化剂为什么能改变化学反应的速率？根据"过渡状态理论"，目前的解释多数认为，是由于催化剂参加了反应，改变了反应历程，降低了反应活化能。

例如，CH$_3$CHO 的热分解反应为

$$CH_3CHO \longrightarrow CH_4 + CO \qquad E_a = 190 \text{ kJ·mol}^{-1}$$

在 I$_2$ 催化下的反应为

$$CH_3CHO \xrightarrow{\ I_2\ } CH_4 + CO \qquad E_a = 136 \text{ kJ·mol}^{-1}$$

I$_2$ 催化下反应的活化能降低，被认为是由于 I$_2$ 可以和 CH$_3$CHO 形成 CH$_3$I 过渡态：

$$CH_3CHO + I_2 === CH_3I + HI + CO$$

通过过渡态 CH$_3$I 可以生成 CH$_4$，也可以回到 CH$_3$CHO：

$$CH_3I + HI === CH_4 + I_2$$

$$CH_3I + HI + CO === CH_3CHO + I_2$$

催化剂对反应历程的改变和活化能的影响，可以用图 3.5 进一步说明：曲线 I 表示无催化剂时 A 与 B 反应生成 AB 的能量变化过程，曲线 II 代表有催化剂 D 存在时反应过程的能量变化。由图 3.5 可见，催化剂 D 的加入，改变了反应的历程，使反应沿一条活化能低的途径进行，反应速率增大。但是催化剂的加入，并没有改变反应体系的始、终态，因此反应的自由能变 $\Delta_r G_m^{\ominus}$ 不会因为催化剂的加入而发生改变。根据 $\Delta_r G_m^{\ominus} = -RT \ln K^{\ominus}$（吉布斯自由能变 $\Delta_r G_m^{\ominus}$ 与平衡常数 $K^{\ominus}$ 的关系将在第 4 章讨论），平衡常数 $K^{\ominus}$ 不会因为催化剂的加入而发生变化。这就是说，催化剂只能解决反应途径的动力学问题，而完全不涉及反应进行的程度与方向性这一热力学问题。因此，对那些热力学上不能自发进行的过程，使用任何催化剂都是徒劳的。

由图 3.5 可见，催化剂的加入对正反应起到加速的作用，对其逆反应也起到加速的作用，它所起的作用只是缩短达到平衡的时间，而不会使化学平衡移动。

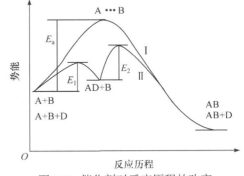

图 3.5　催化剂对反应历程的改变

浓度、温度和催化剂三种因素对化学反应速率的影响总结于表 3.4。

表 3.4　浓度、温度和催化剂对化学反应速率的影响

因素	反应活化能	活化分子百分数	单位体积活化分子数	反应速率
增大反应物浓度	不变	不变	增大	增大
升高温度	不变	增大	增大	增大
使用正催化剂	减小	增大	增大	增大

本章教学要求

1. 理解反应速率的意义及速率方程表达式。

2. 掌握碰撞理论和过渡状态理论的要点；应用碰撞理论和过渡状态理论认识浓度、温度和催化剂对化学反应速率的影响。

3. 掌握活化分子、活化能概念，掌握有关阿伦尼乌斯公式的基本计算方法。

习　　题

1. 什么是化学反应的瞬时速率和平均速率？二者有什么区别与联系？

2. 在实际应用中，多采用以浓度变化表示的反应速率。试写出反应 $aA + bB \rightleftharpoons dD + eE$ 的反应速率表达式。

3. 某温度下，测得 N_2O_5 的分解反应 $2N_2O_5(g) \rightleftharpoons 4NO_2(g) + O_2(g)$ 的实验数据如下所示，试计算在 $0\sim1000$ s、$1000\sim2000$ s、$2000\sim3000$ s 三个时间段的平均反应速率。

t/s^{-1}	0	1000	2000	3000
$c(N_2O_5)/(mol \cdot dm^{-3})$	5.00	2.48	1.23	0.61

4. 对上述 N_2O_5 的分解反应，瞬时速率可以用 N_2O_5、NO_2 和 O_2 的浓度变化分别表示。若在反应某时刻，$-\dfrac{dc_{N_2O_5}}{dt} = 2.00$ mol $\cdot$ dm^{-3} $\cdot$ s^{-1}，此时 $\dfrac{dc_{NO_2}}{dt}$ 和 $\dfrac{dc_{O_2}}{dt}$ 各为多少？

5. 温度升高，化学反应速率加快。设某反应温度从 300 K 升高到 310 K 时，反应速率增加了 1 倍，试求该反应的活化能。

6. 环丁烷 C_4H_8 的分解反应为 $C_4H_8(g) \rightleftharpoons 2CH_2CH_2(g)$，实验测得其活化能为 262 kJ $\cdot$ mol^{-1}。若 600 K 时，该反应的速率常数为 6.10×10^{-8} s^{-1}，假定频率因子不变，温度为多少时速率常数为 1.00×10^{-4} s^{-1}？

7. CH_3CHO 的热分解反应为

$$CH_3CHO(g) \rightleftharpoons CH_4(g) + CO(g)$$

在 700 K 时，该反应的速率常数 $k = 0.0105$ dm^3 $\cdot$ mol^{-1} $\cdot$ s^{-1}，如果已知反应的活化能 $E_a = 188.4$ kJ $\cdot$ mol^{-1}，求在 800 K 时该反应的速率常数 k。

8. 简述有效碰撞理论和过渡状态理论的要点。

9. 在 800 K 时，某反应的活化能为 182 kJ $\cdot$ mol^{-1}。当有某种催化剂存在时，该反应的活化能降低为 151 kJ $\cdot$ mol^{-1}。假定反应的频率因子不变，加入催化剂后该反应的速率增大了多少倍？

10. 若 298 K 时，反应 $2N_2O(g) \rightleftharpoons 2N_2(g) + O_2(g)$ 的反应热 $\Delta_r H_m = -164.1$ kJ $\cdot$ mol^{-1}，活化能 $E_a = 240$ kJ $\cdot$ mol^{-1}。试求相同条件下，反应 $2N_2(g) + O_2(g) \rightleftharpoons 2N_2O(g)$ 的活化能。

（梁宏斌）

第4章 化学平衡
(Chemical equilibrium)

化学平衡属于化学热力学范畴，研究化学平衡就是解决在一定条件下化学反应能进行的最大限度问题。

本章首先介绍化学平衡的基本概念、由热力学基本公式推导范特霍夫等温式，揭示浓度、压力、温度等因素影响化学平衡的基本规律，重点讨论平衡常数及化学平衡的移动；在此基础上，简单介绍难挥发的非电解质稀溶液的依数性，最后重点讨论水溶液中的酸碱平衡和难溶电解质的沉淀溶解平衡。

4.1 化学平衡的概念
(Concept of chemical equilibrium)

4.1.1 化学反应的可逆性和可逆反应

只有极少数的化学反应被认为只能单向进行，如 $KClO_3$ 受热分解的反应：

$$2KClO_3(s) \Longrightarrow 2KCl(s) + 3O_2(g)$$

绝大多数化学反应都有一定程度的可逆性(reversibility)，即可以同时向两个相反的反应方向进行。按照惯例，根据化学方程式的写法，称从左向右的反应方向为正反应方向，从右向左的反应方向为逆反应方向。

具有可逆性的化学反应，有些可逆程度较小，如难溶强电解质 AgCl 的溶解平衡：

$$Ag^+(aq) + Cl^-(aq) \Longrightarrow AgCl(s)$$

另外一些反应则具有显著可逆性，如下面 3 个反应：

$$CO(g) + H_2O(g) \Longrightarrow CO_2(g) + H_2(g)$$

$$N_2(g) + 3H_2(g) \Longrightarrow 2NH_3(g)$$

$$2NO_2(g) \Longrightarrow N_2O_4(g)$$

在同一条件下，能同时向正反应和逆反应两个相反方向进行的反应称为"可逆反应" (reversible reaction)。

4.1.2 化学平衡定义与特征

在一个可逆反应开始的时候，反应物浓度较大，所以正反应速率较大。产物一经生成，意味着逆反应开始。当然，这时产物浓度很低，逆反应速率也很小，但随着产物浓度增大和反应物浓度减小，逆反应速率增大和正反应速率减小，并最终达到正反应速率与逆反应速率相等状态。**对于一个可逆反应，过程的吉布斯自由能变化 $\Delta_r G_m = 0 \text{ kJ} \cdot \text{mol}^{-1}$ 时，反应系统达**

到了热力学平衡状态，称为"化学平衡"(chemical equilibrium)。① **平衡时，正反应速率和逆反应速率相等。**

以下面的反应为例来说明化学平衡：

$$N_2O_4(g) \rightleftharpoons 2NO_2(g)$$

根据实验结果绘出 373 K 时两种物质的浓度随时间变化的曲线，如图 4.1 所示。图 4.1(a) 是反应从 NO_2 开始，起初 NO_2 浓度较大，所以逆反应速率较大；随着反应进行，NO_2 不断转化为 N_2O_4，NO_2 浓度逐渐减小，导致逆反应速率逐渐减小，而正反应速率随着 N_2O_4 的不断生成而增大；正、逆反应速率这种相反趋势的变化，总会导致在某个时刻，正反应速率和逆反应速率相等，N_2O_4 和 NO_2 的浓度不再随时间改变，此时反应系统就达到化学平衡状态，其热力学标志是 $\Delta_r G_m = 0\ kJ \cdot mol^{-1}$，相应的动力学特征是正反应速率等于逆反应速率。图 4.1(b) 是反应从 N_2O_4 开始，记录的 N_2O_4 和 NO_2 浓度随时间变化情况；图 4.1(c) 是反应从 N_2O_4 与 NO_2 混合物开始，记录的浓度随时间变化曲线示意图。

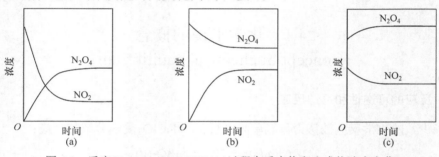

图 4.1　反应 $N_2O_4(g) \rightleftharpoons 2NO_2(g)$ 过程中反应物和生成物浓度变化

由图 4.1 可知，无论反应从 NO_2 开始，还是从 N_2O_4 开始，或者从二者的混合物开始，在同一温度下，都能够达到化学平衡状态；在化学平衡状态时，正反应速率和逆反应速率相等，NO_2 和 N_2O_4 的浓度均保持不变。这说明化学平衡是一种动态平衡，达到化学平衡状态时，反应并没有停止，只是正反应速率和逆反应速率相等，所以反应物和生成物的浓度各自保持恒定。

4.2　化学平衡常数
(Chemical equilibrium constant)

4.2.1　化学平衡常数的定义与特征

为了论述方便，首先说明平衡浓度(或气体平衡分压)和起始浓度(或气体起始分压)的意义。反应达到平衡状态时，反应物的浓度(或气体分压)称为该物质的平衡浓度 c_{eq}(或气体平衡分压 p_{eq})；起始浓度 c_{int}(或气体起始分压 p_{int})则是反应开始时的浓度(分压)。

---

① 一般教科书表述为：一个可逆反应进行到正反应速率和逆反应速率相等时，反应系统达到了热力学平衡状态，即"化学平衡"。考虑到热力学不涉及时间，而反应速率涉及时间，本书以吉布斯自由能变化 $\Delta_r G_m = 0\ kJ \cdot mol^{-1}$ 定义"化学平衡"。

图 4.1 直观和定性地说明了可逆反应 $N_2O_4(g) \rightleftharpoons 2NO_2(g)$ 无论反应怎样开始,都能达到平衡状态。实验测得在 373 K 时,该反应各物质的浓度数据如表 4.1 所示。

表 4.1 $N_2O_4(g) \rightleftharpoons 2NO_2(g)$ 体系的浓度(373 K)

实验	c_{int} /(mol · dm⁻³)		c_{eq} /(mol · dm⁻³)		$K = \dfrac{c_{eq, NO_2}^2}{c_{eq, N_2O_4}}$ /(mol · dm⁻³)
	N_2O_4	NO_2	N_2O_4	NO_2	
1	0	0.100	0.014	0.072	0.37
2	0.100	0	0.040	0.120	0.36
3	0.100	0.100	0.072	0.160	0.36

实验 1,反应从 NO_2 开始;实验 2,反应从 N_2O_4 开始;而实验 3,反应从 NO_2 和 N_2O_4 的混合物开始。由表 4.1 可知,在相同温度下,当反应达到平衡状态后,三种情况 NO_2 和 N_2O_4 的平衡浓度各不相同,但达到平衡状态时,比值 $\dfrac{c_{eq, NO_2}^2}{c_{eq, N_2O_4}}$ 基本相同(约 0.36 mol · dm⁻³)。这个比值称为反应 $N_2O_4(g) \rightleftharpoons 2NO_2(g)$ 在 373 K 的化学平衡常数。

在一定温度下,可逆反应达到平衡时,产物浓度的化学计量系数(取正值)次方与反应物浓度的化学计量系数(取负值)次方的乘积为一常数,这个常数称为"化学平衡常数"(chemical equilibrium constant),用符号 K 表示。这一规律称为"化学平衡定律"。

对任一可逆反应:

$$aA + bB \rightleftharpoons dD + eE$$

在一定温度下达到化学平衡状态时,其化学平衡常数可表示为

$$K = \frac{c_{eq, D}^d \cdot c_{eq, E}^e}{c_{eq, A}^a \cdot c_{eq, B}^b} \tag{4.1}$$

由式(4.1)可知,化学平衡常数 K 的数值越大,代表在一定温度下达到平衡状态时,产物的平衡浓度的化学计量系数次方的乘积相对于反应物平衡浓度的相应乘积越大,即正反应进行得越彻底;反之,化学平衡常数 K 数值越小,表示正反应进行得越不彻底。也就是说,**化学平衡常数表示在一定条件下,可逆反应所能进行的极限。**

从表 4.1 还可以发现,化学平衡常数 K 与反应物或产物的起始浓度无关。

表 4.2 给出了反应 $N_2O_4(g) \rightleftharpoons 2NO_2(g)$ 在不同温度时的化学平衡常数,由表 4.2 的数值可见,当温度改变时,化学平衡常数的数值随之改变。因此,**化学平衡常数是温度的函数**;书写化学平衡常数值,应注明温度,若未注明,则视为 298.15 K。

表 4.2 反应 $N_2O_4(g) \rightleftharpoons 2NO_2(g)$ 在不同温度时的化学平衡常数

T / K	273	323	373
K / Pa	5×10⁻⁴	2.2×10⁻²	3.7×10⁻¹

显然,**只有"封闭系统"的反应,才可能达到平衡状态**。需要强调,化学平衡常数表示封闭系统进行可逆反应所能达到的最大程度,是一个热力学概念;它不涉及反应达到平衡状

态所需要的时间，即不涉及化学动力学的反应速率问题。例如，下面的反应：

$$2SO_2(g) + O_2(g) \rightleftharpoons 2SO_3(g)$$

在 298 K 时其化学平衡常数 $K=3.6 \times 10^{24}$，反应的化学平衡常数 K 的数值很大，但在室温下，其反应速率却很小。

4.2.2　实验平衡常数

式(4.1)中的化学平衡常数，是用反应物和生成物浓度表示，称为"浓度平衡常数"，符号为 K_c。对于气体反应，常用反应物和生成物分压表示平衡常数，称为"分压平衡常数"，符号为 K_p。K_c 和 K_p 都属于"实验平衡常数"，也称为"经验平衡常数"。

1. 浓度平衡常数 K_c

例如，反应 $HF(aq) \rightleftharpoons H^+(aq)+F^-(aq)$ 在一定温度下达到平衡状态时

$$K_c = \frac{c_{eq, H^+} \cdot c_{eq, F^-}}{c_{eq, HF}} \tag{4.2}$$

式中，c_{eq, H^+}、c_{eq, F^-} 和 $c_{eq, HF}$ 分别为反应在平衡状态时，各物质的平衡浓度。

2. 分压平衡常数 K_p

对于气相反应，分压确定，浓度也就确定了，所以浓度平衡常数中的平衡浓度常用平衡分压代替。

例如，反应 $N_2O_4(g) \rightleftharpoons 2NO_2(g)$ 在一定温度下达到平衡状态时

$$K_p = \frac{p^2_{eq, NO_2}}{p_{eq, N_2O_4}} \tag{4.3}$$

式中，p_{eq, NO_2} 和 p_{eq, N_2O_4} 分别为反应在平衡状态时 NO_2 和 N_2O_4 的平衡分压。

3. K_c 与 K_p 的关系

假设反应物和生成物均为理想气体(分子无体积，无分子间力)，其反应为

$$aA(g)+bB(g) \rightleftharpoons d D(g)+eE(g)$$

则任一反应物质的分压 p_i 与其浓度 c_i 间的关系为

$$p_i = \frac{n_i RT}{V} = c_i RT$$

代入分压平衡常数的表达式，有

$$K_p = \frac{p^d_{eq, D} \cdot p^e_{eq, E}}{p^a_{eq, A} \cdot p^b_{eq, B}} = \frac{c^d_{eq, D} \cdot c^e_{eq, E}}{c^a_{eq, A} \cdot c^b_{eq, B}}(RT)^{[(d+e)-(a+b)]} = K_c(RT)^{\Delta n}$$

即 K_p 与 K_c 的关系为

$$K_p=K_c(RT)^{\Delta n} \tag{4.4}$$

式中，Δn 为反应方程式中各气态物质化学计量系数的代数和，计量系数对生成物取正值，对反应物取负值。对于反应 $a\,A(g)+bB(g) \rightleftharpoons dD(g)+eE(g)$，有

$$\Delta n=(d+e)-(a+b)$$

【例 4.1】　373 K 时的反应 $N_2O_4(g) \rightleftharpoons 2NO_2(g)$，浓度平衡常数 $K_c=0.37\ mol \cdot dm^{-3}$，求其分压平衡常数 K_p。

　　解　对反应 $N_2O_4(g) \rightleftharpoons 2NO_2(g)$，$\Delta n=2-1=1$，所以

$$K_p=K_c(RT)^{\Delta n}=0.37\ mol \cdot dm^{-3}\times(8.314\ J \cdot mol^{-1} \cdot K^{-1}\times373\ K)$$
$$=0.37\times10^3\ mol \cdot m^{-3}\times(8.314\ J \cdot mol^{-1} \cdot K^{-1}\times373\ K)$$
$$=1.2\times10^6\ J \cdot m^{-3}=1.2\times10^6\ Pa$$

4. 多相反应的平衡常数——混合平衡常数

对于多相反应，平衡浓度和平衡分压会同时出现在平衡常数表达式中。例如，对于封闭系统反应：

$$Zn(s)+2H^+(aq) \rightleftharpoons Zn^{2+}(aq)+H_2(g)$$

在一定温度下，相应的化学平衡常数表达为

$$K=\frac{c_{eq,\,Zn^{2+}} \cdot p_{eq,\,H_2}}{c_{eq,\,H^+}^2} \tag{4.5}$$

式中，溶液态物质以平衡浓度表示，气态物质以平衡分压表示，固态物质浓度被视为常数而不列入。这样的化学平衡常数称为"混合平衡常数"或"杂平衡常数"，可用简化的符号"K"表示。

书写化学平衡常数表达式时应注意以下问题：

(1) 通常认为在反应过程中，纯固体、纯液体浓度无变化，所以纯固体、纯液体的浓度不写在平衡常数表达式中。例如

$$CaCO_3(s) \rightleftharpoons CaO(s)+CO_2(g) \qquad K_p=p_{eq,\,CO_2}$$

(2) 稀的水溶液中的反应，H_2O 是大量的，所以水的浓度也不写在化学平衡常数表达式中。例如

$$Cr_2O_7^{2-}(aq) + H_2O(l) \rightleftharpoons 2CrO_4^{2-}(aq)+2H^+(aq) \qquad K_c=\frac{c_{eq,\,CrO_4^{2-}}^2 \cdot c_{eq,\,H^+}^2}{c_{eq,\,Cr_2O_7^{2-}}}$$

但下面的酯化反应，由于反应过程中 H_2O 是产物之一，所以其浓度必须写在化学平衡常数的表达式中：

$$CH_3COOH(l) + CH_3CH_2OH(l) \rightleftharpoons CH_3COOCH_2CH_3(l) + H_2O(l)$$

$$K_c=\frac{c_{eq,\,CH_3COOCH_2CH_3} \cdot c_{eq,\,H_2O}}{c_{eq,\,CH_3COOH} \cdot c_{eq,\,CH_3CH_2OH}}$$

(3) 化学平衡常数的表达式和数值与方程式写法有关。对于一个给定的反应，化学计量方程式不同，化学平衡常数数值不同。这说明**化学平衡常数是广度性质**。

例如，在 773 K 时，合成氨的反应：

$$N_2(g)+3H_2(g) \rightleftharpoons 2NH_3(g) \qquad K_p = \frac{p_{eq,\,NH_3}^2}{p_{eq,\,N_2} \cdot p_{eq,\,H_2}^3} = 7.9 \times 10^{-5}\ (Pa)^{-2}$$

$$\frac{1}{2}N_2(g)+\frac{3}{2}H_2(g) \rightleftharpoons NH_3(g) \qquad K_p' = \frac{p_{eq,\,NH_3}}{p_{eq,\,N_2}^{1/2} \cdot p_{eq,\,H_2}^{3/2}} = 8.9 \times 10^{-3}\ (Pa)^{-1}$$

在同一温度下，$K_p=(K_p')^2$。

所以，**书写一个化学反应的化学平衡常数值，不但要给出温度，同时还必须先写出这个反应的化学方程式。**

(4) 一个可逆反应的化学方程式表达为其逆反应的形式时，其正反应和逆反应的化学平衡常数互为倒数。例如，273 K 时

$$N_2O_4(g) \rightleftharpoons 2NO_2(g) \qquad K_p = \frac{p_{eq,\,NO_2}^2}{p_{eq,\,N_2O_4}} = 5 \times 10^{-4}\ Pa$$

$$2NO_2(g) \rightleftharpoons N_2O_4(g) \qquad K_p' = \frac{p_{eq,\,N_2O_4}}{p_{eq,\,NO_2}^2} = \frac{1}{K_p} = 2 \times 10^3\ (Pa)^{-1}$$

(5) 在大多数情况下，实验平衡常数 K_c 和 K_p 的单位都不是 1。

例如，由表 4.1 可见，反应 $N_2O_4(g) \rightleftharpoons 2NO_2(g)$ 的浓度平衡常数 K_c 和分压平衡常数 K_p 的 SI 单位分别为 $mol \cdot dm^{-3}$ 和 Pa。

又如，反应

$$Cr_2O_7^{2-}(aq)+H_2O(l) \rightleftharpoons 2CrO_4^{2-}(aq)+2H^+(aq) \qquad K_c = \frac{c_{eq,\,CrO_4^{2-}}^2 \cdot c_{eq,\,H^+}^2}{c_{eq,\,Cr_2O_7^{2-}}}$$

显然，其平衡常数 K_c 的 SI 单位为 $(mol \cdot dm^{-3})^3$。

普遍地，对于反应：

$$aA(g)+bB(g) \rightleftharpoons dD(g)+eE(g)$$

K_p 的 SI 单位为 $(Pa)^{\Delta n}$，而 K_c 的 SI 单位为 $(mol \cdot dm^{-3})^{\Delta n}$。

热力学认为"平衡常数"是单位为 1(不严格地俗称"无量纲")的量，由于实验平衡常数 K_c 和 K_p 单位多数不是 1，所以它不能直接与热力学相联系。下面介绍热力学平衡常数——"标准平衡常数"。

4.2.3　标准平衡常数

对于溶液中的反应 $aA(aq)+bB(aq) \rightleftharpoons dD(aq)+eE(aq)$，标准平衡常数为

$$K^{\ominus} = \frac{\left(\dfrac{c_{eq,D}}{c^{\ominus}}\right)^d \left(\dfrac{c_{eq,E}}{c^{\ominus}}\right)^e}{\left(\dfrac{c_{eq,A}}{c^{\ominus}}\right)^a \left(\dfrac{c_{eq,B}}{c^{\ominus}}\right)^b} \qquad (4.6)$$

把浓度平衡常数 K_c 表达式代入，得到标准平衡常数 $K^\ominus$ 与浓度平衡常数 K_c 的关系式

$$K^\ominus = K_c \cdot (c^\ominus)^{-\Delta n} \tag{4.7}$$

式中，化学计量系数的代数和 $\Delta n=(d+e)-(a+b)$。由于 $c^\ominus =1\ \text{mol} \cdot \text{dm}^{-3}$，显然，**$K^\ominus$ 与 K_c 有相同的数值，但它们的单位不同。**

对于气相反应：

$$a\text{A(g)} + b\text{B(g)} \rightleftharpoons d\text{D(g)} + e\text{E(g)}$$

标准平衡常数 $K^\ominus$ 为

$$K^\ominus = \frac{\left(\dfrac{p_{\text{eq,D}}}{p^\ominus}\right)^d \left(\dfrac{p_{\text{eq,E}}}{p^\ominus}\right)^e}{\left(\dfrac{p_{\text{eq,A}}}{p^\ominus}\right)^a \left(\dfrac{p_{\text{eq,B}}}{p^\ominus}\right)^b} \tag{4.8}$$

把分压平衡常数 K_p 表达式代入，得到标准平衡常数 $K^\ominus$ 与分压平衡常数 K_p 的关系式

$$K^\ominus = K_p \cdot (p^\ominus)^{-\Delta n} \tag{4.9}$$

式中，$\Delta n = (d+e) - (a+b)$。

对于多相反应：

$$a\text{A(g)} + b\text{B(aq)} \rightleftharpoons d\text{D(s)} + e\text{E(g)}$$

标准平衡常数为

$$K^\ominus = \frac{\left(\dfrac{p_{\text{eq,E}}}{p^\ominus}\right)^e}{\left(\dfrac{p_{\text{eq,A}}}{p^\ominus}\right)^a \left(\dfrac{c_{\text{eq,B}}}{c^\ominus}\right)^b} \tag{4.10}$$

标准平衡常数单位是 1；而且，**对于指定的化学方程式，在一定温度下，标准平衡常数只有唯一的值，因而可与热力学函数建立联系。所以"标准平衡常数"也称为"热力学平衡常数"。**[①]

4.2.4 与平衡常数有关的计算

1. 利用实验数据计算经验平衡常数及标准平衡常数

【例 4.2】 由实验测定，合成氨反应在 773 K 时建立平衡时，反应物质的平衡分压分别为 $p_{\text{eq, NH}_3} = 3.53\times10^6$ Pa，$p_{\text{eq, N}_2}=4.13\times10^6$ Pa，$p_{\text{eq, H}_2}=12.36\times10^6$ Pa，试分别求下列反应的标准平衡常数 $K^\ominus$ 和实验平衡常数 K_p。

$$\text{N}_2\text{(g)}+3\text{H}_2\text{(g)} \rightleftharpoons 2\text{NH}_3\text{(g)}$$

[①] 由于实际遇见的热力学平衡态除个别例子外，绝大部分不在标准态，为了避免标准平衡常数符号 "$K^\ominus$" 上标 "$\ominus$" 可能引起的误会，我们建议把 "$K^\ominus$" 理解为一个完整的符号，并使用 "热力学平衡常数" 的名称来代替 "标准平衡常数"。

解　　　　　　　　　　　　　　$N_2(g)$　　　　$+$　　　$3H_2(g)$　$\rightleftharpoons$　$2NH_3(g)$

p_{eq}/Pa　　　　　4.13×10^6　　12.36×10^6　　3.53×10^6

$$K^\ominus = \frac{(p_{eq,NH_3}/p^\ominus)^2}{(p_{eq,N_2}/p^\ominus)(p_{eq,H_2}/p^\ominus)^3} = \frac{\left(\dfrac{3.53 \times 10^6 \, Pa}{1 \times 10^5 \, Pa}\right)^2}{\dfrac{4.13 \times 10^6 \, Pa}{1 \times 10^5 \, Pa} \times \left(\dfrac{12.36 \times 10^6 \, Pa}{1 \times 10^5 \, Pa}\right)^3} = 1.60 \times 10^{-5}$$

$$K_p = \frac{(p_{eq,NH_3})^2}{(p_{eq,N_2})(p_{eq,H_2})^3} = \frac{(3.53 \times 10^6 \, Pa)^2}{(4.13 \times 10^6 \, Pa)(12.36 \times 10^6 \, Pa)^3} = 1.60 \times 10^{-15} \, Pa^{-2}$$

由例 4.2 可见：**对于气态反应，标准平衡常数 $K^\ominus$ 和实验平衡常数 K_p 的数值与单位都不相同。**

2. 平衡常数与平衡转化率

"平衡转化率"指化学反应达到平衡状态时，已转化为产物的某反应物的量占该反应物起始总量的百分比。化学平衡常数表达了在一定温度下可逆反应所能进行的最大限度，这种最大限度在指定的反应条件下可用反应物的"平衡转化率"来表示。当一个化学反应达到平衡时，可以按照式(4.11)计算反应物的平衡转化率 α：

$$\alpha = \frac{\text{已转化的反应物浓度}}{\text{反应物起始浓度}} \times 100\% = \frac{\text{反应物起始浓度－反应物平衡浓度}}{\text{反应物起始浓度}} \times 100\% \quad (4.11)$$

【例 4.3】　对反应

$$C_2H_5OH\,(l) + CH_3COOH(l) \rightleftharpoons CH_3COOC_2H_5(l) + H_2O(l)$$

(1) 若起始浓度 $c\,(C_2H_5OH) = 2.00 \, mol \cdot dm^{-3}$，$c(CH_3COOH) = 1.00 \, mol \cdot dm^{-3}$，室温测得经验平衡常数 $K_c = 4.00$，求平衡时 C_2H_5OH 的转化率 α。

(2) 若起始浓度改为 $c(C_2H_5OH) = 2.00 \, mol \cdot dm^{-3}$，$c(CH_3COOH) = 2.00 \, mol \cdot dm^{-3}$，求同一温度下，$C_2H_5OH$ 的平衡转化率 α'。

解　以 c_{in} 和 c_{eq} 分别表示起始浓度和平衡浓度。

(1) 设反应在室温下达到平衡状态时，生成的 $CH_3COOC_2H_5$ 的浓度为 x。

$$C_2H_5OH\,(l) + CH_3COOH(l) \rightleftharpoons CH_3COOC_2H_5(l) + H_2O(l)$$

c_{in} /(mol · dm^{-3})	2.00	1.00	0	0
c_{eq} /(mol · dm^{-3})	2.00$-x$	1.00$-x$	x	x

$$K_c = \frac{x^2}{(2.00-x)(1.00-x)} = 4.00$$

解方程，得 $x = 0.845 \, mol \cdot dm^{-3}$。
C_2H_5OH 的平衡转化率

$$\alpha = (0.845 \, mol \cdot dm^{-3}/2.00 \, mol \cdot dm^{-3}) = 42.3\%$$

(2) 同法可求得 $\alpha' = 67.0\%$。

可见，增大反应物之一 CH_3COOH 的浓度，使化学平衡发生移动；达到新平衡时，C_2H_5OH 转化率提高了。需要注意的是，温度不变时，经验平衡常数 K_c 和标准平衡常数 $K^\ominus$ 的值都不变，而平衡转化率不但随温度改变而变化(因为平衡常数改变)，而且反应物或(和)产物浓度(气体分压)的改变也会引起平衡转化率的变化,即**平衡常数只是温度的函数,而平衡转化率还会随反应的具体条件改变而变化。**

4.3 范特霍夫等温式
(van't Hoff isotherm)

4.3.1 范特霍夫等温式的推导

根据热力学基本公式可以推导出,对于等温、不做非体积功的封闭系统,任意状态的 1 mol 理想气体的吉布斯自由能为

$$G_m = G_m^\ominus + RT\ln\left(\frac{p}{p^\ominus}\right)$$

式中,$G_m^\ominus$ 为在热力学标准态时该理想气体的摩尔吉布斯自由能;p 为该气体的分压力,$p^\ominus$ 为标准压力。

对任一理想气体反应:

$$a\text{A(g)} + b\text{B(g)} \Longrightarrow d\text{D(g)} + e\text{E(g)}$$

若用 ν_i 表示任一反应物或生成物的化学计量系数,则反应的摩尔自由能变为

$$\begin{aligned}
\Delta_r G_m &= \sum_i \nu_i G_{m,i} \\
&= [eG_{m,E} + dG_{m,D}] - [aG_{m,A} + bG_{m,B}] \\
&= e\left[G_{m,E}^\ominus + RT\ln\left(\frac{p_E}{p^\ominus}\right)\right] + d\left[G_{m,D}^\ominus + RT\ln\left(\frac{p_D}{p^\ominus}\right)\right] \\
&\quad - a\left[G_{m,A}^\ominus + RT\ln\left(\frac{p_A}{p^\ominus}\right)\right] - b\left[G_{m,B}^\ominus + RT\ln\left(\frac{p_B}{p^\ominus}\right)\right] \\
&= [eG_{m,E}^\ominus + dG_{m,D}^\ominus - aG_{m,A}^\ominus - bG_{m,B}^\ominus] + RT\ln\left[\frac{\left(\frac{p_E}{p^\ominus}\right)^e\left(\frac{p_D}{p^\ominus}\right)^d}{\left(\frac{p_A}{p^\ominus}\right)^a\left(\frac{p_B}{p^\ominus}\right)^b}\right] \\
&= \Delta_r G_m^\ominus + RT\ln\left[\frac{\left(\frac{p_E}{p^\ominus}\right)^e\left(\frac{p_D}{p^\ominus}\right)^d}{\left(\frac{p_A}{p^\ominus}\right)^a\left(\frac{p_B}{p^\ominus}\right)^b}\right]
\end{aligned}$$

令 $Q = \dfrac{(p_E^\ominus)^e(p_D^\ominus)^d}{(p_A^\ominus)^a(p_B^\ominus)^b}$,则上式变为

$$\Delta_r G_m = \Delta_r G_m^\ominus + RT\ln Q \tag{4.12}$$

式(4.12)称为范特霍夫等温式(van't Hoff isotherm),或者化学反应等温式(chemical reaction isotherm)。式中，R 为摩尔气体常量。范特霍夫等温式表达了在非标准状态下反应的自由能变 $\Delta_r G_m$ 与标准状态下反应的自由能变 $\Delta_r G_m^{\ominus}$ 的关系，"$RT \ln Q$"项可以视为对反应系统偏离热力学标准态的修正项。

在范特霍夫等温式中，Q 称为"反应商"(reaction quotient)，表示在任意状态下，生成物与反应物的相对分压或相对浓度之间的关系，对于气态反应：

$$Q = \frac{\left(\dfrac{p_E}{p^{\ominus}}\right)^e \left(\dfrac{p_D}{p^{\ominus}}\right)^d}{\left(\dfrac{p_A}{p^{\ominus}}\right)^a \left(\dfrac{p_B}{p^{\ominus}}\right)^b} \tag{4.13a}$$

对于溶液反应：

$$Q = \frac{\left(\dfrac{c_E}{c^{\ominus}}\right)^e \left(\dfrac{c_D}{c^{\ominus}}\right)^d}{\left(\dfrac{c_A}{c^{\ominus}}\right)^a \left(\dfrac{c_B}{c^{\ominus}}\right)^b} \tag{4.13b}$$

Q 的书写形式与标准平衡常数 $K^{\ominus}$ 的书写形式相同，只是**在 Q 的表达式中，各项数值是各物质在任意状态下某一时刻的(压力 /$p^{\ominus}$)或(浓度 /$c^{\ominus}$)的数值，而在 $K^{\ominus}$ 的表达式中，各项数值是平衡状态时各物质的(压力 /$p^{\ominus}$)或(浓度 /$c^{\ominus}$)；在非平衡状态，$Q \neq K^{\ominus}$，而在平衡状态，$Q = K^{\ominus}$**。

4.3.2 范特霍夫等温式的应用

当系统处于平衡状态时，反应物的自由能总和与生成物的自由能总和相等，反应的 $\Delta_r G_m = 0 \text{ kJ} \cdot \text{mol}^{-1}$，反应商 Q 等于平衡常数 $K^{\ominus}$，即

$$\Delta_r G_m = \Delta_r G_m^{\ominus} + RT \ln Q = 0 \text{ kJ} \cdot \text{mol}^{-1}$$

所以

$$\Delta_r G_m^{\ominus} = -RT \ln K^{\ominus} \tag{4.14}$$

式(4.14)揭示了平衡常数 $K^{\ominus}$ 与反应标准自由能变 $\Delta_r G_m^{\ominus}$ 的关系。

把式(4.14)代入式(4.12)，得

$$\Delta_r G_m = RT \ln \frac{Q}{K^{\ominus}} \tag{4.15}$$

由式(4.15)可见，**范特霍夫等温式提供了任意状态下判断反应自发性的依据**，只要把 Q 与 $K^{\ominus}$ 比较，就可以判断反应的方向性，具体列于表 4.3。

表 4.3 反应自由能变 $\Delta_r G_m$ 与反应商 Q、标准平衡常数 $K^{\ominus}$ 及反应自发性的关系

$\Delta_r G_m / (\text{kJ} \cdot \text{mol}^{-1})$	Q 与 $K^{\ominus}$ 关系	反应自发性
$= 0$	$Q = K^{\ominus}$	平衡状态
< 0	$Q < K^{\ominus}$	正反应自发
> 0	$Q > K^{\ominus}$	逆反应自发

【例 4.4】　根据附录给出的标准摩尔自由能数据,计算 298 K 时反应 $H_2(g) + CO_2(g) \rightleftharpoons H_2O(g) + CO(g)$ 的标准平衡常数 $K^\ominus$,并判断在下列两种情况下反应的方向:

(1) 标准态下;

(2) 起始压力为 $p_{H_2} = 4 \times 10^5$ Pa,　$p_{CO_2} = 5 \times 10^4$ Pa,　$p_{H_2O} = 2 \times 10^2$ Pa,　$p_{CO} = 5 \times 10^2$ Pa 时。

解　(1)　　　　　　　　　　　　　$H_2(g) + CO_2(g) \rightleftharpoons H_2O(g) + CO(g)$

$\Delta_r G_m^\ominus / (kJ \cdot mol^{-1})$　　　　0　　　−394.4　　　−228.6　　−137.2

$\Delta_r G_m^\ominus = (-228.6 \text{ kJ} \cdot mol^{-1}) + (-137.2 \text{ kJ} \cdot mol^{-1}) - (-394.4 \text{ kJ} \cdot mol^{-1}) = 28.6 \text{ kJ} \cdot mol^{-1} > 0 \text{ kJ} \cdot mol^{-1}$

说明在标准态下,逆反应自发。

由 $\Delta_r G_m^\ominus = -RT \ln K^\ominus$,得

$$28.6 \times 10^3 \text{ J} \cdot mol^{-1} = -(8.314 \text{ J} \cdot mol^{-1} \cdot K^{-1}) \times (298 \text{ K}) \times \ln K^\ominus$$

298 K 时,　$K^\ominus = 9.7 \times 10^{-6}$。

(2)　　　$Q = \dfrac{\left(\dfrac{p_{CO}}{p^\ominus}\right) \times \left(\dfrac{p_{H_2O}}{p^\ominus}\right)}{\left(\dfrac{p_{H_2}}{p^\ominus}\right) \times \left(\dfrac{p_{CO_2}}{p^\ominus}\right)} = \dfrac{\dfrac{5 \times 10^2 \text{ Pa}}{1 \times 10^5 \text{ Pa}} \times \dfrac{2 \times 10^2 \text{ Pa}}{1 \times 10^5 \text{ Pa}}}{\dfrac{4 \times 10^5 \text{ Pa}}{1 \times 10^5 \text{ Pa}} \times \dfrac{5 \times 10^4 \text{ Pa}}{1 \times 10^5 \text{ Pa}}} = 5 \times 10^{-6}$

$Q < K^\ominus$,正反应自发进行。

由例 4.2、例 4.3 可见,在进行与化学平衡有关而不涉及热力学函数的运算时,既可以使用经验平衡常数,也可以使用标准平衡常数;但是,由例 4.4 可知,**在涉及热力学函数的运算时,只能使用标准平衡常数。**

4.3.3　多重平衡规则

在相同温度下,当几个反应相加/减,得到另外一个反应时,所得的总反应的平衡常数是这几个反应平衡常数之积/商,此即"多重平衡规则"。即反应 1 和反应 2 的平衡常数分别为 $K_1^\ominus$ 和 $K_2^\ominus$,对应标准摩尔自由能变分别为 $\Delta_{r1} G_m^\ominus$ 和 $\Delta_{r2} G_m^\ominus$:

若反应 = 反应 1 + 反应 2,则 $\Delta_r G_m^\ominus = \Delta_{r1} G_m^\ominus + \Delta_{r2} G_m^\ominus$,且 $K^\ominus = K_1^\ominus \cdot K_2^\ominus$;

若反应 = 反应 1 − 反应 2,则 $\Delta_r G_m^\ominus = \Delta_{r1} G_m^\ominus - \Delta_{r2} G_m^\ominus$,且 $K^\ominus = \dfrac{K_1^\ominus}{K_2^\ominus}$。

【例 4.5】　反应 1:$SO_2(g) + \dfrac{1}{2} O_2(g) \rightleftharpoons SO_3(g)$,　$K_1^\ominus = 2.8 \times 10^{12}$,　$\Delta_{r1} G_m^\ominus = -70.9 \text{ kJ} \cdot mol^{-1}$

反应 2:$NO_2(g) \rightleftharpoons NO(g) + \dfrac{1}{2} O_2(g)$,　$K_2^\ominus = 6.3 \times 10^{-7}$,　$\Delta_{r2} G_m^\ominus = 35.3 \text{ kJ} \cdot mol^{-1}$

反应 1 + 反应 2,得

$$SO_2(g) + NO_2(g) \rightleftharpoons NO(g) + SO_3(g)$$

求其标准平衡常数和标准摩尔自由能变。

解　标准平衡常数为

$$K^\ominus = K_1^\ominus \cdot K_2^\ominus = 1.8 \times 10^6$$

标准摩尔自由能变为

$$\Delta_r G_m^\ominus = \Delta_{r1} G_m^\ominus + \Delta_{r2} G_m^\ominus = -35.6 \text{ kJ} \cdot mol^{-1}$$

当然,从标准平衡常数表达式的变换也可直接看到它们之间的关系:

$$K^{\ominus} = \dfrac{\dfrac{p_{eq,NO}}{p^{\ominus}} \cdot \dfrac{p_{eq,SO_3}}{p^{\ominus}}}{\dfrac{p_{eq,SO_2}}{p^{\ominus}} \cdot \dfrac{p_{eq,NO_2}}{p^{\ominus}}} = \dfrac{\dfrac{p_{eq,SO_3}}{p^{\ominus}}}{\dfrac{p_{eq,SO_2}}{p^{\ominus}} \cdot \left(\dfrac{p_{eq,O_2}}{p^{\ominus}}\right)^{1/2}} \cdot \dfrac{\dfrac{p_{eq,NO}}{p^{\ominus}} \cdot \left(\dfrac{p_{eq,O_2}}{p^{\ominus}}\right)^{\frac{1}{2}}}{\dfrac{p_{eq,NO_2}}{p^{\ominus}}} = K_1^{\ominus} \cdot K_2^{\ominus}$$

【例 4.6】 反应 1：$C(s)+H_2O(g) \rightleftharpoons CO(g) + H_2(g)$，$K_1^{\ominus}$

反应 2：$CO(g)+H_2O(g) \rightleftharpoons CO_2(g)+H_2(g)$，$K_2^{\ominus}$

反应 1–反应 2，得 $C(s)+CO_2(g) \rightleftharpoons 2CO(g)$，求其标准平衡常数。

解 其标准平衡常数为

$$K^{\ominus} = \dfrac{K_1^{\ominus}}{K_2^{\ominus}}$$

值得指出，很多实际进行的化学反应是若干个反应之和(或差)，"多重平衡规则"源于化学反应事实，并提供了计算复杂反应的平衡常数的便利，以及实验测定或计算分步反应或总反应热力学函数的途径。

4.4 影响化学平衡的因素
(Factors affecting a chemical equilibrium)

化学平衡是一种动态平衡。达到化学平衡状态时，化学反应并没有停止，只是正反应速率和逆反应速率相等，系统的自由能变 $\Delta_r G_m = 0 \ kJ \cdot mol^{-1}$，各反应物和生成物浓度保持恒定。一旦反应条件改变，原来的平衡状态将遭到破坏，导致正反应速率和逆反应速率不相等，反应物的自由能与生成物的自由能不相等，系统的自由能变 $\Delta_r G_m \neq 0 \ kJ \cdot mol^{-1}$。之后，随着反应的进行，在新的条件下又建立新的化学平衡。这种**因平衡条件的改变导致平衡状态被破坏，系统各物质含量随之发生变化，从而建立起新平衡状态的过程称为"化学平衡的移动"。**

研究化学平衡是为了学会利用改变反应条件，使平衡向有利于我们需要的反应方向移动，以建立新的平衡。本节将应用化学反应等温式讨论浓度、压力改变对化学平衡的影响，应用化学反应等温式结合吉布斯-亥姆霍兹方程讨论温度对化学平衡的影响。

4.4.1 浓度对化学平衡的影响

通过前面的讨论已经知道，对任一化学反应：

$$aA+bB \rightleftharpoons dD+eE$$

任一时刻的反应商为

$$Q = \dfrac{\left(\dfrac{c_E}{c^{\ominus}}\right)^e \left(\dfrac{c_D}{c^{\ominus}}\right)^d}{\left(\dfrac{c_A}{c^{\ominus}}\right)^a \left(\dfrac{c_B}{c^{\ominus}}\right)^b}$$

当反应达到化学平衡状态时，$Q = K^{\ominus}$。

下面分两种情况讨论反应达到平衡状态后，改变浓度时平衡的移动。

(1) 若减小产物浓度或者增大反应物浓度，都会使 $Q < K^\ominus$，原来的化学平衡也被破坏。此时，$\Delta_r G_m = RT \ln \dfrac{Q}{K^\ominus} < 0 \ \text{kJ} \cdot \text{mol}^{-1}$，使平衡向正反应方向移动。

(2) 若增大产物浓度或者减小反应物浓度，从上面 Q 的表达式可见，都会使 Q 增大。Q 增大，使 $Q > K^\ominus$，意味着原来的化学平衡被破坏。此时，$\Delta_r G_m = RT \ln \dfrac{Q}{K^\ominus} > 0 \ \text{kJ} \cdot \text{mol}^{-1}$，因而平衡向逆反应方向移动。平衡逆向移动的结果，又使反应商 Q 逐渐减小，并最终使 $Q = K^\ominus$，反应达到新的平衡。

浓度对化学平衡的影响在生产上有广泛应用。例如，在硫酸工业中，常用到以下反应：

$$2SO_2(g) + O_2(g) \Longleftrightarrow 2SO_3(g)$$

从反应方程式可见，完全反应时 SO_2 和 O_2 反应的物质的量(分压力)之比为 $p_{SO_2} : p_{O_2} = 1 : 0.5$；但实际生产中，往往提高了 O_2 的分压，使 $p_{SO_2} : p_{O_2} = 1 : 1.6$，因为这有利于平衡向正反应方向移动，以提高二氧化硫的转化率。

4.4.2 压力对化学平衡的影响

压力对化学平衡的影响也可根据范特霍夫等温式讨论。具体分三种情况：

(1) 无气体参与的反应，改变反应压力，对平衡几乎无影响。

因为压力的变化对固相或液相的浓度几乎都没有影响，反应又没有气体参与，因而压力的改变对反应商 Q 几乎无影响。

(2) 反应前、后气体计量系数不变的反应，压力对其平衡也没有明显影响。

总的来说，对有气体参与的反应，压力对平衡的影响，可通过是否改变反应商 Q 来讨论。若反应前、后气体计量系数不变，压力改变时，反应商 Q 不变，因而平衡不会移动。

例如，反应 $H_2(g) + I_2(g) \Longleftrightarrow 2\,HI(g)$，增大或减小反应总压对生成物和反应物的分压所产生的影响是等效的，反应商 $Q = \dfrac{(p_{HI}/p^\ominus)^2}{(p_{H_2}/p^\ominus) \cdot (p_{I_2}/p^\ominus)}$ 不因总压不同而改变，所以平衡的位置不变。

(3) 反应前、后气体计量系数有变化的反应，压力的变化会影响它们的平衡状态，从而引起平衡的移动，分两种情况讨论。

(a) 提高总压力，平衡向气体分子总数减小的反应方向移动。

例如，合成氨生产中：$N_2 + 3H_2 \Longleftrightarrow 2\,NH_3$，$\Delta n = -2$。

$$K^\ominus = \frac{(p_{eq,NH_3}/p^\ominus)^2}{(p_{eq,N_2}/p^\ominus) \cdot (p_{eq,H_2}/p^\ominus)^3}$$

若增大体系的总压力为原来的 2 倍时，则各组分分压力为

$$p_{NH_3} = 2p_{eq,\,NH_3}, \quad p_{N_2} = 2p_{eq,\,N_2}, \quad p_{H_2} = 2p_{eq,\,H_2}$$

此时反应商 Q 为

$$Q = \frac{(p_{NH_3}/p^{\ominus})^2}{(p_{N_2}/p^{\ominus})(p_{H_2}/p^{\ominus})^3} = \frac{(2p_{eq,NH_3}/p^{\ominus})^2}{(2p_{eq,N_2}/p^{\ominus})(2p_{eq,H_2}/p^{\ominus})^3} = \frac{1}{4} \cdot \frac{(p_{eq,NH_3}/p^{\ominus})^2}{(p_{eq,N_2}/p^{\ominus})(p_{eq,H_2}/p^{\ominus})^3}$$

$$= \frac{1}{4}K^{\ominus} < K^{\ominus}$$

所以　　　　　　　　　　　　　　　　　$Q < K^{\ominus}$

$$\Delta_r G_m^{\ominus} = -RT\ln K^{\ominus} + RT\ln Q = -RT\ln 4 < 0 \ kJ \cdot mol^{-1}$$

增大压力，系统平衡态被破坏，平衡向生成氨的方向(气体分子总数减小的方向)移动。平衡向气体分子总数减小的方向移动，使总压力增加这种外界条件的改变得以消除。由于增大压力平衡向合成氨方向移动，因此实际生产中合成塔压力往往高达 5×10^7 Pa，以获得更大的转化率。

【例4.7】 在325 K时,设反应 $N_2O_4(g) \rightleftharpoons 2NO_2(g)$ 平衡时总压为 1.00×10^5 Pa,N_2O_4 的分解率为50.2%。

(1) 计算反应的平衡常数 $K^{\ominus}$。

(2) 若保持反应温度不变,增大平衡压力至 1.00×10^6 Pa 时, N_2O_4 的分解率是多少?

解 设反应前(起始状态)N_2O_4 的压力为 p, 平衡时其分解率为 α, 则

$$N_2O_4(g) \rightleftharpoons 2NO_2(g)$$

p_{in}	p	0
p_{eq}	$p - p\alpha$	$2p\alpha$

达到平衡时, 体系总压力为

$$p(总) = p - p\alpha + 2p\alpha = p + p\alpha = p(1 + \alpha)$$

(1) $p(总) = p(1 + \alpha) = p(1 + 0.502) = 1.00 \times 10^5$ Pa, 所以

$$p = \frac{1.00 \times 10^5 \, Pa}{1.502} = 6.66 \times 10^4 \, Pa$$

达平衡时 N_2O_4 的分压

$$p_{eq,N_2O_4} = p - p\alpha = p(1 - \alpha) = 3.31 \times 10^4 \, Pa$$

达平衡时 NO_2 的分压

$$p_{eq,NO_2} = 2p\alpha = 6.68 \times 10^4 \, Pa$$

$$K^{\ominus} = \frac{\left(\dfrac{p_{eq,NO_2}}{p^{\ominus}}\right)^2}{\dfrac{p_{eq,N_2O_4}}{p^{\ominus}}} = \frac{\left(\dfrac{6.68 \times 10^4 \, Pa}{1.00 \times 10^5 \, Pa}\right)^2}{\dfrac{3.31 \times 10^4 \, Pa}{1.00 \times 10^5 \, Pa}} = 1.35$$

(2) $p_{总} = 1.00 \times 10^6$ Pa 时, 因为 $p(总) = p(1 + \alpha)$, 所以

$$p = \frac{p_{总}}{1 + \alpha}$$

$$K^{\ominus} = \frac{\left(\dfrac{p_{eq,NO_2}}{p^{\ominus}}\right)^2}{\dfrac{p_{eq,N_2O_4}}{p^{\ominus}}} = \frac{\left(\dfrac{2p\alpha}{p^{\ominus}}\right)^2}{\dfrac{p(1-\alpha)}{p^{\ominus}}} = \frac{4p\alpha^2}{p^{\ominus}(1-\alpha)} = \frac{4 \times \dfrac{p_{总}}{1+\alpha} \times \alpha^2}{p^{\ominus}(1-\alpha)} = \frac{4 \times p_{总} \times \alpha^2}{p^{\ominus}(1-\alpha^2)} = \frac{4 \times 1.00 \times 10^6 \, Pa \times \alpha^2}{1.00 \times 10^5 \, Pa \times (1-\alpha^2)}$$

$K^{\ominus} = 1.35$, 求得 N_2O_4 的分解率 $\alpha = 18.0\%$。

即在压力增大后, N_2O_4 转化为 NO_2 的转化率减少, 也就是压力增大时, 平衡向气体分子总数减小的方向移动。

(b) 降低总压力, 平衡向气体分子总数增加的反应方向移动。

仍以上面合成氨的例子来说明。若温度不变，总压力若减小为原来的 1/2 时，则各组分分压力也为原来的 1/2，反应商变为原来的 4 倍。逆反应自发进行，平衡向气体分子总数增加的方向移动，以消除总压力降低的影响。

不难理解，如果总体积不变的条件下加入惰性气体(即不参与反应的气体)到平衡系统中，即使总压力改变，但只要反应商不改变，也不会使平衡发生移动。

浓度和压力对化学平衡的影响，最终都可以归结为这些条件改变对反应商 Q 的影响上。一个已达平衡状态的化学反应，其 $Q = K^{\ominus}$，当浓度或压力改变时，使得 $Q \neq K^{\ominus}$，这时平衡将发生移动，而平衡移动的结果，总是使得 Q 逐渐接近并最终等于 $K^{\ominus}$，反应达到新的平衡。

4.4.3 温度对化学平衡的影响

温度对化学平衡的影响，与前面讨论的浓度或压力对化学平衡的影响有本质区别。对封闭系统，热力学平衡常数 $K^{\ominus}$ 只是温度 T 的函数，温度不变、只改变浓度或压力时，化学平衡发生移动，但平衡常数 $K^{\ominus}$ 数值不变；而温度改变时，化学平衡常数 $K^{\ominus}$ 数值改变，从而使化学平衡移动。下面结合范特霍夫等温式与吉布斯-亥姆霍兹方程，来讨论温度对化学平衡的影响。

在标准状态下，等温、不做非体积功的封闭系统，范特霍夫等温式为

$$\Delta_r G_m^{\ominus} = -RT \ln K^{\ominus}$$

同一条件下，吉布斯-亥姆霍兹方程为

$$\Delta_r G_m^{\ominus} = \Delta_r H_m^{\ominus} - T\Delta_r S_m^{\ominus}$$

合并以上两式，得

$$\Delta_r H_m^{\ominus} - T\Delta_r S_m^{\ominus} = -RT \ln K^{\ominus}$$

$$\ln K^{\ominus} = -\frac{\Delta_r H_m^{\ominus}}{RT} + \frac{\Delta_r S_m^{\ominus}}{R} \tag{4.16}$$

式(4.16)称为"范特霍夫方程"(van't Hoff equation)。

在温度变化(ΔT)不大而且无相变的条件下，可以忽略标准摩尔焓变和标准摩尔熵变随温度发生的变化，即用 298 K 的标准摩尔焓变 $\Delta_r H_m^{\ominus}$ 值或标准摩尔熵变 $\Delta_r S_m^{\ominus}$ 值代替其他温度 T 的标准摩尔焓变 $\Delta_r H_m^{\ominus}(T)$ 值或标准摩尔熵变 $\Delta_r S_m^{\ominus}(T)$ 值：

$$\Delta_r H_m^{\ominus}(T) \approx \Delta_r H_m^{\ominus}(298\ \text{K}) \qquad (\Delta T\ \text{不大、无相变})$$

$$\Delta_r S_m^{\ominus}(T) \approx \Delta_r S_m^{\ominus}(298\ \text{K}) \qquad (\Delta T\ \text{不大、无相变})$$

把两个温度 T_1、T_2 分别代入范特霍夫方程[式(4.16)]，得

$$\ln K_1^{\ominus} = -\frac{\Delta_r H_m^{\ominus}}{RT_1} + \frac{\Delta_r S_m^{\ominus}}{R}$$

$$\ln K_2^{\ominus} = -\frac{\Delta_r H_m^{\ominus}}{RT_2} + \frac{\Delta_r S_m^{\ominus}}{R}$$

两式相减，得两点式方程

$$\ln \frac{K_2^{\ominus}}{K_1^{\ominus}} = \frac{\Delta_r H_m^{\ominus}}{R}\left(\frac{1}{T_1} - \frac{1}{T_2}\right) = \frac{\Delta_r H_m^{\ominus}}{R} \cdot \left(\frac{T_2 - T_1}{T_1 T_2}\right) \tag{4.17}$$

对范特霍夫方程的应用进一步讨论如下：

(1) 利用范特霍夫方程可判断温度改变使平衡移动的方向。

(a) 若正反应是吸热反应($\Delta_r H_m^{\ominus} > 0$ kJ·mol^{-1})，温度升高，即 $T_2 > T_1$，由式(4.17)可见，$\ln \frac{K_2^{\ominus}}{K_1^{\ominus}} > 0$，即 $K_2^{\ominus} > K_1^{\ominus}$，说明平衡向正反应(吸热)方向移动。

(b) 若正反应是放热反应($\Delta_r H_m^{\ominus} < 0$ kJ·mol^{-1})，温度升高，即 $T_2 > T_1$，$\ln \frac{K_2^{\ominus}}{K_1^{\ominus}} < 0$，即 $K_2^{\ominus} < K_1^{\ominus}$，说明平衡向逆反应(吸热)方向移动。

可见，温度升高时，平衡总是向吸热反应方向移动。

(c) 若正反应是吸热反应($\Delta_r H_m^{\ominus} > 0$ kJ·mol^{-1})，温度降低，即 $T_2 < T_1$，由式(4.17)可见，$\ln \frac{K_2^{\ominus}}{K_1^{\ominus}} < 0$，$K_2^{\ominus} < K_1^{\ominus}$，平衡向逆反应(放热)方向移动。

(d) 若正反应是放热反应($\Delta_r H_m^{\ominus} < 0$ kJ·mol^{-1})，温度降低，即 $T_2 < T_1$，$\ln \frac{K_2^{\ominus}}{K_1^{\ominus}} > 0$，$K_2^{\ominus} > K_1^{\ominus}$，平衡向正反应(放热)方向移动。

可见，温度降低时，平衡总是向放热反应方向移动。

例如，合成氨的反应 $N_2(g) + 3H_2(g) \rightleftharpoons 2NH_3(g)$ 是一个放热反应，其 $\Delta_r H_m^{\ominus} = -92.2$ kJ·mol^{-1}。在温度 $T_1 = 298$ K 时，平衡常数 $K_1^{\ominus} = 6.2 \times 10^5$；$T_2 = 473$ K，平衡常数 $K_2^{\ominus} = 6.2 \times 10^{-1}$；$T_3 = 673$ K 时，平衡常数 $K_3^{\ominus} = 6.0 \times 10^{-4}$。可见，温度降低，$K^{\ominus}$ 增大，平衡向放热反应(正反应)的方向移动。

(2) 利用范特霍夫方程式[式(4.16)]可以求反应的标准摩尔焓变 $\Delta_r H_m^{\ominus}$ 和标准摩尔熵变 $\Delta_r S_m^{\ominus}$。

根据式(4.16)，作 $\ln K^{\ominus} - \frac{1}{T}$ 图，应为一直线，其斜率为 $-\frac{\Delta_r H_m^{\ominus}}{R}$，截距为 $\frac{\Delta_r S_m^{\ominus}}{R}$。可求出热力学函数 $\Delta_r H_m^{\ominus}$ 和 $\Delta_r S_m^{\ominus}$ 值。

【例 4.8】 实验测定反应 $I_2(aq) + I^-(aq) \rightleftharpoons I_3^-(aq)$ 在不同温度下的平衡常数结果，结果列于表 4.4，试求该反应的 $\Delta_r H_m^{\ominus}$。

表 4.4 反应 $I_2(aq) + I^-(aq) \rightleftharpoons I_3^-(aq)$ 在不同温度下的平衡常数

T / K	277	288	298	308	323
$K^{\ominus}$	1160	841	689	533	409

解 根据实验数据，利用式(4.16)有

$$\ln K^{\ominus} = -\frac{\Delta_r H_m^{\ominus}}{RT} + \frac{\Delta_r S_m^{\ominus}}{R}$$

以 $\ln K^{\ominus}$ 对 $\dfrac{1}{T}$ 作图，如图 4.2 所示。

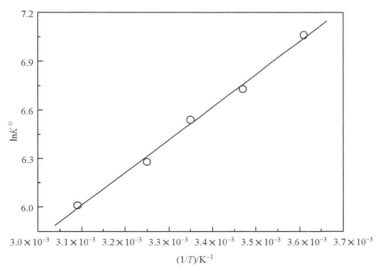

图 4.2　反应 $I_2(aq) + I^-(aq) \rightleftharpoons I_3^-(aq)$ 的 $\ln K^{\ominus}\text{-}\dfrac{1}{T}$ 图

拟合数据，应为一直线，其斜率为

$$-\frac{\Delta_r H_m^{\ominus}}{R} = 2.02 \times 10^3 \text{ K}$$

$$\Delta_r H_m^{\ominus} = -2.02 \times 10^3 \text{ K} \times R = -2.02 \times 10^3 \text{ K} \times 8.31 \text{ J} \cdot \text{mol}^{-1} \cdot \text{K}^{-1} = -1.68 \times 10^4 \text{ J} \cdot \text{mol}^{-1}$$

4.4.4　勒夏特列原理

通过前面的具体讨论，浓度、压力和温度对化学平衡的影响可归纳为以下几点。

(1) 浓度对化学平衡的影响：增加(或减少)反应物浓度，平衡将向正(或逆)方向移动；增加(或减少)产物的浓度，平衡将向逆(或正)方向移动。在平衡移动过程中，平衡常数 $K^{\ominus}$ 不变。

(2) 压力对化学平衡的影响：增加(或减少)反应系统的总压力，平衡将向气体分子总数减少(或增大)的方向移动。在平衡移动过程中，平衡常数 $K^{\ominus}$ 不变。

(3) 温度对化学平衡的影响：升高(或降低)系统反应温度，平衡将向吸热(或放热)方向移动。在平衡移动过程中，平衡常数 $K^{\ominus}$ 改变，若正反应是吸热反应，温度升高，平衡常数 $K^{\ominus}$ 将增大；若正反应是放热反应，温度升高，平衡常数 $K^{\ominus}$ 将减小。

法国化学家勒夏特列(H. L. Le Châtelier)归纳上述 3 种因素影响，指出：**"对于已达平衡的系统，若改变平衡系统的条件(浓度、压力、温度)之一，平衡将向解除这一改变的方向移动"**，称为**"勒夏特列原理"** (Le Châtelier's principle)。

4.5　溶　液
(Solution)

由两种或两种以上的物质混合形成的均匀稳定的分散体系，称为溶液(solution)。按此定义，常将溶液分为三类，即气体溶液、固体溶液和液体溶液。

气体溶液是气体混合而成的混合物。固体溶液(固溶体)如合金等，是固体状态稳定均匀的分散系统。

本节只讨论液体溶液。通常，溶解其他物质的化合物称为溶剂(solvent)，被溶解的物质称为溶质(solute)。当气体或固体溶于液体时，液体称为溶剂，气体或固体称为溶质。当两种液体互相溶解时，一般把量多的称为溶剂，量少的称为溶质。

溶液的形成过程伴随着能量、体积或颜色的变化。例如，无色的硫酸铜粉末溶于水变成蓝色的水溶液，说明溶解过程并不是单纯的机械混合的物理过程，而是一种物理化学过程。溶解过程包括两部分：①溶质分子或离子的离散过程，这需要吸热来克服原有质点间的引力，同时这也是一个增大溶液体积的过程；②溶剂化过程，这是一个放热、液体体积减小的过程。因此，总的溶解过程是吸热还是放热、体积是增大还是缩小，都受到互相竞争的这两个过程的制约。颜色的变化本身是溶质质点溶剂化的一部分。例如，无水的 Cu^{2+} 是无色的，而 $[Cu(H_2O)_6]^{2+}$ 是蓝色的。

按溶质分子性质的不同，溶液可以分为电解质溶液和非电解质溶液。本节重点讨论难挥发的非电解质的稀溶液，最后简单介绍电解质溶液的性质。

4.5.1　难挥发的非电解质稀溶液的依数性*

难挥发的非电解质稀溶液的一些性质，如蒸气压下降、沸点升高、凝固点下降及渗透压等，只与稀溶液的浓度有关，而与溶质的性质无关。这类性质称为"依数性"(colligative property)。

1. 蒸气压下降和拉乌尔定律

1887 年，法国物理学家拉乌尔(Raoult)提出：**在一定的温度下，稀溶液的蒸气压等于纯溶剂的蒸气压乘以溶剂的摩尔分数**，这就是**拉乌尔定律**。其数学表达式为

$$p = p_A^* x_A \qquad (4.18)$$

或

$$\Delta p = p_A^* x_B \qquad (4.19)$$

对于稀溶液近似为

$$\Delta p = kb \qquad (4.20)$$

式中，p 为溶液的蒸气压；p_A^* 为纯溶剂 A 蒸气压；Δp 为 p_A^* 与 p 之差；x_A、x_B 为溶剂、溶质的摩尔分数(下标 A 代表溶剂，B 代表溶质，上标*代表纯溶剂)；b 为质量摩尔浓度，SI 单位是 $mol \cdot kg^{-1}$，是在每千克(kg)溶剂(m_A)中所含的溶质的物质的量(n_B)。

$$x_A = \frac{n_A}{n_A + n_B} \qquad x_B = \frac{n_B}{n_A + n_B} \qquad b = \frac{n_B}{m_A}$$

式(4.19)表明稀溶液的蒸气压下降与溶质的摩尔分数成正比。式(4.20)表明，对于难挥发非电解质稀溶液来说，蒸气压下降数值只取决于溶剂的本性(k)及溶液的质量摩尔浓度(b)。

用分子运动理论可以对拉乌尔定律做微观的定性解释。由于溶质是难挥发的，溶液的蒸气压全由溶剂分子蒸发产生。对溶液来说，因为溶质分子的存在，其液面或多或少的会被溶质分子占据，从而使溶液液面上的溶剂分子浓度比纯溶剂状态时减小，导致在平衡时溶液的蒸气压会比纯溶剂小，即溶液的蒸气压低于纯溶剂的蒸气压。

2. 沸点上升

液体的沸点(boiling point)是指其蒸气压等于外界大气压力时的温度。溶液的蒸气压总是低于纯溶剂的蒸气压。因此，使溶液的蒸气压等于外界大气压力的温度一定高于使纯溶剂的蒸气压等于外界大气压力的温度，

也就是说，溶液的沸点一定会高于纯溶剂的沸点。

用 T_b^* 代表纯溶剂的沸点，T_b 代表溶液的沸点，则 $\Delta T_b = T_b - T_b^*$ 表示溶液相对于纯溶剂的沸点上升(b 为 boiling point 词首)。实验表明：

$$\Delta T_b = k_b b \tag{4.21}$$

式中，k_b 为"溶剂的沸点上升系数"，取决于溶剂的本性，与溶剂的摩尔质量、沸点、气化热有关；b 为溶质的质量摩尔浓度。沸点上升常数 k_b 的物理意义可以看作溶液的浓度 $b=1$ $mol \cdot kg^{-1}$ 时的溶液沸点升高值。不同溶剂的 k_b 值不同，水的 k_b 值为 $0.51\ ℃ \cdot kg \cdot mol^{-1}$，乙醇的 k_b 值为 $1.22\ ℃ \cdot kg \cdot mol^{-1}$。

3. 凝固点下降

固相、液相平衡时的温度为该液体的凝固点(freezing point)。溶液的凝固点低于纯溶剂的凝固点。用 T_f^* 代表纯溶剂的凝固点，T_f 代表溶液的凝固点，则 $\Delta T_f = T_f^* - T_f$ 表示溶液相对于纯溶剂的凝固点下降。实验表明：

$$\Delta T_f = k_f b \tag{4.22}$$

式中，k_f 为"溶剂的凝固点降低系数"，取决于溶剂的本性，与溶剂的凝固点、摩尔质量及熔化热有关。水的 k_f 值为 $1.885\ ℃ \cdot kg \cdot mol^{-1}$。凝固点下降的原理在实际生活中有广泛的应用，例如，在冬天向汽车散热器的冷却水水箱里加入甘油或乙二醇，以防止水箱结冰损坏设备；冰机制冷的蒸发器中冰盐水的应用及冬天路面撒盐除冰化雪等。

图 4.3 是溶液沸点上升、凝固点下降示意图。

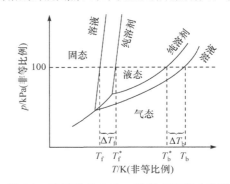

图 4.3　溶液沸点上升、凝固点下降示意图

4. 渗透压

溶液的渗透现象与生命过程密切相关。例如，在给患者输液治疗中，溶液浓度需仔细调节，若输进液体浓度过大，则红细胞内水分子将外渗，引起细胞干瘪；若浓度过低，红细胞将会被涨破，均导致患者生命危险。水分子穿越细胞膜的动力来源于溶液的渗透压。

荷兰化学家范特霍夫于 1886 年指出：稀溶液渗透压与浓度和温度的关系与理想气体方程一致，即

$$\pi V = nRT \tag{4.23}$$

或

$$\pi = cRT \approx bRT \tag{4.24}$$

式中，π 为渗透压；V 为溶液体积；R 为摩尔气体常量；n 为溶质物质的量；c 为物质的量浓度；T 为温度；对于稀溶液，c 可近似用质量摩尔浓度 b 代替。应该指出，渗透压方程与理想气体方程形式上一致，但两者无任何本质联系。

人体在运动之后，或吃了过咸的食物就会有口渴的感觉，这是因为体内渗透压增大了；人体的营养循环、植物利用树根吸收水分也都是渗透压的原因。

具有蒸气压下降、沸点升高、凝固点下降和渗透压四个方面依数性的溶液，称为理想溶液，难挥发的非电解质的稀溶液在性质上近似于理想溶液。利用理想溶液的依数性可通过实验测定溶质的摩尔质量及溶剂的一系列物理常数。

4.5.2　电解质溶液

难挥发的非电解质的稀溶液在性质上表现为依数性。电解质溶液及浓度较大的非电解质溶液也具有蒸气压下降、沸点升高、凝固点下降和渗透压等性质，但电解质溶液及浓度较大的非电解质溶液不遵守难挥发的非电解质稀溶液的依数性计算公式。表 4.5 列举了某些强电解质稀溶液的凝固点下降的实验值及按式(4.22)所得的计算值。

表 4.5 某些强电解质稀溶液的凝固点下降 ΔT_f

$b/(mol \cdot kg^{-1})$	ΔT_f (计算值)/℃	ΔT_f (实验值)/℃			i		
		KNO$_3$	NaCl	MgSO$_4$	KNO$_3$	NaCl	MgSO$_4$
0.01	0.018 58	0.035 87	0.036 06	0.030 0	1.93	1.94	1.61
0.05	0.092 90	0.171 8	0.175 8	0.129 4	1.85	1.89	1.39
0.10	0.185 8	0.333 1	0.347 0	0.242 0	1.79	1.87	1.30
0.50	0.929 0	1.414	1.692	1.081	1.52	1.82	1.16

设 $i = \dfrac{\Delta T_f (实验值)}{\Delta T_f (计算值)}$。对难挥发非电解质稀溶液来说，溶质不电离，近似于理想溶液，ΔT_f（实验值）与 ΔT_f（计算值）基本一致，$i \approx 1$。弱电解质溶液由于部分电离，溶液中微观粒子数目增加，其 i 值应略大于 1，如 0.100 mol·kg^{-1} 的 CH$_3$COOH 溶液 $i = 1.01$。

如果表 4.5 所列的强电解质 KNO$_3$、NaCl 及 MgSO$_4$ 在水溶液中是 100% 电离，电离后微观粒子数（阴、阳离子数目之和）是原来的 2 倍，稀溶液依然近似于理想溶液，$i \approx 2$。但数据表明：①对于正负离子为二价的电解质 MgSO$_4$ 溶液的 i 值，比同浓度一价的 KNO$_3$ 和 NaCl 溶液小；②同一电解质，其溶液浓度越大，i 值越小。

针对电解质溶液的这些行为，1923 年德拜(Debye)及休克尔(Hückel)提出"离子氛"(ionic atmosphere)的概念，指出：强电解质在溶液中是完全电离的，但是由于离子间的相互作用，每一个离子都受到相反电荷离子的束缚，在溶液中不可能完全自由，其表现是溶液导电能力下降，电离度下降，依数性异常。因此严格地说，溶液中离子的浓度需用"活度"表示。

活度*

活度(activity，符号 a)是电解质溶液中离子实际发挥作用的浓度，也即扣除离子之间互相作用后的浓度。活度与物质的量浓度 c 之间的关系是

$$a = \gamma \frac{c}{c^{\ominus}}$$

式中，γ 为"活度因子"(activity factor)，也称"活度系数"(activity coefficient)，它反映离子互相作用对浓度的影响。由上式可见：活度与活度因子的量纲和单位均是 1；对于无限稀溶液，$\lim\limits_{c \to 0} \gamma = 1$，$a \to \dfrac{c}{c^{\ominus}}$。

对于稀溶液，浓度与活度近似相等，本书后面的论述都采用浓度近似地表达。

4.6 水溶液中的酸碱平衡
(Acid-base equilibrium in an aqueous solution)

4.6.1 酸碱理论

随着酸碱理论的发展，先后产生了酸碱电离理论、酸碱质子理论和酸碱电子理论。

1. 酸碱电离理论

1887 年，瑞典化学家**阿伦尼乌斯**(S. A. Arrhenius)提出了"**电离学说**"，认为"**凡是在水溶液中电离产生的阳离子全部是 H$^+$ 的化合物称为酸**(acid)，**电离时产生的阴离子全部是 OH$^-$ 的化合物称为碱**(base)"。酸碱电离理论从物质的化学组成上揭示了酸碱的本质，明确指出 H$^+$ 是酸的特性，OH$^-$ 是碱的特性。

2. 酸碱质子理论

1923 年，丹麦化学家布朗斯台德(J. N. Brønsted)和英国化学家洛里(T. M. Lowry)分别提出"酸碱质子理论"。**酸碱质子理论认为：凡是能给出质子(H^+)的分子或离子称为"酸"，凡是能与质子结合的分子或离子称为"碱"**。这样，酸是质子的给予体(proton donor)，而碱是质子的接受体(proton acceptor)。

例如，HCl 可以给出质子，所以 HCl 是一种酸；Cl^-可以结合质子，所以 Cl^-是一种碱。酸碱间的关系可表示如下：

$$HCl \Longleftrightarrow H^+ + Cl^-$$
$$酸 \qquad\qquad 碱$$

$$NH_4^+ \Longleftrightarrow H^+ + NH_3$$
$$酸 \qquad\qquad 碱$$

用通式表示为

$$酸 \Longleftrightarrow 质子(H^+) + 碱 \tag{4.25}$$

根据式(4.25)，酸给出 1 个质子后变成碱，碱得到 1 个质子变成了酸。这些相差 1 个质子的一对酸、碱称为共轭酸碱对。在上面例子中，右边的碱是左边酸的共轭碱，左边的酸又是右边碱的共轭酸。

按照质子理论，酸碱有下列基本特征。

(1) 酸和碱可以是分子，也可以是阳离子或阴离子，如

$$[Al(H_2O)_6]^{3+} \Longleftrightarrow H^+ + [Al(OH)(H_2O)_5]^{2+}$$
$$酸 \qquad\qquad\qquad 碱$$

(2) 有的离子在某对共轭酸碱对中是碱，但在另一对共轭酸碱对中是酸，如

$$HSO_3^- \Longleftrightarrow SO_3^{2-} + H^+，HSO_3^- 是酸$$

$$HSO_3^- + H^+ \Longleftrightarrow H_2SO_3，HSO_3^- 是碱$$

又如，H_2O 在共轭酸碱对 H_2O-OH^-中是酸、H_3O^+-H_2O 中是碱；HCO_3^-的共轭碱是 CO_3^{2-}，其共轭酸是 H_2CO_3；HPO_4^{2-} 及 $H_2PO_4^-$等都既可作为酸又可作为碱。

(3) 在共轭酸碱对中，酸越强，给出质子的能力越强，它的共轭碱接受质子的能力越弱，碱性就越弱；反之，酸越弱，它的共轭碱就越强。这体现了酸碱关系是相互依存的。

例如，在水溶液中，下列几种酸的酸性按如下顺序减弱：

$$HCl > H_3PO_4 > H_2CO_3 > NH_4^+ > H_2O$$

而它们的共轭碱的碱性则按如下的顺序增强：

$$Cl^- < H_2PO_4^- < HCO_3^- < NH_3 < OH^-$$

(4) 酸碱反应的实质是质子的传递，酸碱反应是两对共轭酸碱对共同作用的结果。物质的酸性或碱性要通过给出质子或接受质子来体现；反应总是由较强的酸或较强的碱作用向着生成较弱的酸或较弱的碱的方向自发进行。例如

$$HCl + H_2O \Longleftrightarrow H_3O^+ + Cl^-$$
$$酸 1 \quad 碱 2 \qquad 酸 2 \quad\quad 碱 1$$

$$\text{HCl} \quad + \quad \text{NH}_3 \rightleftharpoons \text{NH}_4^+ \quad + \quad \text{Cl}^-$$

酸 1   碱 2   酸 2   碱 1

水自身存在"电离"现象，称为"自偶电离"。根据酸碱质子理论，水的自偶电离平衡可表示为

$$\text{H}_2\text{O} + \text{H}_2\text{O} \rightleftharpoons \text{H}_3\text{O}^+ + \text{OH}^-$$

酸 1   碱 2   酸 2   碱 1

其中一个水分子作为酸给出质子，另外一个水分子作为碱接受质子，产生少量 H_3O^+ 和 OH^-。上式可简写为

$$\text{H}_2\text{O} \rightleftharpoons \text{H}^+ + \text{OH}^-$$

平衡常数

$$K_{\text{w}}^{\ominus} = \frac{c_{\text{eq, H}^+}}{c^{\ominus}} \cdot \frac{c_{\text{eq, OH}^-}}{c^{\ominus}} \tag{4.26}$$

实验测得，在 298 K，纯水中的 $c_{\text{eq, H}^+} = c_{\text{eq, OH}^-} = 1.0 \times 10^{-7} \text{ mol} \cdot \text{dm}^{-3}$，则

$$K_{\text{w}}^{\ominus} = \frac{c_{\text{eq, H}^+}}{c^{\ominus}} \cdot \frac{c_{\text{eq, OH}^-}}{c^{\ominus}} = 1.0 \times 10^{-14} \qquad (298 \text{ K})$$

$K_{\text{w}}^{\ominus}$ 称为"水的离子积常数"。由于水的电离是吸热过程，所以 $K_{\text{w}}^{\ominus}$ 随温度升高而增大。但室温范围内温度对 $K_{\text{w}}^{\ominus}$ 数值的影响不大，可近似认为 $K_{\text{w}}^{\ominus} = 1.0 \times 10^{-14}$。

借助式(4.26)，可计算酸碱溶液中的 H^+ 浓度 $c_{\text{eq, H}^+}$ 或 OH^- 浓度 $c_{\text{eq, OH}^-}$。在纯水中加入一些酸，将使溶液的 c_{H^+} 增大，水的电离平衡将向左移动，即水的电离平衡受到抑制，c_{OH^-} 减小，但温度不变时，平衡常数 $K_{\text{w}}^{\ominus}$ 不变，所以在任一酸碱溶液中，$c_{\text{eq, H}^+}$ 和 $c_{\text{eq, OH}^-}$ 仍遵守式(4.26)所表达的关系。

对式(4.26)取负常用对数，并定义[①]：

$$\text{p}K_{\text{w}}^{\ominus} = -\lg K_{\text{w}}^{\ominus} \tag{4.27}$$

$$\text{pH} = -\lg \frac{c_{\text{eq, H}^+}}{c^{\ominus}} \tag{4.28}$$

$$\text{pOH} = -\lg \frac{c_{\text{eq, OH}^-}}{c^{\ominus}} \tag{4.29}$$

可得

$$\text{p}K_{\text{w}}^{\ominus} = \text{pH} + \text{pOH} \tag{4.30}$$

室温时，$\text{p}K_{\text{w}}^{\ominus} = 14.0$。

例如，$0.1 \text{ mol} \cdot \text{dm}^{-3}$ HCl 溶液，$c_{\text{eq, H}^+} = 0.1 \text{ mol} \cdot \text{dm}^{-3}$，$\text{pH} = -\lg(c_{\text{eq, H}^+} / c^{\ominus}) = 1.0$，$\text{pOH} = \text{p}K_{\text{w}}^{\ominus} - \text{pH} = 13.0$；$0.1 \text{ mol} \cdot \text{dm}^{-3}$ NaOH 溶液，$c_{\text{eq, OH}^-} = 0.1 \text{ mol} \cdot \text{dm}^{-3}$，$\text{pOH} = -\lg(c_{\text{eq, OH}^-} / c^{\ominus}) = 1.0$，$\text{pH} = \text{p}K_{\text{w}}^{\ominus} - \text{pOH} = 13.0$。

---

① 严格的定义应使用活度 a 代替浓度 c。

pH=1.0～14.0 对应于 $c_{H^+} = 1×10^{-1}～1×10^{-14}$ mol·dm^{-3}，所以 pH 和 pOH 只适用于表示此浓度范围内的水溶液的酸碱性，超出此浓度范围内的水溶液的酸碱性应该用浓度表示。

在实验室，一个溶液的酸碱性可以快速而简便地用酸碱指示剂初步判断。表 4.6 列出了常见指示剂的变色范围及颜色。当 pH 小时的颜色是指示剂的酸色，pH 大时的颜色是其碱色，pH 落在变色范围中是其中间色。

表 4.6 常用酸碱指示剂的变色范围

指示剂	变色范围	酸色	中间色	碱色
甲基橙	3.1～4.4	红	橙	黄
甲基红	4.4～6.2	红	橙	黄
石蕊	5.0～8.0	红	紫	蓝
酚酞	8.0～10.0	无	粉	红
溴百里酚蓝	6.2～7.6	黄	绿	蓝

应用指示剂只能粗略地指示溶液的酸碱性。在实验室还可用 pH 试纸检查溶液的酸碱性，pH 试纸是用含有多种指示剂的混合溶液制成的，在不同 pH 时会显示不同的颜色。要准确地测量溶液 pH，则可以使用各种类型的酸度计。

3. 酸碱电子理论

路易斯(G. N. Lewis)在电离理论和质子理论的基础上，结合酸、碱的电子结构，提出了"**酸碱电子理论**"。该理论认为：**凡可以接受电子对的分子、原子团、离子为"酸"，凡可以给出电子对的物质为"碱"**。这样，酸是电子对的接受体(electron pair acceptor)，而碱是电子对的给予体(electron pair donor)。

例如，以下的反应都属于酸碱反应范畴：

$$H^+ + :OH^- \rightleftharpoons H_2O$$
$$\quad 酸 \qquad 碱$$

$$BF_3 + :F^- \rightleftharpoons BF_4^-$$
$$\quad 酸 \qquad 碱$$

酸碱电子理论将一切化学反应都概括成酸碱反应，这使我们在认识客观世界中物质差异性的同时，也看到它们的统一性；但正因为这样，又使该理论太笼统，不易掌握酸碱的特性。迄今，该理论仍未能像质子论、经典电离学说一样找到一个判别路易斯酸、碱相对强弱的次序，因此也就无法用该理论判断反应的方向，从而限制了该理论的应用。

4.6.2 一元弱酸(碱)的电离平衡

在一元弱酸或一元弱碱，如乙酸(CH_3COOH)、氨水($NH_3·H_2O$)等的水溶液中，在溶剂水分子的作用下，弱电解质的分子发生电离，生成相应的阳离子和阴离子，这个过程称为"电离"(ionization)。弱电解质的电离(或称为"解离")是不完全的，存在着未电离的分子和电离生成的阳离子和阴离子，在一定温度下可达到化学平衡状态，称为"电离平衡"(ionization equilibrium)。

以 CH$_3$COOH (HAc) 为例说明一元弱酸的电离平衡。

$$HAc(aq) \rightleftharpoons H^+(aq) + Ac^-(aq)$$

298 K，平衡常数 $K_a^{\ominus} = 1.74 \times 10^{-5}$。

$K_a^{\ominus}$ 称为弱酸的"电离平衡常数"，简称"酸常数"，下标 a 表示"酸"(acid)。对于指定的酸，酸常数在一定温度下是一常数。由于电离过程是吸热过程，故 $K_a^{\ominus}$ 随温度升高而增大。但在一定的温度区间内温度改变对 $K_a^{\ominus}$ 数值影响不大，其数量级一般不变，因此一般以 298 K 的数据代替。

同样，对于一元弱碱氨水的电离过程：

$$NH_3 \cdot H_2O(aq) \rightleftharpoons NH_4^+(aq) + OH^-(aq)$$

298 K，平衡常数 $K_b^{\ominus} = 1.76 \times 10^{-5}$。

$K_b^{\ominus}$ 称为弱碱的"电离平衡常数"，简称"碱常数"，下标 b 表示"碱"(base)。

通常把 $K_a^{\ominus}(K_b^{\ominus}) = 10^{-7} \sim 10^{-2}$ 的酸(碱)称为弱酸(弱碱)，$K_a^{\ominus}(K_b^{\ominus}) < 10^{-7}$ 的酸(碱)称为极弱酸(极弱碱)。

正如"平衡常数"的物理意义一样，电离平衡常数 $K_a^{\ominus}$ 和 $K_b^{\ominus}$ 表示相应电解质在指定温度下发生电离作用的极限，电离平衡常数值越大，电离作用越完全。

为了定量地表示弱电解质在溶液中电离程度的大小，引入"电离度"的概念。电离度(又称"解离度")α 是到达平衡时弱电解质的电离百分率，可用式(4.31)表示：

$$\alpha = \frac{\text{弱电解质已电离的浓度}}{\text{弱电解质的起始浓度}} \times 100\% \tag{4.31}$$

$K_a^{\ominus}$ 或 $K_b^{\ominus}$ 与电离度 α 都可以反映弱电解质的电离程度，但它们之间是有区别的。电离常数是平衡常数的一种，它只是温度的函数，其数值不随电解质浓度而变化；电离度 α 只是"转化率"应用于"电离过程"的一种具体形式，它表示弱电解质在一定条件下的电离百分率，随弱电解质的浓度而变化。电离常数与电离度之间的定量关系可以用下例推导：

$$
\begin{array}{cccc}
HAc & \rightleftharpoons & H^+ & + \quad Ac^- \\
c_{in} \quad c_0 & & 0 & 0 \\
c_{eq} \quad c_0 - c_0\alpha & & c_0\alpha & c_0\alpha
\end{array}
$$

$$K_a^{\ominus} = \frac{(c_0\alpha / c^{\ominus})^2}{c_0(1-\alpha) / c^{\ominus}}$$

当 α 很小($\alpha < 5\%$)或 $c_0 / K_a^{\ominus} > 400$ 时，$1 - \alpha \approx 1$，$K_a^{\ominus} = (c_0 / c^{\ominus}) \cdot \alpha^2$。

$$\alpha = \sqrt{\frac{K_a^{\ominus}}{c_0 / c^{\ominus}}} \times 100\% \tag{4.32}$$

式(4.32)表明：在一定温度下，随着溶液浓度的降低，弱电解质的电离度增大。这一规律称为"稀释定律"。

$$K_a^\ominus = \frac{(c_{eq,\,H^+} / c^\ominus)^2}{(c_0 - c_{eq,\,H^+}) / c^\ominus} \approx \frac{(c_{eq,\,H^+} / c^\ominus)^2}{c_0 / c^\ominus}$$

得

$$c_{eq,\,H^+} / c^\ominus = \sqrt{K_a^\ominus \cdot (c_0 / c^\ominus)} \tag{4.33}$$

对于一元弱碱，有

$$c_{eq,\,OH^-} / c^\ominus = \sqrt{K_b^\ominus \cdot (c_0 / c^\ominus)} \tag{4.34}$$

【例 4.9】 已知在常温下 HAc 的电离常数 $K_a^\ominus = 1.74 \times 10^{-5}$，计算 $0.10\ mol \cdot dm^{-3}$ HAc 溶液的 pH 及电离度 α。

解 设达到电离平衡时，溶液中的 H^+ 浓度为 $x\ mol \cdot dm^{-3}$：

$$
\begin{array}{cccc}
 & HAc & \rightleftharpoons & H^+ & + & Ac^- \\
c_{in}/(mol \cdot dm^{-3}) & 0.10 & & 0 & & 0 \\
c_{eq}/(mol \cdot dm^{-3}) & 0.10{-}x & & x & & x \\
\end{array}
$$

在"标准平衡常数"的表达式中，各物质的浓度必须用相对浓度。

$c_0(HAc) / K_a^\ominus > 400$，$x$ 很小，$0.10 - x \approx 0.10$，有

$$K_a^\ominus = \frac{(x\ mol \cdot dm^{-3}/c^\ominus)^2}{0.10\ mol \cdot dm^{-3}/c^\ominus} = 1.74 \times 10^{-5}$$

解得

$$x = 1.3 \times 10^{-3} \qquad pH = -\lg \frac{c_{eq,\,H^+}}{c^\ominus} = 2.88$$

$$\alpha = \frac{c_{eq,\,H^+}}{c_{in,\,HAc}} \times 100\% = \frac{1.3 \times 10^{-3}\ mol \cdot dm^{-3}}{0.10\ mol \cdot dm^{-3}} \times 100\% = 1.3\%$$

借助共轭酸碱对之间的关系，还可以根据酸的电离常数 $K_a^\ominus$ 计算其共轭碱的电离常数 $K_b^\ominus$，或者根据碱的电离常数 $K_b^\ominus$ 计算其共轭酸的电离常数 $K_a^\ominus$。

设共轭酸碱对之间有如下平衡：

$$A^- + H_2O \rightleftharpoons HA + OH^- \qquad\qquad K_b^\ominus$$

两端同时加 H^+：

$$H^+ + A^- + H_2O \rightleftharpoons HA + OH^- + H^+ \qquad K_b^\ominus$$

拆成两个反应：

$$H^+ + A^- \rightleftharpoons HA \qquad\qquad 1/K_a^\ominus$$

$$H_2O \rightleftharpoons OH^- + H^+ \qquad\qquad K_w^\ominus$$

所以

$$K_b^\ominus = K_w^\ominus / K_a^\ominus$$

即

$$K_a^\ominus K_b^\ominus = K_w^\ominus \tag{4.35}$$

【例 4.10】 将 $2.45\ g$ 固体 NaCN 配制成 $500\ cm^3$ 水溶液，计算溶液的酸度。(已知 298 K 时 HCN 的 $K_a^\ominus = 4.9 \times 10^{-10}$)

解 CN^- 的起始浓度为 $\dfrac{2.45g}{49.0\ g \cdot mol^{-1} \times 0.500\ dm^3} = 0.100 mol \cdot dm^{-3}$。

设达到平衡时，溶液中 OH^- 的浓度为 $x\ mol \cdot dm^{-3}$。

$$CN^- + H_2O \rightleftharpoons OH^- + HCN$$

$c_{in}/(mol \cdot dm^{-3})$	0.100	0	0
$c_{eq}/(mol \cdot dm^{-3})$	$0.100-x \approx 0.100$	x	x

质子碱 CN^- 的电离常数 $K_b^{\ominus}$ 与其共轭酸 HCN 的电离常数 $K_a^{\ominus}$ 有下面的关系：

$$K_b^{\ominus} = K_w^{\ominus} / K_a^{\ominus} = 1.00 \times 10^{-14} / 4.9 \times 10^{-10} = 2.0 \times 10^{-5}$$

$$K_b^{\ominus} = \frac{(x \, mol \cdot dm^{-3} / c^{\ominus})^2}{0.100 \, mol \cdot dm^{-3} / c^{\ominus}} = 2.0 \times 10^{-5} \qquad x = 1.4 \times 10^{-3}$$

$$pOH = -lg \frac{c_{eq, OH^-}}{c^{\ominus}} = 2.85 \qquad pH = 14.00 - 2.85 = 11.15$$

4.6.3　多元弱酸(碱)的电离平衡

多元弱酸(如 H_2S、$H_2C_2O_4$、H_3PO_4 等)在水溶液中的电离是分步进行的，在一定温度下，每一步都存在电离平衡。

例如，H_2S 溶液，第一级电离：

$$H_2S \rightleftharpoons H^+ + HS^- \qquad K_{a_1}^{\ominus} = \frac{\left(\dfrac{c_{eq, H^+}}{c^{\ominus}}\right)\left(\dfrac{c_{eq, HS^-}}{c^{\ominus}}\right)}{\left(\dfrac{c_{eq, H_2S}}{c^{\ominus}}\right)} = 5.7 \times 10^{-8}$$

第二级电离：

$$HS^- \rightleftharpoons H^+ + S^{2-} \qquad K_{a_2}^{\ominus} = \frac{\left(\dfrac{c_{eq, H^+}}{c^{\ominus}}\right)\left(\dfrac{c_{eq, S^{2-}}}{c^{\ominus}}\right)}{\left(\dfrac{c_{eq, HS^-}}{c^{\ominus}}\right)} = 1.2 \times 10^{-15}$$

可见，H_2S 溶液中同时存在 H_2S、HS^-、H^+、S^{2-}。系统中同时存在两级电离平衡，而且第一级电离平衡常数远远大于第二级电离平衡常数，因此溶液中氢离子浓度 c_{eq, H^+} 主要来自第一级电离。第一级电离产生的 H^+ 将抑制第二级电离，溶液中 $c_{eq, H^+} \neq 2 c_{eq, S^{2-}}$。

同样地，三元弱酸的电离是分三步进行的，如 H_3PO_4 的三级电离：

$$H_3PO_4 \rightleftharpoons H^+ + H_2PO_4^- \qquad K_{a_1}^{\ominus} = \frac{\left(\dfrac{c_{eq, H^+}}{c^{\ominus}}\right)\left(\dfrac{c_{eq, H_2PO_4^-}}{c^{\ominus}}\right)}{\left(\dfrac{c_{eq, H_3PO_4}}{c^{\ominus}}\right)} = 7.5 \times 10^{-3}$$

$$H_2PO_4^- \rightleftharpoons H^+ + HPO_4^{2-} \qquad K_{a_2}^{\ominus} = \frac{\left(\dfrac{c_{eq, H^+}}{c^{\ominus}}\right)\left(\dfrac{c_{eq, HPO_4^{2-}}}{c^{\ominus}}\right)}{\left(\dfrac{c_{eq, H_2PO_4^-}}{c^{\ominus}}\right)} = 6.2 \times 10^{-8}$$

$$HPO_4^{2-} \rightleftharpoons H^+ + PO_4^{3-} \qquad K_{a_3}^{\ominus} = \dfrac{\left(\dfrac{c_{eq,\,H^+}}{c^{\ominus}}\right)\left(\dfrac{c_{eq,\,PO_4^{3-}}}{c^{\ominus}}\right)}{\left(\dfrac{c_{eq,\,HPO_4^{2-}}}{c^{\ominus}}\right)} = 2.2 \times 10^{-13}$$

可见，$K_{a_1}^{\ominus} \gg K_{a_2}^{\ominus} \gg K_{a_3}^{\ominus}$。由于第一级电离产生的 H^+ 将大大抑制第二、第三级的电离，因此在计算溶液中的 H^+ 浓度时，第二、第三级电离产生的 H^+ 可以忽略不计。通过例 4.11 说明多元弱酸中各种离子浓度的计算方法。

【例 4.11】 试求室温下饱和 H_2S 溶液中 $c_{eq,\,H^+}$、$c_{eq,\,HS^-}$、$c_{eq,\,S^{2-}}$ 及 pOH(根据实验测定，室温下饱和 H_2S 溶液的浓度约为 0.10 mol·dm^{-3})。

解 H_2S 溶液存在二级电离：

第一级电离 $\qquad\qquad\qquad\qquad H_2S \rightleftharpoons H^+ + HS^- \qquad K_{a_1}^{\ominus} = 5.7 \times 10^{-8}$

第二级电离 $\qquad\qquad\qquad\qquad HS^- \rightleftharpoons H^+ + S^{2-} \qquad K_{a_2}^{\ominus} = 1.2 \times 10^{-15}$

氢离子主要来自第一级电离，所以由第一级电离确定 $c_{eq,\,H^+}$，其值设为 x mol·dm^{-3}，则

$$H_2S \rightleftharpoons H^+ + HS^- \qquad K_{a_1}^{\ominus} = 5.7 \times 10^{-8}$$

| c_{in} /(mol·dm^{-3}) | 0.10 | 0 | 0 |
| c_{eq} / (mol·dm^{-3}) | 0.10 − x | x | x |

$c_0(H_2S)/K_{a_1}^{\ominus} > 400$，所以 x 很小，$0.10 - x \approx 0.10$，则

$$K_{a_1}^{\ominus} = \frac{(x\ mol \cdot dm^{-3})^2}{0.10\ mol \cdot dm^{-3} \times c^{\ominus}} = 5.7 \times 10^{-8}$$

解得 $x = 7.5 \times 10^{-5}$ mol·dm^{-3}，即溶液中 $c_{eq,\,H^+} = c_{eq,\,HS^-} = 7.5 \times 10^{-5}$ mol·dm^{-3}。

S^{2-} 由第二级电离产生，设其浓度为 y mol·dm^{-3}，则

$$HS^- \rightleftharpoons H^+ + S^{2-} \qquad K_{a_2}^{\ominus} = 1.2 \times 10^{-15}$$

| c_{eq}/(mol·dm^{-3}) | 7.5×10^{-5} | 7.5×10^{-5} | y |

$$K_{a_2}^{\ominus} = \frac{7.5 \times 10^{-5}\ mol \cdot dm^{-3} \times y\ mol \cdot dm^{-3}}{7.5 \times 10^{-5}\ mol \cdot dm^{-3} \times c^{\ominus}}$$

$y = K_{a_2}^{\ominus} \times c^{\ominus} = 1.2 \times 10^{-15}$ mol·dm^{-3}，溶液中 $c_{eq,\,S^{2-}} = 1.2 \times 10^{-15}$ mol·dm^{-3}，有

$$pOH = 14 - pH = 14 + \lg \frac{c_{eq,\,H^+}}{c^{\ominus}} = 10.11$$

可见在饱和 H_2S 水溶液中，$c_{eq,\,H^+} \gg 2c_{eq,\,S^{2-}}$，$c_{eq,\,H^+}$ 由第一级电离决定，$c_{eq,\,S^{2-}}$ 在数值上近似等于第二级电离常数。

由此可以得出以下结论：

(1) 多元弱酸中，若 $K_{a_1}^{\ominus} \gg K_{a_2}^{\ominus} \gg K_{a_3}^{\ominus}$(通常 $K_{a_1}^{\ominus}/K_{a_2}^{\ominus} > 10^2$)，求 $c_{eq,\,H^+}$ 时，可当作一元弱酸处理。

(2) 二元弱酸溶液中，酸根相对浓度在数值上近似地等于第二级电离常数，与酸的原始浓度关系不大。

4.6.4　酸碱电离平衡的移动及应用

酸碱电离平衡是一种化学平衡。在此，主要讨论溶液稀释和浓缩、同离子效应和盐效应对电离平衡的影响，最后介绍缓冲溶液。

1. 稀释和浓缩对电离平衡的影响

根据勒夏特列平衡移动原理，在改变溶剂(水)量而使总浓度改变时，如果除作为溶剂、大量的水之外，其他物种在反应前后总粒子数不变，则平衡不受稀释(dilution)或浓缩(condensation)的影响；若其他物种粒子数改变，稀释将使平衡向生成其他物种总粒子数多的方向移动，浓缩将使平衡向生成其他物种总粒子数少的方向移动，以消除稀释或浓缩的影响。以下面几个反应为例：

$Ac^- + H_2O \rightleftharpoons HAc + OH^-$，正反应为(除溶剂水外)粒子数增多的反应，所以稀释溶液时，平衡向右(正反应方向)移动。

$NH_4^+ + Ac^- + H_2O \rightleftharpoons NH_3 \cdot H_2O + HAc$，反应前后(除溶剂水外)粒子数不变，所以等温稀释或浓缩溶液对平衡无影响。

对弱酸(HA)的电离过程：$HA + H_2O \rightleftharpoons H_3O^+ + A^-$，稀释会使平衡向电离方向移动，使弱电解质的电离度增大。从稀释定律式(4.32)也可得到相同的结论。

2. 同离子效应

向 HAc 溶液中加入强电解质 NaAc，由于 NaAc 在溶液中全部电离，溶液中 c_{Ac^-} 大大增加，从而使 HAc 的电离平衡向左移动，降低了 HAc 的电离度。这种向弱电解质溶液中加入具有共同离子的强电解质而使电离平衡向左移动，从而降低弱电解质电离度的现象，称为"同离子效应"(common ion effect)。

【例 4.12】 向 $0.10 \ mol \cdot dm^{-3}$ 的 HAc 溶液中加入一定量固体 NaAc，使溶液 c_{eq, Ac^-} =1.0 $mol \cdot dm^{-3}$，试对比 HAc 溶液 pH 和电离度的变化(HAc 的 $K_a^\ominus$ =1.74×10^{-5})。

解　加入 NaAc 前，如例 4.9 计算结果，溶液中 c_{eq, H^+} = 1.3×10^{-3}mol $\cdot dm^{-3}$，pH=2.88，电离度1.3%。

加入 NaAc 后，c_{eq, Ac^-} =1.0 $mol \cdot dm^{-3}$，设 HAc 电离生成的 H$^+$浓度为 x $mol \cdot dm^{-3}$。

$$HAC \rightleftharpoons H^+ + Ac^- \qquad K_a^\ominus$$

$$c_{eq} /(mol \cdot dm^{-3}) \qquad 0.10-x \qquad x \qquad 1.0$$

$c_0(HAc)/K_a^\ominus$ >400，x 很小，$0.10-x \approx 0.10$，则

$$K_a^\ominus = \frac{x \ mol \cdot dm^{-3} \times 1.0 mol \cdot dm^{-3}}{0.10 \ mol \cdot dm^{-3} \times c^\ominus} = 1.74 \times 10^{-5}$$

$$c_{eq, H^+} = x = 1.74 \times 10^{-6}, \ pH = -\lg \frac{c_{eq, H^+}}{c^\ominus} = 5.76, \ \alpha = \frac{x \ mol \cdot dm^{-3}}{0.10 \ mol \cdot dm^{-3}} \times 100\% = 0.0017\%$$

计算表明，向 HAc 溶液加入 NaAc 后，HAc 溶液的电离度大大降低。

3. 盐效应

对于弱电解质的电离平衡：

$$HAc \Longrightarrow H^+ + Ac^-$$

当加入与 Ac^- 无关的其他易溶盐(如 NaCl)时，弱电解质的电离平衡向电离的方向移动，从而增大了弱电解质的电离度。在弱电解质溶液中加入强电解质时，该弱电解质的电离度将会增大，这种效应称为"盐效应"(salt effect)。不仅盐可以产生盐效应，任何电解质都会或大或小地引起盐效应。实验测定表明，若 0.1 mol·dm^{-3} 的 HAc 溶液中含有 0.1 mol·dm^{-3} 的 NaCl，则 HAc 的电离度将由 1.34%提高到 1.7%。可见盐效应对电离度产生的影响。

显然，在产生同离子效应的同时，也会产生盐效应。但是同离子效应的影响远远超过盐效应。因此，在计算时可以只考虑同离子效应的影响，而不考虑盐效应的影响。

4. 缓冲溶液

先看下面的实验事实：298 K 时，纯水的 pH 为 7.0，但向纯水中加入少量的酸或碱，pH 会发生显著变化。例如，在向 1 dm^3 纯水中滴加 2 滴(约 0.1 cm^3)1 mol·dm^{-3} 的 HCl 后，水溶液的[H$^+$] =(1×0.1)/1000 = 1×10^{-4} mol·dm^{-3}，pH 由 7.0 改变为 4.0，减少了 3 个 pH 单位；若向 1 dm^3 纯水中滴加 2 滴(约 0.1 cm^3)1 mol·dm^{-3} 的 NaOH 后，水溶液的[OH$^-$] =1× 10^{-4} mol·dm^{-3}，pH 将由 7.0 改变为 10.0。可见，水的 pH 随少量的酸、碱的加入而急剧地变化。

但是，向 0.1 mol·dm^{-3} 的 HAc 和 0.1 mol·dm^{-3} 的 NaAc 形成的 1.0 dm^3 混合溶液中加入 1.0 mol·dm^{-3} 的 HCl 溶液 0.1 cm^3 或 1.0 mol·dm^{-3} 的 NaOH 溶液 0.1 cm^3，溶液的 pH 几乎不变。

可见，滴加少量的 HCl 或 NaOH 溶液并不能改变 HAc-NaAc 混合溶液的 pH。像这种能够抵抗外加少量酸、碱或稀释，而本身 pH 不发生显著变化的现象，称为"缓冲作用"，这一溶液称为"缓冲溶液"(buffer solution)。弱酸及其盐(如 HAc-NaAc，H$_2$CO$_3$-NaHCO$_3$)、多元弱酸酸式盐及其次级盐(如 NaH$_2$PO$_4$-Na$_2$HPO$_4$、NaHCO$_3$-Na$_2$CO$_3$)、弱碱及其盐(NH$_3$·H$_2$O-NH$_4$Cl)的水溶液都有缓冲作用。

下面以 NaAc-HAc 为例，推导弱酸-弱酸强碱盐(酸碱质子理论的弱酸及其共轭碱)构成的缓冲溶液中 H$^+$ 浓度和 pH 的计算公式。

设缓冲溶液中弱酸 HAc、盐 NaAc 的起始浓度分别为 $c_{酸}$、$c_{盐}$，达到电离平衡时，溶液中的 H$^+$ 浓度为 c_{eq, H^+}：

	HAc	$\Longrightarrow$	H$^+$	+	Ac$^-$
初始	$c_{酸}$		0		$c_{盐}$
平衡	$c_{酸} - c_{eq, H^+}$		c_{eq, H^+}		$c_{盐} + c_{eq, H^+}$

因为 $c_{酸} \gg c_{eq, H^+}$，$c_{盐} \gg c_{eq, H^+}$，所以 $c_{酸} - c_{eq, H^+} \approx c_{酸}$，$c_{盐} + c_{eq, H^+} \approx c_{盐}$，得

$$K_a^{\ominus} \approx \frac{c_{eq, H^+} \times c_{盐}}{c_{酸} \times c^{\ominus}}$$

$$c_{\mathrm{eq,\,H^+}} / c^{\ominus} = K_{\mathrm{a}}^{\ominus} \cdot \frac{c_{\text{酸}}}{c_{\text{盐}}} \tag{4.36}$$

$$\mathrm{pH} = \mathrm{p}K_{\mathrm{a}}^{\ominus} - \lg \frac{c_{\text{酸}}}{c_{\text{盐}}} \tag{4.37}$$

类似地，对于弱碱及其强酸弱碱盐(弱碱及其共轭酸)构成的缓冲体系：

$$c_{\mathrm{eq,\,OH^-}} / c^{\ominus} = K_{\mathrm{b}}^{\ominus} \cdot \frac{c_{\text{碱}}}{c_{\text{盐}}} \tag{4.38}$$

$$\mathrm{pOH} = \mathrm{p}K_{\mathrm{b}}^{\ominus} - \lg \frac{c_{\text{碱}}}{c_{\text{盐}}} \tag{4.39}$$

式(4.37)和式(4.39)称为"缓冲公式"。根据公式可以看到：

(1) 缓冲溶液的 pH 取决于两个因素，即 $K_{\mathrm{a}}^{\ominus}$ (或 $K_{\mathrm{b}}^{\ominus}$) 及 $\frac{c_{\text{酸}}}{c_{\text{盐}}}$ (或 $\frac{c_{\text{碱}}}{c_{\text{盐}}}$)值。

(2) 适当地稀释缓冲溶液时，由于 $c_{\text{酸}}$ 和 $c_{\text{盐}}$ 同等程度地减少，pH 基本保持不变；稀释过度，当弱酸电离度和盐的水解作用发生明显变化时，pH 才发生明显的变化。

在配制缓冲溶液、选择"缓冲对"物质时，首先应考虑所配制溶液的 pH 范围与要选择的弱酸的 $\mathrm{p}K_{\mathrm{a}}^{\ominus}$ 相近(或与弱碱的 $\mathrm{p}K_{\mathrm{b}}^{\ominus}$ 相近)的体系。例如，欲配制 pH=5.0 的缓冲溶液，选择 NaAc-HAc 系统是合适的，因为 HAc 的 $\mathrm{p}K_{\mathrm{a}}^{\ominus}$ =4.74；而欲配制 pH=9.0 的缓冲溶液，应选用 $\mathrm{NH_3 \cdot H_2O\text{-}NH_4Cl}$ 体系，因为 $\mathrm{NH_3 \cdot H_2O}$ 的 $\mathrm{p}K_{\mathrm{b}}^{\ominus} = 4.74$，pH = 9.26。在此基础上，再准确地计算 $\frac{c_{\text{酸}}}{c_{\text{盐}}}$ 或 $\frac{c_{\text{碱}}}{c_{\text{盐}}}$ 的比例。

最后，在配制缓冲体系时，必须注意所配制的缓冲溶液不应与反应物或生成物发生化学反应。尤其在配制医药用缓冲溶液时，还必须考虑溶液的毒性。例如，硼酸-硼酸盐缓冲液因为有毒，显然不能用作口服或注射用的缓冲溶液。缓冲溶液在工业、农业、生物学、医学、化学等不同领域都有重要作用。例如，许多化学反应必须在一定的 pH 范围内进行；人体血液 pH 必须在 7.4 左右，才能维持人体的正常生理活动；土壤必须保持在 pH=5.0～8.0，才适合农作物生长。

4.7　难溶强电解质的沉淀溶解平衡
(Solubility equilibria of precipitation)

电解质可分为强电解质和弱电解质。强电解质按其在水溶液中的溶解度，又可以分为易溶强电解质和难溶强电解质。本节讨论难溶强电解质饱和溶液中存在的固体和水合离子间的沉淀溶解平衡，即难溶强电解质水溶液中的多相离子平衡。

4.7.1　溶度积常数

绝对不溶的物质是没有的，固体无机物尤其如此。因为固态无机物大多数是离子键或强极性键化合物，它们在极性水分子的作用下，或多或少地会发生溶解。下面以 AgCl 为例考虑沉淀和溶解这两个相反的过程及其平衡。

将 AgCl 放入水中，固体表面上的 Ag^+ 和 Cl^- 受水分子偶极作用，会部分地离开固体表面而进入溶液，这就是沉淀的溶解过程；与此同时，由于溶液中的 Ag^+ 及 Cl^- 随溶解过程不断增加，受到固体表面的正、负离子吸引，它们也可重新返回固体表面，这是沉淀的形成过程。在一定温度下，当沉淀速率与溶解速率相等时，就达到了 AgCl 的沉淀溶解平衡。沉淀溶解平衡是一种动态平衡，达到沉淀溶解平衡状态的溶液即为该温度下 AgCl 的饱和溶液。AgCl(s) 与 $Ag^+(aq)$ 及 $Cl^-(aq)$ 间存在的多相离子平衡可表示为

$$AgCl(s) \rightleftharpoons Ag^+(aq) + Cl^-(aq)$$

正反应为沉淀溶解，逆反应为沉淀生成。根据平衡常数的定义，在一定温度下，上述反应的平衡常数为

$$K_{sp}^{\ominus}(AgCl) = \frac{c_{eq, Ag^+}}{c^{\ominus}} \cdot \frac{c_{eq, Cl^-}}{c^{\ominus}}$$

$K_{sp}^{\ominus}(AgCl)$ 称为 AgCl 的"溶度积常数"(solubility product constant)，简称"溶度积"，它是在一定温度下 AgCl 沉淀溶解平衡的平衡常数。

再如，一定温度下，$PbCl_2$ 在水溶液中达到沉淀溶解平衡时：

$$PbCl_2(s) \rightleftharpoons Pb^{2+}(aq) + 2Cl^-(aq)$$

$$K_{sp}^{\ominus}(PbCl_2) = \frac{c_{eq, Pb^{2+}}}{c^{\ominus}} \cdot \left(\frac{c_{eq, Cl^-}}{c^{\ominus}}\right)^2$$

普遍地，对于一定温度下，通式为 A_mB_n 的难溶强电解质溶液，达到沉淀溶解平衡时：

$$A_mB_n(s) \rightleftharpoons m\,A^{n+}(aq) + n\,B^{m-}(aq)$$

$$K_{sp}^{\ominus}(A_mB_n) = \left(\frac{c_{eq, A^{n+}}}{c^{\ominus}}\right)^m \left(\frac{c_{eq, B^{m-}}}{c^{\ominus}}\right)^n \tag{4.40}$$

在式(4.40)中，$K_{sp}^{\ominus}(A_mB_n)$ 为该温度下 A_mB_n 的溶度积常数。

常温下一些难溶电解质的溶度积常数 $K_{sp}^{\ominus}$ 见附录 5。

由于多数难溶强电解质溶解是吸热过程，因此温度升高时，其溶度积常数 $K_{sp}^{\ominus}$ 增大，如 298 K 时 $K_{sp}^{\ominus}(BaSO_4)=1.08\times10^{-10}$，323 K 时 $K_{sp}^{\ominus}(BaSO_4)=1.98\times10^{-10}$。

根据溶度积数据，可以计算不同难溶电解质的溶解度。在中学化学中，"溶解度"(solubility) 是指溶液达到饱和状态时 100 g 溶剂中所能溶解的溶质的质量(g)。当溶解度很低时，我们也可以用达到沉淀溶解平衡(即溶液饱和)时，溶液的浓度(mol·dm^{-3})来表示溶解度。

设某难溶电解质 A_mB_n 的溶解度为 s(mol·dm^{-3})，在不产生其他反应前提下，s 的 A_mB_n 将生成 ms 的 A^{n+} 及 ns 的 B^{m-}，因此达到溶解平衡时 A^{n+} 与 B^{m-} 的浓度分别为 ms 和 ns：

$$A_mB_n(s) \rightleftharpoons mA^{n+}(aq) + nB^{m-}(aq)$$

平衡浓度 ms ns

$$K_{sp}^{\ominus}(A_mB_n) = \left(\frac{c_{eq,A^{n+}}}{c^{\ominus}}\right)^m \left(\frac{c_{eq,B^{m-}}}{c^{\ominus}}\right)^n = m^m n^n s^{m+n} / (c^{\ominus})^{m+n} \tag{4.41}$$

式(4.41)表示溶解度 s 与溶度积常数 $K_{sp}^{\ominus}$ 的关系。

【例 4.13】 利用溶度积 $K_{sp}^{\ominus}$ 数据，计算常温下 AgCl、AgBr 和 AgI 的溶解度。

物质	AgCl	AgBr	AgI
$K_{sp}^{\ominus}$	1.77×10^{-10}	5.35×10^{-13}	8.52×10^{-17}

解 设 AgCl、AgBr 和 AgI 的溶解度分别为 s_1、s_2 和 s_3。

$$AgCl(s) \rightleftharpoons Ag^+(aq) + Cl^-(aq)$$

平衡浓度 　　　　　　　　　　　　　　s_1　　　s_1

$K_{sp}^{\ominus}(AgCl) = s_1^2/(c^{\ominus})^2 = 1.77\times10^{-10}$ 　　$s_1 = \sqrt{1.77\times10^{-10}}\times c^{\ominus} = 1.33\times10^{-5}$ mol·dm^{-3}

同理得

$$s_2 = \sqrt{5.35\times10^{-13}}\times c^{\ominus} = 7.31\times10^{-7} \text{ mol·dm}^{-3}$$

$$s_3 = \sqrt{8.52\times10^{-17}}\times c^{\ominus} = 9.23\times10^{-9} \text{ mol·dm}^{-3}$$

即 AgCl、AgBr、AgI 的溶解度分别为 1.33×10^{-5} mol·dm^{-3}、7.31×10^{-7} mol·dm^{-3}、9.23×10^{-9} mol·dm^{-3}。

从 AgCl 到 AgBr 和 AgI，溶度积常数逐渐减小：$K_{sp}^{\ominus}(AgCl)$ (1.77×10^{-10}) > $K_{sp}^{\ominus}(AgBr)$ (5.35×10^{-13}) > $K_{sp}^{\ominus}(AgI)$ (8.52×10^{-17})，溶解度也按照 AgCl$(1.33\times10^{-5}$ mol·dm$^{-3})$ 到 AgBr$(7.31\times10^{-7}$ mol·dm$^{-3})$ 到 AgI$(9.23\times10^{-9}$ mol·dm$^{-3})$ 的顺序减小。

可见，对于同类型的难溶电解质(如同为 AB 型的 AgCl、AgBr、AgI)，可以用 $K_{sp}^{\ominus}$ 直接比较它们的溶解度大小；但是，对于不同类型的难溶电解质(如 AB 型的 AgCl 及 A$_2$B 型的 Ag$_2$Cr O$_4$)，就不能直接通过 $K_{sp}^{\ominus}$ 的大小来比较它们的溶解度大小，而应进行计算。

【例 4.14】 试利用 $K_{sp}^{\ominus}$ 数据比较 Ag$_2$CrO$_4$ 及 AgCl 的溶解度大小。

解 见例 4.13，AgCl 的溶解度为 1.33×10^{-5} mol·dm^{-3}，设 Ag$_2$CrO$_4$ 的溶解度为 s_2：

$$Ag_2CrO_4(s) \rightleftharpoons 2Ag^+(aq) + CrO_4^{2-}(aq)$$

平衡浓度 　　　　　　　　　　　　　$2s_2$　　　s_2

$K_{sp}^{\ominus}(Ag_2CrO_4) = (2s_2/c^{\ominus})^2\times(s_2/c^{\ominus}) = 4s_2^3/(c^{\ominus})^3 = 1.12\times10^{-12}$ 　　$s_2 = 6.54\times10^{-5}$ mol·dm^{-3}

即 Ag$_2$CrO$_4$ 的溶解度为 6.54×10^{-5} mol·dm^{-3}。

可见，虽然 $K_{sp}^{\ominus}(AgCl)$ (1.77×10^{-10}) > $K_{sp}^{\ominus}(Ag_2CrO_4)$ (1.12×10^{-12})，但溶解度是 Ag$_2$CrO$_4$$(6.54\times10^{-5}$ mol·dm$^{-3})$ 大于 AgCl$(1.33\times10^{-5}$ mol·dm$^{-3})$，这是因为两种化合物的组成类型不同。

由难溶电解质的溶解度，也可以计算难溶电解质的溶度积常数 $K_{sp}^{\ominus}$。

【例 4.15】 实验测定在 298 K 时，CaF$_2$ 在纯水中溶解度为 1.10×10^{-3} mol·dm^{-3}，试求 CaF$_2$ 的 $K_{sp}^{\ominus}$(设 CaF$_2$ 电离过程不发生其他副反应)。

解 　　　　　　　　$CaF_2(s) \rightleftharpoons Ca^{2+}(aq) + 2F^-(aq)$

平衡时：

$$c_{Ca^{2+}} = 1.10 \times 10^{-3}\ mol \cdot dm^{-3},\quad c_F = 2 \times 1.10 \times 10^{-3}\ mol \cdot dm^{-3} = 2.20 \times 10^{-3}\ mol \cdot dm^{-3}$$

$$K_{sp}^{\ominus} = c_{Ca^{2+}} \times (c_F)^2 / (c^{\ominus})^3 = 1.10 \times 10^{-3} \times (2.20 \times 10^{-3})^2 = 5.32 \times 10^{-9}$$

4.7.2 溶度积规则

对于水溶液中的多相平衡 $A_mB_n(s) \rightleftharpoons mA^{n+}(aq) + nB^{m-}(aq)$，在任何条件下，反应自发方向可根据范特霍夫等温式判断：

$$\Delta_r G_m = \Delta_r G_m^{\ominus} + RT \ln Q = RT \ln \frac{Q}{K^{\ominus}}$$

对于沉淀溶解平衡，即

$$\Delta_r G_m = RT \ln \frac{Q}{K_{sp}^{\ominus}} \tag{4.42}$$

上式中的 Q 称为"反应商"；对沉淀溶解平衡，Q 是某时刻溶液中离子相对浓度系数方次的乘积，故又称为"离子积"。

$$Q = \frac{c_{A^{n+}}^m \cdot c_{B^{m-}}^n}{(c^{\ominus})^{m+n}}$$

根据式(4.42)，对于多相平衡 $A_mB_n(s) \rightleftharpoons m A^{n+}(aq) + n B^{m-}(aq)$：

(1) 当 $Q = K_{sp}^{\ominus}$ 时，$\Delta_r G_m = 0\ kJ \cdot mol^{-1}$，系统处平衡状态。

(2) 当 $Q > K_{sp}^{\ominus}$ 时，$\Delta_r G_m > 0\ kJ \cdot mol^{-1}$，反应自发向沉淀生成的方向进行。

(3) 当 $Q < K_{sp}^{\ominus}$ 时，$\Delta_r G_m < 0\ kJ \cdot mol^{-1}$，反应自发向沉淀溶解的方向进行。

这一规则称为"**溶度积规则**"或"**溶度积原理**"，它是沉淀溶解平衡方向性的判据。只要比较 Q 与 $K_{sp}^{\ominus}$ 的相对大小，就能判断反应自发的方向。

4.7.3 同离子效应和盐效应对沉淀生成的影响

【例 4.16】 试利用 $K_{sp}^{\ominus}$ 数据，分别计算 Ag_2CrO_4 在(1)纯水、(2)0.10 $mol \cdot dm^{-3}$ 的 $AgNO_3$ 溶液及(3)0.10 $mol \cdot dm^{-3}$ 的 Na_2CrO_4 溶液中的溶解度。

解 (1) 见例 4.14 计算结果，Ag_2CrO_4 在纯水中的溶解度 s_1 为 $6.54 \times 10^{-5}\ mol \cdot dm^{-3}$。

(2) 设在 0.10 $mol \cdot dm^{-3}$ $AgNO_3$ 中，Ag_2CrO_4 的溶解度为 s_2，则

$$Ag_2CrO_4(s) \rightleftharpoons 2 Ag^+(aq) + CrO_4^{2-}(aq)$$

c_{in}	0.10 mol · dm^{-3}	0 mol · dm^{-3}
c_{eq}	$(2s_2 + 0.10)$mol · dm^{-3}	s_2

根据"同离子效应"原理，s_2 比 s_1 还小，$2s_2 + 0.10$ mol · dm$^{-3} \approx 0.10$ mol · dm^{-3}，有

$$K_{sp}^{\ominus}(Ag_2CrO_4) = (0.10\ mol \cdot dm^{-3})^2 \times s_2 / (c^{\ominus})^3 = 1.1 \times 10^{-12}$$

解得 $s_2 = 1.1 \times 10^{-10}$ mol · dm^{-3}，即 0.10 mol · dm^{-3} $AgNO_3$ 中，Ag_2CrO_4 的溶解度为 1.1×10^{-10} mol · dm^{-3}。

(3) 设在 0.10 mol · dm^{-3} 的 Na_2CrO_4 中，Ag_2CrO_4 的溶解度为 s_3，则

$$Ag_2CrO_4(s) \rightleftharpoons 2 Ag^+(aq) + CrO_4^{2-}(aq)$$

c_{in}	0 mol · dm^{-3}	0.10 mol · dm^{-3}
c_{eq}	$2s_3$	$(s_3 + 0.10)$mol · dm^{-3}
		≈ 0.10 mol · dm^{-3}

$$K_{sp}^{\ominus}(Ag_2CrO_4) = (2s_3)^2 \times 0.10\,mol \cdot dm^{-3}\,/\,(c^{\ominus})^3 = 1.12 \times 10^{-12}$$

解得 $s_3 = 1.7 \times 10^{-6}\,mol \cdot dm^{-3}$。

Ag_2CrO_4 在纯水、$0.10\,mol \cdot dm^{-3}$ $AgNO_3$ 溶液及 $0.10\,mol \cdot dm^{-3}$ Na_2CrO_4 溶液中的溶解度分别为 $6.54 \times 10^{-5}\,mol \cdot dm^{-3}$、$1.1 \times 10^{-10}\,mol \cdot dm^{-3}$、$1.7 \times 10^{-6}\,mol \cdot dm^{-3}$。

可见，由于共同离子 Ag^+ 或 CrO_4^{2-} 的存在，Ag_2CrO_4 溶解度大大地低于在纯水中的溶解度。在与难溶电解质具有同离子的易溶强电解质溶液中，难溶电解质溶解度下降，这就是同离子效应对沉淀溶解平衡的影响。

必须注意到，难溶电解质在水溶液中同时还受盐效应的影响。例如，$AgCl$ 溶液中加入 KNO_3 固体，由于强电解质 KNO_3 的加入，难溶电解质 $AgCl$ 的溶解度会有一定程度的增大，即发生"盐效应"。在上面的例子中，$AgNO_3$ 及 Na_2CrO_4 对 Ag_2CrO_4 沉淀也有盐效应，但这种盐效应对溶解度的影响是很小的，其影响与同离子效应的影响是不能相比的。

从化学平衡的概念出发，没有一个沉淀反应是绝对完全的。溶液的沉淀溶解平衡总是存在的，且在一个确定的温度下，溶度积 $K_{sp}^{\ominus}$ 是一个常数。因此，不管加入的沉淀剂如何地过量，总会有极少的待沉淀离子残留在溶液中。但是由于一般分析天平只能称准到 10^{-4} g，所以在定量分析中，只要溶液中剩余的离子浓度小于或等于 $1 \times 10^{-6}\,mol \cdot dm^{-3}$ 时，就可以认为沉淀已经"完全"了。

4.7.4　沉淀的溶解

根据溶度积规则，要使沉淀溶解平衡向溶解方向移动，就必须减少该难溶盐饱和溶液中某一离子的浓度，使 $Q < K_{sp}^{\ominus}$。通常的途径包括以下两种。

(1) 生成弱电解质。

例如

$$Mg(OH)_2(s) \rightleftharpoons Mg^{2+}(aq) + 2OH^-(aq)$$

加入酸(如 H^+ 或 NH_4^+)，都能使溶液中 OH^- 的浓度降低，使平衡向溶解方向移动。这是因为生成 H_2O 或 $NH_3 \cdot H_2O$ 这样的弱电解质：

$$Mg(OH)_2(s) + 2H^+(aq) \rightleftharpoons Mg^{2+}(aq) + 2H_2O(l)$$

$$Mg(OH)_2(s) + 2NH_4^+(aq) \rightleftharpoons Mg^{2+}(aq) + 2NH_3 \cdot H_2O(aq)$$

再如，$CaCO_3(s)$ 在盐酸溶液中的溶解反应，也是利用了同一原理：

$$CaCO_3(s) \rightleftharpoons Ca^{2+}(aq) + CO_3^{2-}(aq)$$

$$+$$

$$2H^+(aq) \longrightarrow CO_2(g) + H_2O(l)$$

(2) 利用氧化还原反应降低溶液中某一离子的浓度，使平衡向沉淀溶解方向转化。

例如，CuS 不溶于 HCl，而溶于 HNO_3 中，就是由于下面的反应：

$$3CuS(s) \rightleftharpoons 3Cu^{2+}(aq) + 3S^{2-}(aq)$$

$$+$$

$$2NO_3^-(aq) + 8H^+(aq) \longrightarrow 3S(s) + 2NO(g) + 4H_2O(l)$$

即

$$3CuS(s) + 2NO_3^-(aq) + 8H^+(aq) \rightleftharpoons 3Cu^{2+}(aq) + 3S(s) + 2NO(g) + 4H_2O(l)$$

由于 HNO_3 氧化 S^{2-} 为 S，降低了 S^{2-} 浓度，平衡向溶解的方向移动。

以上这些反应都是利用加入与溶液中阳离子或阴离子发生化学反应的试剂，使沉淀溶解平衡向沉淀溶解的方向移动。这种把一个不能自发进行的反应和另一个易自发进行的反应结合，从而构成一个可以自发进行的反应，称为"反应耦合"(reaction coupling)。在化学实验和实际的化工生产中，这样的例子还有很多。

4.7.5 沉淀的转化

利用反应耦合还可以实现沉淀的转化。

例如，在含有 $PbSO_4$ 沉淀的饱和溶液中滴加 Na_2S 溶液，白色的 $PbSO_4$ 沉淀可转化为黑色的 PbS 沉淀：

$$PbSO_4(s) \rightleftharpoons Pb^{2+}(aq) + SO_4^{2-}(aq)$$
$$+$$
$$S^{2-}(aq) \longrightarrow PbS(s)$$

即

$$PbSO_4(s) + S^{2-}(aq) \rightleftharpoons PbS(s) + SO_4^{2-}(aq)$$

平衡常数的数值直接说明了该反应的趋势：

$$K^\ominus = \frac{K_{sp}^\ominus(PbSO_4)}{K_{sp}^\ominus(PbS)} = \frac{2.53 \times 10^{-8}}{8.0 \times 10^{-28}} = 3.16 \times 10^{19}$$

再如，锅炉锅垢含大量 $CaSO_4$，若要除去，可用 Na_2CO_3 溶液将其转化为疏松而可溶于酸的 $CaCO_3$：

$$CaSO_4(s) \rightleftharpoons Ca^{2+}(aq) + SO_4^{2-}(aq)$$
$$+$$
$$CO_3^{2-}(aq) \longrightarrow CaCO_3(s)$$

即

$$CaSO_4(s) + CO_3^{2-}(aq) \rightleftharpoons CaCO_3(s) + SO_4^{2-}(aq)$$

$$K^\ominus = \frac{K_{sp}^\ominus(CaSO_4)}{K_{sp}^\ominus(CaCO_3)} = \frac{4.93 \times 10^{-5}}{2.8 \times 10^{-9}} = 1.76 \times 10^4$$

本章教学要求

1. 理解实验平衡常数 K_c、K_p 与标准平衡常数 $K^\ominus$ 的意义及它们之间的区别和联系。
2. 熟练掌握有关化学平衡常数及转化率的计算。

3. 熟练掌握化学反应等温式的意义与应用，掌握运用 $\dfrac{Q}{K^{\ominus}}$ 判断过程自发进行方向的方法，熟练进行有关计算。

4. 理解应用化学反应等温式讨论浓度、压力改变对化学平衡影响的方法，理解应用化学反应等温式和吉布斯-亥姆霍兹方程讨论温度对化学平衡影响的方法，掌握有关计算。

5. 掌握平衡移动原理及其应用。

6. 了解难挥发非电解质稀溶液的通性。

7. 掌握酸碱质子理论的要点，认识共轭酸碱对。

8. 掌握电离常数和电离度的概念，理解处理一元酸碱、二元酸碱溶液酸碱度及 pH 和有关离子浓度的方法，熟练掌握有关计算。

9. 认识缓冲溶液的有关知识。

10. 掌握溶度积的概念，理解溶度积规则，熟练掌握有关计算。

11. 掌握酸碱平衡、沉淀溶解平衡移动的原理，理解同离子效应、盐效应对这两类平衡的影响。

12. 认识通过反应耦合实现沉淀溶解和沉淀转化。

习　题

1. 下列说法中正确的是：

(1) 转化率不随起始浓度改变。

(2) 生产水煤气的反应为 $C(s) + H_2O(g) \rightleftharpoons CO(g) + H_2(g)$，压力对这个平衡没有影响。

(3) 一种反应物的转化率随另一种反应物的起始浓度而变。

(4) 催化剂能改变反应历程，但不能改变反应的自由能变 $\Delta_r G_m^{\ominus}$。

(5) 平衡常数不随温度变化。

(6) 平衡常数随起始浓度不同而变化。

(7) 升高温度时，反应速率增大，其最主要的原因是增加了活化分子的百分数。

2. 在一个平衡系统中：

(1) 平衡浓度是否随时间变化而变化？

(2) 平衡浓度是否随起始浓度不同而变化？

(3) 平衡浓度是否随温度改变而变化？

(4) 平衡常数是否随起始浓度不同而不同？

(5) 转化率是否随起始浓度变化而变化？

3. 写出下列反应的平衡常数表达式：

(1) $CaCO_3(s) \rightleftharpoons CaO(s) + CO_2(g)$

(2) $CH_3COOH(aq) \rightleftharpoons CH_3COO^-(aq) + H^+(aq)$

(3) $LaPO_4(s) \rightleftharpoons La^{3+}(aq) + PO_4^{3-}(aq)$

(4) $MnO_4^-(aq) + 5Fe^{2+}(aq) + 8H^+(aq) \rightleftharpoons Mn^{2+}(aq) + 5Fe^{3+}(aq) + 4H_2O(l)$

(5) $[Fe(CN)_6]^{3-}(aq) = Fe^{3+}(aq) + 6CN^-(aq)$

4. 已知生产水煤气的反应 $C(s) + H_2O(g) \rightleftharpoons CO(g) + H_2(g)$ 在 1000 K 时的平衡常数 $K^{\ominus} = 1.00$，若于密闭的反应器中通入 1×10^5 Pa 的 $H_2O(g)$ 与足量的红热 $C(s)$ 反应，求平衡时各气体的分压和 $H_2O(g)$ 的转化率。

5. 在 1000 K 时，测定反应 $SO_2(g) + \dfrac{1}{2}O_2(g) \rightleftharpoons SO_3(g)$ 的浓度平衡常数 $K_c = 16.8$ $mol^{-0.5} \cdot dm^{1.5}$，试求该

温度下反应 $2SO_3(g) \rightleftharpoons 2SO_2(g) + O_2(g)$ 的浓度平衡常数和分压平衡常数。

6. 合成氨的反应 $N_2(g) + 3H_2(g) \rightleftharpoons 2NH_3(g)$ 在某温度下达到平衡时, 各组分浓度分别为 $c_{eq.\,N_2}$ = 3.0 mol · dm^{-3}, $c_{eq.\,H_2}$ = 2.0 mol · dm^{-3}, $c_{eq.\,NH_3}$ = 4.0 mol · dm^{-3}。

(1) 求该反应的平衡常数 K_c。

(2) 设起始时体系中只有 H_2 及 N_2, 求 H_2 的起始浓度及转化率。

7. 假设所有参与反应的气体均为理想气体, 根据附录 $\Delta_f G_m^{\ominus}$ 数据, 计算反应 $2SO_2(g) + O_2(g) \rightleftharpoons 2SO_3(g)$ 在 298 K 时的平衡常数 $K^{\ominus}$。

8. 在 523 K 时, PCl_5 依下式分解建立平衡:

$$PCl_5(g) \rightleftharpoons PCl_3(g) + Cl_2(g)$$

(1) 在 2.00 dm^3 的密闭容器中, 加入 0.700 mol 的 PCl_5, 平衡时 PCl_5 分解了 0.500 mol, 求反应的平衡常数 K_c、K_p、$K^{\ominus}$ 及 $\Delta_r G_m^{\ominus}$。

(2) 若再往容器中加入 0.100 mol 的 Cl_2, PCl_5 的分解率将是多少?

9. 若已知某温度下, 反应 $2H_2(g) + S_2(g) \rightleftharpoons 2H_2S(g)$ 的标准摩尔自由变为 $\Delta_{r1} G_m^{\ominus}$, 平衡常数为 $K_1^{\ominus}$, 反应 $2Br_2(g) + 2H_2S(g) \rightleftharpoons 4HBr(g) + S_2(g)$ 的标准摩尔自由能变为 $\Delta_{r2} G_m^{\ominus}$, 平衡常数为 $K_2^{\ominus}$。试确定在该温度下, 反应 $H_2(g) + Br_2(g) \rightleftharpoons 2HBr(g)$ 的标准摩尔自由能变和平衡常数各为多少。

10. 实验测定 298 K 时, $2NO_2(g) \rightleftharpoons 2NO(g) + O_2(g)$ 的 K_c=0.50 mol · dm^{-3}, 试确定以下情况下, 反应的方向:

(1) $c_{NO_2} = c_{NO} = c_{O_2}$ = 0.10 mol · dm^{-3}

(2) $p_{NO_2} = p_{NO} = p_{O_2}$ = 1.0×10^5 Pa

11. 反应 $CaCO_3(s) \rightleftharpoons CaO(s) + CO_2(g)$ 在 973 K 时的平衡常数 $K^{\ominus}$ = 2.92×10^{-2}, 1173 K 时的平衡常数 $K^{\ominus}$ = 1.04, 试由此计算该反应在 973 K 时的标准摩尔自由能变 $\Delta_r G_m^{\ominus}$ (973 K) 和 1173 K 时的标准摩尔自由能变 $\Delta_r G_m^{\ominus}$ (1173 K), 以及反应的标准摩尔焓变 $\Delta_r H_m^{\ominus}$ 和标准摩尔熵变 $\Delta_r S_m^{\ominus}$。

12. $NH_4HCO_3(s)$ 的分解反应为

$$NH_4HCO_3(s) \rightleftharpoons NH_3(g) + H_2O(g) + CO_2(g)$$

试根据附录热力学数据, 求该反应在 298 K 时的平衡常数 $K^{\ominus}$ 和达到平衡状态时体系的总压。

13. 在一定温度下反应 $N_2(g) + 3H_2(g) \rightleftharpoons 2NH_3(g)$ 达到平衡状态后, 改变下列条件时, N_2 的转化率是否改变? 如何改变?

(1) 压缩混合气体, 使体系的体积缩小。

(2) 升高温度(结合附录的标准生成焓数据判断)。

(3) 恒压下引入惰性气体。

(4) 恒容下引入惰性气体。

14. 按照从高到低的顺序排列下列液体的性质:

(1) 298 K 时的蒸气压: 纯 H_2O, 1.0 mol · kg^{-1} 的葡萄糖溶液, 0.50 mol · kg^{-1} 的葡萄糖溶液。

(2) 凝固点: 0.010 mol · dm^{-3} 的葡萄糖溶液, 0.010 mol · dm^{-3} 的 NaCl 溶液, 0.010 mol · dm^{-3} 的 CH_3COOH 溶液, 0.010 mol · dm^{-3} 的 $MgSO_4$ 溶液。

15. 根据酸碱质子理论写出下列分子或离子的共轭酸或/和共轭碱:

$$SO_4^{2-}, \ S^{2-}, \ PO_4^{2-}, \ NH_3, \ CN^-, \ ClO^-, \ OH^-, \ HPO_4^{2-}, \ NH_4^+, \ H_2CO_3$$

16. 已知 0.010 mol · dm^{-3} 的 HAc 溶液的电离度为 4.2%, 试求该温度下 HAc 的电离常数, 并计算溶液中的 H^+ 浓度、pH 及 0.10 mol · dm^{-3} 的 HAc 溶液的电离度。

17. 计算 0.10 mol · dm^{-3} 的氨水溶液的 pH, 若将该溶液稀释 1 倍, 其 pH 变为多少?

18. H_2CO_3 分步电离, 已知其电离常数 $K_{a1}^{\ominus}$=4.31×10^{-7}, $K_{a2}^{\ominus}$=5.61×10^{-11}。试据此求下面两个反应的电离常数, 并求 0.10 mol · dm^{-3} Na_2CO_3 溶液的 pH。

$$CO_3^{2-} + H_2O \rightleftharpoons HCO_3^- + OH^-$$

$$HCO_3^- + H_2O \rightleftharpoons H_2CO_3 + OH^-$$

19. 计算下列三种情况下溶液的 pH。

(1) $0.20\ mol \cdot dm^{-3}$ 的 HAc 和 $0.20\ mol \cdot dm^{-3}$ 的 NaAc 等体积混合形成 $1.0\ dm^{-3}$ 的混合溶液。

(2) 向(1)的混合溶液中滴加 $1.0\ mol \cdot dm^{-3}$ 的 HCl 溶液 $1.0\ cm^3$ 后。

(3) 向(1)的混合溶液中滴加 $1.0\ mol \cdot dm^{-3}$ 的 NaOH 溶液 $1.0\ cm^3$ 后。

20. 将浓度为 $0.010\ mol \cdot dm^{-3}$ 的 $BaCl_2$ 溶液 $20\ cm^3$ 与浓度为 $0.020\ mol \cdot dm^{-3}$ 的 H_2SO_4 溶液 $20\ cm^3$ 在强烈搅拌下与 $960\ cm^3$ 的 H_2O 混合，试根据附录的溶度积常数数据，通过计算判断是否有 $BaSO_4$ 沉淀生成。

21. 已知 $Ba_3(PO_4)_2$ 的溶度积常数为 3.4×10^{-23}，仅考虑沉淀溶解平衡，试求 $Ba_3(PO_4)_2$ 的溶解度$(mol \cdot dm^{-3})$ 及溶液中的 Ba^{2+} 浓度和 PO_4^{3-} 浓度。

22. 某溶液中的 Mg^{2+} 浓度为 $0.10\ mol \cdot dm^{-3}$，试根据附录的溶度积常数数据，求开始沉淀时溶液的 pH。

23. 根据附录中的溶度积常数数据，计算在下列情况下 AgCl 的溶解度$(mol \cdot dm^{-3})$：

(1) 在 H_2O 中；

(2) 在 $0.050\ mol \cdot dm^{-3}$ 的 $AgNO_3$ 溶液中；

(3) 在 $0.010\ mol \cdot dm^{-3}$ 的 NaCl 溶液中；

(4) 在 $0.010\ mol \cdot dm^{-3}$ 的 $CaCl_2$ 溶液中。

24. 定量化学分析认为当溶液中某种离子浓度小于或等于 $1.0 \times 10^{-6}\ mol \cdot dm^{-3}$ 时，该离子就完全沉淀了。已知某混合溶液中，Zn^{2+} 和 Fe^{3+} 的浓度均为 $0.010\ mol \cdot dm^{-3}$，通过计算说明调节溶液的 pH 为什么范围的时候，可使 Fe^{3+} 完全沉淀而 Zn^{2+} 不沉淀。

(梁宏斌)

第5章 物 质 结 构
(Structure of matter)

在第 2~4 章从宏观角度研究物质变化规律的基础上，本章将从微观角度论述原子结构、分子结构和晶体结构的相关理论[①]。

物质的内部结构决定其物理性质和化学性质，而物质的宏观性质又是其内部结构的反映。这种"结构-性质"的互相依存，是化学科学最重要的基本关系。学习和了解物质的微观结构知识，将为理解物质的宏观性质提供基本的理论基础。

本章首先简要回顾人类揭示"原子结构"秘密的一些里程碑式发现，以帮助了解电子等微观粒子运动的特点；然后，提出量子力学对原子结构的简要描述及薛定谔方程，重点讨论原子核外电子的排布及元素周期表；在"原子结构"基础上，介绍化学键(离子键理论、共价键理论、金属键理论)与分子结构；简要介绍分子间作用力及氢键；最后讨论晶体结构。

5.1 原 子 结 构
(Atomic structure)

5.1.1 原子结构发现简史与微观粒子运动的特点*

1897 年英国科学家汤姆孙(J. J. Thomson)发现电子之后，其学生卢瑟福(E. Rutherford)通过 α 粒子散射实验，提出了"有核原子模型"，即原子内正电部分集中在"原子核"，电子是在核外运动。1913 年丹麦物理学家玻尔(N. Bohr)对电子运动状态给出了更详细的论述，提出了原子结构的"行星式模型"，认为电子运动像行星一样在符合一定条件的稳定轨道上运动，运动时既不吸收，也不辐射光子，而且轨道能量是"量子化"的，不是连续变化的。

但是玻尔理论无法解释能量"量子化"产生的理论原因及多电子原子光谱等更多事实。同时描述微观粒子运动行为的相关理论得到发展："光电效应"实验证实光不仅是波也是粒子，即具有"波粒二象性"；1924 年法国物理学家德布罗意(L. de Broglie)提出电子等"实物粒子"也具有"波粒二象性"的假设，并于 1927 年通过"电子衍射"实验得到证实。同年，德国物理学家海森堡(W. Heisenberg)提出"不确定原理"(uncertainty principle)：微观粒子运动时，位置的测量偏差 Δx 与动量的测量偏差 ΔP 不可能同时很小，即微观粒子的位置和动量不能同时确定。而描述宏观物体的经典力学认为 Δx 和 ΔP 可以同时很小。

综上所述，**微观粒子(光子、电子、质子、中子等)的运动不再符合描述宏观物体运动的经典力学定律和经典电磁理论，只能以"统计规律"认识，不能预知个别粒子的行为**。这是完全不同于经典力学的新学说，因此"量子力学"诞生，并被用于描述微观粒子(包括原子核外电子)的运动规律。

[①] 近年化学家提出的"超分子"概念，是一种大于一般分子的结构层次。

5.1.2 量子力学对原子结构的描述及薛定谔方程

1. 薛定谔方程

1926 年，奥地利物理学家薛定谔(E. Schrödinger)提出描述原子核外电子运动的一个二阶偏微分方程，称为 "薛定谔方程" (Schrödinger equation)：

$$\frac{\partial^2 \psi}{\partial x^2} + \frac{\partial^2 \psi}{\partial y^2} + \frac{\partial^2 \psi}{\partial z^2} + \frac{8\pi^2 m}{h^2}(E-V)\psi = 0 \tag{5.1}$$

式中，ψ 为描写核外电子运动状态的一种数学函数式，称为 "波函数" (wave function)；m 为电子质量，单位 kg；h 为普朗克常量，6.626×10^{-34} J·s；E 为电子总能量(动能、势能总和)，单位 J；V 为电子势能，单位 J；π 为圆周率。薛定谔因此项开创性研究而获得了 1933 年诺贝尔物理学奖。

2. 四个量子数

解薛定谔方程已超出本课程的要求，以下将介绍求解薛定谔方程过程的简要思路和主要结论。

薛定谔方程的数学解很多，但只有少数数学解是符合电子运动状态的，称为 "合理解"。解薛定谔方程，就是求出波函数 ψ 的合理解(数学表达式)及每一个波函数对应的能量。为解薛定谔方程的合理解，引入了 3 个参数，称为 "量子数" (quantum number)，即 n、l、m 来作为条件限制。波函数 ψ 在这三个量子数的限制下得到的合理解称为 "原子轨道" (orbital，区别于玻尔的轨道 orbit)，一组合理的三个量子数对应一个原子轨道。

(1) **主量子数**(principal quantum number) n。**描述原子中电子出现概率最大区域离核的远近，决定电子层序**。n 的取值为 1，2，3，…正整数。例如，$n=1$ 代表电子离核的平均距离最近的一层，即第一电子层；$n=2$ 代表电子离核的平均距离比第一层稍远的一层，即第二电子层，以此类推。可见 n 越大电子离核的平均距离越远。在**光谱学上用大写字母 K、L、M、N、O、P、Q 代表 "电子层"，依次对应** $n=1$、2、3、4、5、6、7。主量子数 n 是决定电子能量高低的主要因素，对单电子体系来说，n 值越大，电子的能量越高。单电子原子体系轨道能量只由主量子数 n 决定：

$$E = -\frac{Z^2}{n^2} \times 13.6 \text{ eV} \tag{5.2}$$

式中，n 为主量子数；Z 为核电荷数。1 eV 指带 1 个电子电量的微粒在 1 V 电压下加速获得的能量。1 eV=1.6×10^{-19}C×1 V=1.6×10^{-19} J。

但是对多电子原子来说，核外电子的能量除了同主量子数 n 有关以外，还与角动量量子数 l 有关。

(2) **角动量量子数**(angular momentum quantum number)l 简称 "角量子数"。**角量子数决定电子空间运动的角动量及原子轨道或电子云的形状，在多电子原子中与主量子数 n 共同决定电子能量高低**。对于一定的 n 值，l **可取值是 0、1、2、3、4、…、(n–1)，共 n 个值，用光谱学符号相应表示为 s、p、d、f、g、…。角量子数 l 表示电子的亚层或能级**。一个 n 值可以有多个 l 值，如 $n=3$ 表示第三电子层(M 层)，l 值可有 0、1、2，分别表示 3s、3p、3d 亚层，相应的电子分别称为 3s、3p、3d 电子。它们的原子轨道和电子云的形状分别为球形、哑铃形和四瓣梅花形(两花瓣加一小环)。单电子系统(H、He^+、Li^{2+}等)中，$E_{3s}=E_{3p}=E_{3d}$；多电子系统(He、Li、Be 等)中，$E_{3d}>E_{3p}>E_{3s}$，即 n 值一定时，l 值越大，亚层能级越高。

(3) **磁量子数**(magnetic quantum number)m_l。描述原子轨道或电子云在空间的伸展方向。m_l 取值受角量子数 l 取值限制，**对于给定的 l 值，m_l =0、±1、±2、…、±l，共 2l+1 个值**。这些取值意味着在角量子数为 l 的电子亚层共有 2l+1 个取向，而每一个取向相当于一个"原子轨道"。例如，l = 2 的 d 亚层，m_l = 0、±1、±2，共有 5 个取值，表示 d 亚层有伸展方向不同的 5 个原子轨道，即 d_{xy}、d_{xz}、d_{yz}、$d_{x^2-y^2}$、d_{z^2}(表 5.1)。同一亚层(n 和 l 都相同)而伸展方向不同的原子轨道能量相同，称为"等价轨道"或"简并轨道"。

表 5.1　磁量子数取值及对应轨道符号和轨道数

l	m_l	轨道符号	轨道数
0	0	s	1
1	+1, 0, −1	p_x, p_z, p_y	3
2	+2, +1, 0, −1, −2	$d_{xy}, d_{xz}, d_{yz}, d_{z^2}, d_{x^2-y^2}$	5
3	+3, +2, +1, 0, −1, −2, −3	f(7 个)	7

(4) **自旋量子数**(electron spin quantum number)m_s。由薛定谔方程求解，只能得到三个量子数 n、l 和 m_l。但是根据在强磁场下精密测定的多电子原子光谱实验，发现大多数谱线其实都是由靠得很近的两根谱线组成。原因是核外电子除了绕核运动以外，还做自旋运动；电子有两种不同方向的自旋，它决定了电子自旋角动量在外磁场方向上的分量。由此，引入第四个量子数"自旋量子数"m_s，它表示电子自旋运动有两种相反的方向；m_s 取值为 $+\frac{1}{2}$ 或 $-\frac{1}{2}$。通常用向上和向下的箭头来代表，即"↑"代表某方向自旋的电子，则"↓"代表相反方向自旋的电子。

总之，n、l 和 m_l 三个量子数确定一个原子轨道，可标记为"Ψ_{n,l,m_l}"；在单电子原子体系中，主量子数 n 决定电子能量，而在多电子原子体系中，n 和 l 共同决定电子能量；n、l、m_l 和 m_s 四个量子数决定电子运动状态。根据四个量子数的取值规则，**每一电子层中最多可容纳电子总数为 $2n^2$**，如表 5.2 所示。

表 5.2　四个主量子数取值、原子轨道符号、轨道数和容纳电子数关系

n	l	m_l	轨道	轨道数	m_s	电子	电子总数
1	0	0	□ 1s	1	±$\frac{1}{2}$	1s²	2
2	0	0	□ 2s	4		2s²	8
	1	0, ±1	2p$_x$, 2p$_y$, 2p$_z$			2p⁶	
3	0	0	□ 3s	9		3s²	18
	1	0, ±1	3p$_x$, 3p$_y$, 3p$_z$			3p⁶	
	2	0, ±1, ±2	3d$_{xy}$, 3d$_{xz}$, 3d$_{yz}$, 3d$_{z^2}$, 3d$_{x^2-y^2}$			3d¹⁰	

续表

n	l	m_l	轨道	轨道数	m_s	电子	电子总数
4	0	0	□ 4s	16	$\pm\dfrac{1}{2}$	↑↓ $4s^2$	32
	1	0, ±1	□□□ $4p_x, 4p_y, 4p_z$			↑↓ ↑↓ ↑↓ $4p^6$	
	2	0, ±1, ±2	□□□□□ $4d_{xy}, 4d_{xz}, 4d_{yz}, 4d_{z^2}, 4d_{x^2-y^2}$			↑↓ ↑↓ ↑↓ ↑↓ ↑↓ $4d^{10}$	
	3	0, ±1, ±2, ±3	□□□□□□□ 7 个 4f 轨道			↑↓ ↑↓ ↑↓ ↑↓ ↑↓ ↑↓ ↑↓ $4f^{14}$	

3. 波函数 ψ_{n,l,m_l} 相关图形

波函数 $\psi_{n,l,m_l}(x,y,z)$ 就是原子轨道，原子轨道就是波函数，它既是一个数学函数式，又表示某一几何空间（"轨道"，orbital）。 为求解薛定谔方程，需要把自变量分离，根据图 5.1 直角坐标系与球坐标系相互变换关系，将波函数由直角坐标系表达式 $\psi_{n,l,m_l}(x,y,z)$ 转换为球坐标系表达式 $\psi_{n,l,m_l}(r,\theta,\phi)$，并将与 r 有关的部分和与 θ 和 ϕ 有关的部分分别提取出来，使波函数表达式转换为以下形式：

$$\psi_{n,l,m_l}(r,\theta,\phi) = R_{n,l}(r) \cdot Y_{l,m_l}(\theta,\phi)$$

式中，$\psi_{n,l,m_l}(r,\theta,\phi)$ 称为"空间波函数"，它与 n、l 和 m_l 3 个量子数有关；$R_{n,l}(r)$ 为波函数 $\psi_{n,l,m_l}(r,\theta,\phi)$ 的径向部分(也称"径向波函数")；$Y_{l,m_l}(\theta,\phi)$ 为波函数 $\psi_{n,l,m_l}(r,\theta,\phi)$ 的角度部分(也称"角度波函数")。$R_{n,l}(r)$ 受 n、l 限制，表示波函数随电子到核的距离 r 发生的变化，而与 θ 和 ϕ 无关；$Y_{l,m_l}(\theta,\phi)$ 受 l、m_l 限制，表示波函数随 θ 和 ϕ 发生的变化，而与 r 无关。

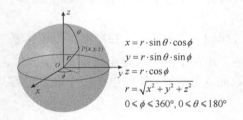

$$x = r \cdot \sin\theta \cdot \cos\phi$$
$$y = r \cdot \sin\theta \cdot \sin\phi$$
$$z = r \cdot \cos\theta$$
$$r = \sqrt{x^2 + y^2 + z^2}$$
$$0 \leqslant \phi \leqslant 360°, \ 0 \leqslant \theta \leqslant 180°$$

图 5.1　直角坐标系与球坐标系相互变换

由于波函数 $\psi_{n,l,m_l}(r,\theta,\phi)$ 的复杂性，需从不同角度图解，下面介绍与波函数有关的几种图形。

1) 波函数(原子轨道)的角度分布图[$Y_{l,m_l}(\theta,\phi)$-(θ,ϕ) 图]

把不同 θ 和 ϕ 值代入具体的角度波函数 $Y_{l,m_l}(\theta,\phi)$ 表达式中，得到不同的空间点，构成波函数(原子轨道)的角度分布图。图 5.2 给出氢原子波函数角度分布图。$Y_{0,0}(\theta,\phi)$ 即 s 轨道，是半径为 $\sqrt{\dfrac{1}{4\pi}}$ 的球面；p 轨道为哑铃形，因为其波函数最大值及最小值分别出现在 x、y、z 轴上，所以相应的原子轨道符号以 p_x、p_y、p_z 表示；d 轨道为花瓣形曲面，共有 5 个空间指向，原子轨道符号分别标记为 d_{xy}、d_{xz}、d_{yz}、$d_{x^2-y^2}$、d_{z^2}。注意图上标出的 "+"、"−" 代表角度波函数 Y 值在不同区域内正、负号，并非正、负电荷。**波函数(原子轨道)角度分布图可以帮助我们判断原子轨道对称性是否匹配、可否形成共价键。**

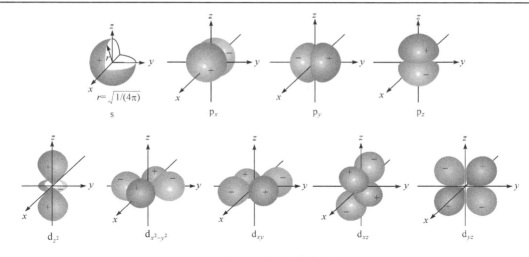

图 5.2　氢原子波函数角度分布图

2) 电子云角度分布图

原子中的电子总是按一定的概率分布在核外空间各处，相应的波函数绝对值平方 $|\psi|^2$ 则代表电子在空间某点 (x, y, z) 波的强度。从电子衍射实验可知，波函数的强度与电子在空间 (x, y, z) 处单位体以内出现的概率密度成正比，因此 $|\psi|^2$ **代表电子在核外空间出现的概率密度，即在单位体积内出现的概率。** 通常形象地将电子在空间的概率密度分布 $|\psi|^2$ 称为电子云。设核外空间微体积为 $d\tau$，则 $|\psi|^2 d\tau$ 表示电子在此微体积空间出现的概率。

因为 $\psi_{n,l,m_l}(r, \theta, \phi) = R_{n,l}(r) \cdot Y_{l,m_l}(\theta, \phi)$，因此 $\psi_{n,l,m_l}^2(r, \theta, \phi) = R_{n,l}^2(r) \cdot Y_{l,m_l}^2(\theta, \phi)$。这就是说，可以分别用 $R_{n,l}^2(r)$-r 或 $Y_{l,m_l}^2(\theta, \phi)$-$(\theta, \phi)$ 作图，即从径向或角度两个侧面来表示电子云在空间的分布规律。

电子云角度分布图即 $Y_{l,m_l}^2(\theta, \phi)$-$(\theta, \phi)$ 图，表示电子在核外空间某处出现的概率密度随方向 (θ, φ) 发生的变化，与 r 数值大小无关。 $Y_{l,m_l}^2(\theta, \phi)$-$(\theta, \phi)$ 图是在 $Y_{l,m_l}(\theta, \phi)$-(θ, ϕ) 图基础上画出来的，图形相似，但是因为 $Y \le 1$，Y^2 图比 Y 图"瘦小"一些。同时 Y^2 图均为正号，而 Y 图有+、−号。图 5.3 给出了氢原子 s 轨道的 $Y_{(0,0)}^2$-(θ, ϕ) 图和 $Y_{(0,0)}$-(θ, ϕ) 图。

图 5.4 为氢原子 p、d 轨道的电子云(概率密度)角度分布图。

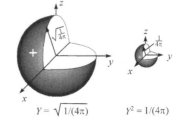

图 5.3　氢原子 s 轨道的 $Y_{(0,0)}^2$-(θ, ϕ) 图和 $Y_{(0,0)}$-(θ, ϕ) 示意图

3) 电子云径向分布函数图[$D(r)$-r 图]

定义电子云"径向分布函数" $D(r) = 4\pi r^2 R_{n,l}^2(r)$。由于 $R_{n,l}^2(r)$ 表示半径为 r 的球面内电子出现的概率密度，故 $D(r)$ 表示半径为 r 的球面内电子出现的概率，而 $D(r) \cdot dr$ 则表示从 r 到 $r + dr$ 在空间形成的球壳层内电子出现的概率，即"径向概率"。把不同 r 值代入 $D(r)$ 函数式，得到电子云径向分布函数图[$D(r)$-r 图]。**$D(r)$-r 图表示半径为 r 的球面上电子出现的概率随 r 的变化。** 图 5.5 给出氢原子电子云径向分布函数示意图，由图可见，$D(r)$-r 图都有极大值。

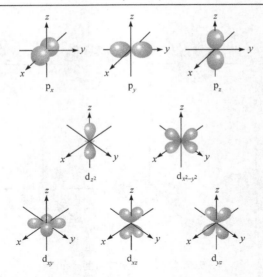

图 5.4　氢原子 p、d 轨道的电子云(概率密度)角度分布图

例如，1s 电子在离核最近处出现的概率密度有极大值，但在相应的 $D(r)$-r 图中，由于离核最近处 $4\pi r^2$ 趋近于 0，所以 $D(r)$ 值趋近于零；当 r 增大时，$4\pi r^2$ 增大，但 $R_{n,l}^2(r)$ 在迅速地减少，这两种因素的共同作用就产生极大值。对于氢原子的基态，1s 态的 $D(r)$ 极大值处于玻尔半径 $r = 52.9$ pm 处。对于氢原子各种轨道，显示 $D(r)$ 最大值的峰数为$(n-l)$，但主峰随 n 增大而远离核；对于同一 n 值，l 值越大，峰数越少，主峰离核越近，如氢原子的 4s、4p、4d 和 4f 轨道。从 $D(r)$-r 图可以看到，不管是什么电子云，核附近都有一定的概率分布，但是 s 态比 p 态和 d 态在核附近有较大的出现概率。这就表明外层电子有深入内层空间、钻入内层的倾向。**因此，$D(r)$-r 图反映了核外电子概率分布的层次及穿透性，显示电子运动的"波动性"。**常用它来讨论多电子原子轨道的能量效应，即"屏蔽效应"和"钻穿效应"。

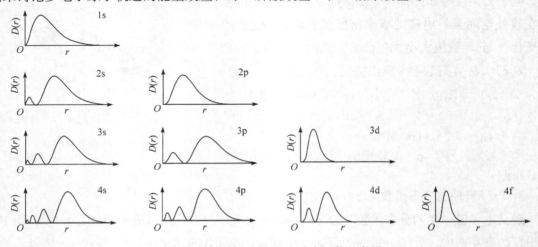

图 5.5　氢原子电子云径向分布函数示意图

4) 电子云空间分布图(电子云总体分布图，Ψ^2 图)

把 $R_{n,l}^2(r)$-r 和 $Y_{l,m_l}^2(\theta,\phi)$-(θ,ϕ) 两种图组合起来，得到 Ψ^2 图，即"电子云空间分布图"。它

用颜色的深浅程度或者小黑点的疏密来表示电子在核外空间出现的概率密度的大小，是一种近似的图像，形象地表示出电子云的形状和大小。图 5.6 表示氢原子 1s、2s、3s 电子云空间分布图的约 1/4 部分。

图 5.6 1s、2s、3s 电子云空间分布图(1/4 部分)

5.1.3 原子核外电子排布及元素周期表

1. 单电子原子核外电子能级

氢原子和类氢离子的单电子系统(H、He$^+$、Li^{2+}、Be^{3+}等)，原子轨道的能量(电子能量)E只与主量子数 n 有关，即同一电子层的各亚层轨道能量相同。能量相同的轨道称为"能量简并轨道"，简称为"简并轨道"，一组简并轨道代表一个"能级"(energy level)。图 5.7(a)表示氢原子和类氢离子的核外电子能级。当电子填充在最低能级 1s 轨道上时，系统能量最低、最稳定，称为"基态"(ground state)；当电子吸收某种能量，跃迁到更高能级时，系统不稳定，称为"激发态"(excited state)。处于较高激发态上的电子跃迁回能量较低的激发态或基态时，以光辐射的形式释放出能量，对于氢原子，得到其发射光谱。

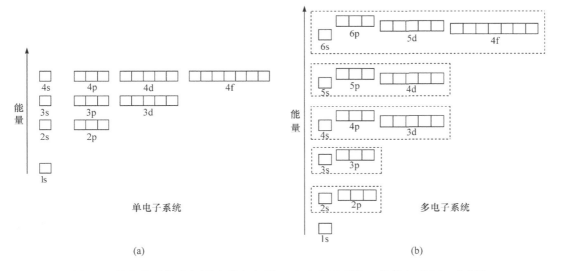

图 5.7 单电子系统(氢原子和类氢离子)(a)和多电子系统(b)核外电子能级示意图

2. 多电子原子核外电子能级

1) 屏蔽效应

多电子原子系统，核外电子除了受原子核对它的吸引作用外，还受到其他电子对它的排斥作用，使得薛定谔方程无法精确求解。因此，作为近似处理，把其他电子对指定电子的排斥力作用视为部分地抵消核电荷对该电子的吸引力，即其他电子起到了部分地屏蔽核电荷对某电子的作用力，而该电子只受到"有效核电荷"Z^*的作用。于是，多电子原子系统就被简化为单电子原子系统，不同的是单电子原子系统采用的是核电荷 Z，近似后的多电子原子系统采用"有效核电荷"Z^*。二者关系为

$$Z^* = Z - \sigma$$

式中，σ 为"屏蔽常数"，表示系统中其他电子对指定电子的屏蔽作用。这样，多电子系统指定电子的能量为

$$E = -\frac{(Z-\sigma)^2}{n^2} \times 13.6 \text{ eV} = -\frac{(Z^*)^2}{n^2} \times 13.6 \text{ eV} \tag{5.3}$$

　　这种由**其他电子对选定电子产生排斥作用的效果称为"屏蔽效应"**(shielding effect)。n 相同时，其他电子对指定电子的屏蔽能力大小顺序为：s > p > d > f。这是因为对于同一 n 值，l 值越小的电子，电子云径向分布函数图上第一个峰离核平均距离越近，故对指定电子产生越大的排斥作用。

　　2) 钻穿效应

　　由电子云的径向分布函数图(图 5.5)可知，对于 n 相同、l 不同的轨道，l 越小，电子穿过内层到达核附近以回避其他电子屏蔽的能力就越强，这就使 n 相同、l 不同的电子具有不同的能量。例如，4s 电子 $D(r)$-r 图上有 4 个峰，说明电子在核附近有较大的出现概率，而 4f 只有一个峰，电子在核附近出现的概率较小，因此 $E_{4s} < E_{4f}$。

　　n 相同，l 不同(ns, np, nd, nf)的原子轨道，其轨道径向分布不同，**电子穿过内层(即 n 更小的轨道)而回避其他电子屏蔽的能力不同，因而具有不同的能量的现象，称为"钻穿效应"**(penetration effect)。

　　根据电子云的径向分布函数图(图 5.5)可知，钻穿作用 4s > 4p > 4d > 4f。ns 电子钻得最深，被内层电子屏蔽得最少，内层电子对指定电子屏蔽作用大小顺序为

$$4s < 4p < 4d < 4f$$

相应的原子轨道能量顺序为

$$E_{4s} < E_{4p} < E_{4d} < E_{4f}$$

显然，在多电子原子中，屏蔽效应和钻穿效应同时存在，共同影响原子轨道的能级。

　　3) 多电子原子中的原子轨道能级

　　鲍林(L. Pauling)根据大量光谱实验数据，提出了**原子轨道的近似能级图**[图 5.7(b)]。图中，将能量相近的原子轨道划成一组。因此，多电子系统核外电子轨道能级按照能量由低到高的顺序，被划分为 7 个能级组：(1s)、(2s 2p)、(3s 3p)、(4s 3d 4p)、(5s 4d 5p)、(6s 4f 5d 6p)、(7s 5f 6d 7p)，依次对应于元素周期表的第一至第七周期。鲍林认为：该顺序即为电子填充顺序，这与由光谱实验得到的各元素原子核外填充顺序基本一致。

　　科顿(F. A. Cotton)认为：由于电子间的相互作用，以及在不同轨道上电子钻穿作用的不同，s、p、d、f 轨道能量都会随原子序数(即核电荷)的增加而下降，但它们下降的趋势不同，钻穿作用越大的原子轨道处于内层时，能量下降越大。他提出了**中性原子的原子轨道随原子序数变化的近似能级图**(图 5.8)。由图 5.8 可知，随着核电荷数增加，s、p 轨道能级由于轨道钻穿作用较大，轨道能量急剧地下降，且下降趋势一致；d、f 轨道由于钻穿作用较差，受核电荷影响变化呈先平坦后急剧下降趋势。这是由于处于内层$(n-1)$d 或$(n-2)$f 轨道，在核电荷明显增大后，电子受核的吸引力大大地加强，使轨道能级急剧下降。这一变化趋势导致出现"能

级交错"的现象。例如，$Z=14\sim20(Si\sim Ca)$时，$E_{3d}>E_{4s}$，表现为能级交错；而在 $Z=1\sim13$ 和 $Z\geqslant21(Sc$ 之后)，$E_{3d}<E_{4s}$，影响能级高低的因素以 n 为主。

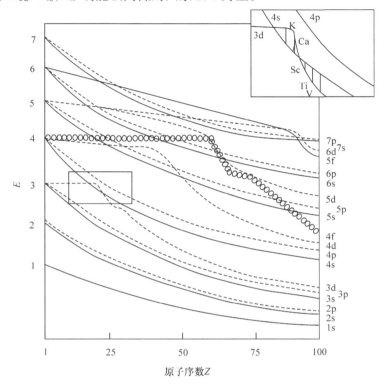

图 5.8　科顿中性原子的原子轨道能量随原子序数变化示意图

鲍林原子轨道的近似能级图可以解释电子填充顺序(图 5.9)，如先填 ns，后填$(n-1)$d，是因为在对应的 Z 值，ns 轨道能量低于$(n-1)$d；**科顿近似能级图则能够解释，失电子时先失去 ns 电子，再失去$(n-1)$d 电子**，是因为 $Z\geqslant21(Sc$ 之后)，$E_{3d}<E_{4s}$。总之，鲍林、科顿的多电子原子轨道近似能级图互为补充，分别解释了电子填充和失去的顺序。

我国化学家徐光宪也总结了核外电子能级的以下规律：

(1) 多电子原子系统外层电子的能级与$(n+0.7l)$有关，$(n+0.7l)$值越大，能级越高。

(2) 对于离子的外层电子，$(n+0.4l)$值越大，其能级越高。

(3) 对于原子或离子的内层电子来说，能级高低基本上由主量子数 n 确定。

7 个能级组的划分，实际上就是把按原子轨道$(n+0.7l)$数值整数位相同的若干轨道划分为同一能级组。

根据这一规律，可以得到多电子原子核外电子填充次序及在化学反应中失去电子成为离子时的规律。例如，21 号元素 Sc 以后各元素 4s 与 3d 轨道能级高低的判断如下：根据原子体系能级组划分公式$(n+0.7l)$计算，4s 为 4；3d 为 $3+0.7\times2$，等于 4.4。因此，原子体系能级顺序 3d 高于 4s，电子先填充在 4s 再填在 3d 轨道上；根据离子体系能级组划分公式$(n+0.4l)$计算，4s 为 4；3d 为 $3+0.4\times2$，等于 3.8。因此，离子体系能级顺序 4s 高于 3d，根据先失去能量高的电子判断 Sc 原子先失去 4s 轨道上电子变为离子。

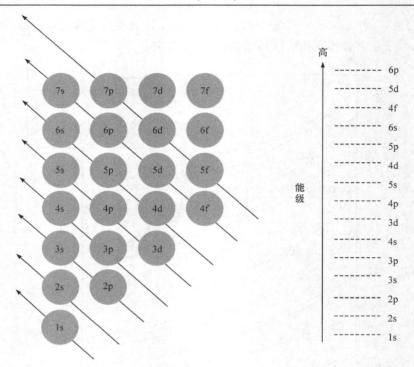

图 5.9 多电子原子核外电子填充顺序图

3. 核外电子排布

1) 核外电子排布式

核外电子排布通常用轨道排布式表示。例如，He 原子基态的核外电子排布式(electron distributing pattern)是 $1s^2$，式中，1 表示 $n=1$；s 表示 $l=0$；上标 2 表示该轨道上有两个电子。对于原子序数较大的元素，可以采用简化写法，用前一周期的稀有气体的元素符号表示全充满的结构，称为"原子实"。例如，Ca($Z=20$)：$1s^2 2s^2 2p^6 3s^2 3p^6 4s^2$，简写为[Ar]$4s^2$；Cr($Z=24$)：$1s^2 2s^2 2p^6 3s^2 3p^6 3d^5 4s^1$，简写为[Ar]$3d^5 4s^1$。

核外电子排布还可以用电子填充的轨道图形(orbital digram)表示：用一个方框或圆圈代表一个轨道，下面标注轨道名称；方框或圆圈里的朝上或朝下的箭头表示填充的电子，箭头方向表示电子自旋方向，位置高低表示能量高低。

例如，N 为 $1s^2 2s^2 2p^3$，用"轨道图形"表示为

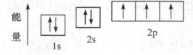

2) 核外电子排布三原则

考虑"能量最低原理"和四个量子数限制条件，基态核外电子排布遵循以下三个原则。

(1) **泡利不相容原理**(Pauli exclusion principle)："同一原子中，不可能有 2 个电子的运动状态完全相同"或"同一原子中，不可能有 4 个量子数完全相同的 2 个电子同时存在"。即在 n、l、m_l 相同的原子轨道中的 2 个电子，其自旋状态必定不同，$m_s=+1/2$、$-1/2$。

(2) **能量最低原理**(the lowest energy principl)：在不违背泡利不相容原理的前提下，核外

电子的排布尽可能使整个原子的能量最低。

(3) **洪德规则**(Hund's rule)：电子在能量相同的原子轨道("简并轨道")上分布，总是尽可能分占不同的轨道且自旋平行。洪德规则可视为"能量最低原理"的补充。例如，25 号元素 Mn 原子的基态电子排布：

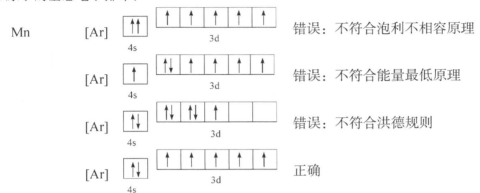

此外，量力力学还指出，**简并轨道全充满**(s^2、p^6、d^{10}、f^{14})、**半充满**(s^1、p^3、d^5、f^7)**或全空**(s^0、p^0、d^0、f^0)**的状态能量较低，较稳定。**

例如，^{24}Cr 为 $[Ar]3d^54s^1$，而不是 $3d^44s^2$；^{29}Cu 为 $[Ar]3d^{10}4s^1$，而不是 $3d^94s^2$；^{46}Pd 为 $[Kr]4d^{10}5s^0$，而不是 $4d^95s^1$。

对照核外电子排布三原则，可知多电子原子基态核外电子填充顺序与鲍林能级组顺序相同，如图 5.9 所示。注意，当 $n=4\sim5$ 时，$ns(n-1)dnp$；当 $n\geqslant6$ 时，$ns(n-2)f(n-1)dnp$。

光谱实验结果证明多数元素原子基态的电子构型符合上述 3 项排布规则，但也有例外：

铌 ^{41}Nb，$[Kr]4d^45s^1$，而不是 $4d^55s^0$；

铂 ^{78}Pt，$[Xe]4f^{14}5d^96s^1$，而不是 $4f^{14}5d^{10}6s^0$，也不是 $4f^{14}5d^86s^2$。

这表明，上述核外电子排布规则仅是粗略的、近似的，还不够完善。**最终的电子构型，只能由光谱实验来确定。**

4. 元素周期律与元素周期表

1) 元素周期律

1869 年，俄国化学家门捷列夫提出"元素周期律"，指出"元素性质随着相对原子质量的递增而发生周期性的变化"，据此，他提出了第一张"元素周期表"(periodic table of the elements)。随着原子结构被人类认识，"**元素周期律**"的准确表达是"**元素性质随着原子序数的递增而发生周期性的变化**"。这是因为，当元素按原子序数递增顺序依次排列时，原子最外层电子数目总是从 1 到 8 发生周期性的变化，即最外层电子构型重复 s^1 到 s^2p^6 的变化。因此，元素周期表中元素总是从碱金属(s^1)开始，以稀有气体(s^2p^6)结束(第一周期 s^2)。而每一次这样的重复，都是一个旧周期的结束和一个新周期的开始。同时，原子最外层电子数目的每一次重复出现，元素的性质就重复地表现出某些相似性，因为元素的化学性质主要取决于元素本身的电子层结构，尤其是最外层电子的构型，所以元素最外层电子构型的周期性变化决定了元素性质的周期性变化。

2) 元素周期表

书末附有目前通用的化学元素周期表，同时给出了原子的基态价电子构型和元素的一些基本性质。元素周期表从横向分为 7 个周期(period)，从纵向分为 18 个族(group)，目前对 18 个族有两种标记方法，即 **1~18 族标记法和主族(A)、副族(B)标记法**；按元素原子的价电子构型，周期表又可被划分为 s、p、d、ds 和 f 区 5 个分区(block)，如图 5.10 所示。

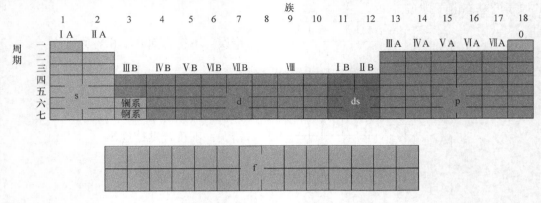

图 5.10 　元素周期表按照元素原子的价电子构型分区

(1) 在元素周期表中，**周期的划分就是核外电子能级组的划分**，七个周期与七个能级组相对应。每个周期的元素数量等于各能级组对应的原子轨道所能够容纳的最多电子数。元素周期表中的周期与各周期元素的数目见表 5.3。根据所含元素种类的多少分为短周期(第一、第二、第三周期)、长周期(第四、第五周期)和特长周期(第六、第七周期)。

表 5.3 　元素周期表中的周期与各周期元素的数目

周期	能级组	能级组内原子轨道	所能容纳的最多电子数	周期内元素数目	周期特点
一	1	1s	2	2	短周期
二	2	2s 2p	8	8	短周期
三	3	3s 3p	8	8	短周期
四	4	4s 3d 4p	18	18	长周期
五	5	5s 4d 5p	18	18	长周期
六	6	6s 4f 5d 6p	32	32	特长周期
七	7	7s 5f 6d	32	32	特长周期

(2) 在元素周期表中，"族"是元素周期表中的列，族的划分基本上取决于元素的价层电子构型。"价层电子"是指化学反应中可能发生变化或参与成键的电子，对主族元素，就是最外层电子；对副族元素，还可能包括次外层$(n-1)$d 和更里层$(n-2)$f 的部分或全部电子。1970 年国际纯粹与应用化学联合会(International Union of Pure and Applied Chemistry，IUPAC)将元素周期表分为 7 个主族(ⅠA~ⅦA 族)、0 族、7 个副族(ⅠB~ⅦB 族)和Ⅷ族(含 3 列)。各主族元素(ⅠA~ⅦA)及ⅠB、ⅡB 副族元素的最外层电子数等于族序数；0 族元素最外层电子数为 2 或 8，是全充满结构；ⅢB~ⅦB 族元素的族的序数等于最外层 s 电子数与次外层 d 电子数之和；Ⅷ族元素的最外层 s 电子数与次外层 d 电子数之和为 8、9、10。1986 年 IUPAC 提出

18 族命名法，将周期表中族数由左到右按顺序从 1 到 18 标出 18 族。

(3) 根据元素的价电子构型特点将元素周期表分为五个区：s 区、p 区、d 区、ds 区和 f 区。元素周期表分区与元素的价电子构型关系总结于表 5.4。d 区和 ds 区称为"过渡金属元素"(transition metal element)，第四、第五和第六周期过渡金属分别称为第一、第二和第三过渡系；f 区包括镧系元素(57～71 号元素)和锕系元素(89～103 号元素)，其中镧系元素加上ⅢB 族(3 族)的 Sc 和 Y 共 17 种元素合称为"稀土元素"(rare earth element)。这 5 个分区的基态价层电子(简称"价电子")构型也列于表 5.4。显然，s 区和 p 区元素的价层电子就是元素原子的最外层电子，而 d 区、ds 区和 f 区中，价层电子包括原子的最外层电子和部分$(n-1)$d 电子或$(n-2)$f 电子。

表 5.4 元素周期表按原子价层电子构型分区

元素分区	含族	价层电子构型
s 区	ⅠA、ⅡA(1～2)	ns^{1-2}
p 区	ⅢA～ⅦA、0(13～18)	ns^2np^{1-6}
d 区	ⅢB～ⅦB、Ⅷ(3～10)	$(n-1)d^{1-10}ns^2(n=4、5、6)$，个别$(n-1)d^{1-10}ns^{0-2}$
ds 区	ⅠB～ⅡB(11～12)	$(n-1)d^{10}ns^{1-2}(n=4、5、6)$
f 区	镧系和锕系	$(n-2)f^{1-14}(n-1)d^{0-1}ns^2(n=6、7)$

5. 元素的基本性质及其周期性的变化规律

元素的基本性质包括原子半径、电离能、电子亲和能及电负性等，它们又称为"原子参数"(确切地说，电负性不能作为原子参数，因为它不是原子本身的性质)。这些基本性质都与原子结构有密切关系。由于元素的原子结构呈现周期性的变化，这些基本性质也呈现周期性的变化。

1) 原子半径

从量子力学理论观点考虑，电子云没有明确的界限，因此严格来讲原子半径(atomic radius)有不确定的含义，也就是说要给出一个准确的原子半径是不可能的。原子半径是假设原子为球形，根据实验测定和间接计算方法求得的。常用的**原子半径有三种，即"共价半径"、"范德华半径"和"金属半径"**，适用于不同的情况。同种元素的两个原子以共价单键连接时，如 H_2、O_2、Cl_2，它们核间距离的一半称为"共价半径"；把金属晶体看作由球状的金属原子堆积而成，如 Cu、Ag，假定相邻的两个原子彼此互相接触，它们核间距离的一半称为"金属半径"；稀有气体等单原子分子晶体中，当两个原子之间没有形成化学键而只靠分子间作用力(范德华力)互相接近时，两个原子核间距离的一半称为"范德华半径"，这种半径因无化学键而偏大。

s 区和 p 区元素原子半径的递变规律是：同一周期中，随着原子序数增加，原子半径依次减小，如图 5.11 所示。这是因为有效核电荷数增大，原子核对核外电子吸引力增强，其影响超过电子数目增加引起的电子互相排斥增大。同一族中，从上到下各元素的原子半径依次增大，这是因为原子的电子层数增多，电子互相排斥增大，其影响超过核电荷数逐渐增加的影响。可见 s 区、p 区元素原子半径取决于两个因素：核电荷数增加，原子核对核外电子吸引力增强，导致原子半径减小；电子层数增多，电子之间排斥增大，导致原子半径增大。这两个因素是互相竞争的。

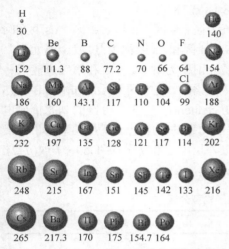

图 5.11　s 区和 p 区元素原子半径变化规律
(单位：pm)

H、B、C、N、O、F、Si、P、S、Cl、As、Se、Br、
I 为共价半径；稀有气体为范德华半径；其余为金属
半径

d 区、ds 区、f 区元素原子半径的递变规律并不十分明显。同一周期中从左到右，过渡元素原子半径变化总的趋势是降低。例如，Sc 到 Zn 从 162 pm 降低到 134 pm，Y 到 Cd 从 180 pm 降低到 148.9 pm，Hf 到 Hg 从 159 pm 降低到 151 pm；La 系 La 到 Lu 从 183 pm 降低到 173.8 pm。d 区、ds 区、f 区元素原子半径变化同样是从原子核对核外电子吸引力和电子之间排斥力两方面因素的互相竞争来考虑，与 s 区、p 区元素的区别在于 d 区、ds 区、f 区元素原子核对核外电子吸引力是由"有效核电荷" Z^* 的大小而不是由"核电荷"(原子序数)Z 的大小来决定。从第四、第五、第六周期(第一、第二、第三过渡系列)开始，随着"有效核电荷" Z^* 的增加，原子半径逐渐减小，但到该过渡系列快结束时($d^8 \sim d^{10}$)，电子数目增加引起的电子之间排斥力增大的影响超过"有效核电荷" Z^* 增加的影响，原子半径又有所增大，如图 5.12(a)所示。

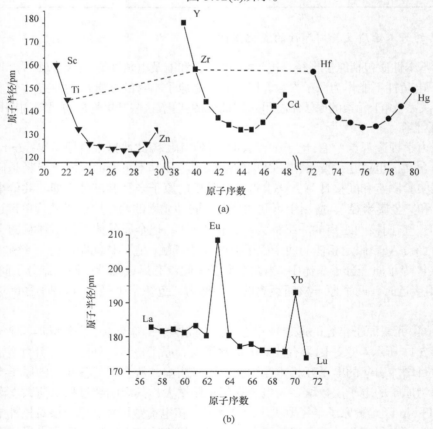

(a)

(b)

图 5.12　d 区、ds 区、f 区元素原子半径变化规律

镧系元素是从 Ce 开始填充 4f 电子($4f^1 \sim 4f^{14}$)，4f 轨道虽然处在内层，但电子云形状太分散，在空间伸展得太远，使 4f 电子对原子核的屏蔽不完全，对最外层 6s 电子屏蔽作用较弱，6s 电子钻穿作用较强，不能像轨道形状比较集中的内层 s 或 p 电子那样有效地屏蔽核电荷，结果随着原子序数的增加，相邻元素外层电子所受的有效核电荷只有轻微递增，因而使原子半径稍缩小：从 Ce 到 Lu，原子序数累计增加 14($4f^1 \rightarrow 4f^{14}$)，原子半径累计收缩 8 pm，造成了"镧系收缩"(lanthanide contraction)，如图 5.12(b)所示。

"镧系收缩"影响了后面的众多元素的性质，使镧系元素之后几个族的第三过渡系元素的原子半径接近于同族第二过渡系元素，如ⅣB 族中的 Zr(160 pm)和 Hf(159 pm)，Ⅴ B 族的 Nb(146 pm)和 Ta(146 pm)，ⅥB 族的 Mo(139 pm)和 W(139 pm)，以及Ⅷ族中的铂系和重铂系(即 Ru-Os，Rh-Ir，Pd-Pt)，它们的化学性质相似，在矿物中共生并分离困难。

镧系元素的原子半径收缩过程中 Eu 和 Yb 的原子半径突然增大，出现两个峰值。这是由于 Eu 和 Yb 的价电子构型分别是 $4f^7 6s^2$ 和 $4f^{14} 6s^2$，半充满的 $4f^7$ 和全充满的 $4f^{14}$ 比 4f 电子层其他状态来说对原子核有较大的屏蔽作用，6s 电子钻穿作用较弱；而且，只能以两个电子参加成键，成键电子数较少，原子间吸引力较小，即金属键较弱，原子间结合松弛些。

2) 电离能

使元素基态的气态原子或离子失去电子所需要的最低能量称为"电离能"(ionization energy)。

$$M(g) \longrightarrow M^+(g) + e^- \qquad I_1 = \Delta H$$

使基态的气态原子失去一个电子形成+1 价气态正离子时所需要的最低能量称为"第一电离能"，以 I_1 表示；从+1 价离子失去一个电子形成+2 价气态正离子时所需的最低能量称为"第二电离能"，以 I_2 表示，以此类推。电离能的单位为 $kJ \cdot mol^{-1}$。正离子对电子的吸引使正离子失去电子所需要的能量高于中性原子，正离子所带电荷越高，对电子的吸引越强，电离能越大。因此，同一元素 $I_1 < I_2 < I_3 < \cdots$

图 5.13 为第一电离能与原子序数关系图，由该图可以清楚看出以下几点：

(1) 电离能越小，表示该元素的原子在气态时越易失去电子，金属性越强，第一电离能最小的元素是 Cs。

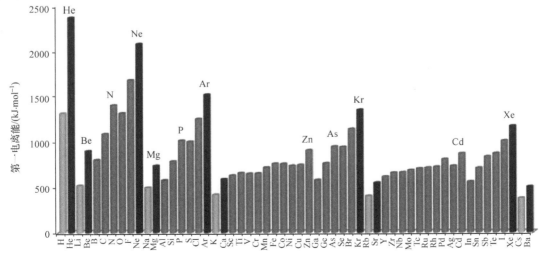

图 5.13 第一电离能与原子序数关系图

(2) 同周期从左到右，电离能逐渐增大，表明气态时失去电子越来越难，非金属性越来越强。稳定的电子层结构 He、Ne、Ar、Kr、Rn，全充满的 Be、Mg，半充满的 N、P、As 的第一电离能较高。

(3) 同族从上到下，半径增大，I 降低。I_1 最大的是 He，最小的是 Cs。这是因为随着原子序数的增加，原子半径增大，原子核对最外层电子的吸引能力减弱，价电子容易失去，故电离能依次减小。

电离能可用于判断元素最稳定的氧化态：若 $I_{n+1} \gg I_n$，则元素最稳定的氧化态为 n；电离能数据也是元素原子电子层结构的实验佐证，I 突然改变很大，表示另一电子层开始，即由 ns^2np^6 变为 $(n+1)s^1$。

3) 电子亲和能

元素的第一电子亲和能(electron affinity，EA)是某元素的一个基态的气态原子得到一个电子形成–1 价气态负离子时所放出的能量，常用相应过程焓变的相反数表示[1]，符号 EA_1，SI 单位为 $kJ \cdot mol^{-1}$。

$$A(g) + e^- \longrightarrow A^-(g) \qquad EA_1 = -\Delta H$$

与此相类似，有元素的"第二电子亲和能"EA_2 及"第三电子亲和能"EA_3。

一般元素 $EA_1 > 0 \ kJ \cdot mol^{-1}$，表示其气态原子得到一个电子形成负离子时放出能量；个别元素 $EA_1 < 0 \ kJ \cdot mol^{-1}$，表示得电子时要吸收能量，这说明该元素的原子变成负离子很困难。通常 $EA_1 > 0 \ kJ \cdot mol^{-1}$(放热)，$EA_2 < 0 \ kJ \cdot mol^{-1}$(吸热)，这是因为由–1 价离子到–2 价离子，电子云密度增大，电子间斥力增大，得到电子需要吸收能量。

电子亲和能数值可用来衡量基态的气态原子获得电子的难易：EA 值越大，越容易得到电子，生成气态负离子倾向越大，气态时非金属性越强。同周期从左到右，EA 逐渐增大，同周期 EA 最大的是卤素。但是 EA_1 最大的元素是 Cl，而不是 F，因为 F 原子半径太小，接受外来电子后，电子密度增大，互斥作用增强，使释出能量降低。同理，第二周期元素 EA_1 小于同族第三周期元素。元素第一电子亲和能与原子序数关系如图 5.14 所示。

元素电子亲和能和电离能都从孤立的基态的气态原子的角度考虑它们得、失电子的能力，未考虑物质中原子之间的成键情况，使其应用受到限制。

4) 电负性

"电负性"(electronegativity)是元素的原子在分子中吸引电子能力的一种相对标度，符号 χ。元素的电负性越大，吸引电子的倾向越强，非金属性也越强。电负性的定义和计算方法有多种[2]，最常用的是鲍林提出的电负性。他根据热化学数据和分子的键能，指定氟元素的电负性为 3.98，计算其他元素的相对电负性。全部元素的鲍林电负性值见书末元素周期表。

周期表中元素电负性的变化规律如下：

(1) 同周期，从左到右电负性逐渐增大(至卤素)。

(2) s 区、p 区元素：同族，从上到下电负性逐渐减小。d 区、ds 区、f 区电负性变化较不规则。

---

① 有的教科书定义为 $EA = \Delta H$。

② 密立根（R. S. Mulliken）根据元素电离势和电子亲和能计算出元素的电负性。阿莱-罗周（Allred-Rochow）以核与成键原子的电子静电作用为基础计算元素的电负性。

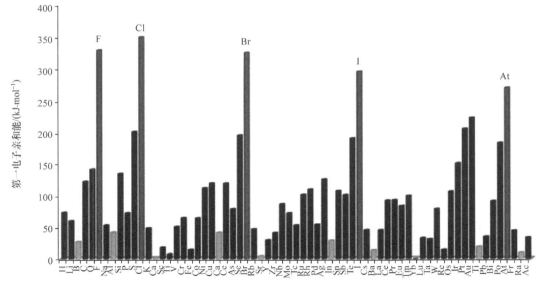

图 5.14 第一电子亲和能与原子序数关系

(3) 电负性越大，非金属性越强；电负性越小，金属性越强。电负性小于 2 为金属，大于 2 为非金属。电负性最大的元素是 F，最小的稳定元素是 Cs。

(4) 成键两元素原子电负性差 $\Delta\chi > 1.7$，趋向形成离子键，$\Delta\chi < 1.7$，趋向形成共价键。

5.2 化学键与分子结构
(Bonding theories and molecular structure)

从物质结构的层次来看，结晶的固态物质即"晶体"可以分为"离子晶体"、"金属晶体"、"原子晶体"和"分子晶体"四大类及它们之间的"过渡型晶体"，其中，只有分子晶体中实际存在"分子"(molecule)；另外，从构成晶体的微粒之间的相互作用力来看，前三种晶体内存在"化学键"，分别称为"离子键"、"金属键"和"共价键"，对分子晶体而言，微粒之间的作用力是"分子间力"，但"分子"内的原子之间以"共价键"结合，如表 5.5 所示。

表 5.5 构成晶体的微粒及微粒之间的作用力

晶体	离子晶体	金属晶体	原子晶体	分子晶体
构成晶体的微粒	正、负离子	原子、正离子、电子	原子	分子
是否存在分子	否	否	否	是
构成晶体的微粒之间的作用力(化学键)	离子键	金属键	共价键	分子间力(分子内原子之间以"共价键"结合)
实例	NaCl、KF、K_2SO_4 等	Na、Ca、Cu、Fe、Co、Mn 等	硅、金刚石、二氧化硅、SiC 等	H_2、Cl_2、O_2、H_2O、C_2H_4、H_2SO_4 等

"化学键理论"与"分子结构"是互相联系的两大问题。化学键理论包括离子键理论、共价键理论和金属键理论。

本节将简要介绍离子键理论和金属键理论，重点论述共价键理论及分子结构(包括原子之间的共价成键及分子的几何形状)，最后简要介绍分子间力和氢键。

5.2.1　离子键理论

1916 年，德国化学家科塞尔(W. Kossel)提出了"离子键理论"，其要点是：电负性小的活泼金属与电负性大的活泼非金属原子相遇时，都有达到稀有气体原子稳定结构的倾向，因此电子容易从活泼金属原子转移到活泼非金属原子而形成"正离子"(又称为"阳离子"，cation)和"负离子"(又称为"阴离子"，anion)，这两种离子通过静电引力形成"离子键"。原子间发生电子的转移，生成正、负离子，并通过静电库仑作用力作用而形成的化学键称为"离子键"。

"离子键理论"与相应化合物在熔融状态或在水溶液中溶解后具有导电性的实验事实相符合；同时 X 射线衍射实验也证实，NaCl 晶体确实是由钠离子(Na^+)和氯离子(Cl^-)按一定的方式排列而成。

通常，生成离子键的条件是两元素的电负性差大于 1.7。**离子键本质是静电引力，它具有无方向性和无饱和性**(空间允许即可)的特点。

由离子键形成的化合物称为"离子化合物"，如 NaCl、KF、Na_2SO_4、$KMnO_4$ 等都是"离子化合物"。离子化合物的特点是：主要以晶体的形式存在，具有较高的熔点和沸点，在熔融状态或其水溶液均能导电。

当两个正、负离子接近的时候既相互吸引又相互排斥，当正、负离子核间的距离达到某一个特定值时，正、负离子间的引力和斥力达到平衡，整个系统的总能量降至最低。这时系统处于一种相对稳定状态，正、负离子间形成一种稳定牢固的结合，也就是说在正、负离子间形成了化学键。

离子键的强度用"晶格能"(lattice energy，U)**衡量。晶格能定义为"1 mol 离子晶体解离成自由的气态正、负离子的过程所吸收的能量"**。晶格能数值等于该过程的焓变，$U = \Delta_r H_m$。

以 NaCl 晶体为例：

$$NaCl(s) \rightleftharpoons Na^+(g) + Cl^-(g) \qquad U = \Delta_r H_m = 786 \text{ kJ} \cdot \text{mol}^{-1}$$

晶格能越大，离子化合物越稳定。对纯离子化合物来说，离子电荷越高，离子半径越小，晶格能越大。例如，晶格能 $CaCl_2 > KCl > RbCl$。晶格能越大，化合物的熔、沸点越高。晶格能无法直接测得，只能通过热力学循环求得。

离子的特征主要用"离子电荷"、"离子半径"和"离子的电子层构型"表示。

1. 离子电荷

离子电荷即由中性原子形成正、负离子时所失去或得到的电子数。例如，NaCl 中 Na^+ 离子电荷为+1，Cl^- 离子电荷为 −1；CaO、Ca^{2+} 离子电荷为+2，O^{2-} 离子电荷为 −2。

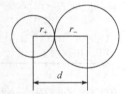

图 5.15　正、负离子半径与其核间距离的关系示意图

2. 离子半径

离子半径是指把离子视为"刚性球"的情况下，在离子晶体中相邻正、负离子的接触半径，如图 5.15 所示。

同一元素中性原子的半径大于其正离子的半径，而且正离子电荷越高，半径越小，这是因为中性原子失去电子后，核电荷数超过了核外电子总数，导致电子云明显收缩。例如，半径 Na(154 pm)>Na^+(97 pm)，Ca(197 pm)>Ca^{2+}(99 pm)，Fe(124 pm)> Fe^{2+}(74 pm)>Fe^{3+}(64 pm)。

同一元素中性原子的半径小于其负离子的半径，这是因为中性原子获得电子后，核电荷数小于核外电子总数，导致电子云明显扩展。例如，半径 F(64 pm)<F⁻(133 pm)，O(66 pm)<O²⁻(132 pm)，N(70 pm)<N³⁻(171 pm)。

3. 离子的电子层构型

离子的电子层构型指正、负离子的价电子层结构，包括：

2 电子构型：$Li^+(1s^2)$等；

8 电子构型：$Na^+(2s^22p^6)$、$Ca^{2+}(3s^23p^6)$、$O^{2-}(2s^22p^6)$、$Cl^-(3s^23p^6)$等；

9~17 电子构型：$Fe^{2+}(3s^23p^63d^6)$、$Fe^{3+}(3s^23p^63d^5)$、$Cu^{2+}(3s^23p^63d^9)$等；

18 电子构型：$Ag^+(4s^24p^64d^{10})$、$Zn^{2+}(3s^23p^63d^{10})$等；

18+2 电子构型：$Sn^{2+}(4s^24p^64d^{10}5s^2)$、$Pb^{2+}(5s^25p^65d^{10}6s^2)$等。

5.2.2 价键理论

1927 年德国化学家海特勒(W. Heitler)和伦敦(F. Lowdon)应用量子力学处理 H_2 分子的结构，指出：核外电子自旋方式相反的两个氢原子相互接近到一定距离，氢原子核外电子开始受到另一氢原子核的吸引，引力大于电子之间的斥力，两个氢原子开始自发靠近，核间形成电子概率密度较大的区域，系统能量降低。直到距离小于 74 pm 时，电子之间的斥力开始增加，系统能量升高。因此，原子核间距离为 74 pm 时，两个氢原子组成的系统能量最低，处于稳定状态，称为"基态"。74 pm 远远小于两个"孤立的"氢原子的玻尔半径(53 pm)之和，说明两个氢原子的原子轨道发生重叠，形成了稳定的化学键，称为"共价键"(covalent bond)，如图 5.16 所示。

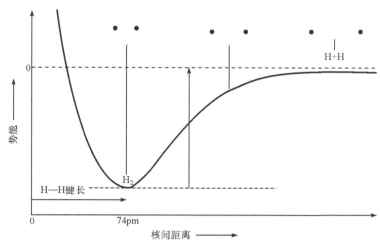

图 5.16 H_2 分子能量与核间距离关系

如果两个氢原子的电子自旋平行，量子力学证明，当它们相互靠近时互相排斥，而且核间距越小，排斥作用越大，系统能量始终高于两个单独存在的氢原子能量，不能形成稳定的共价键。

把处理 H_2 分子的结果推广到其他分子中，就形成了"**价键理论**"(valence bonding theory, VB)，其要点如下。

1. 电子配对原理

两个原子各有一个未成对电子且自旋相反时，它们可以互相配对形成共价键。

例如，Cl 原子($3s^2 3p_x^1 3p_y^2 3p_z^2$)有一个未成对电子，故 2 个 Cl 原子形成 Cl—Cl 键；H 原子有一个未成对电子，O 原子有 2 个未成对电子，故 2 个 H 原子与 1 个 O 原子形成 H—O—H 键；N 原子有三个未成对电子，故 2 个 N 原子形成 N≡N 键。

2. 原子轨道最大重叠原理

成键时，两原子轨道尽可能达到最大重叠，重叠越多，系统能量越低，形成的共价键也越稳定。原子轨道都有一定的空间指向，它们必须按一定的方向重叠才能构成最大重叠，这就使得共价键具有方向性。根据量子力学原理，参与成键的原子轨道波函数的符号必须相同才能有效重叠。

共价键的形成以原子共用电子对为基础，其**特点是具有方向性和饱和性**，因此与离子键有本质的区别。

共价键的强度取决于原子轨道成键时重叠的程度、共用电子对的数目和原子轨道重叠的方式等因素。**共价键的强度用"键能"来表示**。

按原子轨道重叠成键方式，**共价键分为 σ 键、π 键和 δ 键三种类型**。

1) σ 键

原子轨道沿着键轴(成键两原子核间的连线)方向进行波函数同号区域的重叠，即以"头碰头"的方式重叠，轨道重叠部分沿键轴呈圆柱形对称分布，符号不变，这种重叠所形成的共价键称为"σ 键"。假定 x 轴为成键轴[①]，s、p 轨道上的电子可以沿 x 轴方向靠近，形成 s-s、s-p_x、p_x-p_x 的 σ 键，如图 5.17 所示，H_2、HF 和 F_2 就是这类 σ 键的例子。

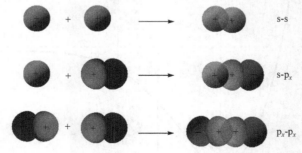

图 5.17　原子轨道以"头碰头"方式重叠形成 σ 键

2) π 键

原子轨道沿着垂直于键轴方向进行波函数同号区域的重叠，即以"肩并肩"的方式重叠，轨道重叠部分对垂直于包含键轴的平面呈镜面反对称分布(原子轨道在镜面两侧波函数的符号相反)，这种重叠所形成的共价键称为"π 键"。其中，成键电子定域在两个原子之间运动称为"定域 π 键"，如乙烯分子 $H_2C{=}CH_2$ 中的 π 键；成键电子在 3 个或更多个原子之间运动称为"离域 π 键"，也称"大 π 键"，如苯环中 6 个电子在 6 个 C 原子之间运动，称为 6 中心 6 电子大 π 键，记作 π_6^6(图 5.18)。大 π 键的形成条件是：① 有相互平行的 p 轨道(或 d 轨道，

---

① 有的教科书假定 z 轴为 σ 成键轴。

或 p、d 轨道)；② 参与成键的电子数目小于轨道数目的 2 倍；③ 形成大 π 键的原子轨道能量相近。

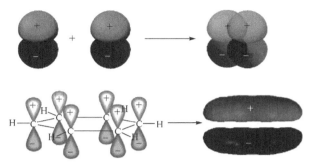

图 5.18 定域 p-p π 键和苯环中的 π_6^6

(1) p-p π 键。例如，在 N_2 分子中，每个 N 原子的 $2p_x$、$2p_y$、$2p_z$ 轨道上各有 1 个单电子，其中两个 $2p_x$ 轨道以"头碰头"方式沿键轴方向重叠形成一个 σ 键，两个 $2p_y$ 轨道和两个 $2p_z$ 轨道只能分别以"肩并肩"的方式沿着垂直于键轴的方向进行重叠，形成两个 π 键，所以 N_2 分子中有一个 σ 键和两个 π 键。

σ 键比 π 键的重叠程度大，因而 σ 键比 π 键牢固。一般来说，π 键较易断开，稳定性差，不能单独存在，只能与 σ 键以双键或三键共存于分子中。σ 键牢固，不易断开，可以单独存在。

(2) p-d π 键和 d-d π 键。成键时轨道重叠情况如图 5.19 所示。

3) δ 键

原子轨道以"面对面"方式重叠成键。例如，$[Re_2Cl_8]^{2-}$ 中 Re—Re 键长 224 pm，比金属 Re 晶体中 Re—Re 键长 275 pm 还小，这说明 Re—Re 之间形成了共价键。分析表明，每个 Re 原子各以一个 d_{xy} 轨道，以"面对面"的方式重叠成键(图 5.20)。

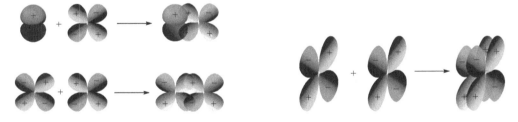

图 5.19 p-d π 键和 d-d π 键形成   图 5.20 δ 键形成的轨道重叠示意图

此外，当两个成键的原子形成化学键时，若共用电子对不是分别由成键原子双方提供，而只由某一原子单独提供时，则形成的共价键称为"配位键"。显然，配位键的形成条件是其中一个原子的价电子层有孤对电子，而另一个原子有可接受电子对的空轨道。例如，在 CO 分子中，C 原子与 O 原子之间形成一个 σ 键、一个 π 键和一个配位键，配位键的电子来自于 O，空轨道由 C 提供。一般共价键用短横线表示，配位键用箭头表示，箭头由给出电子的原子指向接受电子的原子，如 CO 的分子结构可以表示为 C≡O。配位键有配位 σ 键和配位 π 键两种。

共价键通常用 "化学键参数"(bond parameter)来描述，包括**键能、键长、键角、键级和键极性**。

(1) 键解离能(bond dissociation energy)：**在标准状态下，将 1 mol 理想气体 AB 分子(A、B 为原子或原子团)中的 A—B 键拆开成气态 A 和 B 所需要的能量，称为 AB 键的"键解离能"**，简称 "**键能**"，符号 D(A—B)，单位 $kJ \cdot mol^{-1}$。

键能通常以同一解离过程的标准摩尔焓变表示：

$$AB(g, 1 \times 10^5 Pa) = A(g, 1 \times 10^5 Pa) + B(g, 1 \times 10^5 Pa), \quad D(A—B) = \Delta_D H_m^{\ominus}$$

下标 D 表示解离(dissociation)。

例如，$Cl_2(g) = Cl(g) + Cl(g)$，$\Delta_D H_m^{\ominus}(Cl—Cl) = D(Cl—Cl) = +243 \ kJ \cdot mol^{-1}$。

键能反映键的强度，键能越大，键越牢固。键能与键解离能有时并不完全相同，**对于双原子分子，键能就是键解离能**，如氢分子 H_2(H—H)、氯分子 Cl_2(Cl—Cl)；**对于多原子分子，分子中可能含有多个同类型的键，键能则是这些键解离能的平均值**，如甲烷(CH_4)、氨气(NH_3)等，NH_3 分子中有 3 个 N—H 键，第一个、第二个、第三个 N—H 键的解离能依次是 $D(H_2N—H) = 427 \ kJ \cdot mol^{-1}$、$D(HN—H) = 375 \ kJ \cdot mol^{-1}$、$D(N—H) = 356 \ kJ \cdot mol^{-1}$，$NH_3$ 分子的 N—H 键能实际上是这三个键解离能的平均值[$\bar{D}$(N—H) = 386 kJ · mol^{-1}]。此外，同一种键在不同分子中的键解离能也不尽相同，而与分子中的其他原子有关，如 H—O 键的键解离能在 H_2O 和 C_2H_5OH 中不同。书末元素周期表列出了部分共价键的键能，实际上是同一种键在不同物质中的键解离能的平均值，记作 $\bar{D}$。

键能可以用热化学、电化学、光谱学等方法测定。

(2) 键长(bond length)：成键两原子核之间的平衡距离。平衡距离是因为分子处于振动之中，核间距离在不断变化。

(3) 键角(bond angle)：同一原子参与形成的两个键之间的夹角，反映分子空间结构。例如，H_2O 中 O—H—O 键角是 104.5°，说明 H_2O 分子构型为 "V" 形，而不是直线形。

(4) 键级(bond order)：共价键两原子间键的数目。例如，H_2 中 H—H 键的键级是 1；N_2 中 N≡N 键的键级是 3。键级反映键的强度，键级越高，键越牢固。

(5) 键极性 (bond polarity)：反映共价键中共用电子对的偏移。有两种极限情况：①H_2、O_2 等同核双原子分子及金刚石、晶体硅中的共价键，电子对等价共享；②CsF，F 夺走了 Cs 的外层电子，通常表示为 F^-、Cs^+，电子对 92%的概率为 F^- 占有。

对于大多数共价键，电子对享有情况介于以上两种极限情况之间。

按照共价键中共用电子对是否发生偏移，共价键可分为非极性共价键(nonpolar covalent bond)和极性共价键(polar covalent bond)。非极性共价键中，成键两原子等价共享电子对的共价键，成键两原子的正负电荷中心重合，如 H_2、O_2、N_2、F_2、Cl_2 等。

极性共价键中，电子对偏向成键两原子中电负性更大的一方。成键两原子的正、负电荷中心不重合，如 HF、HCl、H_2O、NH_3、NO、CO、CO_2、CH_4 等。成键两元素电负性差越大，正、负电荷中心偏离程度就越高，共价键极性越大。

分子也可能有极性。分子的极性并非化学键参数，但它与键极性密切相关。分子的正、负电荷重心重合的分子是非极性分子；正、负电荷重心不重合的分子是极性分子。分子的极性是由化学键的极性引起，组成分子的化学键若都无极性，则分子绝大多数无极性；而若组成分子的化学键有极性，则要看分子的几何构型情况以判断有无极性，若整个分子的正、负电荷重心重合则无极性，否则有极性。双原子分子的极性与其化学键极性一致：H_2、O_2、N_2、F_2、Cl_2 等化学键为非极性键，则分子为非极性分子；HF、HCl、NO、CO 等化学键为极性键，则分子为极性分子。对于多原子分子，分子的极性除了与其化学键极性有关，还取决于分子的几何构型。例如，H_2O 化学键 H—O 键为极性键，分子也为极性分子，因为 H_2O 为 V 形分子，正、负电荷重心不重合，同理 O_3 也是极性分子；CO_2、CH_4 化学键为极性键，但分子为非极性分子，因为 CO_2 为直线形分子，而 CH_4 为正四面体形分子，二者的正、负电荷重心都重合。

分子的极性通常用"偶极矩"(dipole moment，μ)表示，偶极矩的大小等于分子中偶极上电荷(q)与正、负电荷重心之间的平衡距离(l)的乘积：

$$\mu = q \times l$$

偶极矩的 SI 单位是 C·m，非 SI 单位是 D(Debye)：

$$1\ D = 3.336 \times 10^{-30}\ C \cdot m$$

偶极矩是矢量，化学规定其方向是由正电荷重心到负电荷重心，表示为 $\delta^+ \rightarrow \delta^-$，如 $^{\delta^+}H—Cl^{\delta^-}$。显然，**分子的偶极矩可由它所含有的全部化学键的"偶极矩"作矢量加和得到**，这就解释了为什么 H_2O 是极性分子，而 CO_2 和 CH_4 为非极性分子。

价键理论成功地说明了共价键的本质及形成过程，说明共价键的方向性及饱和性，以及共价键的类型等。但是人们在利用共价键理论解释某些分子的形成过程及它们的空间结构时，仍遇到不少困难。例如，C 原子的电子层结构为 $1s^2 2s^2 2p^2$，只有两个未成对电子，因此预期应能形成化合物 CH_2，但实际上从未发现过 CH_2，C 与 H 的最简单化合物是 CH_4，而且在 CH_4 分子中四个 C—H 键的键长是完全等同的，键角为 109°28′，是正四面体结构，这些都是价键理论不能解释的。

前面已经介绍了"离子键"和"共价键"两类化学键。实际上，具有 100%离子键的物质并不存在。成键两原子电负性差别决定共用电子对偏移程度，差别越大，偏移程度也越大，离子键成分越多。只有 100%的共价键(H_2、O_2、N_2、Cl_2 等)，而无 100%离子键，故共价键成分总是存在的。CsF 中离子键成分占 92%，共价键成分占 8%。根据元素电负性差可预测化学键的性质。一般说来，两元素的电负性差大于 1.7，形成离子键，电负性相近形成共价键，介于两者之间则形成过渡键型。

5.2.3 杂化轨道理论

为了解释多原子分子的空间结构及形成过程，1931 年，美国化学家鲍林在 VB 法的基础上提出了**"杂化轨道理论"**(hybrid orbital theory)，其要点如下：

(1) 原子轨道在成键时，参与成键的几个轨道重新组合成数目相同的等价(简并)轨道，这个过程称为"杂化"(hybridization)。

(2) 只有能量相近的轨道才能进行杂化；杂化后的各个轨道成分、形状和能量完全一样，但方向不同，并因此决定了所形成分子的空间几何构型。

(3) 杂化前、后轨道总数目不变，总能量不变；杂化以后的轨道电子云更加集中在某一方向上，故其成键能力强于未杂化的轨道。杂化轨道只能以"头碰头"方式形成 σ 键。

"杂化轨道理论"很好地解释了一些多原子分子的成键过程和分子的几何构型。例如，在形成 CH_4 分子时，C 原子上一个 2s 电子先激发到 2p 轨道上，形成 $2s^1 2p^3$ 激发态结构，然后 1

个 2s 轨道与 3 个 2p 轨道杂化,组成 4 个等价的 sp^3 杂化轨道,形成 $(sp^3)^1(sp^3)^1(sp^3)^1(sp^3)^1$ 结构,4 个 sp^3 杂化轨道分别与 H 原子 1s 轨道成键,形成 CH_4 分子(图 5.21),因此 4 个 C—H 键的键长完全相同,键角为正四面体中的夹角(109.5°)(表 5.6)。

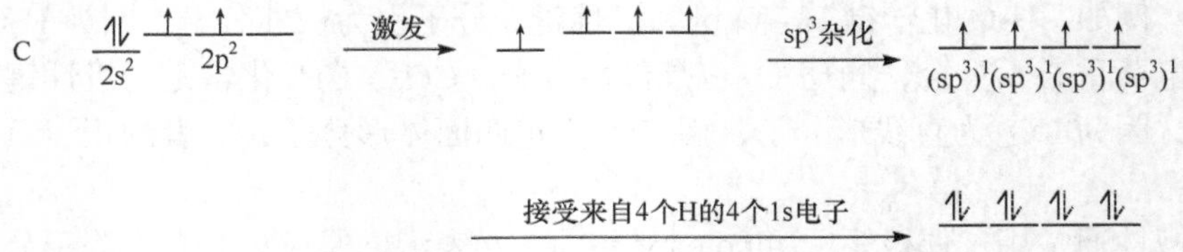

图 5.21　CH_4 分子 C 原子的杂化成键过程示意图

表 5.6　参与杂化的轨道与杂化轨道构型关系表

杂化类型	参与杂化的轨道类型和数目	杂化轨道构型	例
sp	1 个 s+1 个 p	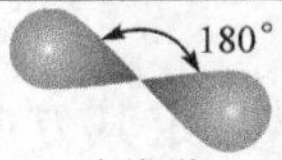 直线形	$BeCl_2$
sp^2	1 个 s+2 个 p	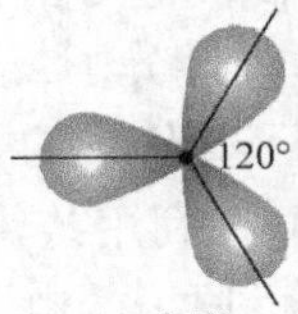 正三角形	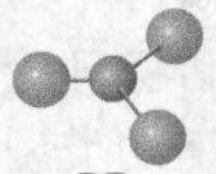 BF_3
sp^3	1 个 s+3 个 p	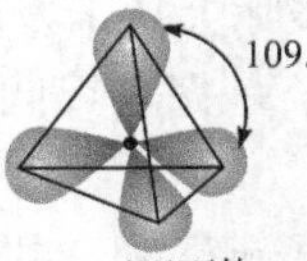 正四面体	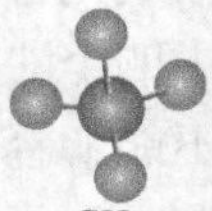 CH_4
dsp^2	1 个 $(n-1)$d+1 个 ns+2 个 np	 正方形	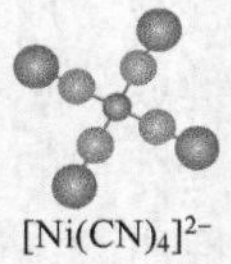 $[Ni(CN)_4]^{2-}$
sp^3d	1 个 s+3 个 p+1 个 d	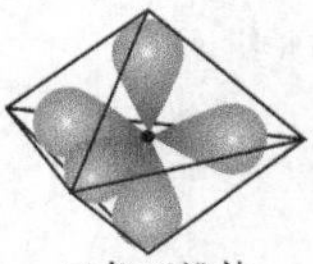 三角双锥体	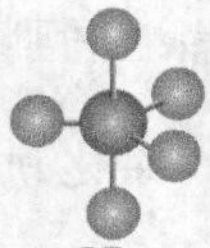 PF_5
sp^3d^2	1 个 s+3 个 p+2 个 d	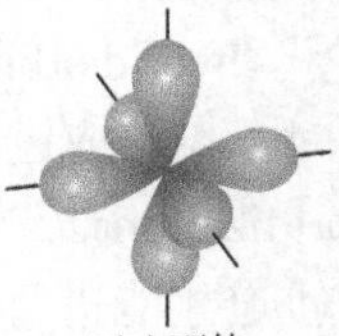 正八面体	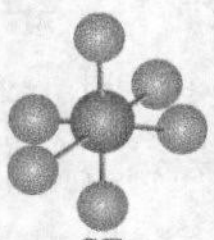 SF_6
d^2sp^3	2 个 $(n-1)$d+1 个 ns + 3 个 np	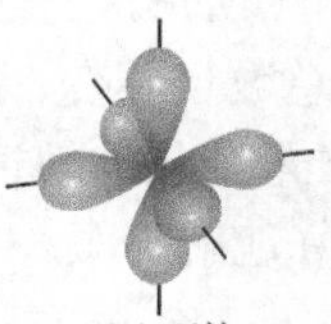 正八面体	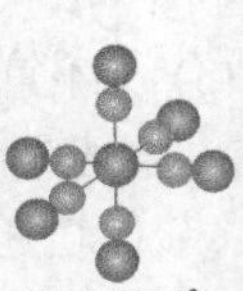 $[Fe(CN)_6]^{3-}$

杂化轨道的类型　根据参与杂化的原子轨道的种类及数目的不同,杂化轨道分为以下不同类型。

(1) sp 杂化。由一个 s 轨道和一个 p 轨道进行 sp 杂化,组合成两个 sp 杂化轨道,每个杂化轨道含有 $\frac{1}{2}$ s 和 $\frac{1}{2}$ p 的成分,两个杂化轨道间的夹角为 180°,呈直线形。

(2) sp^2 杂化。一个 s 轨道和两个 p 轨道杂化,每个杂化轨道都含有 $\frac{1}{3}$ s 和 $\frac{2}{3}$ p 的成分,杂化轨道间的夹角为 120°,呈平面三角形。以此类推,各种杂化轨道类型情况列于表 5.6。

"等性杂化" (equivalent hybridization)与**"不等性杂化"** (nonequivalent hybridization)　对于某一类型的杂化轨道,按照各个杂化轨道在成键过程中的作用是否相同,又划分为"等性杂化"和"不等性杂化"两类。

(1) 等性杂化:CH_4 分子中 C 原子采取 sp^3 杂化,四个 sp^3 杂化轨道全部用来与氢的 1s 轨道成键,每个杂化轨道都是等同的,具有完全相同的特性。

(2) 不等性杂化:孤对电子的存在造成各个杂化轨道不等同。例如,形成 H_2O 分子时,O 原子也采取 sp^3 杂化,在四个 sp^3 杂化轨道中,有两个杂化轨道被两对孤对电子所占据,剩下的两个杂化轨道为两个成单电子占据,与两个 H 原子的 1s 轨道形成两个共价单键。因此,H_2O 分子的空间构型为 V 形结构,同时由于占据两个 sp^3 杂化轨道的两对孤对电子之间排斥作用较大,两个 O—H 键间的夹角不是 109.5°而是 104.51°。同样,NH_3 分子形成过程中,N 原子也采取 sp^3 不等性杂化,由于 N 原子的一对孤对电子占据了一个 sp^3 杂化轨道,NH_3 分子的空间构型为三角锥形,N—H 键之间的夹角为 106.7°。

应该指出:杂化轨道理论是没有实验基础的,它本身对于一个共价型多原子分子的中心原子采取什么类型的杂化轨道,并不能预言;但它可以解释一些共价型多原子分子的形成过程、键的性质及化合物分子的空间构型、键长、键角等键参数。

5.2.4　价层电子对互斥理论

价键理论和杂化轨道理论成功地说明了共价键的方向性和解释了一些分子的空间构型,然而却不能预测某分子采取何种类型杂化、分子呈现什么形状。例如,H_2O、CO_2 都是 AB_2 型分子,H_2O 分子的键角为 104.51°,而 CO_2 分子是直线形。又如,NH_3 和 BF_3 同为 AB_3 型,前者为三角锥形,后者为平面三角形。为了解决这一问题,1940 年英国化学家西奇威克(N. V. Sidgwick)和鲍威尔(H. M. Powell)提出"价层电子对互斥理论"(valence shell electron pair repulsion, VSEPR)模型,可以较简单、准确地判断一些共价型多原子分子的几何构型,从而帮助判断中心原子的杂化态。

"价层电子对互斥理论" 要点是:**在 AX_m 共价型分子(或离子)中,分子总是采用使各电子对排斥作用最小的几何构型**。这在本质上是"能量最低原理"。

对于 AX_m 共价型分子(或离子),判断其几何构型的步骤如下:

(1) 计算价电子对数:

$$价电子对数=(中心原子价电子数+配体提供电子数\pm电荷数)/2$$

规定:氢和卤素为配位原子,提供电子数为 1;氧族原子为配位原子,提供电子数为 0。氧族原子为中心原子,提供电子数为 6。对于阴离子,价电子除内部原子提供以外还有外来电子,所以总价电子数还要加电荷数;反之,阳离子总价电子数要减电荷数。

(2) 根据价电子对数确定中心原子价层电子对排列的几何形状(表 5.7)。

表 5.7 价层电子对数与中心原子杂化轨道类型关系

价层电子对数	2	3	4	5	6
价层电子对排列的几何形状	直线形	三角形	正四面体	三角双锥体	正八面体
对应杂化轨道理论的中心原子杂化轨道类型[1]	sp	sp^2	sp^3	sp^3d	sp^3d^2 或 d^2sp^3

1) VSEPR 本身不涉及成键过程,无所谓"杂化",此处列出"中心原子杂化轨道类型"只是为了方便把 VSEPR 与杂化轨道理论比较。

(3) 电子的相互排斥力依以下顺序减小:孤对电子-孤对电子>孤对电子-成键电子对>成键电子对-成键电子对。按此顺序,考虑各种方式的电子对几何排列,确定电子对互斥作用最小的构型为分子构型。

(4) 双键、三键或单个电子均按单键处理,而且对成键电子对排斥作用:单键<双键<三键。

(5) 有三个以上原子的多原子分子,以电负性小的原子作为中心原子。如[$BrICl$]$^-$,I 是中心原子。

AX_mE_n 共价型分子(A 代表中心原子,X 代表配位原子,E 代表孤对电子)中心原子价电子对排布方式和分子的几何构型总结于表 5.8。

表 5.8 AX_mE_n 共价型分子中心原子价层电子对排布方式和分子的几何构型 [1]

价层电子对数	分子组成类型	价层电子对几何构型	分子几何构型	例
2	AX_2	直线	直线(linear)	CS_2, CO_2, BeF_2
3	AX_3	平面三角形	平面三角形(trigonal planar)	BX_3(X: 卤素), SO_3, NO_3^-, CO_3^{2-}
	AX_2E		V 形(V-shaped)	SO_2, O_3, $SnBr_2$, $PbCl_2$
4	AX_4	正四面体	正四面体(tetrahedral)	CH_4, $SiCl_4$, SO_4^{2-}, NH_4^+, XeO_4
	AX_3E		三角锥(trigonal pyramidal)	NH_3, PF_3, H_3O^+, ClO_3^-

价层电子对数	分子组成类型	价层电子对几何构型	分子几何构型	例
4	AX_2E_2	正四面体	V 形(V-shaped)	H_2O, OF_2, SCl_2
5	AX_5	三角双锥	三角双锥(trigonal bipyramid)	PF_5, PCl_5, AsF_5
	AX_4E		变形四面体(seesaw 板)	SF_4, $TeCl_4$
	AX_3E_2		T 形(T-shaped)	ClF_3
	AX_2E_3		线形(linear)	I_3^-, ICl_2^-, XeF_2
6	AX_6	正八面体	八面体(octahedral)	SF_6, PF_6^-, SiF_6^{2-}
	AX_5E		四方锥(square pyramidal)	IF_5, BrF_5, $XeOF_4$
	AX_4E_2		平面正方形(square pyramidal)	XeF_4
7	AX_7	五角双锥体	五角双锥(pentagonal bipyramid)	IF_7

1) A：中心原子；X：配原子；m：配原子数；E：孤对电子；n：孤对电子数。

以 AX_3E_2 型分子为例，进一步说明如何应用 VSEPR 判断分子的几何构型。AX_3E_2 分子中的孤对电子可能在三种位置上(表 5.9)。根据价层电子对互斥作用的顺序：孤对电子-孤对电子>孤对电子-成键电子对>成键电子对-成键电子对，首先比较孤对电子-孤对电子之间的夹角，b 构型的孤对电子-孤对电子有 1 个 90°，排斥作用大于 a、c 两种，b 分子构型是不稳定构型。接下来比较孤对电子-成键电子对情况，a 构型有 6 个 90°，而 c 构型只有 4 个 90°，所以 c 构型(T 形)为稳定构型。因此，分子最终结构是价层电子对排斥最小的结构。而斥力最大的两对价层电子的角度是 90°，故通常只要考虑呈 90°价层电子对相互作用的数目就可以了。

表 5.9　　AX_3E_2 键型键角分析

类型	a		b		c	
孤对-孤对	1	180°	1	90°	1	120°
孤对-键对	6	90°	3	90°	4	90°
			2	120°	2	120°
			1	180°		
键对-键对	3	120°	2	90°	2	90°
			1	120°	1	180°

总之，应用 VSEPR 理论判断第一、第二、第三周期元素所组成的一些共价型分子或离子的空间几何构型比较简单和方便，但判断有 d 电子的过渡金属及长周期 s 区、p 区元素所组成的共价化合物结构却与事实出入较大，对于 4 对价层电子而形成正方形配合物分子等情况无法预判；同时，**VSEPR 理论本身不涉及共价键的形成过程和键的稳定性，严格来说，它不是一种化学键理论**，但可以用作杂化轨道理论的有效补充。

5.2.5　金属键理论

元素周期表的 112 种元素中，有 80%为金属(90 种)，非金属占 20%。除金属汞在室温下为液态外，其他金属在常温下都是晶体，其共同特征是：普遍具有金属光泽、能导电传热、有延展性。金属的这些特性都是由金属内部特有的化学键的性质所决定。关于金属键，主要有自由电子理论(free-electron theory)及能带理论(energy-band theory)，以下只简要介绍自由电子理论。

1. 自由电子理论

金属原子对其价电子的束缚较弱，部分价电子易脱离金属原子而成为自由电子，在晶格中自由运动，电子可以自由地从一个原子流向另一个原子，价电子为许多金属原子(或离子)所共有，而金属键就是由这些共用的能够自由流动的自由电子把许多原子(或离子)黏合在一起组成的"改性共价键"，形象地说，金属原子或离子是被浸沉于电子的"海洋中"。这种"多中心少电子"键即为金属键，它是一种离域的共价键，因此既无方向性，又无饱和性。

金属的通性可以用自由电子理论来解释：由于自由电子并不受某种具有特征能量和方向

的键的束缚，因此它们能够吸收并重新发射波长范围很宽的光线，使金属不透明，并具有金属光泽；由于自由电子在外加电场作用下可以定向流动而形成电流，因而金属具有导电性；由于自由电子在运动中不断地和金属阳离子发生碰撞而产生能量交换，因此金属具有导热性；由于在结构上自由电子只有胶合作用，当金属晶体受外力作用时，金属阳离子及原子间易产生滑动而不易断裂，因此金属经机械加工可加工成薄片或拉成金属细丝，表现出良好的延展性。

但是，金属键的自由电子理论只能定性地说明金属的某些特性，难以定量解释。对于金属的光电效应、导体、绝缘体和半导体的解释，对于某些金属导电性的解释(如对金属锗导电性随温度升高而增大这一特殊性的解释)都存在一些困难。因此，关于金属键本质的更加确切的阐述则需借助于量子力学为基础的"能带理论"，可参阅有关论著。

2. 金属键的强度

金属键的强弱与各金属原子的大小、电子层结构等因素有关。通常，**金属键的强弱可以用"金属原子化热"来衡量，金属原子化热是指 1 mol 的金属在 298.15 K 时转变为气态原子所吸收的能量(气化热)，即 M(s) —— M(g)过程的标准摩尔焓变 $\Delta_r H_m^{\ominus}$**。一般来说，金属原子化热数值较小时，这种金属质地较软，熔点较低；反之，金属质地较硬，熔点较高。

5.2.6 分子间力及氢键

由于共价键的方向性及饱和性，有些共价结合的物质以小分子的形式存在，如 H_2O、H_2S、NH_3 分子。小分子物质在常温、常压下多为气体(如 CO_2、O_2)，或为易气化的液体(如 Br_2)，或固体(如 I_2)。当它们受压或冷却时，可以形成以小分子为单元的规则排列的晶体，称为"分子晶体"。小分子能聚集，在一定条件下又能规则地排列成分子晶体，各种分子晶体形成过程又是放热过程，且各种分子晶体的熔点、硬度都不同，这充分说明了分子之间存在吸引力。**分子间力也是一种电性作用力，它取决于分子的极性、变形性及分子间距离大小等因素。分子间力的大小为几十 kJ·mol⁻¹，比化学键要弱得多，化学键键能为 150～650 kJ·mol⁻¹**。化学键是分子内部原子与原子间的强相互作用力，决定分子反应活性高低；分子间作用力的存在，是物质表现出不同聚集态(气态、液态和固态)形式的主要原因，决定着物质的熔点、沸点、溶解度、硬度等物理化学性质，对分子的极化和变形起到重要作用。

1. 分子的极化

极性分子固有的偶极矩，称为"永久偶极"(permanent dipole)。当有外电场存在时，无论是极性分子还是非极性分子，都会发生正、负电荷重心的相对位移，这样产生的偶极矩称为"诱导偶极"(induced dipole)，这种作用称为"分子的极化"。在外电场作用下，正、负电荷重心发生暂时的位移，电子云密度分布发生变化，分子发生变形，这种性质称为"分子的变形性"。

分子的极化不仅在外电场作用下能够产生，分子之间相互作用时也会发生，这正是分子间普遍存在相互作用力的重要原因。

2. 范德华力

范德华力是分子间作用力的一种，由荷兰物理学家范德华(van der Waals)最先注意到，包括取向力(orientation force)、诱导力(induction force)和色散力(dispersion force)。

1) 取向力

取向力是指存在于极性分子和极性分子之间的作用力。当极性分子相互接近时，由于极性分子固有偶极间的静电作用，本处于杂乱无章状态的极性分子发生定向排列并相互吸引，这种永久偶极之间的静电作用力称为"取向力"(图 5.22)。

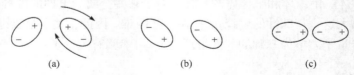

图 5.22　取向力示意图

2) 诱导力

极性分子和非极性分子之间也存在着相互作用力。当极性分子和非极性分子相互接近时，极性分子的永久偶极所产生的微电场对非极性分子的极化作用，使非极性分子发生变形而产生诱导偶极，然后极性分子的永久偶极与非极性分子的诱导偶极相互吸引。这种诱导偶极和永久偶极之间的作用力称为"诱导力"(图 5.23)。极性分子相互接近时，永久偶极的相互作用也产生诱导偶极，使其偶极矩增大，因此极性分子间除了存在取向力外，还存在诱导力。

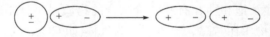

图 5.23　诱导力示意图

3) 色散力

非极性分子之间也有相互作用力，这种作用力的大小，对分子的一些性质起着重要作用。例如，Cl_2、Br_2、I_2 都是非极性分子，但在常温下，Cl_2 是气体，Br_2 是液体，I_2 是固体，这是 Cl_2、Br_2、I_2 分子之间作用力大小不同造成的。

对所有分子而言，由于原子核在不停地振动，电子在不断地运动，分子中正、负电荷重心不断发生瞬时相对位移，产生瞬时的偶极，称为"瞬时偶极"。瞬时偶极将诱导其相邻的分子产生偶极，并发生偶极间的相互作用。瞬时偶极间相互作用产生的作用力称为"色散力"(图 5.24)。当用量子力学处理色散力时发现，这种分子间作用力的理论关系式与光的色散公式相似，色散力因此而得名。

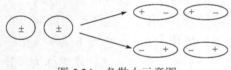

图 5.24　色散力示意图

瞬时偶极的产生时间虽然极短，相互间的作用也比较微弱，但其却不断地重复发生，并不断地相互诱导和相互作用，所以色散力在所有分子之间都始终存在。

综上所述，在极性分子之间同时存在取向力、诱导力和色散力；在极性分子和非极性分子之间，既有诱导力也有色散力；而在非极性分子之间只存在色散力。一些分子间三种作用力大小的比较见表 5.10。

表5.10　分子间力的分布情况　　　　　　　　　　　　(单位：$kJ \cdot mol^{-1}$)

分子	取向力	诱导力	色散力	总能量
Ar	0.000	0.000	8.49	8.49
CO	0.003	0.008	8.74	8.75
HI	0.025	0.113	25.86	26.00
HBr	0.686	0.502	21.92	23.11
HCl	3.305	1.004	16.82	21.13
NH_3	13.31	1.548	14.94	29.80
H_2O	36.38	1.929	8.996	47.31

总之，范德华力是分子之间的作用力的一种，不属于化学键。其**特点是：①它是静电引力，作用能只有几到几十 $kJ \cdot mol^{-1}$，比化学键小 1～2 个数量级；②它是近距离作用力，作用范围只有几十到几百皮米；③它不具有方向性和饱和性；④对多数分子，色散力是主要的，只有极性大的分子，取向力才比较显著，诱导力通常都很小。**

物质的一些物理性质如沸点、熔点、密度、溶解度、表面张力等都与分子间作用力有关。一般说来，分子间作用力越强，物质的熔点、沸点越高。例如，CF_4、CCl_4、CBr_4、CI_4 都是非极性分子，分子间只存在色散力。由于色散力随它们的相对分子质量依次增大而递增，所以它们的沸点依次递增。溶解度的大小也受分子间作用力大小的影响，"相似相溶"就是溶剂分子和溶质分子的极性相似时，溶质更容易溶解，溶解度就会更大。

3. 氢键

范德华力随相对分子质量的增大而增强。在同系物(如 H_2O、H_2S、H_2Se)中，H_2S、H_2Se 符合上述变化规律。H_2O 的相对分子质量最小，但它的熔、沸点却最高。同样，HF 在卤化氢系列中、NH_3 在氮族氢化物系列中也有类似的反常现象。由此可见，在 H_2O、HF、NH_3 中，分子间除有范德华力外，还有其他的作用力，这就是"氢键"(hydrogen bond)。

在 HF 分子中，H 原子与 F 原子以极性共价键结合，由于 F 原子的电负性大，原子半径小，HF 分子中的电子云强烈偏向 F 原子，H 原子带正电荷。H 原子只有一个电子，成键后已无内层电子，使 H 原子几乎变成裸露的核，具有很强的正电性，它能与另一个 HF 分子中 F 原子的孤对电子相互吸引，产生较强的定向作用力，我们把这种作用称为"氢键"。所以，**氢键是由氢原子与电负性大、原子半径小的原子 X 结合后，又与另一个分子(或同一分子)中电负性大的原子 Y 相互作用而形成的**，X 和 Y 可以是相同的原子，也可以是不同的原子。

氢键可表示为：X—H…Y。

氢键的强弱与 X、Y 原子的电负性大小及原子半径有关。X、Y 原子的电负性越大，半径越小，形成的氢键就越强。所以，较强的氢键均出现在 F、O、N 原子间。

常见氢键的强弱顺序是：F — H…F > O—H…O > O—H…N > N—H…N > O—H…Cl > O—H…S。

图 5.25 是 H_2O、HF 分子间氢键形成的示意图。

由 **X—H…Y—R 分解为 X—H 和 Y—R**

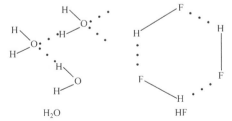

图 5.25　H_2O、HF 分子间氢键示意图

所需要的能量称为氢键的键能。氢键的键能一般小于 42 kJ · mol⁻¹，比化学键弱，但比分子间的范德华力强。

氢键的键长是指 X—H…Y 中 X 原子到 Y 原子的核间距，比范德华半径之和小，但比共价键长得多，氢键 F—H…F 的键长约为 255 pm。

氢键具有方向性和饱和性。氢键的饱和性是指 H 原子与一个电负性大的原子 X 结合成分子后，只能与一个其他分子的电负性大的原子形成一个氢键。方向性是指 H 原子在形成氢键时，总是沿着另一个分子中电负性大的原子的孤对电子云伸展方向去接近，即形成的氢键 X—H…Y 尽可能在一条直线上。这样才可保证 X 原子与 Y 原子间距离最远，斥力最小，形成的氢键更稳定。

氢键可分为"分子间氢键"和"分子内氢键"。一个分子的 H 原子与另一个分子电负性大的原子相互吸引而形成的氢键称为分子间氢键；一个分子中的 H 原子与同一分子上的另一电负性大的原子相互吸引而形成的氢键称为分子内氢键。分子内氢键一般不在同一直线上，但大多数分子内氢键形成环状的稳定结构。

例如，邻硝基苯酚形成分子内氢键，而对硝基苯酚形成分子间氢键(图 5.26)。

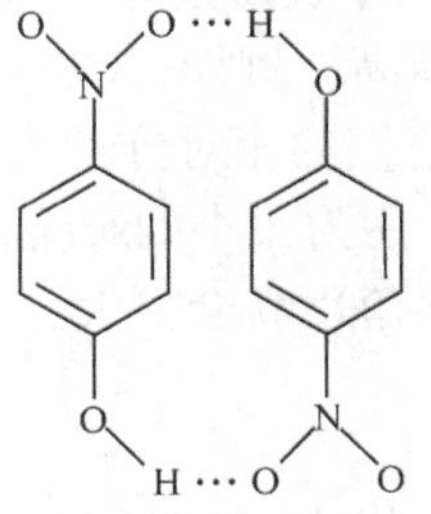

图 5.26　对硝基苯酚形成的分子间氢键(a)和邻硝基苯酚形成的分子内氢键(b)示意图

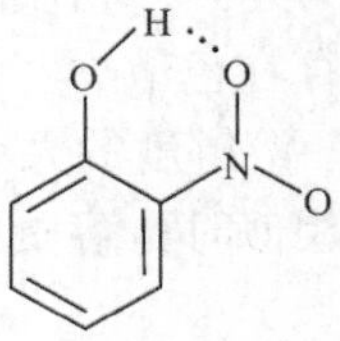

通常说来，分子间氢键的形成使物质的熔点、沸点升高和气化热比同系物大，如水、氨和氟化氢等分子比同系物的熔、沸点高的反常现象。分子内氢键的形成常使其熔、沸点比同系物低。例如，邻硝基苯酚的熔点是 318 K，而对硝基苯酚的熔点是 387 K。因为前者形成分子内氢键，而后者则形成的是分子间氢键，根据氢键的饱和性，邻位形成分子内氢键后就不能再形成分子间氢键，所以邻硝基苯酚的熔点比对硝基苯酚的熔点低。

氢键的形成也影响着一些物质的溶解度。例如，乙醇、丙三醇等可以同水混溶，氢键起着重要作用。大分子溶质与溶剂分子可以形成多个氢键，溶液的密度和黏度增加，流动性减弱。但如果溶质分子存在分子内氢键，则溶液的密度和黏度就不会有明显提高。

生物体内也广泛存在氢键，如蛋白质分子、核酸分子中均有分子内氢键。在蛋白质的 α 螺旋结构中，螺旋之间羰基上的氧和亚胺基上的氢形成分子内氢键。又如，脱氧核糖核酸(DNA)，它是由磷酸、脱氧核糖和碱基组成的具有双螺旋结构的生物大分子，两条链通过碱基间氢键配对而保持双螺旋结构，维系并增强其稳定性，一旦氢键遭到破坏，分子双螺旋结构也将发生变化，生物活性也将丧失或改变。因此，氢键在生物化学、分子生物学和医学生理学的研究方面有着重要意义。

5.3　晶 体 结 构
(Crystal structure)

物质主要有三种聚集态：气体、液体和固体。有些分子结构特殊的物质在从固态转变为液态的过程中，先要经历液晶态。气体分子随着温度升高，电离形成呈电中性等离子态。因此，有时也将物质聚集状态扩展为五种：等离子体、气体、液体、液晶和固体。

固态物质又可分为晶体、准晶体和非晶体。仅从外观上，用肉眼很难区分晶体、准晶体和非晶体。食盐(NaCl)、味精(谷氨酸钠)、冰(H_2O)、沙子(SiO_2)、牙齿、骨骼[$Ca_{10}(PO_4)_6(OH)_2$]及各种金属是晶体，玻璃、琥珀、珍珠等是非晶体。

5.3.1　晶体的特征

晶体是由组成它的微粒(原子、离子、分子等)在三维空间按一定规则做周期性排列而形成的固态物质。**晶体与非晶体主要区别如下：**

(1) **晶体有固定的几何外形，非晶体没有**。例如，食盐晶体是立方体、冰雪晶体为六角形等，而非晶体没有一定的外形。

(2) **晶体有固定的熔点，非晶体没有**。当温度高到某一温度晶体即熔化；而玻璃及其他非晶体则没有固定的熔点，从软化到熔化有一个较大的温度范围。

(3) **晶体有固定的各向异性，非晶体各向同性**。云母的结晶薄片，在外力的作用下，很容易沿平行于薄片的平面裂开。但要使薄片断裂，则困难得多。这说明晶体在各个方向上的力学性质不同，而非晶体玻璃在破碎时，其碎片的形状是完全任意的。又如，在云母片上，涂上一层薄薄的石蜡，然后用炽热的钢针去接触云母片的反面，则石蜡以接触点为中心，向四周熔化成椭圆形，这表明云母晶体在各方向上的导热性不同；如果用玻璃板代替云母片重做上面实验，发现熔化了的石蜡在玻璃板上总是呈圆形，这说明非晶体的玻璃在各个方向上的导热性相同。

晶体和非晶体之间无绝对界线。同一物质在不同条件下既可形成晶体，又可形成非晶体。自然界中的二氧化硅有晶态的石英、水晶，也有非晶态的燧石。如把水晶的结晶熔化，再使它冷却，可得非晶体的石英玻璃。非晶态的玻璃若经加热冷却反复处理，可使其结构有序化，变为多晶体。玻璃经过相当长的时间后，里面可生成微小晶体，形成透明性减弱的模糊斑点。传统的金属晶体经过急冷处理，则可制得非晶态金属或金属玻璃，而具有许多通常金属材料所不曾具备的特性，如既具有较高的强度，又有很好的韧性、优异的耐蚀性和磁性等。

5.3.2　晶体结构的描述

1. 晶格与晶胞

组成晶体的微粒(看作几何学的"点")按照一定的规则在三维空间做周期性排列，组成的几何图形称为"晶格"(lattice)，晶体中的最小重复单位称为"晶胞"(cell)，它必须既代表晶体的组成，又具有与整个晶体相同的对称性。也可以说，"晶胞"在三维空间做周期性排列，就形成"晶体"。

图 5.27 是一个 NaCl 晶胞结构示意图。以此晶胞在三维空间做周期性排列，就形成 NaCl 晶体。

通常选取一个平行六面体作为晶胞，但也有例外(如六方晶胞)。

晶胞的特征可以用 6 个"晶胞参数"来表示，包括 3 条棱边的长度 a、b、c 和 3 条棱边的夹角 α、β、γ，其中，α 是 b、c 边夹角；β 是 a、c 边夹角；γ 是 a、b 边夹角(图 5.28)。

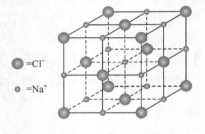

图 5.27　NaCl 晶胞结构示意图

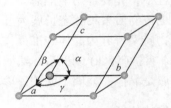

图 5.28　晶胞参数

2. 晶系

根据晶体结构的对称性，将晶体的空间结构划分为七个晶系，其晶胞参数特征见表 5.11。

表 5.11　七个晶系的晶胞参数特征

晶系	晶系英文名称	晶胞参数特征	
立方晶系	cubic	$a = b = c$	$\alpha = \beta = \gamma = 90°$
四方晶系	tetragonal	$a = b \neq c$	$\alpha = \beta = \gamma = 90°$
正交晶系	orthorhombic	$a \neq b \neq c$	$\alpha = \beta = \gamma = 90°$
六方晶系	hexagonal	$a = b \neq c$	$\alpha = \beta = 90°$　　$\gamma = 120°$
三方晶系	trigonal	$a = b = c$	$\alpha = \beta = \gamma \neq 90°$
单斜晶系	monoclinic	$a \neq b \neq c$	$\alpha = \gamma = 90°$　　$\beta \neq 120°$
三斜晶系	triclinic	$a \neq b \neq c$	$\alpha \neq \beta \neq \gamma \neq 90°$

5.3.3　晶体的类型

按照组成晶体的微粒不同，通常把晶体划分为"离子晶体"(ionic crystal)、"金属晶体"(metallic crystal)、"原子晶体"(atomic crystal)和"分子晶体"(molecular crystal)，同时也存在介于它们之间的"过渡型晶体"。

1. 离子晶体

阳离子与阴离子间通过离子键结合形成的晶体，称为"离子晶体"。在离子晶体中，阴、阳离子按照一定的格式交替排列，具有一定的几何外形。例如，NaCl 是正立方体晶体(图 5.27)，Na^+ 与 Cl^- 相间排列，每个 Na^+ 同时吸引 6 个 Cl^-，每个 Cl^- 同时吸引 6 个 Na^+。不同的离子晶体，离子的排列方式可能不同，形成的晶体类型也不一定相同。离子晶体中不存在分子，通常根据阳离子与阴离子的数目比，用化学式表示该物质的组成，如 NaCl 表示氯化钠晶体中

Na^+ 与 Cl^- 个数比为 $1:1$，$CaCl_2$ 表示氯化钙晶体中 Ca^{2+} 与 Cl^- 个数比为 $1:2$。

离子晶体中，阳离子与阴离子间的相互作用是离子键。离子晶体具有较高的熔、沸点，常温呈固态；硬度较大，比较脆，延展性差；在熔融状态或水溶液中易导电；大多数离子晶体易溶于水，并形成水合离子。离子晶体中，离子半径越小，离子带电荷越多，离子键越强，该物质的熔、沸点一般就越高，如下列三种物质，其熔、沸点由低到高排列的顺序为 $KCl<NaCl<MgO$。

2. 原子晶体

相邻原子间以共价键结合而形成的空间网状结构的晶体，称为"原子晶体"，也称"共价晶体"（covalent crystal）。例如，金刚石晶体是"原子晶体"（图 5.29），晶体中每个碳原子作中心，通过共价键连接 4 个碳原子，形成正四面体的空间结构，每个碳环由 6 个碳原子组成，所有的 C—C 键键长为 155 pm，键角为 109.5°，键能也都相等，金刚石是典型的原子晶体，熔点高达 3550 ℃，是硬度最大的单质。原子晶体中，组成晶体的微粒是原子，原子间的相互作用是共价键，共价键结合牢固，所以原子晶体的熔、沸点高，硬度大，不溶于一般的溶剂，多数原子晶体为绝缘体，有些原子晶体（如硅、锗等）是优良的半导体材料。原子晶体中不存在分子，用化学式表示物质的组成，单质的化学式直接用元素符号表示，两种以上元素组成的原子晶体，按各原子数目的最简比写化学式。常见的原子晶体是ⅣA 族元素的一些单质和某些化合物，如金刚石、硅晶体、SiO_2、SiC 等。对不同的原子晶体，组成晶体的原子半径越小，共价键的键长越短，即共价键越牢固，晶体的熔、沸点越高，如金刚石、碳化硅、硅晶体的熔、沸点依次降低。

图 5.29　金刚石晶体结构示意图

3. 分子晶体

分子间以范德华力相互结合形成的晶体称为"分子晶体"。大多数非金属单质及其形成的化合物如 O_2、N_2、Cl_2、I_2、冰（H_2O）、干冰（CO_2）（图 5.30）、大多数有机物，其结晶态为分子晶体。DNA 晶体也是分子晶体。分子晶体是由分子组成，可以是极性分子，也可以是非极性分子。分子间的作用力很弱，所以分子晶体具有较低的熔、沸点，硬度小、易挥发，许多物质在常温下呈气态或液态，如 O_2、CO_2 是气体，乙醇、冰醋酸是液体。同系列分子的晶体，其熔、沸点随相对分子质量的增加而升高。例如，卤素单质的熔、沸点按 F_2、Cl_2、Br_2、I_2 顺序递增；非金属元素的氢化物，s 区、p 区元素同族从上到下熔、沸点升高；有机物的同系物随碳原子数的增加，熔、沸点升高。但 HF、H_2O、NH_3、CH_3CH_2OH 等分子间，除存在范德华力外，还有氢键的作用力，它们的熔、沸点较高。

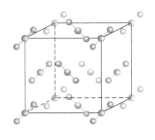

图 5.30　CO_2 晶体结构示意图

4. 金属晶体

由金属键形成的单质晶体称为"金属晶体"。金属单质及一些金属合金都属于金属晶体，如镁、铝、铁和铜（图 5.31）等。金属晶体中存在金属原子、金属离子和自由电子，金属离子和

图 5.31　金属 Cu 晶体结
构示意图

金属原子总是紧密地堆积在一起，金属离子和自由电子之间存在较强烈的金属键，自由电子在整个晶体中自由运动，金属具有共同的特性，如金属有光泽、不透明，是热和电的良导体，有良好的延展性和机械强度。大多数金属具有较高的熔点和硬度，金属晶体中，金属离子排列越紧密，金属离子的半径越小、离子电荷越高，金属键越强，金属的熔、沸点越高。例如，ⅠA 族金属从上到下，随着金属离子半径的增大，熔、沸点递减(有个别例外)；第三周期金属按 Na、Mg、Al 顺序，熔、沸点递增。

上述四种典型晶体结构类型与性质的关系总结列于表 5.12。

表 5.12　晶体结构类型与性质比较

类型	离子晶体	原子晶体	分子晶体	金属晶体
构成微粒	阴、阳离子	原子	分子	原子、阳离子、电子
微粒相互作用	离子键	共价键	分子间作用力	金属键
硬度	较大	很大	很小	较大
熔、沸点	较高	很高	很低	较高
导电性	溶液或熔化导电	一般不导电	不导电	导电
溶解性	一般易溶于水	难溶于水和其他溶剂	相似相溶	难溶于水和其他溶剂
实例	$NaCl$、CaF_2、K_2SO_4、$NaNO_3$ 等	金刚石、硅晶体、SiO_2、SiC	单质：H_2、O_2 等 化合物：干冰、H_2SO_4	钠、钙、镁、铝、铁、钴、镍、铜、银、金、稀土金属等

5. 过渡型晶体

以上介绍了四种典型的晶体。实际上在多数晶体中，组成晶体的微粒间作用力通常不是一种，化学键也会有过渡型键型，因此会存在一系列过渡型晶体，又称为"混合型晶体"。例如，石墨(图 5.32)就是一种过渡型晶体，每个 C 原子采取 sp^2 杂化，与相邻的三个碳原子以三个 σ 键相连，形成平面六边形片层结构；C 原子未参与杂化的 p 轨道单电子在同一平面上形成一个覆盖整个平面的离域大 π 键；相邻片层之间为分子间力。在结构上横向与纵向的距离有一定的差别。由于石墨具有层状结构，它显示导电性、有光泽、层间可滑动。

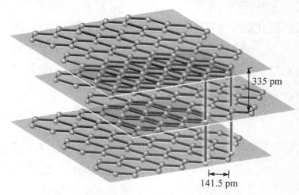

335 pm

141.5 pm

图 5.32　石墨晶体结构示意图

本章教学要求

1. 了解原子结构发现简史；了解量子力学对原子结构的描述及薛定谔方程，理解四个量子数的物理意义；了解并能应用波函数/原子轨道角度分布图、电子云角度分布图和径向分布函数图。

2. 熟练掌握原子核外电子基态排布；理解元素周期律，认识屏蔽效应和钻穿效应及多电子原子轨道能级交错现象。

3. 了解离子键理论和晶格能；理解并应用价键理论和杂化轨道理论解释共价分子的形成、性质及几何构型；能应用价层电子对互斥理论预测共价分子的几何构型。

4. 理解并掌握分子间作用力及氢键，能够应用其解释物质的物理性质，如熔、沸点等。

5. 了解金属键自由电子理论。

6. 了解晶体结构的特征、类型、晶体结构的描述。

习　　题

1. 画出 $3p_z$ 轨道波函数径向分布图、电子云径向分布图和电子云径向分布函数图。在合适的图上标出电子出现概率为 0 和最大处。若 $3p_z$ 轨道为原子的最外层轨道，在合适的图上标出原子半径大小的位置。

2. 画出 $3d_{xy}$、$3d_{z^2}$ 轨道波函数角度分布图、电子云角度分布示意图。

3. 指出 1s、3d、5p 的 n、l 值及轨道最多容纳电子数。

4. 写出下列原子基态电子排布式：C、Mg、Mn、Se、Cu、Xe、Ba、Os、Pb

5. 写出下列离子基态电子排布式：Be^{2+}、N^{3-}、Al^{3+}、H^-、O^{2-}、Zn^{2+}、W^{6+}、Cu^{2+}、Gd^{3+}、Se^{2-}

6. 指出原子半径最大的元素：(1) Ba、Ti、Ra、Li；(2) F、Al、In、As

指出离子半径最大的离子：(3) Se^{2-}、F^-、O^{2-}、Rb^+

指出第一电离能最小的元素：(4) Cs、Ga、Bi、Se

指出第一电子亲和能最大的元素：(5) Be、N、O、F

7. 根据元素周期律解释以下事实：

(1) 第一电离能 Se 小于 As。

(2) 第一电子亲和能 Br 大于 Se。

(3) Rb 与水反应比 Na 与水反应剧烈得多。

(4) F 的第一电子亲和能是 332 kJ·mol^{-1}，解释这个值大于 O 的第一电子亲和能。

(5) 由 F 的第一电子亲和能很大，解释 F_2 化学性质非常活泼。

(6) 由 Xe 的第一电离能 1170 kJ·mol^{-1}，解释 Xe 化学性质惰性。

8. 已知 M^{2+} 3d 轨道中有 5 个电子，试推出：

(1) M 原子的核外电子排布。

(2) M 原子的最外层和最高能级组中电子数。

(3) M 元素在周期表中的位置。

9. 乙炔的标准生成焓 $\Delta_f H_m^{\ominus}$ [C$_2$H$_2$(g)] 为 226.6 kJ·mol^{-1}，H—H、C—H 键键能 D_{H-H}、D_{C-H} 分别为 436 kJ·mol^{-1}、415 kJ·mol^{-1}，石墨的升华能 $\Delta_{sub} H_m^{\ominus}$ [C(s)] 为 717 kJ·mol^{-1}，求 C≡C 的键能 $D_{C≡C}$。

10. 利用价层电子对互斥理论，指出下列分子中心原子价层电子对数、中心原子价电子对杂化方式、中心原子价层电子对空间几何构型及分子空间几何构型：CO_2、ONF、BF_3、ICl_3。

11. 利用价层电子对互斥理论，指出下列离子中心原子价层电子对数、中心原子价电子对杂化方式、中心原子价层电子空间几何构型及分子空间几何构型：IF_4^-、PCl_4^-、SeO_3^{2-}、I_3^-。

12. 根据杂化轨道理论说明下列分子成键过程：$BeCl_2$、NCl_3、XeF_4、SF_6、CO_3^{2-}、SO_4^{2-}、SO_3^{2-}、NO_3^-。

13. 指出下列分子间存在的分子间作用力类型：

(1) 乙醇和水　　　(2) 氨和水　　　(3) 苯和四氯化碳

(4) 溴化氢 HBr 和碘化氢 HI　　　(5) H_2S 气体分子

14. 丙烷($CH_3CH_2CH_3$)、乙醚(CH_3OCH_3)、一氯甲烷(CH_3Cl)、乙醛(CH_3CHO)、乙腈(CH_3CN)偶极矩分别为 0.1 D、1.3 D、1.9 D、2.7 D 和 3.9 D，比较它们的沸点高低。

15. 乙腈(CH_3CN)和一碘甲烷(CH_3I)偶极矩分别为 3.9 D 和 1.62 D，问：

(1) 比较 CH_3CN 和 CH_3I 取向力大小。

(2) 比较 CH_3CN 和 CH_3I 色散力大小。

16. 下列化合物哪些存在氢键？是什么类型的氢键？

(1) NH_3　　(2) HNO_3　　(3) H_3BO_3(固体)　　(4) C_2H_6

(5) 邻硝基苯酚　　　(6) 对硝基苯酚

17. 判断下列物质熔点高低顺序：

(1) 金刚石、单晶硅、硅甲烷(SiH_4)

(2) 单质碘、单晶硅、五氯化碘(ICl_5)

(3) 生石灰(CaO)、膦(PH_3)、萤石(CaF_2)

(乔正平)

第 6 章　氧化还原反应与电化学
(Redox reaction and electrochemistry)

按照反应过程中有无电子转移(或偏移)，化学反应可以划分为氧化还原反应和非氧化还原反应两大类。后者包括酸碱电离、酸碱中和、沉淀生成与溶解、配位反应等；按照酸碱质子理论和酸碱电子理论，这几类反应均属于酸碱反应范围。

氧化还原反应广泛存在于自然界、工业生产过程和人类日常生活中，如雷电条件下空气中生成氮氧化合物、钢铁的锈蚀、矿物燃料的燃烧、氨的合成、合金的冶炼、各种电池的放电或充电反应、生物细胞内各种物质的氧化和衰老等。因此，学习氧化还原反应及相关的电化学知识，不仅在化学上具有理论意义，而且可以应用于工业生产过程和日常生活中。

电化学是研究化学能与电能之间互相转化规律及其应用的化学分支，与氧化还原反应密切相关。

本章首先介绍氧化还原的基本概念，然后重点叙述原电池、电动势与电极电势及相应的热力学原理，最后简要介绍氧化还原与电化学理论在化学电源和电解中的应用情况。

6.1　氧化还原的基本概念
(Basic concept of redox)

6.1.1　氧化数

按照 IUPAC 的定义，**氧化数(oxidation number)是指某元素一个原子的荷电数，它可以通过假定把成键电子对中的电子划归电负性较大的元素的原子而求得**。按此规定，元素的氧化数有如下规律：①单质中，元素的氧化数为 0；②化合物中，各元素的氧化数之代数和为 0。

元素的氧化数的本质，就是它的原子在具体的物质中的表观荷电数：在离子化合物中，氧化数即正离子、负离子所带的电荷数；在共价极性化合物中，氧化数为元素的一个原子提供参与共价键的电子数，其中电负性小、共用电子对离得较远的元素为正氧化数，而电负性大、共用电子对离得较近的元素为负氧化数。在单质分子中，由于都是同一元素的原子，元素的电负性相同，其原子的表观荷电数为 0，故氧化数也为 0。

例如，在 H_2、Cl_2、N_2、He、Ne、O_2、O_3、S_8、C_{60}、C_{140} 等单质中，各元素的氧化数都为 0。

在离子化合物 NaCl 中，Na 元素的氧化数为+1，而 Cl 元素的氧化数为-1。在 CaF_2 中，Ca 元素的氧化数为+2，而 F 元素的氧化数为-1。

在共价极性化合物 HCl 中，H 元素的氧化数为+1，而 Cl 元素的氧化数为-1。在 H_2O 中，H 元素的氧化数为+1，而 O 元素的氧化数为-2。

氧化数可以是正整数、负整数或 0，也可以是分数。例如，在连四硫酸钠 $Na_2S_4O_6$ 中，在指定 Na 元素的氧化数为+1、O 元素的氧化数为-2 后，按照"化合物中，各元素的氧化数之代数和为 0" 的原则，可以算出 S 元素的(平均) "氧化数" 为+2.5。显然，**计算元素的 "氧化数" 只需按物质的化学式，而无须知道物质的分子结构**。对于连四硫酸钠 $Na_2S_4O_6$，其阴离子 $S_4O_6^{2-}$ 的结构为

$$
\left[\begin{array}{ccc} & O & & O & \\ & \| & & \| & \\ O-S-&S-S&-S-O \\ & \| & & \| & \\ & O & & O & \end{array} \right]^{2-}
$$

从结构看，有两种 S 原子，中间的 2 个 S 原子的氧化数可视为 0，而与 O 原子成键的 2 个 S 原子的氧化数应为+5。实际上，这里的 "氧化数" 就是中学学习过的化合价。**化合价表示元素的一定数目的原子与一定数目的其他元素的原子结合的性质，故应为整数，而且与具体物质的分子结构有关**。当使用氧化数的概念时，它只是元素的原子在具体物质中的表观荷电数，通常无须知道物质的分子结构，而使用平均氧化数，在 $S_4O_6^{2-}$ 中，4 个 S 原子的平均氧化数为+2.5。**下文将使用氧化数的概念**。

氧化数并非只是人为的概念，而是源于实验事实。例如，把 1 mol MnO_4^- 还原为 MnO_2 时，需要 3 mol 电子；而还原为 Mn^{2+} 时，需要 5 mol 电子，正好是 Mn 元素在相应化合物中的氧化数之差。

氧化数与元素的原子结构密切相关。例如，Cl 元素原子的基态价电子构型为 $3s^23p^5$，它的常见氧化数为−1、0、+1、+3、+5、+7；Mn 元素的基态价电子构型为 $3d^54s^2$，它的常见氧化数 0、+2、+3、+4、+6、+7。对于主族元素，在多数情况下元素的最高氧化数等于它在元素周期表所在的族数，但是也有的主族元素最高氧化数大于它在元素周期表所在的族数。例如，$S_2O_8^{2-}$ 中 S 元素的氧化数是+7。多数副族元素的最高氧化数也等于它在元素周期表所在族数(实际上是价层电子数之和)，但Ⅷ族部分元素例外。例如，FeO_4^{2-} 中 Fe 元素的氧化数是+6。

多数化合物中，H 元素的氧化数为+1，而 F 元素的氧化数为−1，O 元素的氧化数为−2。但也有例外，如在 H_2O_2 和 Na_2O_2 中，O 元素的氧化数为−1；在 KO_2 中，O 元素的氧化数为−0.5；在 OF_2 中，O 元素的氧化数为+2；在 NaH 中，H 元素的氧化数为−1。

同一元素可以与其他元素形成不同组成的各种化合物，从而显示不同的氧化态(oxidation state)。例如，氧元素在 H_2O 和 H_2O_2 中显示不同的氧化态，分别用氧化数表示为−2 和−1。可以说，**元素的氧化态用氧化数表示**，通常不再区分这两个概念。

6.1.2　氧化还原反应

凡有电子转移(electron transfer)**的化学反应称为氧化还原反应**(redox reaction)，其中，失去电子的变化过程称为氧化(oxidation)，获得电子的变化过程称为还原(reduction)；失去电子的物质称为还原剂(reductant)，获得电子的物质称为氧化剂(oxidant)。由于电子转移涉及失去电子和获得电子双方，所以氧化和还原总是同时发生。在反应中，还原剂失去电子被氧化(be oxidized)，而氧化剂获得电子被还原(be reduced)。

在氧化还原反应过程中，还原剂失去电子被氧化，相应元素的氧化数升高，氧化剂获得电子被还原，相应元素的氧化数降低。因此，也可以说：**凡有元素氧化数发生变化的反应，**

就是氧化还原反应，氧化数升高的变化称为氧化，氧化数降低的变化称为还原，还原剂中相应元素的氧化数升高，而氧化剂中相应元素的氧化数降低。

例如，锌从硫酸铜溶液中置换出铜(图 6.1)：

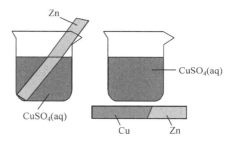

图 6.1　锌从硫酸铜溶液中置换出铜

$$Zn(s) + Cu^{2+}(aq) === Zn^{2+}(aq) + Cu(s)$$

在反应中，每个 Zn 原子失去 2 个电子，传递给 Cu^{2+}；Zn 原子被氧化，锌是还原剂，Cu^{2+} 被还原，硫酸铜是氧化剂；Zn 元素的氧化数由 0 升高到+2，Cu 元素的氧化数由+2 降低到 0。

再如，氢气与氯气化合成氯化氢：

$$H_2(g) + Cl_2(g) === 2HCl(g)$$

在这个反应中，并没有发生完全的电子转移，因为生成的 HCl 是极性共价化合物，可认为**发生电子偏移，仍然属于氧化还原反应**。在反应中，H_2 分子被氧化，$H_2(g)$ 是还原剂，Cl_2 分子被还原，$Cl_2(g)$ 是氧化剂；氢元素的氧化数由 0 升高到+1，氯元素的氧化数由 0 降低到–1。

如果氧化和还原发生在同一物质内，即该物质既是氧化剂，又是还原剂，则这样的反应**称为自氧化还原反应**。例如

$$2KClO_3(s) \xrightarrow{\triangle} 2KCl(s) + 3O_2(g)$$

$$2HgO(s) \xrightarrow{\triangle} 2Hg(l) + O_2(g)$$

注意这两个例子中，氧化、还原发生在同一物质内的不同元素的原子上。

如果氧化和还原发生在同一物质内的同一元素的原子上，这样的自氧化还原反应称为"歧化反应"。例如，氯气在酸性水溶液中发生歧化反应：

氧化数　　　　　　　　　0　　　　　　　　　+1　　　　　–1

$$Cl_2(g) + H_2O(l) === HOCl(aq) + HCl(aq)$$

可见，同一物质中同一元素 Cl 的原子，有的氧化数升高，有的氧化数降低，$Cl_2(g)$ 既是氧化剂，又是还原剂。**歧化反应的逆反应称为"逆歧化反应"或"归中反应"**。

6.1.3　氧化还原反应方程式的配平

配平氧化还原反应方程式的基本方法有两种：氧化数法和离子-电子法。

1. 氧化数法

该法适用于任何氧化还原反应。其依据是：氧化还原反应中，**还原剂失去电子总数 = 氧化剂获得电子总数**；与得、失电子相联系，**还原剂氧化数的升高总值 = 氧化剂氧化数降低总值**。

下面以 $KMnO_4$ 与 $FeSO_4$ 在稀 H_2SO_4 介质中反应为例，说明配平反应方程式的步骤。

(1) 据实验事实，写出反应产物，注意介质酸碱性：

$$KMnO_4 + FeSO_4 + H_2SO_4 \longrightarrow MnSO_4 + Fe_2(SO_4)_3 + K_2SO_4 + H_2O$$

(2) 调整计量系数，使氧化数升高值=氧化数降低值：

$$\overset{+7}{K}MnO_4 + 5\overset{+2}{Fe}SO_4 + H_2SO_4 \longrightarrow \overset{+2}{Mn}SO_4 + 5/2\overset{+3}{Fe}_2(SO_4)_3 + K_2SO_4 + H_2O$$

若出现分数，可调整为最小正整数：

$$2\,KMnO_4 + 10\,FeSO_4 + H_2SO_4 \longrightarrow 2\,MnSO_4 + 5\,Fe_2(SO_4)_3 + K_2SO_4 + H_2O$$

(3) 配平各元素原子数(观察法)：

先配平非 H、O 原子，后配平 H、O 原子。

(a) 配平 K^+、SO_4^{2-} 数目。

SO_4^{2-}：右边 18 个，左边 11 个，应为 8 H_2SO_4；K^+：右边 2 个，左边 2 个。

$$2\,KMnO_4 + 10\,FeSO_4 + 8\,H_2SO_4 \longrightarrow 2\,MnSO_4 + 5\,Fe_2(SO_4)_3 + K_2SO_4 + H_2O$$

(b) 配平 H^+ 数目。

H^+：左边 16 个，右边 2 个，应为 8 H_2O。

$$2\,KMnO_4 + 10\,FeSO_4 + 8\,H_2SO_4 \longrightarrow 2\,MnSO_4 + 5\,Fe_2(SO_4)_3 + K_2SO_4 + 8\,H_2O$$

(c) 配平(或核对)O 原子数目。

已平衡，把 "——" 改为 "=="：

$$2\,KMnO_4 + 10\,FeSO_4 + 8\,H_2SO_4 == 2\,MnSO_4 + 5\,Fe_2(SO_4)_3 + K_2SO_4 + 8\,H_2O$$

电解质在水溶液中的反应，也可用离子方程式表示，而且更加简洁，配平步骤类似：

$$MnO_4^- + Fe^{2+} + H^+ \longrightarrow Mn^{2+} + Fe^{3+} + H_2O$$

$$MnO_4^- + 5\,Fe^{2+} + H^+ \longrightarrow Mn^{2+} + 5\,Fe^{3+} + H_2O$$

$$MnO_4^- + 5\,Fe^{2+} + 8\,H^+ \longrightarrow Mn^{2+} + 5\,Fe^{3+} + H_2O$$

$$MnO_4^- + 5\,Fe^{2+} + 8\,H^+ == Mn^{2+} + 5\,Fe^{3+} + 4\,H_2O$$

上述反应若写为 $MnO_4^- + 3\,Fe^{2+} + 4\,H^+ == MnO_2(s) + 3\,Fe^{3+} + 2\,H_2O$ 是错误的，因为产物与实验事实不符，在酸性介质中，MnO_4^- 被还原生成 Mn^{2+}，不是生成 MnO_2。若写为 $MnO_4^- + 5\,Fe^{2+} + 4\,H_2O == Mn^{2+} + 5\,Fe^{3+} + 8\,OH^-$ 也是错误的，因为反应介质不符。

总之，**在符合实验事实生成的产物和酸碱介质的基础上，要达到物料平衡和电荷平衡。**

歧化反应方程式的配平，以 $I_2(s)$ 在碱性水溶液中歧化为例说明。

$$I_2(s) + OH^- \longrightarrow I^- + IO_3^-$$

I_2 既是氧化剂，又是还原剂。为了方便配平，可以分开写氧化剂和还原剂：

$$I_2(s) + I_2(s) + OH^- \longrightarrow I^- + IO_3^-$$

按上例方法配平氧化剂和还原剂的系数：

$$I_2(s) + 5\,I_2(s) + OH^- \longrightarrow 10\,I^- + 2\,IO_3^-$$

再配平 H、O 原子数目：

$$I_2(s) + 5\,I_2(s) + 12\,OH^- \longrightarrow 10\,I^- + 2\,IO_3^- + 6\,H_2O$$

合并 $I_2(s)$：

$$6\,I_2(s) + 12\,OH^- \longrightarrow 10\,I^- + 2\,IO_3^- + 6\,H_2O$$

约简计量系数：

$$3\,I_2(s) + 6\,OH^- == 5\,I^- + IO_3^- + 3\,H_2O$$

2. 离子-电子法

离子-电子法只适用于发生在水溶液中的氧化还原反应。

仍以 $KMnO_4$ 与 $FeSO_4$ 在稀 H_2SO_4 介质中反应为例，说明离子-电子法配平步骤。

$$MnO_4^- + Fe^{2+} + H^+ \longrightarrow Mn^{2+} + Fe^{3+} + H_2O$$

(1) 把反应分为氧化反应和还原反应两个半反应(又称为电极反应)，每个半反应都配平：

$$MnO_4^- + 8\,H^+ + 5e^- \longrightarrow Mn^{2+} + 4\,H_2O \qquad \text{(还原反应)}$$

$$Fe^{2+} \longrightarrow Fe^{3+} + e^- \qquad \text{(氧化反应)}$$

(2) 调整两个半反应的计量系数，使得电子总数 = 失电子总数。5 e^- 和 e^- 的计量系数最小公倍数是 5：

$$MnO_4^- + 8\,H^+ + 5\,e^- \longrightarrow Mn^{2+} + 4\,H_2O \qquad \text{(还原反应)}$$

$$5 \times (Fe^{2+} \longrightarrow Fe^{3+} + e^-) \qquad \text{(氧化反应)}$$

(3) 合并上述 2 个半反应：

$$MnO_4^- + 5\,Fe^{2+} + 8\,H^+ =\!\!= Mn^{2+} + 5\,Fe^{3+} + 4\,H_2O$$

6.2　原电池、电动势与电极电势
(Galvanic cell, electromotive force and electrode potential)

6.2.1　原电池

1. 原电池的组成与工作原理

氧化还原反应是电子转移的反应。同一溶液内的氧化还原反应过程，由于电子转移是做非定向运动，不会产生电流，只放热，即化学能转化为热能，图 6.1 所示为锌与硫酸铜溶液的反应。

$$\overbrace{\phantom{Zn(s) + Cu^{2+}}}^{2e^-}$$
$$Zn(s) + Cu^{2+}(aq) =\!\!= Zn^{2+}(aq) + Cu(s)$$

若把 $Zn(s)/Zn^{2+}(aq)$ 和 $Cu(s)/Cu^{2+}(aq)$ 分为两组电极/溶液，称为"半电池"，中间以电解质溶液组成的"盐桥"相连，就组成了一个"原电池"；当接通外电路时，它可以使氧化还原反应中转移的电子发生定向运动，形成电流。英国科学家丹尼尔(J. F. Daniel)利用这一原理，制备了第一个原电池，称为丹尼尔电池(Daniel cell)，如图 6.2 所示。

原电池就是把化学能转化为电能的装置。现以丹尼尔电池为例，说明原电池的工作原理。Zn 电极称为"负极"，Cu 电极称为"正极"[①]，当外电路接通时，Zn 电极表面的 Zn 原子失去电子，成为 Zn^{2+} 进入 $ZnSO_4$ 溶液，Zn 原子释出的电子则经外电路流出，做定向运动而形成

---

① 在英文书刊中，无论是原电池，还是电解池，通常把发生氧化反应的电极记为"anode"，而发生还原反应的电极记为"cathode"。这样，在原电池中，中文的"负极"在英文书刊中记作"anode"，而"正极"记作"cathode"；而在电解池中，中文的"阳极"在英文书刊中记作"anode"，而"阴极"记作"cathode"。

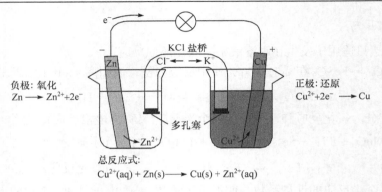

图 6.2　丹尼尔电池的构造示意图

电流，Zn 电极表面与 $ZnSO_4$ 溶液界面发生氧化反应：

$$Zn(s) == Zn^{2+}(aq) + 2e^-$$

与 Cu 电极表面相邻的 $CuSO_4$ 溶液中的 Cu^{2+}，获得从外电路经 Cu 电极表面流入的电子，发生还原反应：

$$Cu^{2+}(aq) + 2e^- == Cu(s)$$

在电极与溶液的相界发生的反应称为"电极反应"(或"半反应")。把上述两个"电极反应"方程式合并，就得到原电池放电的总反应式：

$$Zn(s) + Cu^{2+}(aq) == Zn^{2+}(aq) + Cu(s)$$

显然，要维持电路接通，"盐桥"是必不可少的。"盐桥"通常由强电解质(KCl、K_2SO_4 或 Na_2SO_4 等)与琼胶调制成胶冻状，连接正、负电极两边溶液，它维持电路畅通，并作为正、负离子通道，保持正、负电极两边溶液的电荷平衡，使 $Zn/ZnSO_4$ 和 $Cu/CuSO_4$ 这两个"半电池"的溶液都保持电中性。以饱和 KCl 水溶液与琼胶组成的"盐桥"为例，当电路接通时，从负极 Zn 表面失去的电子经外电路向正极(Cu)定向运动，而在两个"半电池"的溶液和"盐桥"内部则为正、负离子的定向运动，"盐桥"内负离子 Cl^- 和 SO_4^{2-} 移向 $ZnSO_4$ 溶液，以平衡新生成的 Zn^{2+} 的正电荷，正离子 K^+ 和 Zn^{2+} 移向 $CuSO_4$ 溶液，以补偿被还原的 Cu^{2+} 的正电荷。

2. 原电池表达式

为了简便，用"原电池表达式"(又称为"原电池符号")来代表上述丹尼尔电池：

$$(-)\ Zn(s)\ |\ ZnSO_4\ (1\ mol \cdot dm^{-3})\ ||\ CuSO_4(1\ mol \cdot dm^{-3})\ |\ Cu(s)\ (+)$$

原电池表达式从左到右的顺序与实际装置的顺序相同，即负极符号"$(-)$"，负极材料 Zn(s)，相界"$|$"，负极半电池溶液化学式(或离子表达式)和浓度(或活度)$ZnSO_4$ $(1\ mol \cdot dm^{-3})$，盐桥符号"$||$"，正极半电池溶液化学式(或离子表达式)和浓度(或活度)$CuSO_4(1\ mol \cdot dm^{-3})$，相界"$|$"，正极材料 Cu(s)，正极符号"$(+)$"。

Zn^{2+}/Zn 和 Cu^{2+}/Cu 称为"电对"，写法顺序是"氧化型物质/还原型物质"。

上述电池表达式在省略未参与反应的 SO_4^{2-} 后，可以简化为

$$(-)\ Zn(s)\ |\ Zn^{2+}\ (1\ mol \cdot dm^{-3})\ ||\ Cu^{2+}\ (1\ mol \cdot dm^{-3})\ |\ Cu(s)\ (+)$$

又如，"氢铁电池"的表达式为

$(-)$ (Pt), H_2 $(1p^{\ominus})$ | $H^+(1\ mol \cdot dm^{-3})$ ‖ $Fe^{3+}(1\ mol \cdot dm^{-3})$, $Fe^{2+}(1\ mol \cdot dm^{-3})$ | (Pt) $(+)$

由于 $H_2(g)$ 和 Fe^{3+}、Fe^{2+} 溶液本身不能作为电极材料，必须加上不参加电池反应、可导电的惰性电极，如金属 Pt、Ag 或 Au 等，记作(Pt)、(Ag)、(Au)，两相交界和同一溶液的不同溶质，也可以用",“分隔。

负极反应：$\qquad\qquad\qquad H_2(g) == 2H^+(aq) + 2e^-$

正极反应：$\qquad\qquad\qquad Fe^{3+}(aq) + e^- == Fe^{2+}(aq)$

放电总反应：$\qquad\qquad H_2(g) + 2\ Fe^{3+}(aq) == 2\ H^+(aq) + 2\ Fe^{2+}(aq)$

原电池均由两个电极和相应电解质组成。常见的电极分为 4 类，如表 6.1 所示。更多的原电池例子将在"6.5.1　化学电源"中列举。

表 6.1　原电池的电极类型

电极类型	电对例	电极符号[1]	电极反应式[2]
金属-金属离子电极	Cu^{2+}/Cu	$Cu\|Cu^{2+}$	$Cu^{2+} + 2e^- == Cu$
	Zn^{2+}/Zn	$Zn\|Zn^{2+}$	$Zn^{2+} + 2e^- == Zn$
非金属-非金属离子电极	H^+/H_2	$(Pt)\|H_2\|H^+$	$2\ H^+ + 2e^- == H_2(g)$
	O_2/OH^-	$(Pt)\|O_2\|OH^-$	$O_2(g) + 2\ H_2O + 4e^- == 4OH^-$
金属-金属难溶盐电极	Hg_2Cl_2/Hg	$(Pt)\|Hg\|Hg_2Cl_2(s)\|Cl^-$	$Hg_2Cl_2(s) + 2\ e^- == 2\ Hg(l) + 2\ Cl^-$
	$AgCl/Ag$	$Ag(s)\|AgCl(s)\|Cl^-$	$AgCl(s) + e^- == Ag(s) + Cl^-$
氧化还原电极	Fe^{3+}/Fe^{2+}	$(Pt)\|Fe^{3+}, Fe^{2+}$	$Fe^{3+} + e^- == Fe^{2+}$
	Sn^{4+}/Sn^{2+}	$(Pt)\|Sn^{4+}, Sn^{2+}$	$Sn^{4+} + 2\ e^- == Sn^{2+}$

1) 电极符号在原电池表达式中的实际写法，取决于它作正极还是负极。

2) 电极反应式单独写出时，全部写成"还原反应"形式；而在具体原电池中，则按正极发生"还原反应"、负极发生"氧化反应"来书写。

6.2.2　电动势与电极电势

1. 原电池的电动势

用电位差计接通上述丹尼尔电池(图 6.2)的 Cu 电极和 Zn 电极，显示两电极间的电势差为 1.10 V，即 Cu^{2+}/Cu 电极电势比 Zn^{2+}/Zn 电极高 1.10 V。这就是丹尼尔电池的电动势(electromotive force)。

原电池的电动势是指原电池正、负电极之间的平衡电势差：

$$E_{池} = E_+ - E_- \tag{6.1}$$

式中，$E_{池}$ 和 E_+、E_- 分别为原电池的电动势和正、负电极的电势。在热力学标准态下，有

$$E_{池}^{\ominus} = E_+^{\ominus} - E_-^{\ominus} \tag{6.2}$$

2. 电极电势

电极电势(electrode potentials)的产生可以用"双电层模型"来解释。把金属晶体插入它的盐的水溶液中，金属表面的部分金属正离子受极性水分子的作用，会克服金属原子和电子的

作用，进入溶液，成为水合金属离子，相应的电子留在金属表面，这一过程称为"金属的溶解"，这时形成金属晶体表面带负电荷、邻近溶液带正电荷的"双电层"[图 6.3(a)]，显然，金属还原性越强或/和 M^{n+}(aq)浓度越小，这种倾向就越大；同时，金属/溶液相界面附近的溶液中的水合金属离子，会捕获金属表面的电子，还原为金属原子，沉积在金属的表面，这一过程称为"金属的沉积"，形成金属晶体表面带正电荷、邻近溶液带负电荷的"双电层"[图 6.3(b)]，金属 M 还原性越弱或/和 M^{n+}(aq)浓度越大，这种倾向就越大。用方程式表示为

$$M(s) \rightleftharpoons M^{n+}(aq) + ne^-$$

在一定温度下，这两个相反方向的反应达到平衡时，有以下两种可能。

(1) 金属 M 还原性强或/和 M^{n+}(aq)浓度小，"金属的溶解"倾向占优，形成图 6.3(a)所示的"双电层"。

(2) 金属 M 还原性弱或/和 M^{n+}(aq)浓度大，"金属的沉积"倾向占优，形成图 6.3(b)所示的"双电层"。

例如，对 Zn/Zn^{2+}(aq)而言，"金属的溶解"占优势，形成图 6.3(a)所示的"双电层"；对 Cu/Cu^{2+}(aq)

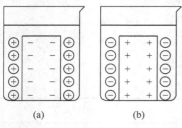

图 6.3　金属/金属盐溶液"双电层"的形成
示意图
(a) Zn/Zn^{2+}；(b) Cu/Cu^{2+}

而言，"金属的沉积"占优势，形成图 6.3(b)所示的"双电层"。

金属与其盐溶液之间产生的这种电势差，称为"电极电势"，符号为 E[①]，SI 单位为 V。

由于 $E^{\ominus}(Zn^{2+}/Zn) < E^{\ominus}(Cu^{2+}/Cu)$，当以盐桥连接这两个溶液且外电路接通构成回路时，就有电子从 Zn 电极流出，经外电路流入 Cu 电极，产生电流。因此，在原电池中，**"负极"是电极电势低的电极，而"正极"是电极电势高的电极**；当外电路接通时，就有电子从负极流出，经外电路流入正极，原电池内部溶液和盐桥，则是由正、负离子导电。

3. 标准电极电势

单个电极的电势绝对值无法测量，只能测定两个电极的电势差。因此，电极电势只能采用相对标准。

标准氢电极(standard hydrogen electrode)：**IUPAC 规定，以标准氢电极的电势作为电极电势的相对标准，规定 $E^{\ominus}(H^+/H_2) = 0\,V$**。标准氢电极符号为

$$(Pt), H_2(1\,p^{\ominus}) \mid H^+(1\,mol \cdot dm^{-3})$$

电极反应为

$$2H^+(aq) + 2e^- \rightleftharpoons H_2(g)$$

图 6.4 表示标准氢电极的构造，其中铂电极表面镀有一层多孔的铂黑，以吸附氢气。

由于使用标准氢电极不够方便，常用甘汞电极作为"二级标准"，其构造见图 6.5，Cl^- 来自 KCl。

电极符号：$(Pt), Hg_2Cl_2(s) \mid Hg(l), Cl^-$

电极反应：$Hg_2Cl_2(s) + 2e^- \rightleftharpoons 2Hg(l) + 2Cl^-$

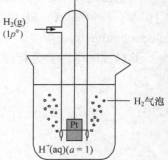

图 6.4　标准氢电极构造示意图

---

① 有的书刊把电极电势的符号写为 φ，相应的电池电动势写为 E。本书以 E 和 $E_{池}$ 分别表示电极电势和电池电动势。

标准甘汞电极(电极内 KCl 溶液中 Cl^- 活度 $a = 1$)：

$$E^{\ominus}[Hg_2Cl_2(s)/Hg(l)] = +0.280 \text{ V}$$

饱和甘汞电极(电极内 KCl 溶液为饱和溶液)：

$$E[Hg_2Cl_2(s)/Hg(l)，饱和] = +0.241 \text{ V}$$

此外，常用玻璃电极(图 6.6)测定水溶液的 pH。

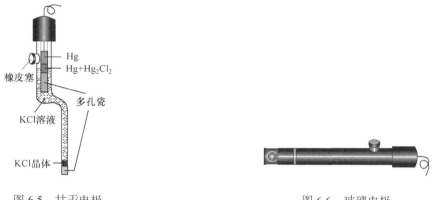

图 6.5　甘汞电极　　　　　　　　　图 6.6　玻璃电极

其他电极的标准电极电势(standard electrode potential)由该电极与标准氢电极组成原电池来测定。

【例 6.1】　Zn^{2+}/Zn 电极的标准电极电势测定。

解　设计一原电池(图 6.7)：

$$(-)\ Zn(s)\ |\ Zn^{2+}\ (1\text{ mol} \cdot dm^{-3})\ \|\ H^+\ (1\text{ mol} \cdot dm^{-3})\ |\ H_2\ (1\ p^{\ominus})，Pt\ (+)$$

测得该电池的标准电动势 $E^{\ominus} = + 0.76$ V，代入式(6.2)：

$$E^{\ominus}_{池} = E^{\ominus}_+ - E^{\ominus}_- = 0 \text{ V} - E^{\ominus}(Zn^{2+}/Zn) = 0.76 \text{ V}$$

得 Zn^{2+}/Zn 电极的标准电极电势：

$$E^{\ominus}(Zn^{2+}/Zn) = -0.76 \text{ V}$$

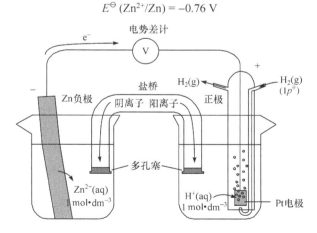

图 6.7　标准锌电极与标准氢电极组成的原电池

【例 6.2】 测定 Cu^{2+}/Cu 电极的标准电极电势。

解 设计一原电池：

$$(-) (Pt), H_2 (1\ p^\ominus) \mid H+ (1\ mol \cdot dm^{-3}) \parallel Cu^{2+} (1\ mol \cdot dm^{-3}) \mid Cu(s) (+)$$

测得该电池的标准电动势 $E_\text{池}^\ominus = +0.34\ V$，代入式(6.2)：

$$E_\text{池}^\ominus = E_+^\ominus - E_-^\ominus = E^\ominus(Cu^{2+}/Cu) - 0\ V = 0.34\ V$$

得 Cu^{2+}/Cu 电极的标准电极电势：

$$E^\ominus(Cu^{2+}/Cu) = +0.34\ V$$

标准电极电势的物理意义是表示相应电对的氧化型/还原型物质在标准状态下在水溶液中得、失电子的能力，即氧化性/还原性的相对强弱：

$E^\ominus$(氧化型/还原型)数值越大，表示电对的氧化型物质氧化性越强；

$E^\ominus$(氧化型/还原型)数值越小，表示电对的还原型物质还原性越强。

例如，下述一系列例子：

电对	Na^+/Na	Al^{3+}/Al	Zn^{2+}/Zn	Fe^{2+}/Fe	H^+/H_2	Cu^{2+}/Cu	Ag^+/Ag
$E^\ominus$/V	−2.71	−1.66	−0.76	−0.447	0	+0.34	+0.7996

从左到右，随着 $E^\ominus$ 增大，电对的还原型物质的还原性减弱，而氧化型物质氧化性增强。这正好与中学学习过的"金属活动性顺序表"一致，从而揭示了该表的实质。

4. 标准电极电势表

一些电对在水溶液中的标准电极电势列于附录 7，该表分为酸性介质水溶液[$a(H^+) = 1$]和碱性介质水溶液[$a(OH^-) = 1$]两类。

任意态的电极电势表示相应电对的氧化型/还原型物质在该状态下在水溶液中得、失电子的能力。

在描述单个电极反应及其标准电极电势时，国际上通常写成"还原反应"的形式，即

$$\text{氧化型物质} + ne^- \Longrightarrow \text{还原型物质}$$

相应的电极电势称为"还原电势"(reduction potential)，记作 $E^\ominus$(氧化型物质/还原型物质)。[①]

5. 标准电极电势的应用

(1) 判断水溶液中氧化剂氧化性和还原剂还原性的相对强弱，以及有关氧化还原反应自发进行的方向。

基于标准电极电势的物理意义，氧化还原反应自发进行的方向，总是由较强的氧化剂与较强的还原剂反应，生成较弱的还原剂和较弱的氧化剂，即

$$\text{强氧化剂 1} + \text{强还原剂 2} \longrightarrow \text{弱还原剂 1} + \text{弱氧化剂 2}$$

---

① 有的英文书刊写成"氧化反应"的形式：还原型物质 $\Longrightarrow$ 氧化型物质 $+ ne^-$。相应的电极电势被称为"氧化电势"(oxidation potential)，记作 $E^\ominus$(还原型物质/氧化型物质)，其值与"还原电势"的符号相反、绝对值相同。例如，$E^\ominus$(Cu/Cu^{2+}) = −0.34 V，而 $E^\ominus$(Cu^{2+}/Cu) = +0.34 V。

例如，从有关电对的 $E^{\ominus}$ 值知道，标准态下，下述反应将自发向右进行：

$$2\,H^+(aq) + Zn(s) =\!\!= H_2(g) + Zn^{2+}(aq)$$

$$Cu^{2+}(aq) + Zn(s) =\!\!= Cu(s) + Zn^{2+}(aq)$$

$$X_2 + 2\,I^-(aq) =\!\!= 2\,X^-(aq) + I_2(s) \qquad (X = F、Cl、Br)$$

(2) 合理选择氧化剂或还原剂。

【例 6.3】　有一混合溶液含 I^-、Br^-、Cl^- 各 $1\ mol \cdot dm^{-3}$，欲把 I^- 氧化而不把 Br^-、Cl^- 氧化，试从 $Fe_2(SO_4)_3$ 和 $KMnO_4$ 中选出合理的氧化剂。

解　查出各有关 $E^{\ominus}$ 值：$E^{\ominus}(I_2/I^-) = 0.535\ V$，$E^{\ominus}(Br_2/Br^-) = 1.07\ V$，$E^{\ominus}(Cl_2/Cl^-) = 1.36\ V$，$E^{\ominus}(Fe^{3+}/Fe^{2+}) = 0.77\ V$，$E^{\ominus}(MnO_4^-/Mn^{2+}) = 1.51\ V$，可知，$Fe^{3+}$ 是合适的氧化剂，标准态下，Fe^{3+} 会把 I^- 氧化，但不会把 Br^- 和 Cl^- 氧化：

$$2Fe^{3+}(aq) + 2I^-(aq) =\!\!= 2Fe^{2+}(aq) + I_2(s)$$

而 MnO_4^- 会把 I^-、Br^-、Cl^- 都氧化，不合要求。

(3) 计算反应平衡常数，揭示反应的极限。

先推导标准电动势 $E_{池}^{\ominus}$ 与标准平衡常数 $K^{\ominus}$ 的关系。

设一原电池电动势为 $E_{池}$，放电、输送 n mol 电子所做的电功为 $W = -QE_{池}^{\ominus}$，则任意态下：

$$W = -nFE_{池} \tag{6.3}$$

标准态下：

$$W = -nFE_{池}^{\ominus} \tag{6.4}$$

式中，W 为电功；Q 为 n mol 电子的电量；n 为原电池放电总反应方程式中电子转移的计量系数，量纲是 1；F 为纪念著名电化学家法拉第(M. Faraday)的常量，称为"法拉第常量"(Faraday constant)，即 1 mol 电子的电量：

$$F = 1.602\,191\,7 \times 10^{-19}\ C \cdot e^{-1} \times 6.022 \times 10^{23}\ e \cdot mol^{-1} = 96\,484\ C \cdot mol^{-1} \approx 96\,500\ C \cdot mol^{-1}$$

由于系统(原电池)对环境做功，按热力学规定，W 取负值。

在等温、等压、只做电功的条件下，原电池系统放电过程的吉布斯自由能变化全部用于做电功，即 $W = -nFE_{池}$，则

任意态下：

$$\Delta_r G_m = -nFE_{池} \tag{6.5}$$

标准态下：

$$\Delta_r G_m^{\ominus} = -nFE_{池}^{\ominus} \tag{6.6}$$

上述两式的重要性在于**它们建立了热力学与电化学之间的桥梁**。

把 $\Delta_r G_m^{\ominus} = -RT \ln K^{\ominus}$ 代入式(6.6)，得

$$-RT \ln K^{\ominus} = -nFE_{池}^{\ominus}$$

整理得

$$\ln K^{\ominus} = \frac{nFE^{\ominus}_{池}}{RT}$$

换底为常用对数，得

$$\lg K^{\ominus} = \frac{nFE^{\ominus}_{池}}{2.303RT} \tag{6.7}$$

所以

$$E^{\ominus}_{池} = \frac{2.303RT \lg K^{\ominus}}{nF} \tag{6.8}$$

在 $T = 298$ K 时，把 $R = 8.314$ J·mol^{-1}·K^{-1} 和 $F = 96\,500$ C·mol^{-1} 代入，$2.303RT/F = 0.059$ V，得

$$\lg K^{\ominus} = \frac{nE^{\ominus}_{池}}{0.059 \text{ V}} \qquad (298 \text{ K})$$

在热力学标准态、等温、等压、只做电功的条件下，正反应自发的判据是 $\Delta_r G^{\ominus}_m < 0$ kJ·mol^{-1}，称为"自由能判据"；由 $\Delta_r G^{\ominus}_m = -RT \ln K^{\ominus} = -nFE^{\ominus}_{池}$ 的关系式，可得此时 $E^{\ominus}_{池} > 0$ V，称为"电动势判据"。$\Delta_r G^{\ominus}_m$、$\ln K^{\ominus}$、$E^{\ominus}_{池}$ 三者与反应自发性的关系：

反应自发性	$\Delta_r G^{\ominus}_m$/(kJ·mol^{-1})	$\ln K^{\ominus}$	$E^{\ominus}_{池}$/V
正反应自发	< 0	>1	>0
逆反应自发	> 0	<1	<0

$\Delta_r G^{\ominus}_m$、$K^{\ominus}$、$E^{\ominus}_{池}$ 的相互关系，总结为图 6.8。

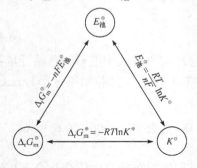

图 6.8　$\Delta_r G^{\ominus}_m$、$K^{\ominus}$、$E^{\ominus}_{池}$ 的相互关系

对于单个电极反应：

氧化型物质 $+ n\,e^- \rightleftharpoons$ 还原型物质

可以得到与原电池放电总反应式(6.5)和式(6.6)类似的关系式。

任意态下：

$$\Delta_r G_m = -nFE \tag{6.9}$$

标准态下：

$$\Delta_r G^{\ominus}_m = -nFE^{\ominus} \tag{6.10}$$

此时 E 和 $E^{\ominus}$ 分别代表与该电极反应相应电对的电极电势和标准电极电势。

用热力学函数可以计算电对的标准电极电势。

【例 6.4】　用热力学函数计算下列反应对应电极的标准电极电势：

$$ClO_3^- (aq) + 6H^+(aq) + 6e^- \rightleftharpoons Cl^- (aq) + 3H_2O(l)$$

解　查得各有关物质的标准摩尔生成吉布斯自由能 $\Delta_f G^{\ominus}_m$ 值：

$$ClO_3^- (aq) + 6H^+(aq) + 6e^- \rightleftharpoons Cl^- (aq) + 3H_2O(l)$$

$\Delta_f G^{\ominus}_m$/(kJ·mol^{-1})　　　　-3.3　　　0　　　　　　-131.26　-237.19

电极反应的标准自由能变为

$$\Delta_r G_m^{\ominus} = -131.26 \text{ kJ} \cdot \text{mol}^{-1} + 3 \times (-237.19 \text{ kJ} \cdot \text{mol}^{-1}) - (-3.3 \text{ kJ} \cdot \text{mol}^{-1}) - 6 \times 0 \text{ kJ} \cdot \text{mol}^{-1}$$

$$= -839.53 \text{ kJ} \cdot \text{mol}^{-1}$$

由式(6.10)，得

$$E^{\ominus}(ClO_3^-/Cl^-) = \frac{\Delta_r G_m^{\ominus}}{-nF} = \frac{-839.53 \text{ kJ} \cdot \text{mol}^{-1}}{-6 \times 96500 \text{ C} \cdot \text{mol}^{-1}} = 1.45 \text{ V}$$

以电化学方法可以计算或测定反应的平衡常数。

【例 6.5】　把下列反应设计为一个原电池，并利用 $E_{池}^{\ominus}$ 计算下列反应在 298 K 的平衡常数：

$$2Cu(s) + 2HI(aq) == 2CuI(s) + H_2(g)$$

解　把题示反应设计为一个原电池：

$$(-)\ Cu(s), CuI(s)|\ H^+\ (1 \text{ mol} \cdot \text{dm}^{-3}), I^-\ (1 \text{ mol} \cdot \text{dm}^{-3})\ |\ H_2\ (1p^{\ominus}), Pt\ (+)$$

负极反应：

$$2Cu(s) + 2I^-(aq) == 2CuI(s) + 2e^-$$

正极反应：

$$2H^+(aq) + 2e^- == H_2(g)$$

放电总反应：

$$2Cu(s) + 2H^+(aq) + 2I^-(aq) == 2CuI(s) + H_2(g)$$

$$E_{池}^{\ominus} = E_+^{\ominus} - E_-^{\ominus} = E^{\ominus}(H^+/H_2) - E^{\ominus}(CuI/Cu) = 0 \text{ V} - (-0.1852 \text{ V}) = +0.1852 \text{ V}$$

$$\lg K^{\ominus} = \frac{nFE_{池}^{\ominus}}{2.303RT} = \frac{2 \times 96500 \text{ C} \cdot \text{mol}^{-1} \times 0.1852 \text{ V}}{2.303 \times 8.314 \text{ J} \cdot \text{mol}^{-1} \cdot \text{K}^{-1} \times 298 \text{ K}} = 6.264$$

$$K^{\ominus} = 1.84 \times 10^6$$

【例 6.6】　利用有关标准电极电势值，求 AgCl(s) 在 298 K 的溶度积常数。

解
$$Ag^+ + Cl^- == AgCl(s) \qquad K^{\ominus} = \frac{1}{K_{sp}^{\ominus}(AgCl)}$$

该反应是非氧化还原反应，但可改写为

$$Ag^+ + Cl^- + Ag(s) == AgCl(s) + Ag(s)$$

设计为原电池：

$$(-)\ Ag(s), AgCl(s)\ |\ Cl^-(1 \text{ mol} \cdot \text{dm}^{-3})\ ||\ Ag^+(1 \text{ mol} \cdot \text{dm}^{-3})\ |\ Ag(s)\ (+)$$

负极反应：

$$Ag(s) + Cl^- == AgCl(s) + e^- \qquad E^{\ominus}(AgCl/Ag) = +0.2223 \text{ V}$$

正极反应：

$$Ag^+ + e^- == Ag(s) \qquad E^{\ominus}(Ag^+/Ag) = +0.7996 \text{ V}$$

原电池放电总反应：

$$Ag^+ + Cl^- == AgCl(s)$$

$$E_{池}^{\ominus} = E^{\ominus}(Ag^+/Ag) - E^{\ominus}(AgCl/Ag) = 0.7996 \text{ V} - 0.2223 \text{ V} = 0.5773 \text{ V}$$

$$\lg K^{\ominus} = \frac{nE_{池}^{\ominus}}{0.059 \text{ V}} = \frac{1 \times 0.5773 \text{ V}}{0.059 \text{ V}} = 9.77$$

$$K^{\ominus} = 5.9 \times 10^9$$

$$K_{sp}^{\ominus}(AgCl) = \frac{1}{K^{\ominus}} = 1.7 \times 10^{-10}$$

由例 6.6 可见，**与氧化还原反应一样，表观的非氧化还原反应也可以设计为原电池，并通过测定电池的电动势来计算相应反应的平衡常数**。这是用电化学方法测定热力学的平衡常数。

6.2.3　影响电极电势因素　能斯特方程

一般书刊提供标准电极电势($E^{\ominus}$)表，而多数实际系统并不在热力学标准态。任意状态系

统的电极电势 E 与其标准电极电势 $E^{\ominus}$ 的关系，具有重要的理论意义和实际应用价值。

影响电极电势的因素，首先取决于**组成电对的氧化型物质/还原型物质自身的性质**，即不同电对有不同的标准电极电势数值；其次是**电对系统具体条件**的影响，包括**溶液浓度、气体分压力和温度**等。能斯特(W. Nernst)总结了任意状态系统的电极电势 E 与其标准电极电势 $E^{\ominus}$、溶液浓度、气体分压力和温度之间的关系，提出了能斯特方程(Nernst equation)，推导过程如下。

设一氧化还原反应中，两个电对分别发生氧化反应、还原反应：

$$a\,\mathrm{Ox_1} + n\,\mathrm{e^-} = c\,\mathrm{Red_1}$$

$$b\,\mathrm{Red_2} = d\,\mathrm{Ox_2} + n\,\mathrm{e^-}$$

总的氧化还原反应为

$$a\,\mathrm{Ox_1} + b\,\mathrm{Red_2} = c\,\mathrm{Red_1} + d\,\mathrm{Ox_2}$$

式中，"Ox"为氧化型(oxidizing state)物质的化学式；Red 为还原型(reducing state)物质的化学式；下标 1 和 2 为相应电对；a、b、c 和 d 为方程式中的计量系数，量纲是 1。

据范特霍夫等温式：

$$\Delta_\mathrm{r} G_\mathrm{m}(T) = \Delta_\mathrm{r} G_\mathrm{m}^{\ominus}(T) + 2.303RT \lg Q$$

式中，Q 为反应商。在等温、等压、只做电功条件下，把 $\Delta_\mathrm{r} G_\mathrm{m} = -nFE_{池}$ 和 $\Delta_\mathrm{r} G_\mathrm{m}^{\ominus} = -nFE_{池}^{\ominus}$ 代入上式，得

$$-nFE_{池} = -nFE_{池}^{\ominus} + 2.303RT \lg Q$$

$$E_{池} = E_{池}^{\ominus} - \frac{2.303RT}{nF} \lg Q \tag{6.11}$$

这就是**原电池的能斯特方程，它表明任意状态原电池电动势 $E_{池}$ 与其标准电动势 $E_{池}^{\ominus}$ 及原电池中各物质的浓度、气体分压力和温度之间的关系**。其中，$E_{池}^{\ominus}$ 反映了组成电对的氧化型物质/还原型物质自身的性质对 $E_{池}$ 的影响，"$-\dfrac{2.303RT}{nF}\lg Q$"可视为因实际电对系统偏离热力学标准态而对 $E_{池}^{\ominus}$ 的修正项，反映了电对系统具体条件(包括溶液浓度、气体分压力和温度)对 $E_{池}$ 的影响。

把 $T = 298\,\mathrm{K}$、$R = 8.314\,\mathrm{J \cdot mol^{-1} \cdot K^{-1}}$、$F = 96\,500\,\mathrm{C \cdot mol^{-1}}$ 代入式(6.11)，整理后，得 298 K 下原电池的能斯特方程：

$$E_{池} = E_{池}^{\ominus} - \frac{0.059\,\mathrm{V}}{n} \lg Q \qquad (298\,\mathrm{K}) \tag{6.11a}$$

式(6.11)展开反应商 Q：

$$E_{池} = E_{池}^{\ominus} - \frac{2.303RT}{nF} \lg \frac{(\mathrm{Red_1})^c (\mathrm{Ox_2})^d}{(\mathrm{Ox_1})^a (\mathrm{Red_2})^b} \tag{6.11b}$$

式中，(i) 为物质 i 的任意态浓度(或气体分压力)。把 $E_{池} = E_+ - E_-$ 和 $E_{池}^{\ominus} = E_+^{\ominus} - E_-^{\ominus}$ 代入式(6.11b)，并按电对 1 和电对 2 分别整理，得

$$E_+ - E_- = E_+^{\ominus} - E_-^{\ominus} - \frac{2.303RT}{nF} \lg Q$$

$$= E_+^{\ominus} - E_-^{\ominus} - \frac{2.303RT}{nF} \lg \frac{(\text{Red}_1)^c (\text{Ox}_2)^d}{(\text{Ox}_1)^a (\text{Red}_2)^b}$$

$$= \left[E_+^{\ominus} - \frac{2.303RT}{nF} \lg \frac{(\text{Red}_1)^c}{(\text{Ox}_1)^a} \right] - \left[E_-^{\ominus} - \frac{2.303RT}{nF} \lg \frac{(\text{Red}_2)^b}{(\text{Ox}_2)^d} \right]$$

对照 $E_{\text{池}} = E_+ - E_-$，不难发现

$$E_+ = E_+^{\ominus} - \frac{2.303RT}{nF} \lg \frac{(\text{Red}_1)^c}{(\text{Ox}_1)^a}$$

$$E_- = E_-^{\ominus} - \frac{2.303RT}{nF} \lg \frac{(\text{Red}_2)^b}{(\text{Ox}_2)^d}$$

普遍地，对于电极反应 $m\text{Ox} + ne^- \Longrightarrow q\text{Red}$，有

$$E = E^{\ominus} - \frac{2.303RT}{nF} \lg \frac{(\text{Red})^q}{(\text{Ox})^m} \qquad (6.12)$$

或

$$E = E^{\ominus} + \frac{2.303RT}{nF} \lg \frac{(\text{Ox})^m}{(\text{Red})^q} \qquad (6.12a)$$

式(6.12)和式(6.12a)是**任意温度下电极反应的能斯特方程，表明任意状态下电对的电极电势 E 与其标准电极电势 $E^{\ominus}$ 及浓度、温度之间的关系，其中气体浓度由其分压力代替。**

把 $T = 298$ K、$R = 8.314$ J·mol^{-1}·K^{-1}、$F = 96\,500$ C·mol^{-1} 代入式(6.12a)，整理后，得 298 K 下电极反应的能斯特方程：

$$E = E^{\ominus} + \frac{0.059 \text{ V}}{n} \lg \frac{(\text{Ox})^m}{(\text{Red})^q} \qquad (298 \text{ K}) \qquad (6.12b)$$

原电池和电极反应的能斯特方程是电化学最重要的方程之一。

下面举例说明能斯特方程的应用。

【例 6.7】　分别求 H^+ 浓度为 10.0 mol·dm^{-3} 及 1.00×10^{-3} mol·dm^{-3} 时，电对 $\text{Cr}_2\text{O}_7^{2-}/\text{Cr}^{3+}$ 的电极电势。

解　电极反应式：

$$\text{Cr}_2\text{O}_7^{2-} + 14\,\text{H}^+ + 6\,e^- \Longrightarrow 2\,\text{Cr}^{3+} + 7\,\text{H}_2\text{O}$$

(1) 当 $[\text{H}^+] = 10.0$ mol·$\text{dm}^{-3}/c^{\ominus} = 10.0$ 时，代入电极反应的能斯特方程式(6.12b)：

$$E(\text{Cr}_2\text{O}_7^{2-}/\text{Cr}^{3+}) = E^{\ominus}(\text{Cr}_2\text{O}_7^{2-}/\text{Cr}^{3+}) + \frac{0.059 \text{ V}}{6} \lg \frac{(\text{Cr}_2\text{O}_7^{2-})(\text{H}^+)^{14}}{(\text{Cr}^{3+})^2}$$

$$= 1.33 \text{ V} + \frac{0.059 \text{ V}}{6} \lg \frac{1 \times 10.0^{14}}{1^2} = 1.33 \text{ V} + 0.14 \text{ V} = 1.47 \text{ V}$$

(2) 当 $[\text{H}^+] = 1.00 \times 10^{-3}$ mol·$\text{dm}^{-3}/c^{\ominus} = 1.00$ 时，同法得 $E(\text{Cr}_2\text{O}_7^{2-}/\text{Cr}^{3+}) = 0.92$ V。

在利用能斯特方程计算(**Ox**)和(**Red**)时，必须包括电极反应式中除电子外的所有物质，而且各物质溶液浓度项均须除以标准浓度 $c^{\ominus}$，但纯固体和水溶液中的 $\mathbf{H_2O}$ 的浓度视为 1，气体分压力项均须除以标准压力 $p^{\ominus}$。

可见：(Ox)增加[包括(H⁺)增加]或/和(Red)减少，则电极电势 E 增大；(Ox)减少[包括(H⁺)减少]或/和(Red)增加，则 E 减小。

当电极反应式中出现 H⁺ 或 OH⁻ 时，它们的浓度必须包括在能斯特方程的(Ox)或(Red)中，这表示溶液的酸度影响有关电对的电极电势值，如例 6.7 所示。此外，在一些氧化还原反应中，溶液酸度的变化还可能导致生成不同的产物。例如，$KMnO_4$ 在酸性、中性或碱性溶液中，会被同一还原剂分别还原为 Mn^{2+}、MnO_2 或 MnO_4^{2-}：

$$2\,MnO_4^- + 5\,SO_3^{2-} + 6\,H^+ \rightleftharpoons 2\,Mn^{2+} + 5\,SO_4^{2-} + 3\,H_2O$$

$$2\,MnO_4^- + 3\,SO_3^{2-} + H_2O \rightleftharpoons 2\,MnO_2(S) + 3\,SO_4^{2-} + 2\,OH^-$$

$$2\,MnO_4^- + SO_3^{2-} + 2\,OH^- \rightleftharpoons 2\,MnO_4^{2-} + SO_4^{2-} + H_2O$$

电极电势与溶液酸度的关系将在 6.4.1 小节做进一步的论述。

【例 6.8】　求下列电池的电动势，并写出电极反应式和放电总反应式：

$$(-)\,Cu(s)\,|\,Cu^{2+}\,(1.0 \times 10^{-4}\;mol \cdot dm^{-3})\,||\,Cu^{2+}\,(1.0\;mol \cdot dm^{-3})\,|\,Cu(s)\,(+)$$

解　应用 298 K 下电极反应的能斯特方程式(6.12b)：

$$E_-\,(Cu^{2+}/Cu) = E^\ominus\,(Cu^{2+}/Cu) + \frac{0.059\;V}{2}\lg[Cu^{2+}] = E^\ominus\,(Cu^{2+}/Cu) + \frac{0.059\;V}{2}\lg(1.0 \times 10^{-4})$$

$$= 0.34\;V + (-0.12\;V) = 0.22\;V$$

$$E_+(Cu^{2+}/Cu) = E^\ominus\,(Cu^{2+}/Cu) = 0.34\;V$$

$$E_{池} = E_+(Cu^{2+}/Cu) - E_-\,(Cu^{2+}/Cu) = 0.34\;V - 0.22\;V = 0.12\;V$$

负极反应：　　　　　　　　　$Cu(s) \rightleftharpoons Cu^{2+}\,(1.0 \times 10^{-4}\;mol \cdot dm^{-3}) + 2\,e^-$

正极反应：　　　　　$Cu^{2+}\,(1.0\;mol \cdot dm^{-3}) + 2\,e^- \rightleftharpoons Cu(s)$

电池放电总反应：　　　$Cu^{2+}\,(1.0\;mol \cdot dm^{-3}) \longrightarrow Cu^{2+}\,(1.0 \times 10^{-4}\;mol \cdot dm^{-3})$

这一类电池中，两个电极的电对物质相同，只是有的物质的浓度不同，称为"浓差电池"。

6.3　原电池的热力学
(Thermodynamics in galvanic cell)

原电池放电反应的 $\Delta_r G_m$ 与 $E_{池}$ 的关系及 $\Delta_r G_m^\ominus$ 与 $E_{池}^\ominus$ 和 $K^\ominus$ 的关系，可以用式(6.5)～式(6.8)表示，这些公式建立了热力学与电化学之间的基本关系，它涉及热力学的反应自发性和反应极限(平衡常数)，但不涉及动力学的反应速率和反应机理。下面做进一步的讨论。

6.3.1　反应自发性的电动势判据

$\Delta_r G_m$ 适用于判断任意状态下过程的自发性。对于原电池，由 $\Delta_r G_m = -nFE_{池}$ 可知：

	$\Delta_r G_m\,/\,(kJ \cdot mol^{-1})$	$E_{池}\,/\,V$	E_+ 与 E_- 大小比较
平衡态	$= 0$	$= 0$	$E_+ = E_-$
正反应自发	< 0	> 0	$E_+ > E_-$
逆反应自发	> 0	< 0	$E_+ < E_-$

$\Delta_r G_m$ 称为"自由能判据"；$E_{池}$ 称为"电动势判据"。注意原电池系统放电反应达到平衡态时，$E_+ = E_-$。这意味着随着原电池放电反应的进行，正极电对和负极电对的氧化型物质和还原型物质的浓度(或气体分压力)都发生变化，使 E_+ 逐步减小，而 E_- 逐步增大，最后 $E_+ = E_-$，$E_{池} = 0\ V$，达到平衡态。

【**例 6.9**】 298 K，欲用 $K_2Cr_2O_7(aq)$ 氧化 $HCl(aq)$ 制备 $Cl_2(g)$，需用盐酸的最低浓度是多少？(设除盐酸外，其余物质均在标准态)

解 设需用盐酸的浓度大于 $x\ mol \cdot dm^{-3}$ 时，下列反应可自发进行：

$$Cr_2O_7^{2-} + 14\ H^+ + 6\ Cl^- \Longrightarrow 2\ Cr^{3+} + 3\ Cl_2(g) + 7\ H_2O$$

浓度/ $c^{\ominus}$ (分压/ $p^{\ominus}$)：　　　1　　　x　　　x　　　1　　　1　　　1

当 $E_{池} > 0\ V$ 时，正反应可自发进行。

应用原电池在 298 K 的能斯特方程式(6.11a)：

$$E_{池} = E_{池}^{\ominus} - \frac{0.059\ V}{n} \lg Q > 0\ V$$

代入数据：

$$E_{池} = E^{\ominus}(Cr_2O_7^{2-} / Cr^{3+}) - E^{\ominus}(Cl_2/Cl^-) - \frac{0.059\ V}{n} \lg \frac{1}{x^{20}}$$

$$= 1.33\ V - 1.36\ V - \frac{0.059\ V}{n} \lg \frac{1}{x^{20}} > 0\ V$$

解不等式，得

$$x > 1.42$$

需用盐酸的浓度大于 1.42 $mol \cdot dm^{-3}$ 时，上述反应可自发进行。

【**例 6.10**】 求下列反应在 pH = 0 和 pH = 6.00 时，反应自发进行的方向：

$$H_3AsO_4(aq) + 2\ I^-(aq) + 2\ H^+(aq) \Longrightarrow H_3AsO_3(aq) + I_2(s) + H_2O(aq)$$

分析 把题示反应设计为原电池，H_3AsO_4/H_3AsO_3 为正极电对，I_2/I^- 为负极电对，其放电反应涉及下列 2 个电对的电极电势：

$$H_3AsO_4(aq) + 2\ H^+(aq) + 2\ e^- \Longrightarrow H_3AsO_3(aq) + H_2O \qquad E^{\ominus} = 0.56\ V$$

$$I_2(s) + 2\ e^- \Longrightarrow 2\ I^-(aq) \qquad E^{\ominus} = 0.535\ V$$

其中，$E(H_3AsO_4 / H_3AsO_3)$ 数值随溶液 pH 而变化，而 $E(I_2 / I^-)$ 在一定 pH 范围内(pH ≤ 9.0)，其数值不随溶液 pH 变化。

解 (1) pH = 0，$c(H^+)/ c^{\ominus} = 1$：

$$E(H_3AsO_4 / H_3AsO_3) = E^{\ominus}(H_3AsO_4 / H_3AsO_3) = 0.56\ V$$

$$E(I_2 / I^-) = E^{\ominus}(I_2 / I^-) = 0.535\ V < E(H_3AsO_4 / H_3AsO_3)$$

$$E_{池} = E(H_3AsO_4 / H_3AsO_3) - E(I_2 / I^-) > 0\ V$$

正反应自发进行。

(2) pH = 6.00，$c(H^+)/ c^{\ominus} = 1.0 \times 10^{-6}$：

$$E(H_3AsO_4 / H_3AsO_3) = E^{\ominus}(H_3AsO_4 / H_3AsO_3) + \frac{0.059\ V}{2} \lg(1.0 \times 10^{-6})^2$$

$$= 0.56\ V + (-0.032V) = 0.528\ V$$

$$E(I_2 / I^-) = E^{\ominus}(I_2 / I^-) = 0.535\ V > E(H_3AsO_4 / H_3AsO_3)$$

$$E_{池} = E(H_3AsO_4 / H_3AsO_3) - E(I_2 / I^-) < 0\ V$$

逆反应自发进行。

可见，控制溶液的 pH 可以使反应自发进行的方向逆转。在 pH = 5.0～9.0 条件下，逆反应可定量进行，并在分析化学上用于对 As 的定量分析。

6.3.2　氧化还原平衡与其他平衡共存的多重平衡

真实的化学反应系统经常多于一种化学平衡存在。下面研究包括氧化还原平衡与其他平衡共存的多重平衡情况。

1. 氧化还原平衡与酸碱平衡共存

【例 6.11】　把氢电极置于 1.0×10^{-3} mol·dm^{-3} 的乙酸溶液中，求氢电极的电势(设氢气分压力为 $1\ p^{\ominus}$)。

分析　属氧化还原平衡与酸碱平衡共存，表明弱酸生成对电极电势的影响。

解
$$HAc \Longrightarrow H^+ + Ac^- \qquad K_a^{\ominus} = 1.8 \times 10^{-5}$$

$$[H^+] = \sqrt{K_a^{\ominus} \times (c/c^{\ominus})} = \sqrt{1.8 \times 10^{-5} \times 1.0 \times 10^{-3}} = 1.34 \times 10^{-4}$$

代入 298 K 下电极反应的能斯特方程式(6.12b)：

$$2\,H^+ + 2\,e^- \Longrightarrow H_2(g)$$

$$E(H^+/H_2) = E^{\ominus}(H^+/H_2) + \frac{0.059\ V}{2} \lg \frac{[H^+]^2}{p(H_2)}$$

$$= 0\ V + \frac{0.059\ V}{2} \lg \frac{(1.34 \times 10^{-4})^2}{1}$$

$$= -0.019\ V$$

可见，弱酸 HAc 生成使得氧化型物质 H^+ 浓度降低，导致 $E(H^+/H_2)$ 变小。

2. 氧化还原平衡与沉淀溶解平衡共存

【例 6.12】　计算 $E^{\ominus}(Cu^{2+}/CuI)$，判断 298 K、标准状态下下列反应可否自发进行，并求 $K^{\ominus}$ 。

$$2\,Cu^{2+} + 4\,I^- \Longrightarrow 2\,CuI(s) + I_2(s)$$

分析　属氧化还原平衡与沉淀溶解平衡共存，表明沉淀生成对有关电对电极电势的影响。把 $E^{\ominus}(Cu^{2+}/Cu^+)$ 视为"母体电势"，则 $E^{\ominus}(Cu^{2+}/CuI)$ 是 $E^{\ominus}(Cu^{2+}/Cu^+)$ 的衍生电势。

解　查表：$E^{\ominus}(Cu^{2+}/Cu^+) = 0.158\ V$，　$E^{\ominus}(I_2/I^-) = 0.535\ V$，　$K_{sp,CuI}^{\ominus} = 5.06 \times 10^{-12}$。

$E^{\ominus}(Cu^{2+}/Cu^+)$ 对应于电极反应：

$$Cu^{2+} + I^- + e^- \Longrightarrow CuI(s)$$

其中 CuI(s) $\Longrightarrow$ Cu$^+$ + I$^-$，[Cu$^+$]受 $K_{sp,CuI}^{\ominus}$ 控制，不在标准态：

$$K_{sp,CuI}^{\ominus} = [Cu^+][I^-]$$

$$[Cu^+] = \frac{K_{sp,CuI}^{\ominus}}{[I^-]} = \frac{5.06 \times 10^{-12}}{1} = 5.06 \times 10^{-12}$$

$$E^{\ominus}(Cu^{2+}/CuI) = E(Cu^{2+}/Cu^+) = E^{\ominus}(Cu^{2+}/Cu^+) + 0.059\ V \lg \frac{[Cu^{2+}]}{[Cu^+]}$$

$$= 0.158\ V + 0.059\ V \lg \frac{1}{5.06 \times 10^{-12}}$$

$$= 0.158\ V + 0.668\ V = 0.826\ V$$

可见，生成 CuI(s)使还原型物质浓度(Cu$^+$)减少，导致相应电极电势增大，即 $E^{\ominus}(Cu^{2+}/CuI) >$ $E^{\ominus}(Cu^{2+}/Cu^+)$。

电池放电总反应：

$$2\,Cu^{2+} + 4\,I^- \rightleftharpoons 2\,CuI(s) + I_2(s)$$

$$E_{池}^{\ominus} = E^{\ominus}(Cu^{2+}/CuI) - E^{\ominus}(I_2/I^-) = 0.826\,V - 0.535\,V = 0.291\,V > 0\,V$$

故标准态下，正反应自发。

$$\lg K^{\ominus} = \frac{nE_{池}^{\ominus}}{0.059\,V} = 2 \times \frac{0.291\,V}{0.059\,V} = 9.86$$

$$K^{\ominus} = 7.3 \times 10^9$$

前已指出，若 $K^{\ominus} = 1 \times 10^7$，可视为正反应完全。由 $E_{池}^{\ominus} = (0.059\,V\,\lg K^{\ominus})\,/\,n$，当 $n=1$ 时，$E_{池}^{\ominus} = (0.059\,V\,\lg K^{\ominus})/1 = 0.41\,V$，可视为正反应完全。

此外，还有"氧化还原平衡与配位平衡共存"及"含氧化还原平衡、配位平衡的 3 重以上平衡共存"等平衡系统，将在 7.3.2 小节论述。

6.4　与电极电势有关的图形
(Graphics concerning electrode potential)

本节用图解方法进一步论述热力学与电化学的关系，包括与电极电势有关的 2 种图形：电极电势-pH 图（E-pH 图）和元素电势图（W. M. Latimer 图）。

6.4.1　电极电势-pH 图

许多氧化还原反应在水溶液中进行，对于有 H^+ 或 OH^- 参与的反应，溶液酸度的变化将影响相关电对的电极电势数值，并可以定量地由电极反应的能斯特方程[式(6.12)和式(6.12b)]来确定。298.15 K 电极电势 E 与溶液 pH 的关系可由式(6.12b)导出。现以与 H_2O 有关的 2 个氧化还原反应为例，说明 E-pH 图的作图方法。

H_2O 作氧化剂的反应：

$$2\,H_2O(l) + 2\,e^- \rightleftharpoons H_2(g) + 2\,OH^- \qquad E^{\ominus}(H_2O/H_2) = -0.828\,V \qquad ①$$

H_2O 作还原剂的反应：

$$O_2(g) + 4\,H^+ + 4\,e^- \rightleftharpoons 2\,H_2O \qquad E^{\ominus}(O_2/H_2O) = +1.23\,V \qquad ②$$

对于反应①和反应②，假定除 H^+ 和 OH^- 外，其他物质均在热力学标准态，把式(6.12b)应用如下：

$$
\begin{aligned}
E(H_2O/H_2) &= E^{\ominus}(H_2O/H_2) + \frac{0.059\,V}{2}\lg[p_{H_2}^{-1}(OH^-)^{-2}] \\
&= E^{\ominus}(H_2O/H_2) + 0.059\,V\,pOH \\
&= -0.828\,V + 0.059\,V(14 - pH) \\
&= -0.828\,V + 0.828\,V - 0.059\,V\,pH
\end{aligned}
$$

$$E(H_2O/H_2) = -0.059\,V\,pH \qquad (6.13)$$

式(6.13)为一直线方程，以 E 为纵坐标、pH 为横坐标作图，即 E-pH 图。式(6.13)的 E-pH 图为一直线，其斜率为 -0.059，截距为 0。该图表示 $H_2O(l)$ 被还原为 $H_2(g)$，电对的电极电势

E 随溶液 pH 的变化趋势，简称为"氢线"。

对于反应②，同样应用式(6.12b)：

$$E(O_2/H_2O) = E^{\ominus}(O_2/H_2O) + \frac{0.059\ V}{4}\lg[p_{O_2}^4(H^+)]$$

得

$$E(O_2/H_2O) = 1.23\ V - 0.059\ V\ pH \qquad (6.14)$$

式(6.14)也是直线方程，以 E 为纵坐标、pH 为横坐标作图，即 E-pH 图。式(6.14)的 E-pH 图也是直线，其斜率为–0.059，截距为1.23。该图表示 $H_2O(l)$ 被氧化为 $O_2(g)$，电对的电极电势 E 随溶液 pH 的变化趋势，简称为"氧线"。"氧线"与"氢线"的斜率相同，因此两直线互相平行。以上两条直线合称为 H_2O 的 E-pH 图(图6.9)。

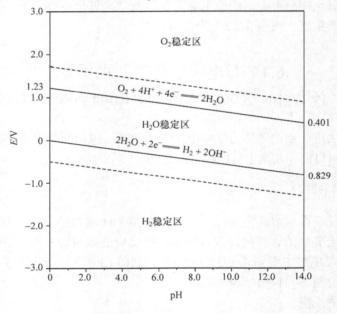

图 6.9　H_2O 的 E-pH 图

其他电对的 E-pH 图同法作出，并可以与 H_2O 的 E-pH 图画在同一图上，以方便对水溶液中的氧化还原反应情况做判断，如图 6.10 所示。

E-pH 图反映各电对电极电势 E 随水溶液 pH 变化的趋势。

对于电极反应中无 H^+ 和 OH^- 参与或生成的电对，在研究的 pH 范围内，其电极电势 E 不随溶液 pH 而变化，因此它们的 E-pH 图是斜率为 0 的直线。例如

$$F_2(g) + 2\ e^- \Longrightarrow 2\ F^-(aq)$$

$$I_2(s) + 2\ e^- \Longrightarrow 2\ I^-(aq)$$

$$Cu^{2+}(aq) + 2\ e^- \Longrightarrow Cu(s)$$

当 E-pH 图出现拐点时，意味着生成新的物质。例如，Fe^{3+}/Fe^{2+} 在酸性水溶液中稳定存在 $[E^{\ominus}(Fe^{3+}/Fe^{2+}) = 0.77\ V]$，但是，当 pH 升高时，生成 $Fe(OH)_3/Fe(OH)_2$。

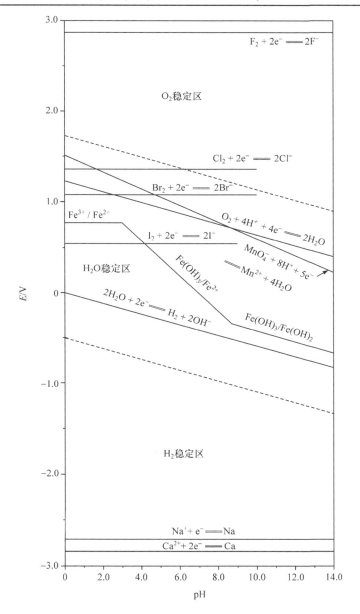

图 6.10　一些电对和 H_2O 的 E-pH 图

"氧线"和"氢线"把水溶液中电对的 **E-pH 图分为 3 个区域**。

(1) 一个电对的 E-pH 图如果位于"氧线"之上，按照"电极电势"的物理意义，该电对的氧化型物质将可以自发把 $H_2O(l)$ 氧化为 $O_2(g)$，$O_2(g)$ 在"氧线"之上的区域在热力学上是稳定的，该区域称为"氧稳定区"，简称为"氧区"。例如，电对 $F_2(g)/F^-$ 的 E-pH 图位于"氧区"，下列反应将自发进行：

$$2 F_2(g) + 2 H_2O(l) \Longrightarrow 4 HF(aq) + O_2(g)$$

(2) 一个电对的 E-pH 图如果位于"氢线"之下，按照"电极电势"的物理意义，该电对的还原型物质将可以自发把 $H_2O(l)$ 还原为 $H_2(g)$，$H_2(g)$ 在"氢线"之下的区域在热力学上是稳定的，该区域称为"氢稳定区"，简称为"氢区"。例如，电对 Na$^+$/Na 的 E-pH 图位于"氢区"，下列反应将自发进行：

$$2\,Na(s) + 2\,H_2O(l) = 2\,Na^+(aq) + 2\,OH^-(aq) + H_2(g)$$

(3) 如果一个电对的 E-pH 图位于"氧线"和"氢线"之间，无论它是氧化型物质，还是还原型物质，都不会自发与 $H_2O(l)$ 反应，在该区域电对的氧化型物质和还原型物质及 $H_2O(l)$ 在热力学上都是稳定的，因此把该区域称为"水稳定区"，简称为"水区"。例如，电对 Cu^{2+}/Cu 和 I$_2$/I$^-$ 的 E-pH 图落入此区内，无论其氧化型物质或是还原型物质，均不与 $H_2O(l)$ 反应，故在水溶液中可以稳定存在。

实际上，由于"电化学极化"引起的动力学原因，产生"过电势"，"氧线"向上平行移动约 0.5 V，而"氢线"向下平行移动约 0.5 V(图 6.9 和图 6.10 中的虚线)，导致实际的"水稳定区"扩大。

例如，KMnO$_4$ 在酸性-中性水溶液中，其 E-pH 图都在扩大的"水稳定区"内(但在理论上的"氧稳定区"内、"水稳定区"外)，室温下 KMnO$_4$ 水溶液可以稳定存在若干天，但会缓慢地把水氧化为氧气：

$$MnO_4^- + 8\,H^+ + 5\,e^- = Mn^{2+} + 4\,H_2O \qquad E^\ominus(MnO_4^-/Mn^{2+}) = 1.51\,V$$

$$MnO_4^- + 4\,H^+ + 3\,e^- = MnO_2(s) + 2\,H_2O \qquad E^\ominus(MnO_4^-/MnO_2) = 1.68\,V$$

久置的 KMnO$_4$ 水溶液会析出 MnO$_2$ 沉淀，需过滤并重新标定 KMnO$_4$ 浓度。

再如，Fe^{2+}/Fe 和 Sn^{2+}/Sn 在酸性水溶液中的 E-pH 图都在理论上的"氢稳定区"内，但是在扩大的"水稳定区"内，理论上 Fe 和 Sn 可以从 H_2O 中置换出 $H_2(g)$，而实际上室温下反应速率很小，只是与热水或水蒸气才会较快反应，析出氢气。

$$Fe(s) + 2\,H^+(aq) = Fe^{2+}(aq) + H_2(g) \qquad E^\ominus(Fe^{2+}/Fe) = -0.44\,V$$

$$Sn(s) + 2\,H^+(aq) = Sn^{2+}(aq) + H_2(g) \qquad E^\ominus(Sn^{2+}/Sn) = -0.14\,V$$

应用 E-pH 图，可以方便地了解不同电对的氧化型物质和还原型物质在水溶液中的热力学稳定性及其随溶液 pH 的变化；而且，根据电极电势的物理意义，**在 E-pH 图中位于上方的电对的氧化型物质，可以自发地把位于下方的另一电对的还原型物质氧化**。例如

$$MnO_4^- + 5\,Fe^{2+} + 8\,H^+ = Mn^{2+} + 5\,Fe^{3+} + 4\,H_2O$$

$$Cl_2(g) + 2\,Br^-(aq) = 2\,Cl^-(aq) + Br_2(l)$$

$$Cl_2(g) + 2\,I^-(aq) = 2\,Cl^-(aq) + I_2(s)$$

$$Br_2(l) + 2\,I^-(aq) = 2\,Br^-(aq) + I_2(s)$$

6.4.2　元素电势图

同一元素不同氧化态的物质，按照氧化数由高至低的顺序写出化学式，中间以"—"相连，并在"—"上方写出该电对的标准电极电势值，称为该元素的"元素电势图"(W. M. Latimer 图)。按水溶液酸碱性不同，"元素电势图"分为酸性溶液图[$a(H^+) = 1$](记为 $E_A^\ominus$)和碱性溶液图 [$a(OH^-) = 1$](记为 $E_B^\ominus$)两类。

例如，溴元素酸性溶液和碱性溶液的元素电势图：

$$E_A^{\ominus} / V \qquad BrO_3^- \underline{\quad 1.52 \quad} Br_2(l) \underline{\quad 1.065 \quad} Br^-$$

$$E_B^{\ominus} / V \qquad BrO_3^- \underline{\quad 0.519 \quad} Br_2(l) \underline{\quad 1.065 \quad} Br^-$$

应用元素电势图，可以方便地判断元素歧化反应或逆歧化反应自发进行的方向。

【例 6.13】　由上述溴元素在碱性溶液和酸性溶液的元素电势图，判断溴元素歧化反应或逆歧化反应自发进行的方向。

解　根据溴元素在碱性溶液的元素电势图，$E^{\ominus}(右) = E^{\ominus}(Br_2/Br^-)$，对应电极反应：

$$Br_2(l) + 2\,e^- \rightleftharpoons 2\,Br^- \qquad \qquad ①$$

$E^{\ominus}(左) = E^{\ominus}(BrO_3^- / Br_2)$，对应电极反应：

$$BrO_3^- + 3\,H_2O + 5\,e^- \rightleftharpoons \frac{1}{2}\,Br_2(l) + 6\,OH^- \qquad \qquad ②$$

式①× 5 –式②× 2，得

$$3\,Br_2(l) + 6\,OH^- \rightleftharpoons 5\,Br^- + BrO_3^- + 3\,H_2O$$

这是溴元素在碱性溶液的歧化反应，设计为原电池：

(−) Pt(s), Br$_2$(l) | BrO$_3^-$ (1 mol · dm^{-3}), OH$^-$(1 mol · dm^{-3}) ‖ Br$^-$ (1 mol · dm^{-3}) | Br$_2$(l), Pt(s) (+)

其标准电动势为

$$E_{池}^{\ominus} = E_+^{\ominus} - E_-^{\ominus} = E^{\ominus}(右) - E^{\ominus}(左) = 1.065\ V - 0.519\ V = 0.546\ V > 0\ V$$

所以，在碱性溶液、标准态下，正反应(歧化反应)自发进行。

根据溴元素在酸性溶液的元素电势图，$E^{\ominus}(右) = E^{\ominus}(Br_2/Br^-)$，对应电极反应：

$$Br_2(l) + 2\,e^- \rightleftharpoons 2\,Br^- \qquad \qquad ③$$

$E^{\ominus}(左) = E^{\ominus}(BrO_3^- / Br_2)$，对应电极反应：

$$BrO_3^- + 6\,H^+ + 5\,e^- \rightleftharpoons \frac{1}{2}\,Br_2(l) + 3\,H_2O \qquad \qquad ④$$

式③× 5 –式④× 2，约简系数，得

$$3\,Br_2(l) + 3\,H_2O \rightleftharpoons 5\,Br^- + BrO_3^- + 6\,H^+$$

这是溴元素在酸性溶液的歧化反应，设计为原电池：

(−) Pt(s), Br$_2$(l) | BrO$_3^-$ (1 mol · dm^{-3}), H$^+$(1 mol · dm^{-3})‖ Br$^-$ (1 mol · dm^{-3}) | Br$_2$(l) ,Pt(s) (+)

其标准电动势为

$$E_{池}^{\ominus} = E_+^{\ominus} - E_-^{\ominus} = E^{\ominus}(右) - E^{\ominus}(左) = 1.065\ V - 1.52\ V = -0.46\ V < 0\ V$$

所以，在酸性溶液、标准态下，正反应(歧化反应)非自发，而逆反应(逆歧化反应)自发进行。

由例 6.13 可知，**热力学标准态下，若 $E^{\ominus}(右) > E^{\ominus}(左)$，则歧化反应自发进行；若 $E^{\ominus}(右) < E^{\ominus}(左)$，则逆歧化反应自发进行。**

工业生产从海水中制备溴，就应用了先让溴元素在碱性溶液中歧化为 Br^- 和 BrO_3^-，以分离杂质，再让 Br^- 和 BrO_3^- 在酸性介质中逆歧化为 Br_2 的原理。

根据元素电势图，还可以由已知的标准电极电势计算未知的标准电极电势。

【例 6.14】　由氯元素在酸性溶液的元素电势图，试求 $E^{\ominus}(ClO_3^-/Cl^-)$。

$$E_{A}^{\ominus}/V \quad ClO_3^- \ \underline{1.47}_{E_1^{\ominus},\ n_1,\ \Delta G_1^{\ominus}} \ Cl_2(g) \ \underline{1.36}_{E_2^{\ominus},\ n_2,\ \Delta G_2^{\ominus}} \ Cl^-$$

$$E^{\ominus},\ n,\ \Delta G^{\ominus}$$

解 吉布斯自由能是广度性质，其变化量具有加和性，故

$$\Delta G^{\ominus} = \Delta G_1^{\ominus} + \Delta G_2^{\ominus}$$

$$-nFE^{\ominus} = (-n_1 FE_1^{\ominus}) + (-n_2 FE_2^{\ominus}) \qquad (n = n_1 + n_2)$$

$$E^{\ominus} = \frac{n_1 E_1^{\ominus} + n_2 E_2^{\ominus}}{n} = \frac{5 \times 1.47\ \text{V} + 1 \times 1.36\ \text{V}}{6} = 1.45\ \text{V}$$

6.5 化学电源与电解
(Chemical power source and electrolysis)

本节叙述电化学理论在化学电源和电解方面的应用。

6.5.1 化学电源

化学电源是指把化学能转变为电能的装置。原则上说，任何一个氧化还原反应都可以设计成为原电池，从而把化学能转变为电能。

原电池的工作原理已在 6.2 节详细论述。下面列举一些化学电源(原电池)及其应用的例子。

1. 锌锰干电池

常见的锌锰干电池(图 6.11)的正极是石墨(戴铜帽)，负极是锌(外壳)，两电极之间以 NH_4Cl、$ZnCl_2$ 和 MnO_2 浆状物填充。其电池表达式为

$$(-)\ Zn(s)\ |\ ZnCl_2,\ NH_4Cl,\ MnO_2\ |\ C\ (石墨),\ Cu(s)\ (+)$$

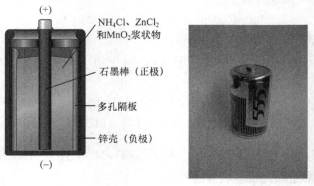

图 6.11 锌锰干电池

不同"相"之间也可以用"，"分隔。这种电池中没有"盐桥"。

放电时，负极反应为

$$Zn(s) \longrightarrow Zn^{2+}(aq) + 2\ e^-$$

正极反应为

$$MnO_2(s) + H^+(aq) + e^- \longrightarrow MnO(OH)(s)$$

$$2\,MnO(OH)(s) \longrightarrow Mn_2O_3(s) + H_2O(l)$$

合并，得总的放电反应：

$$Zn(s) + 2\,MnO_2(s) + 2\,H^+(aq) \longrightarrow Zn^{2+}(aq) + Mn_2O_3(s) + H_2O(l)$$

2. 氢氧燃料电池

氢氧燃料电池构造如图 6.12 所示。电池表达式为

$$(-)\,(Pt),\,H_2\,(p)\,|\,OH^-\,(c)\,|\,O_2\,(p),\,Pt\,(+)$$

p 和 c 分别表示气体压力和溶液浓度。

负极反应：

$$2\,H_2(g) + 4\,OH^-\,(aq) \longrightarrow 4\,H_2O(l) + 4\,e^-$$

正极反应：

$$O_2(g) + 2\,H_2O(l) + 4\,e^- \longrightarrow 4\,OH^-(aq)$$

放电总反应：

$$2\,H_2(g) + O_2(g) \longrightarrow 2\,H_2O(l)$$

由于反应物是 $H_2(g)$ 和 $O_2(g)$，产物是水，这种电池称为"最干净的能源"。已生产出以氢氧燃料电池为动力的汽车。

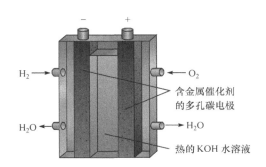

图 6.12　氢氧燃料电池构造示意图

3. 固态锂电池*

一种固态锂电池的构造如图 6.13(a)所示。

负极反应：$\qquad\qquad Li(s) \longrightarrow Li^+ + e^-$

正极反应：$\qquad\qquad TiS_2(s) + e^- \longrightarrow TiS_2^-$

放电总反应：$\qquad\qquad Li(s) + TiS_2(s) \longrightarrow Li^+ + TiS_2^-$

已生产出锂电池驱动汽车[图 6.13(b)]。

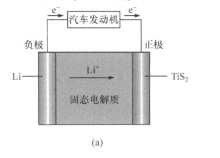

(a)

(b)

图 6.13　固态锂电池构造示意图(a)和使用锂离子电池的国产电动汽车(b)

6.5.2　电解*

电解(electrolysis)是使用直流电促使热力学非自发的氧化还原反应发生的过程。相应的装置称为**电解池**，即把电能转化为化学能的装置。

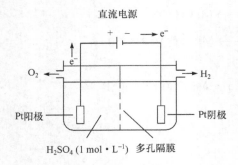

图 6.14　电解水使用的电解池构造示意图

电解水使用的电解池的构造见图 6.14。**与直流电源正极相连的电解池电极称为"阳极"**(anode)，**"阳极"表面总是发生氧化反应**；**与直流电源负极相连的电解池电极称为"阴极"**(cathode)，**"阴极"表面总是发生还原反应**。在电解池外电路，电子流动产生电流，而在电解池内部，则是正离子和负离子的定向运动。

以水的电解为例，说明"电解"的原理。水的分解反应为

$$H_2O(l) == H_2(g) + \frac{1}{2} O_2(g)$$

298 K 该反应的标准自由能变化为

$$\Delta_r G_m^{\ominus} = + 237 \text{ kJ} \cdot \text{mol}^{-1}$$

可见，标准态下，该反应是热力学非自发的反应。由 $\Delta_r G_m^{\ominus} = -nFE_{池}^{\ominus}$，得

$$E^{\ominus} = -1.23 \text{ V}$$

理论上说，只要对上述系统施加大于 1.23 V 的外加直流电压，这个反应就可以向右进行。这种由 $\Delta_r G_m^{\ominus}$ 或 $E_{池}^{\ominus}$ 做理论上计算的、使热力学非自发的氧化还原反应得以进行的最低外加电压，称为"理论分解电压"($E_{分,理}$)。但是，用铂作电极时，实验测得的分解电压约为 1.7 V，实验测得的分解电压称为"实际分解电压"($E_{分,实}$)。改变电极材料，实际分解电压也会发生变化。例如，用石墨作电极时，约为 2.02 V，而用铅作电极时，约为 2.2 V。

对于一个电解系统，实际分解电压与理论分解电压的差异起因于电池内阻($R_内$)引起的电压降($V = IR_内$)及产生"过电势"(overpotential)，属于"反应延缓"引起的动力学问题。过电势的出现使阳极实际电极电势($E_{+,实}$)更大，而阴极实际电极电势($E_{-,实}$)更小，因而实际分解电压大于理论分解电压。实际分解电压是阳极实际电极电势与阴极实际电极电势之差：

$$E_{分,实} = E_{+,实} - E_{-,实} \tag{6.15}$$

为了减少电解液的内阻，通常往水里加入低浓度的酸或碱电解质，如 H_2SO_4 或 NaOH 等。但是，电解时，SO_4^{2-} 或 Na^+ 并不放电。H_2O-H_2SO_4 系统的电解反应为

阳极反应：

$$H_2O(l) == \frac{1}{2} O_2(g) + 2 H^+(aq) + 2 e^-$$

阴极反应：

$$2 H^+(aq) + 2 e^- == H_2(g)$$

阳极反应式和阴极反应式相加，得电解总反应：

$$H_2O(l) == H_2(g) + \frac{1}{2} O_2(g)$$

如果是 H_2O-NaOH 系统，则电解反应为
阳极反应：

$$2 OH^-(aq) == \frac{1}{2} O_2(g) + H_2O(l) + 2 e^-$$

阴极反应：

$$2 H_2O(l) + 2 e^- == H_2(g) + 2 OH^-(aq)$$

阳极反应式和阴极反应式相加，得电解总反应：

$$H_2O(l) == H_2(g) + \frac{1}{2} O_2(g)$$

可见，电解 H_2O-H_2SO_4 系统和电解 H_2O-NaOH 系统的总反应相同，均是 $H_2O(l)$分解为 $H_2(g)$和 $O_2(g)$。H_2SO_4 和 NaOH 作为电解质，起着降低电解池内阻的作用。

再以电解 NaCl 水溶液为例，进一步说明电解的原理。

图 6.15 是电解 NaCl 水溶液电解池的示意图，阳极用石墨制成，连接直流电源的正极；阴极用铁网制成，连接直流电源的负极；电解液是 NaCl 水溶液，阳极区和阴极区之间用阳离子渗透膜(cation-permeable membrane)分隔，并分别设有氯气出口和氢气出口。

分析电解反应可能析出的产物：在阳极区溶液，是 H_2O 电离出来的 $OH^-(aq)$，还是 $Cl^-(aq)$ 被氧化、放电析出呢？由标准电极电势看，$E^\ominus(O_2/OH^-) = -0.401\ V$，$E^\ominus(Cl_2/Cl^-) = +1.36\ V$，似乎应该是 OH^- 被氧化、放电析出 $O_2(g)$。然而，由于 $O_2(g)$ 在石墨阳极的"过电势"大，$O_2(g)$ 在阳极析出的实际电极电势达 1.7 V，因此实际上在石墨阳极是 $Cl^-(aq)$ 被氧化、放电析出 $Cl_2(g)$。在阴极区溶液，由标准电极电势看，是 H_2O 电离出来的 $H^+(aq)$ 被还原、放电析出 $H_2(g)$，同时生成 $OH^-(aq)$，而不是 $Na^+(aq)$ 被还原。电解过程两电极的反应为

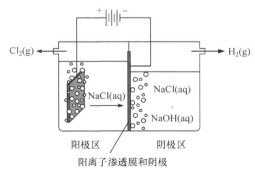

图 6.15　NaCl 水溶液电解池构造示意图

阳极反应：　　　$2\ Cl^-(aq) \longrightarrow Cl_2(g) + 2\ e^-$

阴极反应：$2\ H_2O(l) + 2\ e^- \longrightarrow H_2(g) + 2\ OH^-(aq)$

阴极区溶液中，由于消耗了 H_2O 电离出来的 H^+ 而生成 NaOH。

电解总反应：　　　$2\ Cl^-(aq) + 2\ H_2O(l) == H_2(g) + Cl_2(g) + 2\ OH^-(aq)$

本章教学要求

1. 理解氧化还原的基本概念。

2. 熟练运用"氧化数法"和"离子-电子法"配平氧化还原反应方程式。

3. 熟练运用"标准电极电势"，判断各电对物质的氧化还原性质及氧化还原反应自发进行的方向。

4. 掌握原电池工作原理；熟练掌握原电池电动势与其放电反应自由能变化和平衡常数的关系；掌握由热力学函数计算原电池的标准电动势及相应电极的标准电极电势；了解用电化学方法测定反应标准自由能变化和平衡常数；掌握把一个反应设计为原电池的方法。

5. 掌握影响电极电势因素，熟练运用能斯特方程做有关计算。

6. 掌握包括氧化还原平衡的多重平衡的有关计算。

7. 了解与电极电势有关的图形(E-pH 图、元素电势图)的物理意义及初步运用。

8. 了解化学电源和电解的原理。

习　　题

1. 计算下列化合物中右上角带"*"元素的氧化态：

$KC\overset{*}{l}O_3$，$NaC\overset{*}{l}O$，$H_2\overset{*}{O}_2$，$\overset{*}{O}_3$，$\overset{*}{S}_8$，$\overset{*}{C}_{60}$，$K\overset{*}{O}_2$，$Na_2\overset{*}{S}_2O_3$，$Cr_2\overset{*}{O}_7^{2-}$，$\overset{*}{S}_4O_6^{2-}$，$\overset{*}{N}H_4^+$，$\overset{*}{N}_2H_4$，$F\overset{*}{e}_3O_4$，$\overset{*}{Ni}(CO)_4$，$Na[\overset{*}{Co}(CO)_4]$，$H[\overset{*}{Mn}(CO)_5]$，$[F\overset{*}{e}(CN)_6]^{4-}$，$[Fe(\overset{*}{N}CS)_6]^{3-}$

2. 运用"氧化数法"和"离子-电子法"分别配平下列各氧化还原反应的方程式。

(1) $SO_2(g) + MnO_4^- \longrightarrow Mn^{2+} + SO_4^{2-}$　　　(2) $AgNO_3(s) \longrightarrow Ag(s) + NO_2(g) + O_2(g)$

(3) $CuS(s) + HNO_3(浓) \longrightarrow CuSO_4 + NO_2(g)$　　(4) $Cr_2O_7^{2-} + H_2O_2 \longrightarrow Cr^{3+} + O_2(g)$

(5) $Cl_2(g) + CN^- + OH^- \longrightarrow Cl^- + OCN^-$　　(6) $I_2(s) + OH^- \longrightarrow I^- + IO_3^-$

3. 根据标准电极电势数值，排列标准态水溶液中下列电对的氧化型物质的氧化性强弱顺序和还原型物质的还原性强弱顺序。

Fe^{3+}/Fe^{2+}，Zn^{2+}/Zn，Cu^{2+}/Cu，Sn^{2+}/Sn，MnO_4^-/Mn^{2+}，F_2/F^-，Ca^{2+}/Ca，$S_4O_6^{2-}/S_2O_3^{2-}$，I_2/I^-，Cl_2/Cl^-，Br_2/Br^-，O_2/H_2O，$Cr_2O_7^{2-}/Cr^{3+}$，PbO_2/Pb^{2+}，$S_2O_8^{2-}/HSO_4^-$

4. 根据标准电极电势数值，判断以下反应在标准态下自发进行的方向，计算反应在 298 K 时的标准平衡常数。

(1) $5\ Br^-(aq) +\ BrO_3^-\ (aq) + 6\ H^+(aq) == 3\ Br_2(l) + 3\ H_2O(l)$

(2) $I_2(s) +\ 2S_2O_3^{2-}\ (aq) == 2\ I^-(aq) + S_4O_6^{2-}\ (aq)$

5. 写出以下电对在酸性介质的电极反应式和相应的能斯特方程。

Hg_2Cl_2/Hg，$HF(aq)/H_2$，CuI/Cu，$[Fe(CN)_6]^{3-}/[Fe(CN)_6]^{4-}$

6. 写出以下电对在碱性介质的电极反应式和 298 K 下相应的能斯特方程。

O_2/OH^-，$[Fe(OH)_4]^-/[Fe(OH)_4]^{2-}$，$AsO_4^{3-}/AsO_2^-$，$H_2O/H_2$

7. 把下列电对的标准电极电势从大到小排列，并简单说明判断依据。

$AgBr/Ag$，Ag^+/Ag，$AgCl/Ag$，$[Ag(NH_3)_2]^+/Ag$，$[Ag(CN)_2]^-/Ag$，$[Ag(S_2O_3)_2]^{3-}/Ag$

8. 解释以下事实：

(1) 金属铁能置换铜离子(Cu^{2+})，而 $FeCl_3$ 溶液又能腐蚀铜板。

(2) 硫化钠溶液久置后颜色加深。

(3) 硫酸亚铁溶液久置后会变黄。

(4) 过氧化氢是实验室常用的理想氧化剂。

9. 实验室中，可以分别用 $KMnO_4$ 或 $K_2Cr_2O_7$ 或 MnO_2 为氧化剂，氧化 $Cl^-(aq)$，以制备氯气。假设以下反应中除 $HCl(aq)$ 外，有关的离子浓度均为 $1.00\ mol \cdot dm^{-3}$，气体分压力均为 $1.00 \times 10^5\ Pa$，欲使下列反应向正反应方向自发进行，需要的 $HCl(aq)$ 最低浓度为多少？这说明实验室制备氯气的反应条件有什么区别？

(1) $KMnO_4 + HCl \longrightarrow MnCl_2 + KCl + Cl_2 + H_2O$

(2) $K_2Cr_2O_7 + HCl \longrightarrow KCl + CrCl_3 + Cl_2 + H_2O$

(3) $MnO_2 + HCl \longrightarrow MnCl_2 + Cl_2 + H_2O$

10. 写出以下原电池的电极反应式、电池放电反应方程式，并计算原电池电动势和放电反应的标准自由能变和标准平衡常数。

(1) $(-)\ (Pt)\ |\ H_2\ (1\ p^{\ominus})\ |\ H^+\ (1.0\ mol \cdot dm^{-3})\ \|\ KCl(饱和)\ |\ Hg_2Cl_2(s)\ |\ Hg(l)\ |\ (Pt)\ (+)$

(2) $(-)(Pt)\ |\ H_2\ (1\ p^{\ominus})\ |\ HAc(1.0\ mol \cdot dm^{-3})\ \|\ OH^-\ (1.0\ mol \cdot dm^{-3})\ |\ O_2\ (1\ p^{\ominus})\ |\ (Pt)\ (+)$

(3) $(-)Ag(s)\ |\ AgCl(s)\ |\ Cl^-(1.0\ mol \cdot dm^{-3})\ \|\ Ag^+(1.0\ mol \cdot dm^{-3})\ |\ Ag(s)\ (+)$

(4) $(-)Ag(s)\ |\ CN^-(1.0\ mol \cdot dm^{-3}),\ [AgCN_2]^-(1.0\ mol \cdot dm^{-3})\ \|\ Ag^+(1.0\ mol \cdot dm^{-3})\ |\ Ag(s)\ (+)$

11. 用电化学方法可以测定一些反应的热力学函数。把下列反应分别设计为原电池，写出电极反应式，求 298 K 原电池的标准电动势及反应的标准自由能变和标准平衡常数。

(1) $5\ SO_2(g) +\ 2\ MnO_4^-\ (aq) + 2\ H_2O(1) == 2\ Mn^{2+}(aq) + 5\ SO_4^{2-}\ (aq) + 4\ H^+(aq)$

(2) $H^+(aq) + OH^-(aq) == H_2O(l)$

12. 设计下列原电池，测定 $AgI(s)$ 的 $K_{sp}^{\ominus}$。

$$(-)\ Ag(s),\ AgI(s)\ |\ I^-\ (0.0100\ mol \cdot dm^{-3})\ \|\ Ag^+\ (0.0100\ mol \cdot dm^{-3})\ |\ Ag(s)\ (+)$$

测得该电池的电动势为 0.713 V，求 $AgI(s)$ 的 $K_{sp}^{\ominus}$。

13. 已知：

$$H_3AsO_4(aq) + 2\ H^+(aq) + 2\ e^- == HAsO_2(aq) + 2\ H_2O(l) \qquad E^{\ominus} = +0.560\ V$$

$$I_2(s) + 2\ e^- == 2\ I^-(aq) \qquad\qquad E^{\ominus} = +0.5355\ V$$

(1) 作出上述反应的 E-pH 图(至 pH = 9.00)。

(2) 设计一实验方案，用于定量检测溶液样品中 As 元素的含量。

14. 铬元素在酸性介质中的部分元素电势图如下:

$$E_A^\ominus / V \qquad Cr_2O_7^{2-} \xrightarrow{\;1.36\;} Cr^{3+} \xrightarrow{\;-0.424\;} Cr^{2+} \xrightarrow{\;-0.90\;} Cr(s)$$

(1) 求 $E^\ominus(Cr_2O_7^{2-}/Cr^{2+})$。

(2) 求下列逆歧化反应的标准平衡常数。

$$Cr_2O_7^{2-} + 6\,Cr^{2+} + 14\,H^+ =\!=\!= 8\,Cr^{3+} + 7\,H_2O$$

(3) 在酸性水溶液介质中,Cr^{2+} 是否可以稳定存在? 为什么?

(龚孟濂)

第 7 章　配位化合物与配位平衡
(Coordination compound and coordination equilibria)

配位化合物(coordination compound 或 complex)简称配合物，是配位化学研究的对象。其历史最早可追溯到 1704 年普鲁士人发现的第一个配合物——普鲁士蓝。1893 年瑞士化学家维尔纳(Alfred Werner)在德国《无机化学学报》发表了论文《关于无机化合物的结构问题》，成为配位化学分支学科建立的标志。在经过 120 多年发展后的今天，配位化学已打破传统的无机化学、有机化学、物理化学和生物化学的界限，成为各分支化学的交叉点，在化学学科中具有重要地位。现代分离技术、配位催化和化学模拟生物固氮等都与配位化学有着密切的关系，配合物也广泛应用于工业、农业、国防、医药和航空航天等许多重要领域。

本章首先介绍配合物的基本概念，然后重点叙述配合物的结构理论——价键理论和晶体场理论，论述配位解离平衡及它与沉淀溶解平衡、氧化还原平衡共存的相互关系。

7.1　配位化合物的基本概念
(Basic concepts of coordination compound)

7.1.1　配位化合物的定义

1980 年中国化学会给"配合物"定义："**配位化合物(简称配合物)是由可以给出孤对电子或多个不定域电子的一定数目的离子或分子(称为配体)和具有接受孤对电子或多个不定域电子的空位原子或离子(统称为中心原子)按一定组成和空间构型所形成的化合物。**"可见，配合物是一种由配体和中心原子(离子)相结合而形成的复杂化合物；中心原子(离子)提供空轨道，是电子对的接受体，即 Lewis 酸；配位体提供孤对电子，是电子对给予体，即 Lewis 碱。中心原子(离子)和配体间的结合形成了配位键，构成了"配位单元"(coordination unit)。配位键的存在是配合物与其他物质最本质的区别。配位单元是由配位共价键结合起来的，所以相对稳定。配位单元可以是阳离子物种{如$[Cu(NH_3)_4]^{2+}$、$[Co(NH_3)_6]^{3+}$}、阴离子物种{如$[Fe(CN)_6]^{4-}$、$[Co(SCN)_4]^{2-}$}或电中性物种{如$[Cu(NH_2CH_2COO)_2]$、$[Ni(CO)_4]$}。配位单元带电荷时，也可称为"配离子"。配位单元的存在是配合物的主要特征。为了突出配位单元的存在，习惯上用"[ ]"将其标出。配离子与异号电荷的离子结合即形成"配合物"，如$[Co(NH_3)_6]Cl_3$、$K_4[Fe(CN)_6]$等，而电中性的配位单元本身即是配合物，如$[Ni(CO)_4]$。

7.1.2　配位化合物的组成

配合物一般由"内界"和"外界"两部分构成。配位单元为内界，而带有与内界异号电荷的离子为外界，例如，在配合物$[Co(NH_3)_6]Cl_3$ 中，内界为$[Co(NH_3)_6]^{3+}$，外界为 Cl^-；而中性配位单元作为配合物的$[Ni(CO)_4]$则无外界。

1. 中心原子(离子)和配体

配合物的内界由中心原子(离子)和配体构成。处于配位单元结构中心部位的原子或离子统称为"中心原子"(central atom)。几乎所有元素的原子都可以作为中心原子(离子)，但最常见的中心原子(离子)是具有 9～17 电子构型的 d 区金属离子和具有 18 电子构型的 ds 区金属离子，如 Fe^{3+}、Co^{3+}、Cu^{2+}、Ag^+ 等。s 区金属离子如叶绿素中的 Mg^{2+} 及 p 区一些高氧化态的非金属元素也是常见的中心原子(离子)，如 BF_4^- 中的 B(Ⅲ)、SiF_6^{2-} 中的 Si(Ⅳ) 和 PF_6^- 中的 P(Ⅴ)。0 价金属或负价金属也可以作为中心原子(离子)，多见于金属羰基配合物中，如 $Ni(CO)_4$、$Fe(CO)_5$ 和 $[Ti(CO)_6]^{2-}$、$[M(CO)_4]^{2-}$ (M = Fe、Ru、Os)。

与中心原子(离子)结合的分子或离子称为"配位体"(ligand)，简称"配体"。只有一个配位原子的配体称为"单齿配体"，含有两个或两个以上配位原子的配体称为"多齿配体"，如乙二胺四乙酸根，其中含有的 2 个 N、4 个 O 均可配位，所以它是一个六齿配体。常见配体及其结构见表 7.1。某些配体，可配位的原子不止一个，如 SCN⁻(或 NCS⁻)、NO_2^-(ONO⁻)，但两个配位原子不可能同时配位，仍是单齿配体；某些配体，如无机含氧酸根 CO_3^{2-}、SO_4^{2-} 及乙酸根、乙二酸根等，既可以是单齿配体也可以是双齿配体，属于两可配体。OH⁻、Cl⁻也可以提供两对电子，作为桥联配体。

表 7.1　配体类型及举例

类型	例子
单齿配体	
卤素离子	F⁻(氟)、Cl⁻(氯)、Br⁻(溴)、I⁻(碘)
氧配位	H_2O(水)、OH⁻(羟基)、CH_3COO^-(乙酸根)、ONO⁻(亚硝酸根)
硫配位	SCN⁻(硫氰酸根)，$S_2O_3^{2-}$ (硫代硫酸根)
氮配位	NH_3(氨)、NH_2^-(氨基)、NO_2^-(硝基)、NCS⁻(异硫氰酸根)、CN⁻(异氰根)、C_5H_5N(吡啶 Py)
碳配位	CO(羰基)、CN⁻(氰根)
双齿配体	
氧配位	$\left[\begin{array}{c} O \\ \| \\ O-C-C-O \\ \| \\ O \end{array}\right]^{2-}$ 或⁻OOC—COO⁻ (乙二酸根，$C_2O_4^{2-}$，缩写 Ox^{2-})
氮配位	$H_2N\diagup\diagdown NH_2$ 或　$H_2N—CH_2—CH_2—NH_2$ (乙二胺，缩写 en)
多齿配体	$\begin{array}{ccc} O & & O \\ \| & & \| \\ O-C-CH_2 & & CH_2-C-O \\ \diagdown & & \diagup \\ N-CH_2-CH_2-N \\ \diagup & & \diagdown \\ O-C-CH_2 & & CH_2-C-O \\ \| & & \| \\ O & & O \end{array}$ **(乙二胺四乙酸根，缩写 EDTA⁴⁻)(六齿)**

提供孤对电子、与金属离子形成σ配位键的配体，称为σ键配体；采用其π键上的电子进行配位的，称为π键配体，如 Zeise 盐{K[PtCl$_3$(C$_2$H$_4$)]}中的乙烯、二茂铁[Fe(C$_5$H$_5$)$_2$]中的环戊二烯。

2. 配位原子和配位数

配位体中与中心原子(离子)直接键合的原子称为"配位原子"，即提供孤对电子的原子，常见的配位原子是位于元素周期表右边电负性较大的一些非金属元素的原子，如表 7.1 中的 O、S、N。

配位单元中与中心原子(离子)直接成键的配位原子的个数称为"配位数"(coordination number，C.N.)。例如，[Zn(NH$_3$)$_4$]$^{2+}$中 Zn(Ⅱ)离子的配位数为 4；[Co(en)$_3$]$^{3+}$中 Co(Ⅲ)离子的配位数为 6，因为直接和 Co(Ⅲ)离子配位的有来自于三个乙二胺上的六个氮原子。同样可知配离子[Fe(C$_2$O$_4$)$_3$]$^{3-}$、[Ca(EDTA)]$^{2-}$中 Fe(Ⅲ)离子、Ca(Ⅱ)离子的配位数为 6。配位数一般为偶数(2、4、6、8)，其中最常见的是 4 和 6；配位数为奇数(3、5、7)的配位单元较少。图 7.1 为几种配合物的结构图。

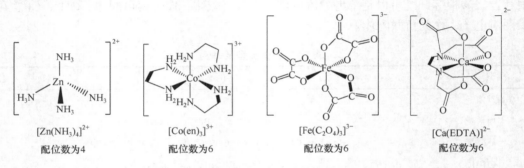

| [Zn(NH$_3$)$_4$]$^{2+}$ | [Co(en)$_3$]$^{3+}$ | [Fe(C$_2$O$_4$)$_3$]$^{3-}$ | [Ca(EDTA)]$^{2-}$ |
| 配位数为4 | 配位数为6 | 配位数为6 | 配位数为6 |

图 7.1 几种配合物的结构图

配位数的多少与中心原子(离子)的电荷、半径及配体的电荷、半径有关。

(1) **中心离子(原子)电荷数越高，外层电子空轨道越多，半径越大，周围能容纳的配体就越多，配位数越高**。例如，与 Cl$^-$形成配合物时 Pt^{2+}配位数为 4{[PtCl$_4$]$^{2-}$}、Pt^{4+}配位数为 6{[PtCl$_6$]$^{2-}$}。半径越大配位数越高，通常来说，第二周期的中心离子，其最大配位数是 4，如[BF$_4$]$^-$；第三、第四周期中心离子，其最大配位数是 6，如[AlF$_6$]$^{3-}$；第五、第六周期中心离子，其最大配位数则可以达到 10，如[La(EDTA)(H$_2$O)$_4$]。

(2) **从配体角度看，配体的体积越小，在中心离子(原子)周围能容纳的配体就越多，配位数越高**。例如，Fe^{3+}与半径大的 Cl$^-$只能形成 4 配位的[FeCl$_4$]$^-$，但与半径较小的 F$^-$能形成[FeF$_6$]$^{3-}$。配体的负电荷高时，增加了配体之间的斥力，使得配位数减少；如 Fe^{3+}与 C$_2$O$_4^{2-}$形成 6 配位的[Fe(C$_2$O$_4$)$_3$]$^{3-}$，但与 PO$_4^{3-}$只能形成 4 配位的[Fe(PO$_4$)$_2$]$^{3-}$。

(3) **配合物生成条件：配体浓度越高、温度越低，配位数越高**。所以在合成配合物时，通常配体过量，以便达到最高配位数。

7.1.3 配位化合物的命名

配合物的命名遵循无机化合物命名的一般原则：在内、外界之间先阴离子，后阳离子；但配位单元的结构比较复杂，需按统一的命名规则。根据 1979 年中国化学会无机专业委员会制定的**汉语命名原则，把配位单元看成一个整体，在配位单元内先配体，后中心原子(离子)，中间加 "合"，同时中心原子(离子)后加(罗马数字)注明价态**。例如

$$[Co(NH_3)_6]Cl_3 \qquad 三氯化六氨合钴(III)$$

若配位单元为阴离子，则在内外界之间加 "酸" 字：

$$K_2[SiF_6] \qquad 六氟合硅(IV)酸钾$$

在配体前加数字一、二、三表示配体的个数，不同配体之间用 " · " 隔开。"一" 可以省略：

$$[Co(NH_3)_5H_2O]Cl_3 \qquad 三氯化五氨 · 一水合钴(III)$$

易引起误解的需给配体加上括号，如二(三苯基膦)。

对于不同的配体，通常遵循以下先后顺序：

(1) 先无机配体，后有机配体。

$$PtCl_2(Ph_3P)_2 \qquad 二氯 · 二(三苯基膦)合铂(II)$$

(2) 先阴离子配体，后中性分子配体。

$$K[PtCl_3(NH_3)] \qquad 三氯 · 一氨合铂(II)酸钾$$

(3) 同类配体中，先后顺序按配位原子的元素符号在英文字母表中的次序。

$$[Co(\mathbf{N}H_3)_5H_2\mathbf{O}]Cl_3 \qquad 三氯化五氨 · 一水合钴(III)$$
$$[Pt(\mathbf{N}H_3)_2\mathbf{Cl}_2\mathbf{Br}_2] \qquad 二溴 · 二氯 · 二氨合铂(IV)$$

7.1.4　配位化合物的异构现象

"异构"(isomerism)是指化学式相同但结构不同的现象。配合物的异构现象主要分两大类："结构异构"(也称为 "构造异构")和 "立体异构"(也称为 "空间异构")。

1. 结构异构

组成相同但键联关系不同，是结构异构的特点。配位化合物内、外界之间完全解离，若内、外界之间交换成分，则得到的配合物与原来的配合物之间互为结构异构体。由于配合物中的阴离子在内、外界的位置不同，因而它们在水溶液中解离出的离子也不相同，从而导致物理和化学性质的差异。例如

$$[Co(NH_3)_5Br]SO_4(紫色) \longrightarrow [Co(NH_3)_5Br]^{2+}+SO_4^{2-}$$

$$[Co(NH_3)_5SO_4]Br(红色) \longrightarrow [Co(NH_3)_5SO_4]^{+}+Br^{-}$$

2. 立体异构

立体异构的特点是键联关系相同，但配体在中心原子(离子)周围空间排列方式不同。其中配体相互位置不同的称为 "顺反异构" 或 "几何异构"；而配体相互位置相同但配体在空间的取向不同的称为 "旋光异构" 或 "对映异构"。

1) 顺反异构

顺反异构主要发生在配位数为 4 的平面正方配合物和配位数为 6 的正八面体配合物中。例如，$Pt(NH_3)_2Cl_2$ 为平面正方形结构，有顺式和反式两种异构体(图 7.2)。其顺式异构体俗称 "顺铂"，是抗癌药物。一般认为其抗癌机理是 DNA 双螺旋上的碱基取代顺铂的两个氯后使其

得以固定下来，因而抑制了 DNA 的非正常生长和复制。

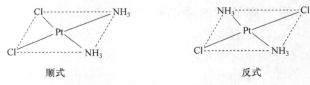

顺式　　　　　　　　　　　反式

图 7.2　"顺铂""反铂"结构图

一般用"顺-"(*cis*-)表示顺式异构体，用"反-"(*trans*-)表示反式异构体。图 7.2 中左面的异构体命名为顺-二氯·二氨合铂(Ⅱ)或 *cis*-二氯·二氨合铂(Ⅱ)，右面的异构体命名为反-二氯·二氨合铂(Ⅱ)或 *trans*-二氯·二氨合铂(Ⅱ)。

配位数为 6 的八面体结构配位单元的几何异构现象更复杂。例如，有两种配体的 Ma_2b_4 和 Ma_3b_3 各有 2 种几何异构体，见图 7.3。

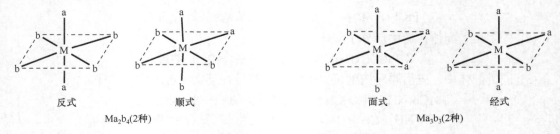

反式　　　　　　　　顺式　　　　　　　　　　　面式　　　　　　　　经式

Ma_2b_4(2种)　　　　　　　　　　　　　　　　　Ma_3b_3(2种)

图 7.3　八面体配合物 Ma_2b_4 和 Ma_3b_3 的几何异构体

2) 旋光异构及手性配合物

配体的相互位置不一致，除可形成几何异构外还能形成旋光异构。旋光异构好比左右手一样，互为镜像却不能在三维空间中重合。互为镜像的两个配位单元，其配体的相互位置肯定是一致的，但因配体在空间的取向不同，两者不能重合，即为旋光异构体。旋光异构体熔点相同，但光学性质不同。顺式的配位单元 $Ma_2b_2c_2$ 有旋光异构体，如图 7.4 所示。

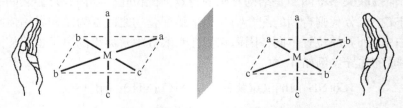

图 7.4　$Ma_2b_2c_2$ 的旋光异构体(手性分子)

在合成过程中一般首先得到的是"外消旋体"，即两种旋光异构体各占 50%的混合物，需要经过"手性拆分"才能获得纯的某种异构体。手性配合物最广泛的用途是作催化剂，用于药物合成等。

7.2　配位化合物的结构理论
(Structural theories of coordination compound)

描述配位化合物结构与成键的理论主要有价键理论、晶体场理论、配位场理论、分子轨道理论、角重叠模型。本节介绍前两种理论。

7.2.1 价键理论

1. 配位化合物的成键过程及空间几何构型

把杂化轨道理论(5.2.3 小节)应用于配位化合物的结构与成键研究，就形成配位化合物的价键理论。与一般无机化合物相比，用杂化轨道理论分析配合物结构与成键的主要差异是：①配合物中心体多为阳离子(也可以是中性原子或阴离子)，而一般无机化合物多为中性原子；②配合物中心原子(M)或中心离子(M^{n+})有空的杂化轨道，配位体(L)有孤对电子，形成配位键 M←L，而一般无机化合物分子中多为共价键，不一定有配位键(如 SF_6)。

【例 7.1】 用杂化轨道理论讨论 SF_6 和 $[FeF_6]^{3-}$ 的成键过程。

解 SF_6 为一般无机化合物，$[FeF_6]^{3-}$ 为配离子。S 原子基态价电子构型为 $3s^2 3p^4$，发生 $sp^3 d^2$ 杂化后，每个杂化轨道上有一个电子，分别接受来自 F 原子 2p 轨道上的一个单电子，形成 6 个共价键。分子空间构型为正八面体。成键过程图示如下：

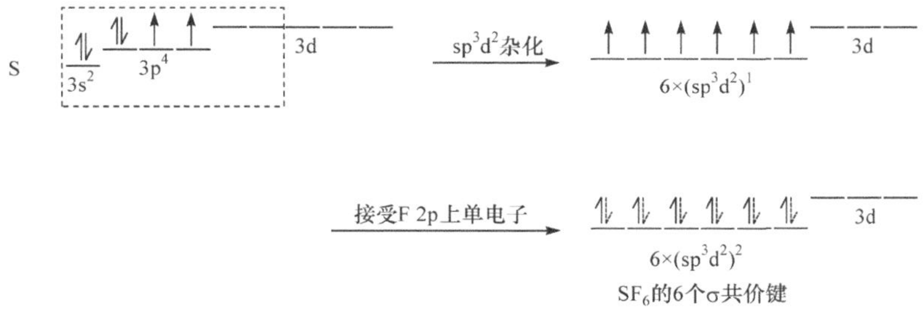

Fe^{3+} 基态电子构型为 $3d^5$。由 Fe^{3+} 进行 $sp^3 d^2$ 杂化，组成 6 个空的 $sp^3 d^2$ 杂化轨道，6 个 F^- 提供孤对电子进入这 6 个空的 $sp^3 d^2$ 杂化轨道形成 6 个 σ 配位键，形成 $[FeF_6]^{3-}$ 正八面体。成键过程图示如下。

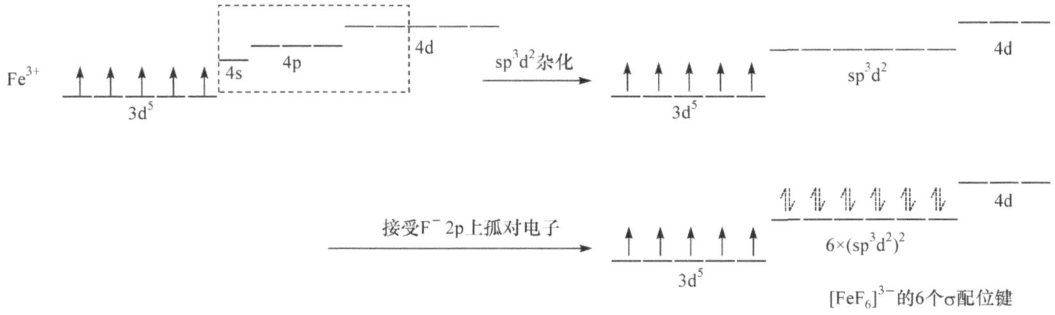

2. 配位化合物的空间几何构型

与一般无机化合物类似的是：**配位单元的几何构型由中心原子(离子)空轨道的杂化类型决定**。配合物中心原子(离子)的杂化方式包括 sp、sp^2、sp^3、dsp^2、$sp^3 d(dsp^3)$、$sp^3 d^2(d^2 sp^3)$ 等类型。对应的配位单元的几何构型分别是直线形、三角形、正四面体、平面正方形、三角双锥、正八面体，如表 7.2 所示。

表7.2　常见配位单元的几何构型与中心原子(离子)的轨道杂化方式

配位数	杂化轨道类型	几何构型	实例
2	sp	直线形	$[Ag(CN)_2]^-$
3	sp^2	三角形	$[HgI_3]^-$
4	sp^3	正四面体	$[Zn(NH_3)_4]^{2+}$
4	dsp^2	平面正方形	$[PtCl_4]^{2-}$
5	sp^3d	三角双锥	$[Fe(NCS)_5]^{2-}$
5	dsp^3	三角双锥	$Fe(CO)_5$
6	sp^3d^2	正八面体	$[Fe(H_2O)_6]^{2+}$
6	d^2sp^3	正八面体	$[Fe(CN)_6]^{4-}$

　　如果配位原子的电负性很大,如卤素、氧原子(H_2O)等,不易给出孤对电子,中心离子的电子结构将不发生变化,仅用外层的空轨道ns、np、nd进行杂化,生成能量相同,数目相等的杂化轨道与配体结合。这种中心离子仍保持自由离子状态的电子构型,配体的孤对电子仅进入外层空轨道而形成 sp、sp^2、sp^3、sp^3d 或 sp^3d^2 等外层杂化轨道的配离子,称为"外轨型配离子",相应的配合物称为"外轨型配合物"(outer orbital complex)。例如,$[FeF_6]^{3-}$(例7.1),配体的电子对进入中心原子(离子)的外层空轨道,配合物成单电子数为5。

　　如果配位原子的电负性相对较小,如碳(氰根 CN^-)、氮(硝基 NO_2^-),较易给出孤对电子,对中心离子的影响较大,使其电子层结构发生变化,$(n-1)d$ 轨道上的成单电子被强行"压缩"成对(需要的能量称为"电子成对能",P),腾出内层能量较低的 d 轨道接受配位体的孤对电子,发生 dsp^2、dsp^3 或 d^2sp^3 杂化,从而形成内轨配合物(inner orbital complex)。例如,$[Ni(CN)_4]^{2-}$ 和$[Fe(CN)_6]^{3-}$(例7.2)。

【例7.2】　描述$[Ni(CN)_4]^{2-}$和$[Fe(CN)_6]^{3-}$的杂化成键过程。

　　解　Ni^{2+}基态电子构型为 $3d^8$。在形成$[Ni(CN)_4]^{2-}$过程中,配体 CN^-对中心离子 d 电子的作用强,迫使 Ni^{2+}的 d 电子调整为只占 4 个 d 轨道并自旋配对,使 1 个 d 轨道空出来;然后由这个 3d 轨道与 1 个 4s 和 2 个 4p 轨道组成 4 个空的 dsp^2 杂化轨道,4 个 CN^-中配位原子碳的孤对电子进入这 4 个空的 dsp^2 杂化轨道形成σ配位键,生成$[Ni(CN)_4]^{2-}$。配离子几何构型为平面正方形,成单电子数为0。

　　Fe^{3+}基态电子构型为 $3d^5$。在形成$[Fe(CN)_6]^{3-}$过程中,配体 CN^-对中心离子 d 电子的作用强,迫使 Fe^{3+}的 d 电子调整为只占 3 个 d 轨道并自旋配对,使 2 个 d 轨道空出来;然后由这 2 个 3d 与 1 个 4s 和 3 个 4p 轨道形成 6 个空的 d^2sp^3 杂化轨道,6 个 CN^-中配位原子碳的孤对电子进入这 6 个空的 d^2sp^3 杂化轨道形成σ配位键,生成$[Fe(CN)_6]^{3-}$。配离子几何构型为正八面体，成单电子数为 1。

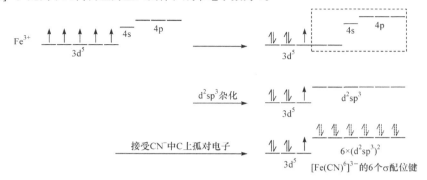

究竟是采取内层轨道成键形成内轨配合物，还是采用外层轨道成键形成外轨配合物，不仅与配位原子的电负性有关，还与配位数、中心原子(离子)电荷数和电子结构、配体性质等因素有关。例如，Ni^{2+}具有 $3d^8$ 构型，8 个电子至少要占用 4 个 d 轨道，所以在与 NH_3 形成配位数为 6 的八面体配合物时，只能形成外轨型配合物(sp^3d^2 杂化)；对于不同的中心原子(离子)，NH_3、Cl^-、RNH_2 等配体既可能形成内轨型配合物，也可能形成外轨型配合物，最终成键类型以实测结果为准。

3. 配位化合物的磁性

一般可用磁性测量来决定配合物是"内轨型"还是"外轨型"。因为物质的磁性与组成物质的原子(或分子)中的成单电子的数目和运动状态有关。磁性可用磁性测量仪器，如磁天平、振动样品磁强计等测出。磁矩与原子或离子中未成对电子数之间的关系可用近似的关系式表示为

$$\mu = \sqrt{n(n+2)}\mu_B \tag{7.1}$$

式中，μ 为磁矩，单位 $A \cdot m^2$(安·米 ^{2})；μ_B 为玻尔磁子(也可记作 B.M.)，$\mu_B = 9.274 \times 10^{-24} A \cdot m^2$；$n$ 为未成对电子数。利用式(7.1)得到的第四周期过渡元素配合物的磁矩计算值和实验值基本相符。因此，测定配合物的磁矩就可以了解中心离子的电子结构。如果为外轨型配合物，电子结构没有发生变化，未成对电子数就和自由中心离子一样；而形成内轨型配合物时，中心离子的电子结构大多会发生变化，未成对的电子数会减少。

【**例 7.3**】 根据实验测得的有效磁矩，判断下列各种离子分别有多少个未成对电子。哪个是外轨型配离子？哪个是内轨型配离子？

(1) $[Fe(en)_3]^{2+}$ 5.5 B.M.   (2) $[Mn(SCN)_6]^{4-}$ 6.1 B.M.

(3) $[Mn(CN)_6]^{4-}$ 1.8 B.M.   (4) $[Pt(CN)_4]^{2-}$ 0 B.M.

解 (1) 5.5 B.M. $= \sqrt{n(n+2)}$ B.M.，$n = 4$，是外轨型配离子。

(2) 6.1 B.M. $= \sqrt{n(n+2)}$ B.M.，$n = 5$，是外轨型配离子。

(3) 1.8 B.M. $= \sqrt{n(n+2)}$ B.M.，$n = 1$，是内轨型配离子。

(4) 0 B.M. $= \sqrt{n(n+2)}$ B.M.，$n = 0$，是内轨型配离子。

价键理论(杂化轨道理论)解释了配位化合物的成键过程及空间几何构型，但理论本身并不能预测配合物属于外轨型还是内轨型配合物，需要使用实验测定磁矩等方法来帮助判断。

7.2.2 晶体场理论

晶体场理论是一种改进的静电理论，它将配位体看作点电荷或偶极子，着重讨论中心原子(离子)5 个等价 d 轨道在配体静电场作用下产生的能级分裂。其要点如下：

(1) 中心原子(离子)M 处于带电的配位体 L 形成的静电场中，两者以静电作用结合。

(2) 晶体场对 M 的 d 电子产生排斥作用，使之发生能级分裂，分裂类型与配合物的空间构型有关，分裂的程度则与中心离子及配体的性质有关。

(3) 中心原子(离子)的 d 电子在能级分裂后仍然按泡利不相容原理、能量最低原理和洪德规则三原则排布，有可能使系统总能量降低，其降低值称为“晶体场稳定化能”。

1. 晶体场中的中心原子(离子)d 轨道

1) 晶体场中中心原子(离子)d 轨道的能级分裂

在配合物中，配体用电子对向中心原子(离子)配位，可以看作在中心原子(离子)周围形成负电场。而 d 轨道往往有电子，则 d 轨道与配体的负电场有排斥作用。5 个 d 轨道处于电场中，根据电场的对称性不同，各轨道能量升高的幅度不相同，即原来的简并轨道将发生“能级分裂”。分裂的程度可用晶体场分裂能(splitting energy)Δ 来表示，Δ 表示最高能级和最低能级之间的能量差。

首先假设自由的中心离子被置于假想的球形负电场的中心，由于中心离子的 5 个 d 轨道都受到球形负电场相同的排斥作用，它们的能量同等升高，但仍然保持简并；而在实际配合物的正八面体场中，原先简并的 5 个 d 轨道由于与负电场的相对位置不同，发生“能级分裂”，能量分裂为 2 组：中心离子的 $d_{x^2-y^2}$、d_{z^2} 轨道的波瓣与六个配体正面相对，受电场排斥作用大，能量升高得多，高于球形场，分裂后这两个轨道的能量相等，为简并轨道，二重简并的 d 轨道，用群论符号记为 e_g 轨道，或用光谱学符号记为 d_γ 轨道；中心离子的 d_{xy}、d_{xz}、d_{yz} 轨道的波瓣则与配体错开，能量升高得少，低于球形场，分裂后这三个轨道的能量简并，三重简并的 d 轨道用群论符号记为 t_{2g} 轨道，或用光谱学符号记为 d_ε 轨道。分裂后两组 d 轨道 e_g 和 t_{2g} 的能量差为 Δ，即“晶体场分裂能”，如图 7.5 所示。

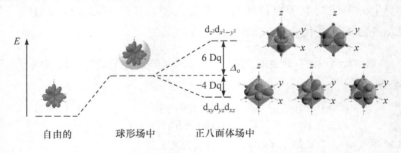

图 7.5　正八面体场中的中心原子(离子)d 轨道的能级分裂

晶体场分裂能的大小和中心离子及配体的性质都有关。在同一几何构型的一系列配合物中，常见配体分裂能 Δ 递增次序为 $I^- < Br^- < Cl^- \approx SCN^- < F^- < OH^- < ONO^- < C_2O_4^{2-} < H_2O < NCS^- < NH_3 < en < NO_2^- < CN^- \approx CO$。这一顺序称为“光谱化学序列”。从配位原子来看，一般规律是分裂能 Δ 递增次序为卤素<氧<氮<碳，可看作配位原子电负性的排列：氟(3.98)<氧(3.44)<氮(3.04)<碳(2.55)。配体中配位原子的电负性越小，给电子能力越强，分裂能越大。例

如，钴(Ⅲ)的八面体场配合物中的晶体场分裂能的比较如表 7.3 所示。从中心离子来看，一般规律是中心离子的电荷高，分裂能 Δ 值大，可看作是电荷越高，与配体作用越强，如 $\Delta\{[Fe(CN)_6]^{3-}\} > \Delta\{Fe(CN)_6]^{4-}\}$；中心原子(离子)的 d 轨道主量子数越大，分裂能 Δ 越大，如 $\Delta\{[Hg(CN)_4]^{2-}\}>\Delta\{[Cd(CN)_4]^{2-}\}>\Delta\{[Zn(CN)_4]^{2-}\}$。

表 7.3　钴(Ⅲ)的八面体场配合物中的晶体场分裂能的比较

配离子	$[CoF_6]^{3-}$	$[Co(H_2O)_6]^{3+}$	$[Co(NH_3)_6]^{3+}$	$[Co(CN)_6]^{3-}$
Δ/ cm^{-1}	13 000	18 600	22 900	34 000

2) d 轨道能级分裂后电子的排布

在分裂后的 d 轨道中排布电子时，仍须遵守"电子排布三原则"，即泡利不相容原理、能量最低原理和洪德规则。对相同金属离子而言，由于配体的晶体场强度不同，晶体场可分为弱场和强场两种。前者由于配体的晶体场排斥作用较弱，中心原子(离子)的电子结构前后没有变化，未成对的单电子数不变，总的自旋平行电子数较多，称为"高自旋配合物" (high-spin coordination compound)；后者由于配体的晶体场排斥作用较强，一般 d 电子多已自旋成对，总的自旋平行电子数较少，故称为"低自旋配合物" (low-spin coordination compound)。对于中心离子为 $d^4 \sim d^7$ 组态的八面体型配合物，若分裂能高于电子成对能($\Delta>P$)，配体的晶体场为强场，配体为强场配体，中心离子的 d 电子排布采取低自旋方式；若分裂能低于电子成对能($\Delta<P$)，配体的晶体场为弱场，配体为弱场配体，中心离子的 d 电子排布采取高自旋方式。

Δ 和 P 的值通常用"波数"的形式给出。波数是波长的倒数，指 1 cm 的长度相当于多少个波长，单位 cm^{-1}。可见波数越大，波长越小，频率越高。由 $E =h\nu$ 可知，波数越大，能量越高。

【例 7.4】　$[Fe(H_2O)_6]^{2+}$ 中，$\Delta=10\ 400$ cm^{-1}，$P=15\ 000$ cm^{-1}；$[Fe(CN)_6]^{4-}$ 中，$\Delta=26\ 000$ cm^{-1}，$P=15\ 000$ cm^{-1}。讨论两种配离子中 Fe^{2+} 的 d 电子排布情况。

解　Fe^{2+} 为 3d^6 组态，6 个 d 电子除 2 个成对外，还有 4 个成单电子。

$[Fe(H_2O)_6]^{2+}$ 中，$\Delta<P$，弱场，d 电子在分裂后的 d 轨道中采取高自旋排布 $(t_{2g})^4(e_g)^2$；

$[Fe(CN)_6]^{4-}$ 中，$\Delta>P$，强场，d 电子在分裂后的 d 轨道中采取低自旋排布 $(t_{2g})^6(e_g)^0$，如表 7.4 所示。

表 7.4　过渡金属离子($d^1 \sim d^{10}$)在球形场和八面体外场中的电子排布及晶体场稳定化能

d^n			d^1	d^2	d^3	d^4	d^5
	球形场电子排布		↑____	↑↑___	↑↑↑__	↑↑↑↑_	↑↑↑↑↑
晶体场	弱场 ($\Delta < P$)	电子排布	↑ _ _	↑↑ _ _	↑↑ ↑	↑ / ↑↑↑	↑↑ / ↑↑↑
		CFSE	−4 Dq	−8 Dq	−12 Dq	−6 Dq	0 Dq
	强场 ($\Delta > P$)	电子排布	↑ _ _	↑↑ _	↑↑↑	⇈ ↑↑	⇈ ↑↑↑
		CFSE	−4 Dq	−8 Dq	−12 Dq	−16 Dq+P	−20 Dq+2P

d^n		d^6	d^7	d^8	d^9	d^{10}
球形场电子排布		⇅↑↑↑↑	⇅⇅↑↑↑	⇅⇅⇅↑↑	⇅⇅⇅⇅↑	⇅⇅⇅⇅⇅
晶体场 弱场 ($\Delta < P$)	电子排布	↑↑ / ⇅↑↑	↑↑ / ⇅⇅↑	↑↑ / ⇅⇅⇅	⇅↑ / ⇅⇅⇅	⇅⇅ / ⇅⇅⇅
	CFSE	-4 Dq	-8 Dq	-12 Dq	-6 Dq	0
晶体场 强场 ($\Delta > P$)	电子排布	$--$ / ⇅⇅⇅	↑_ / ⇅⇅⇅	↑↑ / ⇅⇅⇅	⇅↑ / ⇅⇅⇅	⇅⇅ / ⇅⇅⇅
	CFSE	-24 Dq$+2P$	-18 Dq$+P$	-12 Dq	-6 Dq	0 Dq

2. 晶体场稳定化能

以假定的球形场 5 个简并的 d 轨道的能量为零点，讨论分裂后的 d 轨道的能量。电场对称性的改变不影响 d 轨道的总能量，故 d 轨道能级分裂后，总的能量仍与球形场的总能量一致。如图 7.5 所示，正八面体配合物中，t_{2g} 和 e_g 的能量差 $\Delta_o = E_{e_g} - E_{t_{2g}} = 10$ Dq，其中，Dq 是一种假定的能量单位，即把 Δ 分为 10 等份，每一等份为 1 Dq，下标 "o" 表示 "八面体"。由于 d 轨道在分裂过程中应保持总能量不变，e_g 两个轨道共 4 个电子，t_{2g} 三个轨道共 6 个电子，因此有下列方程组：

$$\begin{cases} E_{e_g} - E_{t_{2g}} = 10\ \text{Dq} \\ 4E_{e_g} + 6E_{t_{2g}} = 0\ \text{Dq} \end{cases}$$

得
$$E_{e_g} = +6\ \text{Dq} \qquad E_{t_{2g}} = -4\ \text{Dq}$$

可见在八面体场中，d 轨道分裂结果是 e_g 能量升高 6 Dq，t_{2g} 能量降低 4 Dq。

d 电子在晶体场中分裂后的轨道中排布，其能量用 $E_{晶}$ 表示，在球形场中的能量用 $E_{球}$ 表示。因为晶体场的存在，中心原子(离子)的电子占据分裂后的 d 轨道而使体系总能量的降低值称为 "晶体场稳定化能" (crystal field stabilization energy, CFSE)。由 $E_{球} = 0$ Dq，定义晶体场稳定化能为 CFSE$= E_{晶} - E_{球}$[①]。CFSE 取负值，其热力学含义是形成配合物后，与假想的球形场相比，体系的能量降低。若考虑电子成对能，即电子成对占据同一轨道使系统能量升高，CFSE 还要加上在晶体场中比球形场多出来的占有同一轨道的电子成对能 P。CFSE 越负，表明配合物越稳定。需要指出的是，配合物的稳定性主要与配位键的键能有关，CFSE 只占极少一部分。所以比较配合物的稳定性，首先考虑键的强度；键能相近时，如与同一配体形成的配合物，考虑 CFSE 带来的额外稳定性。

【例 7.5】 计算八面体强场中，中心离子 d^5 构型的配合物的 CFSE。

解 如表 7.4，5 个 d 电子在八面体强场中的电子排布为 $(t_{2g})^5$。

$$E_{晶} = (-4\ \text{Dq}) \times 5 + 2P = -20\ \text{Dq} + 2P$$
$$\text{CFSE} = E_{晶} - E_{球} = -20\ \text{Dq} + 2P$$

---

① 有的书刊定义 CFSE $= E_{球} - E_{晶}$，CFSE 值与本书的值符号相反。

通过类似计算，把八面体场中配离子的 d 电子排布及 CFSE 列于表 7.4。可见，八面体弱场和强场 $d^1 \sim d^3$、$d^8 \sim d^{10}$ 中心离子电子排布构型及对应的 CFSE 相同，仅 $d^4 \sim d^7$ 不同。

3. 晶体场理论解释配合物的颜色*

配合物金属离子 d 轨道在晶体场中发生分裂，$d^1 \sim d^9$ 构型的配合物受可见光照射时，电子发生 d-d 跃迁，吸收特定波长的可见光，呈现出吸收光颜色的互补色。但对于 d^0、d^{10} 的 Sc^{3+} 和 Zn^{2+}，由于没有 d 电子或 d 轨道上充满电子，不能发生吸收可见光的 d-d 跃迁，因而溶液显示无色。

宝石的颜色也可以用晶体场理论解释，如红宝石是 Al_2O_3 中少量的 Al^{3+} 由 Cr^{3+} 取代的晶体。Al^{3+} 因为没有 d 电子，所以纯的 Al_2O_3 晶体无色，但是部分被 Cr^{3+} 取代后，与 Al^{3+} 一样，Cr^{3+} 周围的 6 个 O^{2-} 形成八面体场，由于 Cr^{3+} 半径比 Al^{3+} 大一点，晶格略有变形。Cr^{3+} d 轨道发生分裂，d-d 跃迁吸收了紫外光及紫色和黄绿色的可见光，最终晶体显示了所吸收光的互补色——红色。

7.3　配　位　平　衡
(Coordination equilibrium)

配位平衡是一种化学平衡，第 2 章化学热力学原理和第 4 章化学平衡原理适用于讨论配合物系统。

7.3.1　配位解离平衡与配合物稳定常数

配合物的内、外界之间在水中完全解离，而配位单元只部分解离，即存在配位-解离平衡。例如，将氨水加入硫酸铜溶液中，即有配离子$[Cu(NH_3)_4]^{2+}$生成，其反应式为

$$Cu^{2+} + 4NH_3 \rightleftharpoons [Cu(NH_3)_4]^{2+}$$

这类反应称为"配位反应"，其逆反应称为"解离反应"。在上述反应过程的吉布斯自由能变化 $\Delta_r G_m = 0\ kJ \cdot mol^{-1}$ 时，系统达到平衡状态，称为"配位解离平衡"，简称"配位平衡"。相应的平衡常数称为配合物的"稳定常数"，记作 $K_{稳}^{\ominus}$（简记为 $K_{稳}$）。由化学平衡原理，得

$$K_{稳}^{\ominus} = \frac{c[Cu(NH_3)_4^{2+}]/c^{\ominus}}{[c(Cu^{2+})/c^{\ominus}][c(NH_3)/c^{\ominus}]^4}$$

$K_{稳}^{\ominus}$ 值越大，表示配位反应进行得越彻底，配合物越稳定。配位化合物的稳定性即配位单元的稳定性；一些常见配离子的稳定常数见附录 6。

解离反应的平衡常数可用配位单元的"不稳定常数" $K_{不稳}^{\ominus}$（简记为 $K_{不稳}$。）表示。例如

$$[Cu(NH_3)_4]^{2+} \rightleftharpoons Cu^{2+} + 4NH_3$$

$$K_{不稳}^{\ominus} = \frac{[c(Cu^{2+})/c^{\ominus}][(c(NH_3)/c^{\ominus}]^4}{c[Cu(NH_3)_4^{2+}]/c^{\ominus}}$$

不稳定常数 $K_{不稳}^{\ominus}$ 越大，解离反应越彻底，配合物越不稳定。显然，同一配合物的不稳定常数 $K_{不稳}^{\ominus}$ 和稳定常数 $K_{稳}^{\ominus}$ 之间的关系为 $K_{不稳}^{\ominus} = \dfrac{1}{K_{稳}^{\ominus}}$。

【例 7.6】　将 1.0 mL 2.0 mol · dm^{-3} 的氨水溶液加入 1.0 mL 0.040 mol · dm^{-3} 硝酸银溶液中，计算平衡后溶液中的银离子浓度。(据附录 6，$K_{稳}^{\ominus}\{[Ag(NH_3)_2]^+\} = 1.1 \times 10^7$)

解 由于溶液的体积增大一倍，浓度减少一半，Ag^+ 为 0.020 $mol \cdot dm^{-3}$，氨溶液为 1.0 $mol \cdot dm^{-3}$，NH_3 大大过量，且平衡常数较大，故可以认为全部 Ag^+ 都已生成 $[Ag(NH_3)_2]^{2+}$。设平衡时 Ag^+ 浓度为 x $mol \cdot dm^{-3}$：

	Ag^+	$+$	$2 NH_3$	$\rightleftharpoons$	$[Ag(NH_3)_2]^+$
起始浓度/$(mol \cdot dm^{-3})$	0.020		1.0		0
平衡浓度/$(mol \cdot dm^{-3})$	x		$1.0-(0.020-x) \times 2$		$0.020-x$
			≈ 0.96		≈ 0.020

$$K_{稳}^{\ominus} = \frac{c[Ag(NH_3)_2^+]/c^{\ominus}}{[c(Ag^+)/c^{\ominus}][c(NH_3)/c^{\ominus}]^2} = \frac{(0.020-x)}{x(0.96+2x)^2} \approx \frac{0.020}{0.96^2 \cdot x} = 1.1 \times 10^7$$

解得 $\qquad\qquad\qquad\qquad\qquad x = 2.0 \times 10^{-9}$

所以，平衡后 $\qquad\qquad\qquad c(Ag^+) = 2.0 \times 10^{-9}\ mol \cdot dm^{-3}$

7.3.2 配位平衡的移动

如果在同一溶液中同时存在多重平衡关系，则相关物种的浓度必须同时满足多个平衡共存的条件，因此溶液中某一种组分浓度的变化，就会引起配位平衡的移动。

1. 配位平衡与沉淀溶解平衡

若配合剂、沉淀剂都可以和金属离子 M^{n+} 结合，生成配合物和沉淀物，这两种平衡关系的实质是配位剂和沉淀剂争夺 M^{n+}，当然与 $K_{稳}^{\ominus}$、$K_{sp}^{\ominus}$ 的值及配体、沉淀剂的浓度有关。

【例 7.7】 在室温下，在 100 mL 0.100 $mol \cdot dm^{-3}$ $AgNO_3$ 溶液中，加入等体积、同浓度的 NaCl，即有 AgCl 沉淀析出。要阻止沉淀析出或使它溶解，需要加入氨水的最低总浓度为多少？这时溶液中 Ag^+ 平衡浓度为多少？

解 Ag^+ 需要同时满足两个平衡：

$$AgCl(s) \rightleftharpoons Ag^+ + Cl^- \qquad\qquad K_{sp}^{\ominus}\ (AgCl)$$

$$Ag^+ + 2NH_3 \rightleftharpoons [Ag(NH_3)_2]^+ \qquad\qquad K_{稳}^{\ominus}\ [Ag(NH_3)_2^+]$$

溶液中：$c_{Cl^-} = 0.0500\ mol \cdot dm^{-3}$，$c_{Ag^+} + c_{[Ag(NH_3)_2]^+} = 0.0500\ mol \cdot dm^{-3}$，$c_{NH_3} + 2c_{[Ag(NH_3)_2]^+} = c_{氨水, 总}$

刚好生成 AgCl 沉淀时 Ag^+ 的浓度设为 x $mol \cdot dm^{-3}$，对反应

	$AgCl(s)$	$\rightleftharpoons$	Ag^+	$+$	Cl^-
平衡时浓度/$(mol \cdot dm^{-3})$			x		0.0500

$$K_{sp}^{\ominus}\ (AgCl) = [c(Ag^+)/c^{\ominus}] \cdot [c(Cl^-)/c^{\ominus}] = x \cdot 0.0500 = 1.77 \times 10^{-10}$$

解得 $\qquad\qquad\qquad\qquad\qquad x = 3.54 \times 10^{-9}$

$[Ag(NH_3)_2]^+$ 浓度为 $(0.0500 - 3.54 \times 10^{-9})\ mol \cdot dm^{-3}$，设 NH_3 的浓度为 y $mol \cdot dm^{-3}$，对反应

	Ag^+	$+$	$2NH_3$	$\rightleftharpoons$	$[Ag(NH_3)_2]^+$
平衡时浓度/$(mol \cdot dm^{-3})$	3.54×10^{-9}		y		$0.0500 - 3.54 \times 10^{-9} \approx 0.0500$

$$K_{稳}^{\ominus}[Ag(NH_3)_2^+] = \frac{c[Ag(NH_3)_2^+]/c^{\ominus}}{[c(Ag^+)/c^{\ominus}][c(NH_3)/c^{\ominus}]^2} = \frac{0.0500}{3.54 \times 10^{-9} \cdot y^2} = 1.12 \times 10^7$$

解得 $\qquad\qquad\qquad\qquad\qquad y = 1.13$

$[Ag(NH_3)_2]^+$ 中 NH_3 为

$$2 \times (0.0500 - 3.54 \times 10^{-9})\ mol \cdot dm^{-3} \approx 2 \times 0.0500\ mol \cdot dm^{-3} = 0.100\ mol \cdot dm^{-3}$$

所以，需加入氨水的最低浓度为

$$1.13\ mol \cdot dm^{-3} + 0.100\ mol \cdot dm^{-3} = 1.23\ mol \cdot dm^{-3}$$

2. 配位平衡与氧化还原平衡

配位平衡和氧化还原平衡间的关系，主要体现在配合物的生成对于半反应的电极电势 E 的影响。

设一电对的半反应为

$$mOx + ne^- \rightleftharpoons qRed$$

根据能斯特方程：

$$E = E^\ominus + \frac{0.059 \text{ V}}{n} \lg \frac{(Ox)^m}{(Red)^q}$$

若氧化型(Ox)生成配合物，则 E 值减小；还原型(Red)生成配合物，则 E 值增大；若氧化型物种和还原型物种同时生成各自的配合物，则要看哪种配合物稳定常数大：若氧化型生成的配合物稳定常数较大，E 值减小；若还原型生成的配合物稳定常数较大，则 E 值增大。

【例 7.8】 已知 $Hg^{2+} + 2e^- \rightleftharpoons Hg(l)$，$E^\ominus = 0.85V$，$[HgI_4]^{2-}$ 的 $K_稳^\ominus = 6.76 \times 10^{29}$。试求电对 $[HgI_4]^{2-}/Hg$ 的标准电极电势。

解 电对 $[HgI_4]^{2-}/Hg$ 的半反应式为

$$[HgI_4]^{2-} + 2e^- \rightleftharpoons Hg(l) + 4I^-$$

将其标准电极电势作为 $Hg^{2+} + 2e^- \rightleftharpoons Hg(l)$ 的非标准电极电势来求。

$$Hg^{2+} + 4I^- \rightleftharpoons [HgI_4]^{2-}$$

因为 $K_稳^\ominus = \dfrac{c([HgI_4]^{2-})/c^\ominus}{[c(Hg^{2+})/c^\ominus][c(I^-)/c^\ominus]^4}$，所以当 $c([HgI_4]^{2-}) = c(I^-) = 1.0 \text{ mol} \cdot dm^{-3}$ 时，为 $[HgI_4]^{2-}/Hg(l)$ 的标准状态，则

$$c(Hg^{2+})/c^\ominus = \frac{1}{K_稳^\ominus} = \frac{1}{6.76 \times 10^{29}} = 1.48 \times 10^{-30}$$

代入 $Hg^{2+} + 2e^- \rightleftharpoons Hg(l)$ 的能斯特方程中：

$$E(Hg^{2+}/Hg) = E^\ominus(Hg^{2+}/Hg) + \frac{0.059 \text{ V}}{2} \cdot \lg[c(Hg^{2+})/c^\ominus]$$

$$= 0.85 \text{ V} + \frac{0.059 \text{ V}}{2} \cdot \lg(1.48 \times 10^{-30}) = -0.030 \text{ V}$$

得

$$E^\ominus([HgI_4]^{2-}/Hg) = -0.030 \text{ V}$$

计算结果表明：Hg^{2+} 生成 $[HgI_4]^{2-}$ 后，氧化性明显降低。

$E^\ominus([HgI_4]^{2-}/Hg)$ 称为母体电极电势 $E^\ominus(Hg^{2+}/Hg)$ 的衍生电势。

【例 7.9】 已知 $Co^{3+} + 6NH_3 \rightleftharpoons [Co(NH_3)_6]^{3+}$ $\qquad K_稳^\ominus = 1.58 \times 10^{35}$

$$Co^{2+} + 6NH_3 \rightleftharpoons [Co(NH_3)_6]^{2+} \qquad K_稳^\ominus = 1.29 \times 10^5$$

$$Co^{3+} + e^- \rightleftharpoons Co^{2+} \qquad E^\ominus = 1.83V$$

求电极反应 $[Co(NH_3)_6]^{3+} + e^- \rightleftharpoons [Co(NH_3)_6]^{2+}$ 的 $K_稳^\ominus$ 值。

解 $\qquad Co^{3+} + 6NH_3 \rightleftharpoons [Co(NH_3)_6]^{3+} \qquad K_稳^\ominus = 1.58 \times 10^{35}$

$$Co^{2+} + 6NH_3 \rightleftharpoons [Co(NH_3)_6]^{2+} \qquad K_稳^\ominus = 1.29 \times 10^5$$

得
$$c(\text{Co}^{3+})/c^{\ominus} = \frac{c[\text{Co}(\text{NH}_3)_6^{3+}]/c^{\ominus}}{K_{\text{稳}}^{\ominus}[\text{Co}(\text{NH}_3)_6^{3+}] \cdot [c(\text{NH}_3)/c^{\ominus}]^6}$$

$$c(\text{Co}^{2+})/c^{\ominus} = \frac{c[\text{Co}(\text{NH}_3)_6^{2+}]/c^{\ominus}}{K_{\text{稳}}^{\ominus}[\text{Co}(\text{NH}_3)_6^{2+}] \cdot [c(\text{NH}_3)/c^{\ominus}]^6}$$

$[\text{Co}(\text{NH}_3)_6]^{3+}/[\text{Co}(\text{NH}_3)_6]^{2+}$电对的标准状态表示$[\text{Co}(\text{NH}_3)_6]^{3+}$和$[\text{Co}(\text{NH}_3)_6]^{2+}$的浓度为 1 mol·dm^{-3}；此外，同一溶液中 NH$_3$ 的浓度相同。

所以
$$\frac{[c(\text{Co}^{3+})/c^{\ominus}]}{[c(\text{Co}^{2+})/c^{\ominus}]} = \frac{K_{\text{稳}}^{\ominus}[\text{Co}(\text{NH}_3)_6^{2+}]}{K_{\text{稳}}^{\ominus}[\text{Co}(\text{NH}_3)_6^{3+}]} = \frac{1.29 \times 10^5}{1.58 \times 10^{35}}$$

当 $\text{Co}(\text{NH}_3)_6^{3+}/\text{Co}(\text{NH}_3)_6^{2+}$处于热力学标准态时，$\text{Co}^{3+}/\text{Co}^{2+}$并不在标准态，代入 $\text{Co}^{3+} + \text{e}^- = \text{Co}^{2+}$的能斯特方程中，有

$$E^{\ominus}[\text{Co}(\text{NH}_3)_6^{3+}/\text{Co}(\text{NH}_3)_6^{2+}] = E(\text{Co}^{3+}/\text{Co}^{2+}) = E^{\ominus}(\text{Co}^{3+}/\text{Co}^{2+}) + \frac{0.059\ \text{V}}{1}\lg\left\{\frac{[c(\text{Co}^{3+})/c^{\ominus}]}{[c(\text{Co}^{2+})/c^{\ominus}]}\right\}$$

$$= 1.83\ \text{V} + \frac{0.059\ \text{V}}{1}\lg\left(\frac{1.29 \times 10^5}{1.58 \times 10^{35}}\right) = 0.055\ \text{V}$$

由 $E^{\ominus}(\text{Co}^{3+}/\text{Co}^{2+})$可知，$\text{Co}^{2+}$很难被氧化成 Co^{3+}，但 Co^{2+} 与 NH$_3$ 生成$[\text{Co}(\text{NH}_3)_6]^{2+}$后，$[\text{Co}(\text{NH}_3)_6]^{2+}$很容易被氧化成$[\text{Co}(\text{NH}_3)_6]^{3+}$，甚至空气中的氧也能把$[\text{Co}(\text{NH}_3)_6]^{2+}$氧化为$[\text{Co}(\text{NH}_3)_6]^{3+}$。

$E^{\ominus}[\text{Co}(\text{NH}_3)_6^{3+}/\text{Co}(\text{NH}_3)_6^{2+}]$ 称为母体电极电势 $E^{\ominus}(\text{Co}^{3+}/\text{Co}^{2+})$的衍生电势。

本章教学要求

1. 理解配合物的基本概念[中心原子(离子)、配位体和配位原子、内界与外界，单齿配体与多齿配体、配位数]，掌握配位单元的书写与命名方法。

2. 掌握价键理论的要点、中心原子(离子)价层轨道的杂化类型和配合物的几何构型之间的关系、内轨型和外轨型配合物的磁性；了解晶体场理论的要点、八面体场中金属 d 轨道的能级分裂、分裂能和电子成对能的相对大小与中心离子 d 电子高自旋或低自旋排布方式的关系。

3. 理解配合物稳定常数的概念；掌握与配位平衡有关的计算，能应用 $K_{\text{稳}}^{\ominus}$、电离常数、$K_{\text{sp}}^{\ominus}$、能斯特方程对酸碱反应或沉淀反应对配位平衡的影响、配位平衡对氧化还原平衡的影响作定量计算。

习　题

1. 指出下列配合物或配离子中心体的氧化数。

(1) [Co(NH$_3$)$_5$Cl](NO$_3$)$_2$ 　　　　(2) [Cr(H$_2$O)$_4$Cl$_2$]$^+$ 　　　　(3) [Cu(NH$_3$)$_4$]$^{2+}$

(4) Mn(CO)$_5$ 　　　　　　　　　(5) H[Co(CO)$_4$] 　　　　　　(6) [TcH$_9$]$^{2-}$

2. 指出下列配合物或配离子中心体的配位数。

(1) [PtCl$_2$(Ph$_3$P)$_2$] 　　　　　　(2) [Fe(CO)$_4$Cl$_2$] 　　　　　(3) 面式-[Ir(NH$_3$)$_3$Cl$_3$]

(4) [Ta(NCS)$_6$]$^-$ 　　　　　　　(5) [UO$_2$F$_5$]$^{3-}$ 　　　　　　(6) [Cr(en)$_2$(NH$_3$)$_2$I$_2$]$^+$

3. 命名下列配合物。

(1) [Fe(en)₂ClBr]Cl

(2) Ag₃[Co(CN)₆]

(3) [Pt^{II}(NH₃)₄][Pt^{IV}Cl₆]

(4) [Pt(NO₂)(NH₃)(NH₂OH)Py]Cl

(5) [Co(NO₂)(NH₃)₅]Cl₂

(6) [Co(ONO)(NH₃)₅]Cl₂

4. 请画出下列配合物的空间异构体。

(1) [PtBrCl(NH₃)Py]

(2) [Co(NH₃)₄Cl₂]⁻

(3) [Pt(NH₃)₃Cl₃]⁺

5. 用价键理论解释下列配合物或配离子的形成过程。

(1) [Cd(CN)₄]²⁻(sp³ 杂化)

(2) Fe(CO)₅(dsp³ 杂化)

6. [Co(CN)₆]⁴⁻，根据磁性分析有 1 个单电子。请用价键理论解释这个配离子为什么极易被氧化。

7. 用价键理论解释，当 Ni²⁺形成稳定的八面体配合物时，都是顺磁性的。

8. 利用价键理论预测下列配离子的几何构型和磁矩。

(1) [Ag(CN)₂]⁻

(2) [Fe(CN)₆]³⁻

(3) [Zn(CN₄)]²⁻

9. 根据磁性判断下列配离子中心体的杂化轨道类型。

配离子	[Fe(H₂O)₆]²⁺	[MnCl₄]²⁻	[Mn(CN)₆]⁴⁻
磁矩/B. M.	5.30	5.88	1.70

10. 药物硝普钠 Na₂[Fe(CN)₅NO]是一种无机化合物，它在手术中供应 NO 来降低血压。

(1) 写出该配合物的系统命名。(提示：配体 NO 为电中性，且名字为亚硝基)

(2) 用晶体场理论，写出中心体的 d 电子构型(用群轨道符号 t_{2g}、e_g 表示)，预测该化合物高自旋还是低自旋，以及给出其未成对电子数。

(3) 预测[Fe(CN)₅NO]²⁻分解释放 NO 会比较快还是比较慢。简要解释。

11. 用数据解释下列现象：(1) AgNO₃ 溶液中加入数滴 KCl 溶液，立即生成白色沉淀；(2) 再加入氨水，白色沉淀消失，转为澄清透明无色溶液；(3)滴加 KBr 溶液，生成乳黄色沉淀；(4) 滴加 Na₂S₂O₃ 溶液，沉淀又溶解；(5) 滴加 KI 溶液，析出黄色沉淀；(6) 滴加 KCN 溶液，黄色沉淀溶解；(7) 滴加(NH₄)₂S 溶液，生成棕色沉淀。

物质	$K_{sp}^{\ominus}$	物质	$K_{稳}^{\ominus}$
AgCl	1.77×10^{-10}	[Ag(NH₃)₂]⁺	1.12×10^7
AgBr	5.35×10^{-13}	[Ag(S₂O₃)₂]³⁻	2.88×10^{13}
AgI	8.52×10^{-17}	[Ag(CN)₂]⁻	1.26×10^{21}
Ag₂S	6.30×10^{-50}		

12. 计算 AgBr 在 1.0 mol · dm⁻³ 氨水中的溶解度。已知 $K_{稳}^{\ominus}$([Ag(NH₃)₂]⁺) = 1.12×10⁷；$K_{sp}^{\ominus}$(AgBr) = 5.35 × 10⁻¹³。

13. 铜(Ⅱ)和氨生成[Cu(NH₃)₄]²⁺，反应方程式如下：

$$Cu^{2+} (aq) + 4 NH_3(aq) \rightleftharpoons [Cu(NH_3)_4]^{2+} \qquad K_{稳}^{\ominus} = 5 \times 10^{12}$$

现将 0.020 mol 硝酸铜溶解在 1.0 L 1.00 mol · L⁻¹ 的 NH₃ 溶液中，计算 Cu²⁺、NH₃、[Cu(NH₃)₄]²⁺的浓度(忽略氨的碱性)

14. 利用 $E^{\ominus}$(Ag⁺ / Ag) = 0.7991 V 及 $K_{稳}^{\ominus}$([Ag(NH₃)₂]⁺) = 1.12×10⁷，求：

(1) $E^{\ominus}$([Ag(NH₃)₂]⁺ / Ag)。

(2) AgNO₃ 溶液浓度是 0.025 mol · dm⁻³，氨水浓度为 1.0 mol · dm⁻³ 时 E([Ag(NH₃)₂]⁺ / Ag)。

(乔正平)

第 8 章　元素无机化学
(Inorganic chemistry of the element)

迄今，经 IUPAC 确认，自然界存在和人工制备的元素共有 118 种。元素无机化学的研究对象是除碳氢化合物及其衍生物之外的所有元素的单质和化合物，研究内容包括它们的组成、结构、性质、变化规律、制备及应用。**本章以化学理论，尤其是化学热力学原理、物质结构理论和元素周期律为指导，学习元素无机化学。**

8.1　元素概述
(Overview of the element)

按照"元素周期律"，全部元素被排列成"元素周期表"(5.1.3 小节及书末)。目前元素周期表主要有"主族元素与副族元素"和"18 族元素"两种标记方法(图 5.10)，按照前一标记方法，主族元素包括元素周期表中 I A～ⅦA 族和 0 族，对应"18 族元素"标记方法中的第 1～2 族和第 13～18 族；副族元素包括 I B～ⅦB 族和Ⅷ族元素，对应"18 族元素"标记方法中的第 3～12 族。

按照元素原子的价电子构型，元素周期表被划分为 s、p、d、ds 和 f 五个区(表 5.4、图 5.10)，主族元素包括 s 区和 p 区元素，原子对应的价电子层构型分别为 $ns^{1\sim2}$(s 区，$n = 1\sim7$)、$ns^2np^{1\sim6}$(p 区，$n = 2\sim7$)；副族元素包括 d 区、ds 区和 f 区元素。对于 d 区元素原子，随着原子序数递增，新增加的电子进入 $(n-1)d$ 亚层，其价层电子构型为 $(n-1)d^{1\sim10}ns^2$(有例外)；对于 ds 区元素原子，其价层电子构型为 $(n-1)d^{10}ns^{1\sim2}$；对 f 区(镧系元素和锕系元素)，新增加的电子进入 $(n-2)f$ 亚层，其价层电子构型为 $(n-2)f^{1\sim14}(n-1)d^{0\sim1}ns^2(n = 6、7)$。

从微观结构角度看，**原子半径和有效核电荷是影响元素性质的两个主要的、有时互相竞争的因素**。对于主族元素(s 区和 p 区)，同周期元素从左到右，由于有效核电荷依次增多，原子半径逐渐减小，最外层电子数也依次增多，电负性依次增大。因此，元素的金属性依次减弱，非金属性逐渐增强(至ⅦA 族)，最后以 0 族元素结束。以第三周期为例，从活泼金属钠到活泼非金属氯，以氩元素结束。同族元素从上到下，原子最外层电子数相同，原子半径逐渐增大，其影响超过有效核电荷增多的影响，电负性依次减小，金属性逐渐增强，非金属性逐渐减弱。例如，V A 族，从典型的非金属元素 N 递变到金属元素 Bi。一般非金属元素(除硅外)$\chi >$ 2.0，金属元素(除铂系元素和金)$\chi < 2.0$。B、Si、As、Se 和 Te 也称为"半金属"。

对于副族元素中的 d 区和 ds 区，同周期元素从左到右，电负性变化较不规则，金属性变化较不规则；同族元素从上到下，有效核电荷增加对元素性质的影响超过原子半径变化的影响，故金属性减弱；但ⅢB 族例外，其规律同主族 s 区，金属性从上到下增强，表明原子半径逐渐增大的影响仍超过有效核电荷增加的影响。f 区镧系元素和锕系元素都是活泼金属。图 8.1 显示元素周期表中元素金属性和非金属性的递变规律。

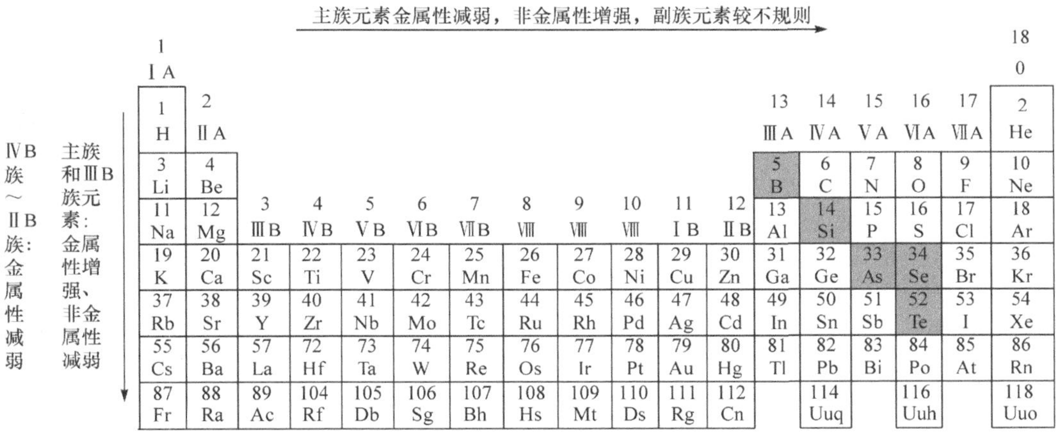

主族元素金属性减弱，非金属性增强，副族元素较不规则 →

图 8.1　元素金属性与非金属性的递变(深色部分为半金属元素)

　　同一周期，从左到右，元素最高价态氧化物的碱性逐渐减弱，而酸性逐渐增强；同一主族，从上到下，元素最高价态氧化物的碱性逐渐增强，而酸性逐渐减弱；副族元素氧化物酸碱性的变化较不规则。具有可变氧化态的元素，其低价态氧化物的碱性较强，而高价态氧化物的酸性较强，中间可出现酸碱两性氧化物，如 MnO 碱性、Mn_2O_3 碱性、MnO_2 两性、MnO_3 和 Mn_2O_7 酸性；SnO 两性、SnO_2 酸性。

8.2　s 区 元 素*
(The s-block element)

　　主族元素原子的电子层除最外层外，都具有稳定的结构。发生化学反应时，仅最外层的价电子参与反应。按照主族元素原子价电子的角量子数，可将其分为 s 区元素(Ⅰ A 和 Ⅱ A 族)和 p 区元素(Ⅲ A～Ⅶ A 族和 0 族)元素。其中 s 区元素除氢元素外均为金属元素，包括碱金属和碱土金属；而 p 区元素既有金属元素，也有非金属元素。0 族元素以前称为"惰性气体"，在通常情况下难以参与化学反应，但在特殊条件下也可生成化合物，将在 8.3 节最后简要讨论。

8.2.1　概述

　　s 区元素是周期表中第一列(Ⅰ A 族)和第二列(Ⅱ A 族)的元素，包括氢元素、碱金属元素(锂、钠、钾、铷、铯、钫)和碱土金属元素(铍、镁、钙、锶、钡、镭)共 13 种元素。碱金属元素氧化物的水溶液呈碱性，因此 Ⅰ A 族称为碱金属；钙、锶、钡的氧化物既有碱性，又有土性(难溶于水及难熔融的性质)，因此 Ⅱ A 族又称为碱土金属。这些元素原子的价电子层构型为 ns^1 或 ns^2，碱金属元素和碱土金属元素原子均易失去一个或两个电子形成稳定的阳离子，因而在自然界中不以单质形式存在。氢元素原子则除了可失去一个电子变成氢阳离子外，在一定条件下也可获得一个电子形成氢阴离子，在多数情况下是以共价键方式形成化合物。在这两族中，每族的最后一种元素——钫和镭是放射性元素，而且这两种元素在地壳中含量极少，不予介绍。

8.2.2　氢

　　1.　概述

　　氢(hydrogen)是元素周期表里排在第一位的元素，基态原子结构为 $1s^1$。氢元素虽然位于 Ⅰ A 族，但其性质既与 Ⅰ A 族元素性质相似，又有很大差别，在元素周期表中处于一个特殊的位置。

2. 单质的性质

1) 物理性质

氢有三种同位素，分别为 $_1^1H$（氕，H）、$_1^2H$（氘，D）和 $_1^3H$（氚，T），其化学性质基本相同，而物理性质有较大差异。氕和氘具有稳定的原子核，而氚容易衰变成氦和电子，其半衰期约为 12 年。

氢气是无色无味的气体。液体氢的沸点是 20.30 K，低于 13.92 K 时凝固为无色固体。在标准状态下，氢气的密度是 $0.0895\ g \cdot dm^{-3}$。氢气在水中的溶解度很小，在标准状态下约是 21.5 mL/1000 mL 水。氢气有很大的扩散速度。在某些金属中，氢有相当大的溶解度，如常温下 1 体积钯可吸附 800 体积的氢气。

2) 化学性质

还原性是氢气最重要的化学性质。$E^{\ominus}(H^+/H_2) = 0\ V$，可见氢气呈还原性；从热力学角度来说，$H_2(g)$ 被氧化的许多反应都是自发反应。但由于氢分子的解离能很高，为 $432\ kJ \cdot mol^{-1}$，因此氢分子在常温下十分稳定，除了与少数单质如 F_2 可直接反应外，其余单质都应在光照、加热条件下反应，如氢气和氧气的反应：

$$2\ H_2(g) + O_2(g) \stackrel{\triangle}{=\!=\!=} 2\ H_2O(l) \qquad \Delta_r H_m^{\ominus} = -571.66\ kJ \cdot mol^{-1}$$

在高温下，氢气可从许多金属氧化物中夺取氧，因此氢气是冶金工业中的理想还原剂：

$$WO_3(s) + 3\ H_2(g) \stackrel{\triangle}{=\!=\!=} W(s) + 3\ H_2O(g)$$

$$2\ H_2(g) + TiCl_4(l) \stackrel{\triangle}{=\!=\!=} Ti(l) + 4\ HCl(g)$$

与碱金属、碱土金属等活泼金属在较高温度下反应时，氢气显示氧化性，生成离子型金属氢化物。例如

$$H_2(g) + 2\ Li(l) \stackrel{\triangle}{=\!=\!=} 2\ LiH(s)$$

$$H_2(g) + Ca(l) \stackrel{\triangle}{=\!=\!=} CaH_2(s)$$

3. 氢气的用途

氢气的用途极广。氢气是一种重要的化工原料，它可以用于有机合成(如合成甲醇)、人造汽油，在无机工业中用于合成盐酸、合成氨及作燃料和还原金属的还原剂，在电子工业中用于制取纯硅、锗，在国防工业中用于钨、钼的提取等。工业上广泛应用氢氧焰来焊接、切割金属。

4. 氢化物

氢化物可分为离子型、共价型和金属型三种。

活泼金属的氢化物是离子型氢化物，具有极强的还原性，遇水发生逆歧化反应，析出氢气，可用于救生器材和气球充气：

$$MH(s) + H_2O(l) =\!=\!= H_2(g) + M^+(aq) + OH^-(aq)$$

p 区元素的氢化物属于共价型氢化物，如 HX (X = Cl、Br、I)、H_2S、NH_3 等，将在下面的相关章节中详述，此处需要指出的是，它们均有还原性，且同族氢化物的还原能力随原子序数的增加而增强。

d 区和 f 区元素一般都形成金属型氢化物，如 CrH_2、NiH、CuH 和 ZnH_2 等，这些金属氢化物具有金属光泽、导电性等金属特有的物理性质。

8.2.3　碱金属与碱土金属

1. 概述

碱金属(alkali metal)与碱土金属(alkaline-earth metal)包括 Ⅰ A、Ⅱ A 在第二至第七周期的共 12 种金属元素。表 8.1 给出了碱金属与碱土金属元素性质的一些数据，无论同一族元素从上到下，或者同一周期从左到右，性质的变化都呈现明显的规律性，表 8.2 归纳了这些规律。

表 8.1　碱金属和碱土金属元素原子结构及基本性质

性质	Li	Na	K	Rb	Cs	Be	Mg	Ca	Sr	Ba
价层电子构型	$2s^1$	$3s^1$	$4s^1$	$5s^1$	$6s^1$	$2s^2$	$3s^2$	$4s^2$	$5s^2$	$6s^2$
主要氧化态	+1	+1	+1	+1	+1	+2	+2	+2	+2	+2
金属半径/pm	152	186	232	248	265	111.3	160	197	215	217.3
有效离子半径/pm[1]	59	102	138	152	167	27	72	100	118	135
熔点/℃	180.50	97.794	63.5	39.30	28.5	1287	650	842	777	727
沸点/℃	1342	882.94	759	688	671	2471	1090	1484	1382	1897
$I_1 /(\mathrm{kJ \cdot mol^{-1}})$	520	496	419	403	376	900	738	590	549	503
$I_2 /(\mathrm{kJ \cdot mol^{-1}})$	7298	4562	3052	2633	2234	1751	1451	1145	1064	965
χ_p(鲍林电负性)	0.98	0.93	0.82	0.82	0.79	1.57	1.31	1.00	0.95	0.89
$E^{\ominus}(M^{n+}/M)$ / V	−3.045	−2.713	−2.924	−2.924	−2.923	−1.99	−2.356	−2.84	−2.89	−2.92

1) 对碱金属为 M^+，对碱土金属为 M^{2+}，在配位数 =6 条件下测量。

表 8.2　碱金属与碱土金属元素一些性质的变化趋势

性质	同周期从左到右 同族从下到上
原子半径	减小
离子半径	减小
化学活泼性	减小
还原能力	减小
熔、沸点	增加
硬度	增加
升华能	增加
电离能	增加
电负性	增加
离子水合能	增加
离子极化力	增加

2. 单质的性质

1) 物理性质

碱金属单质都具有银白色金属光泽，具有良好的导电性和延展性。

碱金属的熔点都很低，除锂的熔点是 180.50 ℃，其余的都在 100 ℃以下。其中铯的熔点最低，是放在手中就能熔化的两种金属之一(另一种是镓)。

碱金属的硬度都很小，可以用刀切割。

碱金属的密度都较小，其中钠和钾的密度比水小，而锂是最轻的金属，相对密度约为水的一半。

除 Be 呈钢灰色外，其余碱土金属都具有银白色光泽。

碱土金属与碱金属相比，由于其价电子数为 2，其金属键要比碱金属强得多，因此其熔点、沸点及密度都比碱金属要高得多。

2) 化学性质

碱金属和碱土金属都是化学活泼性很强或较强的金属。它们能直接或间接地与电负性较大的非金属元素，如卤素、氧、硫、磷、氮和氢等，形成相应的化合物，显示强还原性。下面仅以这些金属与氧气、氢气和水反应为例，说明它们的化学性质。

(1) 与 O_2 反应。碱金属在氧气中燃烧时，Li 得到氧化物 Li_2O，Na 得到过氧化物 Na_2O_2，K、Rb、Cs 得到超氧化物 MO_2。过氧离子 O_2^{2-} 的结构为 $[\ddot{\ddot{O}}—\ddot{\ddot{O}}]^{2-}$；超氧离子 O_2^- 的结构为 $[\ddot{O}\cdots\ddot{O}]^-$。碱土金属在常压的氧气中燃烧，所得的产物一般都是正常氧化物，但钡在过量氧气中燃烧，除生成 BaO 外，也有一些 BaO_2 生成。

(2) 与 H_2 反应。碱金属和碱土金属(Be 和 Mg 除外)在高温下与氢直接化合，生成离子型氢化物。碱金属生成 MH，钙、锶、钡生成 MH_2。反应中，氢原子获得一个电子变成 H^-，这些氢化物可以与水反应生成碱和氢气：

$$NaH(s) + H_2O(l) == H_2(g) + Na^+(aq) + OH^-(aq)$$

(3) 与 H_2O 反应。碱金属和碱土金属均可与水反应，实质上是与水解离出的 H^+ 反应。根据标准电极电势，$E^\ominus(Li^+/Li) = -3.045\ V$，在碱金属和碱土金属中是最负的，锂与水反应的热力学倾向最大。但锂与水实际反应比其他碱金属要缓和，原因在于锂与水反应的产物 LiOH 的溶解度较小，会覆盖在锂的表面，阻止进一步反应；此外，锂的熔点较高，与水反应所产生的热量不足以使其熔化，而钠、钾等其他碱金属熔点低，反应所产生的热量足以使它们熔化，从而使液态碱金属与水反应速率变快，反应非常剧烈，量大时易发生爆炸。

钙、锶和钡与水反应均比较缓慢，原因与锂相同。铍和镁由于在金属表面生成致密的氧化膜，在常温下不与水反应。镁可与热水反应生成氢气。

除此之外，利用碱金属和碱土金属的强还原性，还可以在加热条件下制备稀有金属和贵金属，如

$$NbCl_5(s) + 5\ Na(s) \xrightarrow{\triangle} Nb(s) + 5\ NaCl(s)$$

$$ZrO_2(s) + 2\ Ca(s) \xrightarrow{\triangle} Zr(s) + 2\ CaO(s)$$

$$TiCl_4(l) + 2\ Mg(s) \xrightarrow{\triangle} Ti(s) + 2\ MgCl_2(s)$$

3) 制备

碱金属的单质一般通过熔盐电解法或热还原法制备。例如

$$2\ NaCl(l) \xrightarrow{电解} 2\ Na(l) + Cl_2(g)$$

在电解液中加入 $CaCl_2$ 可起到助熔的作用，使盐的熔点降低，减少能耗。

工业上金属钾一般不采用电解法制备，因为钾易溶于熔融的氯化物中，分离困难；而且金属钾的熔、沸点低，蒸气易从电解槽中逸出。多采用热还原的方法制备钾单质，反应如下：

$$Na(g) + KCl(l) \xrightarrow{\triangle} K(g) + NaCl(l)$$

由于钾的沸点(759 ℃)低于钠的沸点(882.94 ℃)，在反应过程中钾蒸气不断逸出，使得反应向右进行。铷和铯的制备方法与此类似，在 750 ℃下用钙还原氯化铷和氯化铯。

碱土金属具有仅次于同一周期碱金属的活泼性，其单质制备方法与碱金属类似，可采用电解熔融的碱土金属氯化物(MCl_2)制备：

$$MCl_2(l) \xrightarrow{电解} M(l) + Cl_2(g)$$

3. 氧化物与氢氧化物

1) 氧化物

碱金属和碱土金属常见的氧化物有普通氧化物、过氧化物和超氧化物三类。

实验室里钠和钾普通氧化物可利用金属还原相应的硝酸盐得到。碱土金属氧化物可由碳酸盐或者硝酸盐加热分解制得。

碱金属和碱土金属氧化物与水反应都生成相应的氢氧化物。例如

$$Na_2O(s) + H_2O == 2\ Na^+ + 2\ OH^-$$

这是由于氧离子在水中不能存在，会立即发生水解。碱金属和碱土金属氧化物在水中的溶解度在同族中，从上到下依次增加，因此其与水反应的剧烈程度也是从上到下增加的。

除 BeO 外，碱土金属氧化物都是 NaCl 型的离子型化合物。碱土金属离子的半径较小，电荷较高，导致其晶格能较大，因此碱土金属氧化物的熔点比碱金属氧化物高得多。

碱土金属氧化物能与 H_2O 和 CO_2 反应，反应能力从 BeO 到 BaO 依次增大，如 BeO 不与水反应；MgO 与热水反应；CaO、SrO、BaO 与水反应生成 $M(OH)_2(s)$ 并放出大量的热。该反应可以看作水分子或者二氧化碳分子插入氧化物晶格的过程，所以晶格能越大，反应就越难进行。

碱金属的过氧化物为粉末状固体，易吸潮，与水、稀酸或二氧化碳作用放出过氧化氢或氧气，因此可作为氧化剂和漂白剂，如

$$Na_2O_2(s) + 2\ H_2O(l) == H_2O_2(aq) + 2\ NaOH(aq)$$
$$Na_2O_2(s) + H_2SO_4(aq，稀) == H_2O_2(l) + Na_2SO_4(aq)$$

$$2\ Na_2O_2(s) + 2\ CO_2(g) == 2\ Na_2CO_3(s) + O_2(g)$$

利用 Na_2O_2 与 CO_2 的反应，可将 Na_2O_2 应用在防毒面具和潜水艇中，作为 CO_2 的吸收剂，并提供氧气。在宇航密封舱中常利用密度小的 Li_2O_2 作为氧气的储存体。

过氧化物具有强的氧化性，可利用这一性质使难溶的矿物转化为可溶物，如

$$3\ Na_2O_2(s) + Cr_2O_3(s) \xrightarrow{\triangle} 2\ Na_2CrO_4(s) + Na_2O(s)$$

当遇到更强的氧化剂时，过氧化物也可表现出还原性：

$$5\ Na_2O_2(s) + 2\ KMnO_4(s) + 8\ H_2SO_4(l) == 5\ O_2(g) + 2\ MnSO_4(s) + 5\ Na_2SO_4(s) + K_2SO_4(s) + 8\ H_2O(l)$$

碱土金属过氧化物的热稳定性从 MgO_2 到 BaO_2 逐渐增加，但稳定性不如碱金属高。实验室常用 BaO_2 与稀硫酸反应制备 H_2O_2：

$$BaO_2(s) + H_2SO_4(aq) == H_2O_2(l) + BaSO_4(s)$$

超氧化物与水反应生成过氧化氢，同时放出氧气，如

$$2\ KO_2(s) + 2H_2O(l) == 2\ KOH(aq) + H_2O_2(l) + O_2(g)$$

也能与 CO_2 反应放出氧气，如

$$4\ MO_2(s) + 2CO_2(g) == 2M_2CO_3(s) + 3O_2(g)$$

因此，超氧化物也可作强氧化剂和供氧剂。

2）氢氧化物

碱金属氢氧化物(LiOH 除外)在水中都是易溶的，碱土金属的氢氧化物溶解度要小得多。碱金属与碱土金属氢氧化物溶解度同一族依原子序数的增加而增加。

碱金属和碱土金属氢氧化物中，除 $Be(OH)_2$ 为两性、$Mg(OH)_2$ 为中强碱之外，其余均为强碱。

氢氧化物碱性的强弱，可用 R—O—H 模型解释(R 可以是金属元素 M，也可以是非金属元素)。定义金属离子(R^{z+} 或 M^{z+})的离子势(ϕ)为其电荷数(z)和离子半径(r)之比，即 $\phi = z/r$。如果 ϕ 值大，表明 M 与 O 原子间的作用力大，所以该氢氧化物在水溶液中倾向于酸式解离：

$$M—O—H \longrightarrow MO^- + H^+$$

如果 ϕ 值小，表明 M 与 O 原子间的作用力小，所以该氢氧化物在水溶液中倾向于碱式解离：

$$M—O—H \longrightarrow M^+ + OH^-$$

有人提出一种用 $\sqrt{\phi}$ 值(离子半径 r 以 pm 为单位)判断金属氢氧化物酸碱性的经验规律，即

$$\sqrt{\phi} < 0.22\frac{1}{\sqrt{pm}}，金属氢氧化物呈碱性；$$

$$0.22\frac{1}{\sqrt{pm}} < \sqrt{\phi} < 0.32\frac{1}{\sqrt{pm}}，金属氢氧化物呈两性；$$

$\sqrt{\phi} > 0.32\dfrac{1}{\sqrt{\mathrm{pm}}}$，金属氢氧化物呈酸性。

若把碱金属离子和碱土金属离子的 $\sqrt{\phi}$ 值加以比较，如表 8.3 所示，可以得到同族氢氧化物碱性从上到下碱性增强、同周期氢氧化物碱性从右到左增强的规律。

表 8.3　碱金属和碱土金属离子 $\sqrt{\phi}$ 值 $\left(\dfrac{1}{\sqrt{\mathrm{pm}}}\right)$

离子	氢氧化物	$\sqrt{\phi}$	离子	氢氧化物	$\sqrt{\phi}$
Li^+	LiOH	0.13	Be^{2+}	$Be(OH)_2$	0.25
Na^+	NaOH	0.10	Mg^{2+}	$Mg(OH)_2$	0.18
K^+	KOH	0.087	Ca^{2+}	$Ca(OH)_2$	0.14
Rb^+	RbOH	0.082	Sr^{2+}	$Sr(OH)_2$	0.13
Cs^+	CsOH	0.077	Ba^{2+}	$Ba(OH)_2$	0.12

NaOH 和 KOH 是最重要的碱。由于 NaOH 价格较便宜，它的应用比 KOH 广泛得多。NaOH 俗称苛性钠或烧碱。NaOH 具有强的腐蚀性，能腐蚀衣物、玻璃、陶瓷等。不能用玻璃容器盛装 NaOH 溶液，因为会发生如下反应：

$$2\,NaOH(aq) + SiO_2(s) == Na_2SiO_3(aq) + H_2O(l)$$

工业上用氢氧化钠熔融分解试样时用铁制的容器，在实验室则用银或镍制的坩埚。

固体氢氧化钠容易吸收空气中的水汽和酸性气体，如吸收 CO_2 生成 Na_2CO_3。配制不含 Na_2CO_3 的 NaOH 溶液时，可先配制饱和 NaOH 溶液，Na_2CO_3 在饱和 NaOH 溶液中溶解度极小而析出，取滤液，煮沸除去 CO_2 后用冷却的水稀释即可。

碱除了可与酸、酸性氧化物、盐等反应外，其溶液还可以与两性金属和某些非金属单质(如 B、Si 等)反应，放出氢气：

$$2\,Al(s) + 2\,NaOH(aq) + 6\,H_2O(l) == 2\,Na[Al(OH)_4](aq) + 3\,H_2(g)$$
$$Si(s) + 2\,NaOH(aq) + H_2O(l) == Na_2SiO_3(aq) + 2\,H_2(g)$$

卤素、硫、磷等在碱溶液中能发生歧化反应。

4. 盐类

碱金属和碱土金属的常见盐类有卤化物、碳酸盐、硝酸盐和硫酸盐等。

氯化钠是最重要的碱金属盐，俗称食盐，在海水中储量高。氯化钠不仅是日常必需品，还是重要的化工原料，在生产 Na、NaOH、Na_2CO_3 和 HCl 等方面有重要应用。

$MgCl_2$ 的水溶液俗称"卤水"，能使蛋白质凝固，在豆制品加工中有重要应用。无水氯化钙($CaCl_2$)是重要的干燥剂，与冰混合也可作制冷剂。

碳酸钠是重要的化工原料，俗称苏打或纯碱。工业制备法有氨碱法和联合制碱法，联合制碱法由我国科学家侯德榜于 1942 年发明，基本反应如下：

$$NH_3(g) + CO_2(g) + H_2O(l) == NH_4HCO_3(s)$$
$$NH_4HCO_3(aq) + NaCl(aq) == NaHCO_3(s) + NH_4Cl(aq)$$

$NaHCO_3$ 又称为小苏打，因其溶解度较小在溶液中析出，加热即得 Na_2CO_3。

碳酸钙是自然界中石灰石的主要成分，作为添加剂大量用于涂料的生产。

硝酸钾大量用作化肥，且具有氧化性，易爆炸，也可用来制造炸药。

碱土金属的硫酸盐用途也很广泛。$CaSO_4 \cdot 2H_2O$ 俗称"生石膏"，加热即可转变成熟石膏 $2CaSO_4 \cdot H_2O$，主要用于制作模型、塑像及室内装修材料等。硫酸钡俗称"重晶石"，是重要的白色涂料；由于毒性小、医学上常用作"钡餐"检查胃部病变。

这里介绍这些盐类的晶形、溶解性和热稳定性。

1) 晶形

表 8.4 列出碱金属和碱土金属氟化物及氯化物的熔点。

表 8.4 碱金属和碱土金属元素部分卤化物的熔点

元素	氟化物熔点/℃	氯化物熔点/℃
Li	846	606
Na	996	801
K	858	776
Rb	775	715
Cs	703	645
Be	552	405
Mg	1263	714
Ca	1418	772
Sr	1477	873
Ba	1368	963

从表 8.4 可以看出:

(1) 这些卤化物熔点均较高,因为它们多为离子型晶体。

(2) 碱金属氟化物或氯化物的熔点在同一族中从上到下逐渐降低(Li 除外),而碱土金属氟化物或氯化物的熔点从上到下逐渐升高(BaF$_2$ 除外)。两者变化趋势不同的主要原因是:碱金属离子极化力小,它们的氟化物或氯化物是典型的离子晶体。碱金属从上到下随着离子半径增加,晶格能逐渐降低,故熔点下降。碱土金属极化力比碱金属离子大,而且从下到上随半径减小极化力增强。它们的卤化物从下到上由典型的离子性逐渐过渡到一定程度的共价性,所以它们的熔点从下到上逐渐降低。

(3) Li$^+$、Be^{2+} 的卤化物熔点最低,这与它们半径最小、极化力最大有关。BeCl$_2$ 的共价性已经超过了离子性。BeCl$_2$ 晶体具有无限长链结构(图 8.2)。它易升华,随温度升高,先变成气态的双聚结构,在 1000 ℃时才变为直线形的 BeCl$_2$ 分子。它也易溶于有机溶剂,这些性质都表明了它的共价性。

2) 溶解性

锂的强酸盐易溶于水,弱酸盐在水中的溶解度较小,如 LiF、Li$_3$PO$_4$ 等。其他碱金属的难溶盐则较少,常见的有 KClO$_4$、CsClO$_4$ 等。

碱土金属与一价阴离子形成的盐多数易溶于水,如氯化物、硝酸盐、碳酸氢盐等。碱土金属的氟化物及与负电荷高的阴离子形成的盐的溶解度一般都较小,原因在于晶格能较大。一些碱土金属难

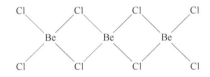

图 8.2 BeCl$_2$ 的无限长链结构

溶化合物的溶度积列于表 8.5。从表中可以看到,这些离子型化合物溶解性大致具有如下的规律性:小阳离子与小阴离子或者大阳离子与大阴离子形成的化合物溶解度小,而小阳离子与大阴离子或者大阳离子与小阴离子形成的化合物溶解度大。例如,小阴离子的 F$^-$、OH$^-$ 与碱土金属形成的化合物溶解度一般由 Mg 到 Ba 增加,大阴离子的 SO$_4^{2-}$、CrO$_4^{2-}$、CO$_3^{2-}$ 等与碱土金属形成的化合物溶解度一般由 Mg 到 Ba 减小。以上规律可用热力学原理来解释。

表 8.5 一些碱土金属难溶化合物的溶度积

离子	Mg^{2+}	Ca^{2+}	Sr^{2+}	Ba^{2+}
F$^-$	6.3×10^{-9}	1.7×10^{-10}	3.2×10^{-9}	2.4×10^{-5}
OH$^-$	1.2×10^{-11}	5.5×10^{-6}	3.2×10^{-4}	5×10^{-3}

离子	Mg^{2+}	Ca^{2+}	Sr^{2+}	Ba^{2+}
CO_3^{2-}	2.6×10^{-5}	8.7×10^{-9}	1.6×10^{-9}	8.1×10^{-9}
SO_4^{2-}	—	2.5×10^{-5}	2.8×10^{-7}	1.1×10^{-10}
CrO_4^{2-}	—	7.1×10^{-4}	4.0×10^{-5}	1.6×10^{-10}

3) 含氧酸盐的热稳定性

碱金属的含氧酸盐一般都具有较高的热稳定性。除碳酸氢盐在 200 ℃以下可分解为碳酸盐和二氧化碳，硝酸盐分解温度较低外，碳酸盐分解温度一般都在 800 ℃以上，硫酸盐分解温度更高。碱土金属的含氧酸盐热稳定性比碱金属差，而且随着半径减小分解温度降低。

碱土金属的含氧酸盐热稳定性随碱土金属从上到下逐渐增加。

碱金属和碱土金属含氧酸盐的热稳定性可用离子极化模型来说明。以 MCO_3 为例，CO_3^{2-} 可看作 C^{4+} 对三个 O^{2-} 极化作用，即在 C^{4+} 的电场作用下，O^{2-} 的电子云产生变形，成为正、负电荷中心分离的"偶极子"，得到如图 8.3(a)所示平面三角形的离子；当一个金属离子 M^{2+} 与其接近时，M^{2+} 对邻近的一个 O^{2-} 也产生极化作用，该极化作用与 C^{4+} 对该 O^{2-} 极化作用方向相反，称为"反极化作用"。反极化作用导致该 O^{2-} 与 C^{4+} 的连接减弱。如果 M^{2+} 反极化作用足够强，它甚至可以使该 O^{2-} 偶极颠倒[图 8.3(b)]，导致 CO_3^{2-} 分解为 MO 和 CO_2。显然，**金属离子的离子势 ϕ 越大，对阴离子的极化作用就越强，碳酸盐就越易分解，即分解温度越低。**例如，碱土金属碳酸盐的分解温度符合此规律：

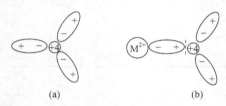

图 8.3　M^{2+} 对 CO_3^{2-} 的反极化作用

化合物	$BeCO_3$	$MgCO_3$	$CaCO_3$	$SrCO_3$	$BaCO_3$
分解温度/℃	< 100	540	900	1290	1360

碱土金属硫酸盐热分解温度也符合这个规律。

碱土金属和锂的硝酸盐分解为 MO 或 Li_2O、NO_2 和 O_2，其他硝酸盐分解为 MNO_2 和 O_2。

碱金属硫酸盐难以分解，碱土金属硫酸盐分解为 MO 和 SO_3。

5. 锂、铍的特殊性和对角线规则

一般来说，碱金属和碱土金属元素性质的递变是很有规律的，但锂和铍却表现出反常性。锂及其化合物的性质与其他碱金属元素及其化合物的性质有明显的差异。

在电极电势变化的趋势中，Li 表现"反常"。虽然 Li 的电离能比 Na 大，但 $E^{\ominus}$ (Li^+/Li)却比 $E^{\ominus}$ (Na^+/Na)低(分别为–3.045 V 和–2.713 V)。这主要是因为 Li^+水合能比 Na^+大得多，其影响超过电离能。

铍也同样表现出与其他碱土金属元素性质上的差异。但是锂与镁、铍与铝在性质上却表现出很多的相似性。

在周期系中，某元素的性质和它左上方或右下方的另一元素性质的相似性，称为"对角线规则"。这种相似性明显存在于 Li-Mg、Be-Al、B-Si 中。

锂与镁相似性表现在：

(1) 锂和镁在氧气中燃烧都生成正常氧化物，而其他碱金属生成过氧化物或超氧化物。

(2) 都能和 N_2 直接化合生成氮化物，而其他碱金属则不能。

(3) 它们的氟化物、碳酸盐、磷酸盐均难溶于水，其他碱金属相应化合物为易溶盐。

(4) 氢氧化物均为中强碱，在水中溶解度不大，加热时可分解为普通氧化物。其他碱金属氢氧化物均为强碱，且加热至熔融也不分解。

(5) 硝酸盐加热分解产物均为氧化物、NO_2 和 O_2，而其他碱金属硝酸盐分解为 MNO_2 和 O_2。

(6) 氯化物都具有共价性，能溶于有机溶剂中。它们的水合氯化物晶体受热时都会发生水解反应。

铍和铝的相似性表现在：

(1) 铍、铝都是两性金属，既能溶于酸也能溶于强碱。

(2) 都能被冷的浓硝酸钝化，而其他碱土金属均易与硝酸反应。

(3) 氢氧化物均为两性，而其他碱土金属氢氧化物均为碱性。

(4) 氯化物都是共价型化合物，易升华、易聚合、易溶于有机溶剂。

(5) 氧化物均为高熔点、高硬度的物质。

对角线规则可用"离子极化"的观点说明。"离子极化"通常包括阳离子极化作用和阴离子变形性两个方面，阳离子极化力是指其作为电场，使邻近的阴离子电子云变形的性质，称为"离子极化作用"，这会降低化学键的离子性比例；如果阳离子也较大，则阴离子的电场也会使阳离子的电子云变形，相应化学键的共价成分更高，称为"附加极化作用"，如 $HgCl_2$、HgI_2、$PbCl_2$ 中化学键均具有显著的共价成分。一般来说，若阳离子极化力接近，它们形成的化学键性质就相近，因而相应化合物的性质呈现相似性。Li^+ 的离子势大，极化力比 Na^+、K^+ 等大得多，却和 Mg^{2+} 相近，因为 Mg^{2+} 半径虽比 Li^+ 大，但它的电荷比 Li^+ 高，于是 Li^+ 与它右下方 Mg^{2+} 的化合物在性质上显示出某些相似性。

8.3　p 区 元 素
(The p-block element)

8.3.1　概述

p 区元素是周期表中第十三列(ⅢA 族)到第十七列(ⅦA 族)并加上第十八列(0 族)的元素，包括硼族元素(硼、铝、镓、铟、铊)、碳族元素(碳、硅、锗、锡、铅)、氮族元素(氮、磷、砷、锑、铋)、氧族元素(氧、硫、硒、碲、钋)、卤族元素(氟、氯、溴、碘、砹)和稀有气体元素(氦、氖、氩、氪、氙、氡)共 31 种元素。这些元素原子的价电子层构型均为 $ns^2 np^{1\sim6}$($n = 2 \sim 6$，氦例外)。以下将分族对这些元素的性质进行介绍。

8.3.2　卤素

1. 概述

卤族元素(the halogen group element)简称卤素，是指元素周期表中ⅦA 族氟、氯、溴、碘与极不稳定的放射性元素砹。卤族元素的某些基本性质见表 8.6。

表 8.6　卤素的基本性质

性质	F	Cl	Br	I
价层电子构型	$2s^2 2p^5$	$3s^2 3p^5$	$4s^2 4p^5$	$5s^2 5p^5$
主要氧化态	-1	-1、$+1$、$+3$、$+5$、$+7$	-1、$+1$、$+3$、$+5$、$+7$	-1、$+1$、$+3$、$+5$、$+7$
原子半径/pm	71	99	114	133
X^-有效离子半径/pm	136	181	195	216
熔点/℃	-219.62	-100.98	-7.2	113.5
沸点/℃	-118.14	-34.67	58.78	184.35
溶解度/[g·(100 g H_2O)$^{-1}$], 20 ℃	分解水	0.732	3.58	0.029

性质	F	Cl	Br	I
$I_1/(kJ \cdot mol^{-1})$	1681.0	1252.1	1139.9	1008.4
$EA_1/(kJ \cdot mol^{-1})$	338.8	354.8	330.5	301.7
χ_p(鲍林电负性)	3.98	3.16	2.96	2.66
$E^{\ominus}(X_2/X^-)/V$	2.889	1.360	1.077	0.535
熔化热$/(kJ \cdot mol^{-1})$	0.5	6.4	10.5	15.7
X^-离子水合能$/(kJ \cdot mol^{-1})$	−506.3	−368.2	−334.7	−292.9
$D(X—X)/(kJ \cdot mol^{-1})$	157.7	238.1	189.1	148.9

卤族元素的基本性质及其变化规律, 可以从有关的原子结构、分子结构、晶体结构的知识及基本原理去理解。

2. 单质

1) 物理性质

F_2、Cl_2、Br_2、I_2 都是非极性分子, 随着相对分子质量的增加, 分子间作用力依次增大, 沸点依次升高。所以, 常温下 F_2 为淡黄色气体; Cl_2 为黄绿色气体; Br_2 为红棕色液体, 蒸气呈红棕色; I_2 则为紫黑色固体, 其蒸气为紫红色。

卤素在水中的溶解度不大(表 8.6)。I_2 因为是固态晶体, 溶解时需破坏晶格, 溶解度相对更低。但是由于 I_2 在 KI 溶液中可以形成 I_3^-、I_5^-或 I_7^-多碘负离子, 因此 I_2 在 KI 溶液中溶解度明显增大。

2) 化学性质

卤素位于周期表ⅦA 族, 在同一周期中, 从左到右, 有效核电荷增加, 原子半径减小, 因此卤素为同周期元素中原子半径最小、电子亲和能最大、电负性最大的元素, 也是非金属性最强的元素。

在同一族元素中, 从上到下, 原子半径依次增大, 电子亲和能按 Cl—Br—I 顺序依次减小(氟由于原子半径小、电子互斥作用强, 电子亲和能较氯小), 电离能由 F 到 I 依次减小, 电负性也依次减小, 非金属性依次减弱。

卤原子的第一电离能都很大, 因此卤原子在化学反应中要成为+1 价阳离子是较困难的。卤素原子基态的价电子构型为 ns^2np^5, 容易获得 1 个电子而形成与稀有气体相同电子构型的 –1 价阴离子, 表现出典型的非金属元素特征和强氧化性。由表 8.6 可见, 氯的电子亲和能最大, 但氟的氧化性最强, 这主要是因为氟的半径小, 电负性大, F—F 键能小。由卤素元素电势图(图 8.4)可知, 从 F_2 到 I_2 氧化性依次降低, 化学活泼性依次减弱。

$E_A^{\ominus}(O_2/H_2O) = 0.816$ V, 对比 $E_A^{\ominus}(X_2/X^-)$可知, 就热力学而言, 除 I_2 外, F_2、Cl_2 和 Br_2 均可把水氧化为 O_2。事实上, F_2 的确与水剧烈反应放出 O_2, 但是 Cl_2 和 Br_2 由于动力学原因与水反应缓慢; I_2 不能氧化水, 而其逆反应可自发进行:

$$4\,I^-(aq) + O_2(g) + 4H^+(aq) \Longrightarrow 2\,I_2(s) + 2\,H_2O(l)$$

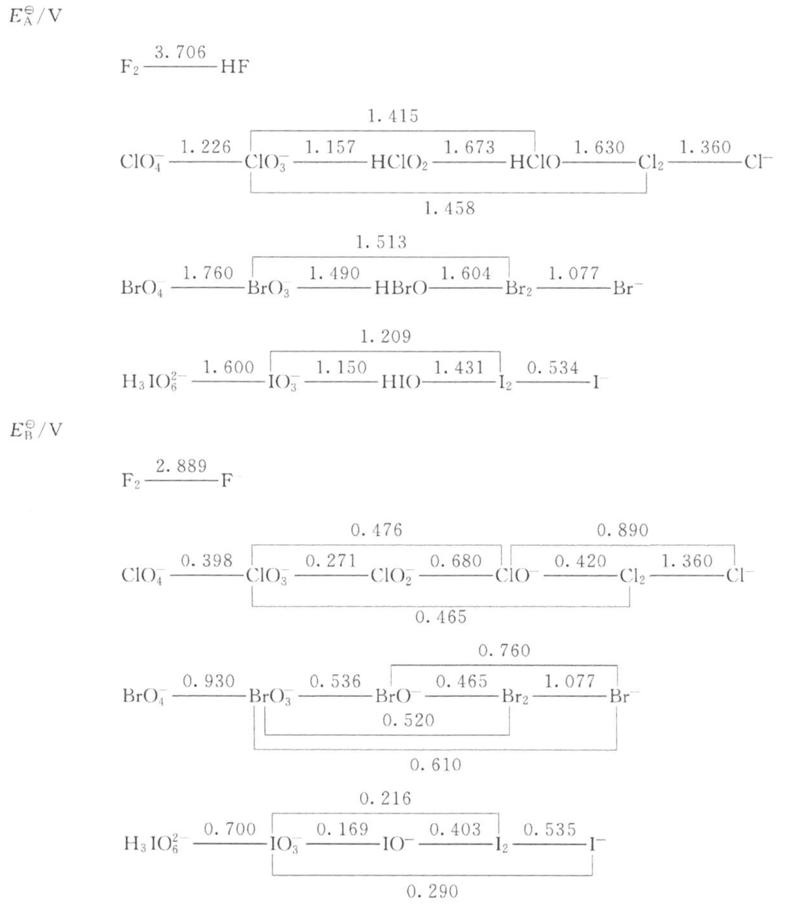

$E_A^\ominus/V$

F₂ ——3.706—— HF

　　　　　　　　　　　　1.415
ClO₄⁻ —1.226— ClO₃⁻ —1.157— HClO₂ —1.673— HClO —1.630— Cl₂ —1.360— Cl⁻
　　　　　　　　　　　　1.458

　　　　　　　　1.513
BrO₄⁻ —1.760— BrO₃⁻ —1.490— HBrO —1.604— Br₂ —1.077— Br⁻

　　　　　　　　1.209
H₃IO₆²⁻ —1.600— IO₃⁻ —1.150— HIO —1.431— I₂ —0.534— I⁻

$E_B^\ominus/V$

F₂ ——2.889—— F⁻

　　　　　　　　0.476　　　　　　　0.890
ClO₄⁻ —0.398— ClO₃⁻ —0.271— ClO₂⁻ —0.680— ClO⁻ —0.420— Cl₂ —1.360— Cl⁻
　　　　　　　　　　　　0.465

　　　　　　　　　　　　0.760
BrO₄⁻ —0.930— BrO₃⁻ —0.536— BrO⁻ —0.465— Br₂ —1.077— Br⁻
　　　　　　　　　　0.520
　　　　　　　　0.610

　　　　　　　　0.216
H₃IO₆²⁻ —0.700— IO₃⁻ —0.169— IO⁻ —0.403— I₂ —0.535— I⁻
　　　　　　　　0.290

图 8.4　卤素元素电势图

　　卤素与水发生的第二类反应是卤素分子的歧化反应。氟不能形成正氧化态化合物，不发生此类反应。从电势图可以看出，Cl_2、Br_2 和 I_2 在酸性介质中都不能发生歧化反应，但是在碱性溶液中以下两类歧化反应都可自发进行：

$$X_2 + 2\,OH^-(aq) = X^-(aq) + XO^-(aq) + H_2O(l) \qquad ①$$

$$3\,XO^-(aq) = 2\,X^-(aq) + XO_3^-(aq) \qquad ②$$

　　这两类歧化反应的反应速率不同，反应①的反应速率通常较快，而反应②的反应速率与卤素种类有关：对 Cl_2 来说，室温时反应慢，当温度升至 70 ℃左右才变快；对于 Br_2 来说，0 ℃时反应慢，室温时反应快；对于 I_2 来说，0 ℃时反应已经很快。所以在室温下将 Cl_2、Br_2 或 I_2 分别加入碱液中，得到的产物分别是 ClO^-、BrO_3^- 或 IO_3^-；要制得 ClO_3^-，反应系统必须加热；要制得 BrO^-，反应体系必须冷却。总之，Cl_2、Br_2 和 I_2 在碱性溶液中的歧化反应产物由动力学因素决定，与温度有关。

3. 卤化氢和卤化物

1) 卤化氢

卤化氢都是有强烈刺激性气味的无色气体。在 HX 分子中，H—X 是以共价键结合的，随着电负性的减小，键的极性减小，分子的极性也减小。卤化氢的性质随着原子序数增加呈现规律性的变化，见表 8.7。

表 8.7　卤化氢一些性质的变化趋势

从 HF 到 HI 增加	从 HF 到 HI 减小
熔、沸点(HF 除外)	键能
酸性	稳定性
还原性	

由于分子间作用力从 HCl 到 HI 依次增大，所以卤化氢的熔、沸点依次升高。HF 的熔、沸点"反常"是由于存在分子间氢键。

卤化氢可通过多种方式制备：

(1) 卤素和氢直接结合。由于 F_2 与 H_2 反应剧烈，而 Br_2、I_2 与 H_2 反应缓慢，所以工业上只采用 H_2 在 Cl_2 中燃烧制备 HCl。

(2) 卤化物的浓酸置换法。

利用固体卤化物与浓硫酸直接反应，制备卤化氢：

$$CaF_2(s) + H_2SO_4(aq，浓) == CaSO_4(s) + 2\,HF(g)　（在 Pt 容器中进行）$$

$$NaCl(s) + H_2SO_4(aq，浓) == NaHSO_4(s) + HCl(g)$$

$$NaCl(s) + NaHSO_4(s) == Na_2SO_4(s) + HCl(g)$$

由于 HBr 和 HI 可被浓硫酸氧化为单质，所以需用无氧化性的浓磷酸代替浓硫酸：

$$NaBr(s) + H_3PO_4(aq，浓) == NaH_2PO_4(s) + HBr(g)$$

$$NaI(s) + H_3PO_4(aq，浓) == NaH_2PO_4(s) + HI(g)$$

(3) 卤化物水解法。HBr 和 HI 常用非金属卤化物水解法制备。将水滴到 PBr_3 或 PI_3 上：

$$PX_3(s) + 3\,H_2O(l) == H_3PO_3(aq) + 3\,HX(g)　（X = Br, I）$$

实际上不需要先制备卤化磷，只要把溴滴加到单质磷和少许水的混合物中或者将水滴到单质磷和碘的混合物中：

$$2\,P(s) + 6\,H_2O(l) + 3\,Br_2(l) == 2\,H_3PO_3(aq) + 6\,HBr(g)$$

$$2\,P(s) + 6\,H_2O(l) + 3\,I_2(s) == 2\,H_3PO_3(aq) + 6\,HI(g)$$

卤化氢的水溶液称为氢卤酸，都显酸性。HF、HCl、HBr、HI 水溶液分别称为氢氟酸、氢氯酸(盐酸)、氢溴酸和氢碘酸。除 HF 外都是强酸，且酸性依 HF 到 HI 顺序增强。但是 HF 有一些独特的性质，如与 SiO_2 反应：

$$SiO_2(s) + 4\,HF(aq) == SiF_4(g) + 2\,H_2O(l)$$

可利用这一性质来刻蚀玻璃或溶解各种硅酸盐。氢氟酸也可用来溶解普通强酸不能溶解的 Zr、Hf 等金属。这一特性与 F^- 半径特别小有关，因为 F^-(硬碱)可与一些半径小、电荷高的离子如 Ti^{4+}、Zr^{4+} 和 Hf^{4+} 等(硬酸)形成稳定的配离子。

2) 卤化物

卤素与电负性较小的元素生成的二元化合物称为卤化物。所有金属都可以形成卤化物。就键型而言，金属卤化物可以分为离子型和共价型。ⅠA、ⅡA、镧系、锕系元素形成的卤化物是典型的离子型卤化物，它们的熔、沸点都较高，熔融态能导电。高氧化态金属卤化物多为共价型卤化物，它们的熔、沸点较低，有些会在气态时双聚或多聚，在有机溶剂中有一定的溶解度，如 $AlCl_3$、$FeCl_3$、$SnCl_4$、$TiCl_4$ 等。下面着重讨论卤化物的溶解性和水解性。

(1) 溶解性：金属卤化物一般易溶于水，比较重要的难溶化合物有 AgX、PbX$_2$、Hg$_2$X$_2$ 和 CuX(X 不含 F)。

氟化物的溶解性常与其他卤化物不同，如 AgF 是易溶的，而 LiF、MF$_2$(M 为碱土金属、Mn、Fe、Ni、Cu、Zn、Pb)和 AlF$_3$ 等都是难溶盐。

(2) 水解性：可溶性卤化物在水溶液中因水解而呈碱性或酸性。

① 常用的可溶性氟化物试剂如 NaF、KF、NH$_4$F，由于水解及缔合的原因，其水溶液呈碱性：

$$F^-(aq) + H_2O(l) \Longrightarrow HF(aq) + OH^-(aq)$$

② 部分金属卤化物由于金属离子半径较小，氧化数较高，水解作用较为显著。例如

$$MgCl_2(aq) + H_2O(l) \Longrightarrow Mg(OH)Cl(s) + HCl(aq)$$

$$SnCl_2(aq) + H_2O(l) \Longrightarrow Sn(OH)Cl(s) + HCl(aq)$$

$$BiCl_3(aq) + H_2O(l) \Longrightarrow BiOCl(s) + 2 HCl(aq)$$

$$CeCl_3(aq) + 3 H_2O(l) \Longrightarrow Ce(OH)_3(s) + 3 HCl(aq)$$

当向溶液中加入 HCl 时，平衡左移，抑制水解。因此，在配制这些盐溶液时，为了防止沉淀生成，应将盐类先溶于浓盐酸，然后加水稀释。

非金属卤化物水解大致可分为三种类型：

(a) 与水反应生成非金属含氧酸和卤化氢，如 BCl$_3$、SiCl$_4$、PCl$_5$、AsF$_5$ 等；

(b) 与水反应生成非金属氢化物和卤素含氧酸，如 NCl$_3$、OCl$_2$ 等；

(c) 不与水反应，如 CCl$_4$、SF$_6$ 等。

4. 卤素含氧酸及其盐

氯、溴、碘均可形成氧化态为+1、+3、+5、+7 的含氧酸及其盐。除正高碘酸 H$_5$IO$_6$ 之外，卤素其余含氧酸分子中，中心卤素原子均作 sp^3 杂化，以氯含氧酸为例，见图 8.5。图中，符号 "$\longrightarrow$" 表示 σ 配位键和 p→d 反馈 π 键，其中 Cl 原子以 sp^3 杂化轨道与 O 原子的 2p 轨道重叠，并由 Cl 原子提供一对电子形成 σ 配位键；O 原子积累了较高的电子密度，通过充满电子的 2p 轨道与 Cl 原子的 3d 空轨道重叠，形成 p→d 反馈 π 键(图 8.6)，因此 Cl$\longrightarrow$O 键具有部分双键性质。除了端基氧原子形成 Cl$\longrightarrow$O 键外，Cl 原子还以 sp^3 杂化轨道与羟基 O 原子的 2p 轨道重叠，并各提供一个电子，形成 σ 单键。由于 Cl$\longrightarrow$O 键具有部分双键性质，而且由于电负性 O>Cl，中心 Cl 原子电子云密度降低，对 Cl 与羟基 O 原子形成的 Cl—O 键成键电子对的吸引力增强，羟基上的质子更易电离，这称为 "电子诱导效应"(图 8.7)。显然，含氧酸分子中 Cl$\longrightarrow$O 键数目越多，羟基上的质子就越易电离，酸性越强(表 8.8)。

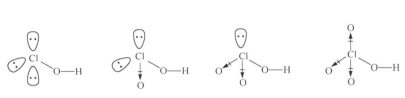

图 8.5　氯含氧酸的分子结构

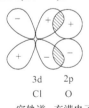

3d　2p
Cl　O
空轨道　充满电子

图 8.6　p→d 反馈 π 键的形成示意图

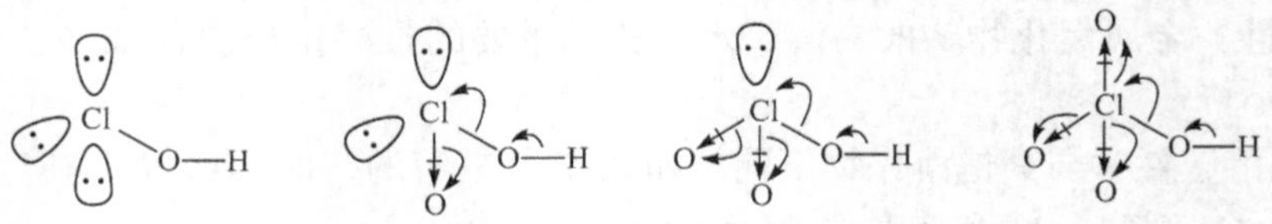

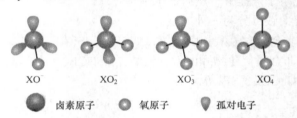

图 8.7　氯含氧酸分子中电子诱导效应示意图

表 8.8　卤素含氧酸酸性变化规律($K_a^\ominus$，298 K)

卤素	HXO	HXO$_2$	HXO$_3$	HXO$_4$	
氯	2.9×10^{-8}	1.15×10^{-2}	10	约 10^8	酸
溴	2.8×10^{-9}		1		性
碘	3.2×10^{-11}	5.1×10^{-4}	1.6×10^{-1}	2.3×10^{-2}	增
		酸 性 增 强 $\longrightarrow$			强

卤素含氧酸盐一般比相应的酸稳定，其中含氧酸根的结构如图 8.8 所示，除了高碘酸根阴离子 IO_6^{5-} 的 I 原子作 sp^{3}d^2 杂化之外，其他的含氧酸根中心卤素原子均作 sp^3 杂化。

XO$^-$　　XO$_2^-$　　XO$_3^-$　　XO$_4^-$

● 卤素原子　○ 氧原子　◗ 孤对电子

图 8.8　卤素含氧酸根的结构

卤素含氧酸的酸性变化规律如下：

(1) 对于同一卤素，随卤素氧化数的增加，卤素含氧酸的酸性迅速增强。

(2) 对于同一氧化态的含氧酸，从氯到碘的原子半径增大，酸性减弱。

以上变化规律总结见表 8.8。

卤素含氧酸中以氯的含氧酸最重要。

HOCl(次氯酸)是很弱的酸($K_a^\ominus$=2.9×10^{-8})。它很不稳定，只能存在于稀溶液中，且会逐渐分解为盐酸和氧气。它也是强的氧化剂和漂白剂。常见的次卤酸盐有次氯酸钙和次氯酸钠等，次氯酸钙是漂白粉的主要有效成分，其漂白作用就是基于 ClO$^-$ 的氧化性。将氯气通入石灰乳中可以制备漂白粉：

$$2\ Cl_2(g) + 3\ Ca(OH)_2(s) = Ca(ClO)_2(s) + CaCl_2 \cdot Ca(OH)_2 \cdot H_2O(s) + H_2O(l)$$

HClO$_2$(亚氯酸)是最不稳定的卤素含氧酸，只能在稀溶液中存在，亚氯酸的盐相对稳定。NaClO$_2$ 主要用于织物漂白。

HClO$_3$(氯酸)是强酸，也是强氧化剂。HClO$_3$ 与 HCl 可发生逆歧化反应放出 Cl$_2$：

$$HClO_3(aq) + 5\ HCl(aq) = 3\ Cl_2(g) + 3\ H_2O(l)$$

KClO$_3$ 是最重要的氯酸盐，有催化剂存在时，它受热分解为 KCl 和 O$_2$，若无催化剂，则发生歧化反应生成 KClO$_4$ 和 KCl。固体 KClO$_3$ 是强氧化剂，它与易燃物质，如碳、硫、磷或易燃有机物质混合后，一经撞击便会引起爆炸。因此，KClO₃ 常用来制作炸药、火柴和烟花等。KClO₃ 的中性溶液不显氧化性，不能氧化 KI，但酸化后，可将 I⁻氧化。

HClO₄ 是最强的无机酸，其稀溶液比较稳定，氧化能力不及 HClO₃，但浓 HClO₄ 是强的氧化剂，与有机物质接触会发生爆炸。

8.3.3　氧族元素

1. 概述

氧族元素(the oxygen group element)是指元素周期表中ⅥA 族氧、硫、硒、碲与放射性元素钋。氧族元素的某些基本性质见表 8.9。

表 8.9　氧族元素的基本性质

性质	O	S	Se	Te
价层电子构型	$2s^22p^4$	$3s^23p^4$	$4s^24p^4$	$5s^25p^4$
主要氧化态	-2、-1	-2、+4、+6	-2、+4、+6	-2、+4、+6
原子半径/pm	73	103	117	137
M^{2-}有效离子半径/pm	140	184	198	221
熔点/℃	-218.4	112.8(菱)	217	452
沸点/℃	-183.0	444.6	684.9	1390
溶解度/[g·(100 g H₂O)⁻¹], 20℃	0.044	溶于 CS₂、乙醇、乙醚	溶于 CS₂	
I_1/(kJ·mol⁻¹)	1314	1000	941	869
EA_1/(kJ·mol⁻¹)	141.0	200.4	195.0	190.1
EA_2/(kJ·mol⁻¹)	-780.7	-590.4	-420.5	
χ_p(鲍林电负性)	3.44	2.58	2.55	2.1
熔化热/(kJ·mol⁻¹)	0.44	2.85	10.46	35.82
原子化热/(kJ·mol⁻¹)	6.78	19.25	95.5	114.1
单键的解离能/(kJ·mol⁻¹)	142	268	172	126

由于氧原子的半径小，在氧分子中孤对电子-孤对电子的互相排斥作用强，氧分子单键解离能比硫、硒都小；同时由于氧是第二周期元素，电负性仅次于氟，氧的性质与同族其他元素相比差别较大，因此常称 S、Se、Te 为硫族元素。

2. 单质

1) 物理性质

常温下氧气是一种无色、无臭的气体，沸点、熔点分别为 90 K、54 K。氧是非极性分子，不易溶于水，室温时 1 体积水只能溶解 0.03 体积的氧气。

氧族元素单质都有同素异形体。臭氧(ozone，O₃)与 O₂ 互为同素异形体，常温下是蓝色气体，沸点、熔点分别为 161 K、80 K，因其本身带有特殊的鱼腥臭味而得名。

　　硫有多种同素异形体, 其中常见的有斜方硫(菱形硫或 α-硫)和单斜硫(β-硫), 均由环状结构的 S_8 分子组成, 各 S_8 分子之间以分子间力结合, 故其熔点低。

　　硒有晶态硒和无定形硒两类同素异形体。硒是半导体, 在光照下导电性可提高近千倍, 可用来制造整流器和光电池材料。

　　碲是银白色晶体, 也是半导体。

2) 化学性质

　　氧族元素原子基态的价电子构型为 ns^2np^4, 容易获得 2 个电子而形成-2 价阴离子, 表现出典型的非金属元素特征, 从上到下原子半径依次增大, 电离能、电负性依次减小, 非金属性逐渐减弱; 同一周期, 氧族元素的非金属活泼性弱于卤素。氧、硫的元素电势图见图 8.9。

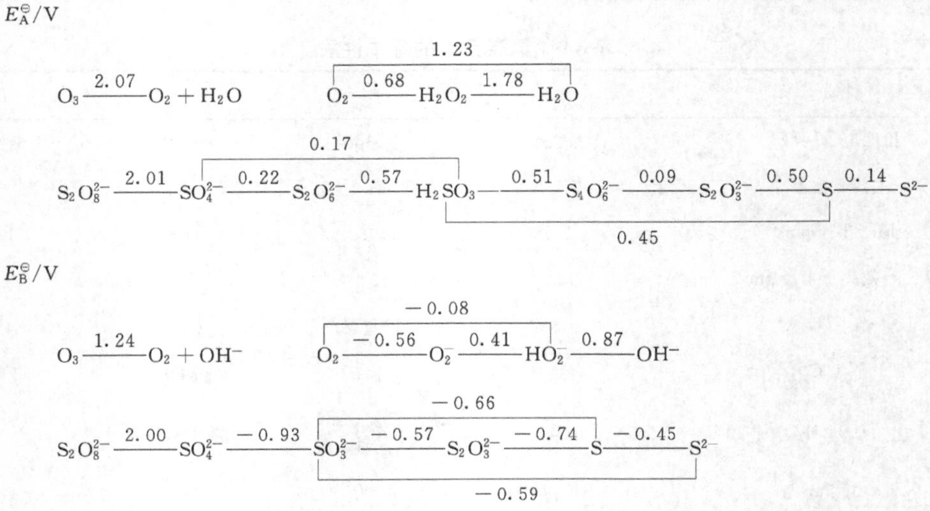

图 8.9　氧、硫的元素电势图

　　根据价键理论, 氧分子中应当只有一个 σ 键及一个 π 键, 即 O=O 键, 不存在成单电子; 但磁矩实验显示, 氧显顺磁性, 氧分子中存在两个单电子, 可见价键理论无法解释氧分子的结构。

分子轨道理论分析氧分子的结构*

分子轨道理论指出: 基态氧分子的分子轨道式为

$$O_2[KK(\sigma_{2s})^2(\sigma_{2s}^*)^2(\sigma_{2p_x})^2(\pi_{2p_y}^2, \pi_{2p_z}^2)(\pi_{2p_y}^{*1}, \pi_{2p_z}^{*1})(\sigma_{2p_x}^*)^0]$$

可见, 氧分子中有一个 σ 键 $(\sigma_{2p_x})^2$, 两个 "三电子 π 键", 即 $(\pi_{2p_y}^2, \pi_{2p_y}^{*1})$ 和 $(\pi_{2p_z}^2, \pi_{2p_z}^{*1})$, 从而可以正确地说明氧分子的磁性; 在氧分子中, 键级为(6-2)/2 = 2, 相当于价键理论的双键。

　　由氧分子的分子轨道可以预测, 在化学反应中氧分子通过得失电子可能有几种情况(表 8.10)。

表 8.10　氧分子及其得失电子产物

物质	分子轨道表达式	键级	成单电子数
O_2^+	$[KK(\sigma_{2s})^2(\sigma_{2s}^*)^2(\sigma_{2p_x})^2\begin{bmatrix}\pi_{2p_y}^2\\\pi_{2p_z}^2\end{bmatrix}\begin{bmatrix}\pi_{2p_y}^{*1}\\\pi_{2p_z}^*\end{bmatrix}]$	2.5 (1σ+1π+1 个 3e π)	1
O_2	$[KK(\sigma_{2s})^2(\sigma_{2s}^*)^2(\sigma_{2p_x})^2\begin{bmatrix}\pi_{2p_y}^2\\\pi_{2p_z}^2\end{bmatrix}\begin{bmatrix}\pi_{2p_y}^{*1}\\\pi_{2p_z}^{*1}\end{bmatrix}]$	2 (1σ+2 个 3e π)	2

续表

物质	分子轨道表达式	键级	成单电子数
O_2^-	$[KK(\sigma_{2s})^2(\sigma_{2s}^*)^2(\sigma_{2p_x})^2\begin{bmatrix}\pi_{2p_y}^2\\ \pi_{2p_z}^2\end{bmatrix}\begin{bmatrix}\pi_{2p_y}^{*2}\\ \pi_{2p_z}^{*1}\end{bmatrix}]$	1.5 (1σ+1 个 3e π)	1
O_2^{2-}	$[KK(\sigma_{2s})^2(\sigma_{2s}^*)^2(\sigma_{2p_x})^2\begin{bmatrix}\pi_{2p_y}^2\\ \pi_{2p_z}^2\end{bmatrix}\begin{bmatrix}\pi_{2p_y}^{*2}\\ \pi_{2p_z}^{*2}\end{bmatrix}]$	1 (1σ)	0

氧的化学性质主要是氧化性和配位性。

由氧的元素电势图(图 8.9)可知，标准态下 O_2 在酸性介质中有较强氧化性，但是由于 O_2 键解离能较高，故在常温下，氧的化学性质并不活泼，仅与金属及一些强还原性物质如 NO、$SnCl_2$、KI、H_2SO_3 等反应；在加热条件下，氧可氧化绝大多数单质(卤素、金和铂等贵金属及稀有气体除外)及许多化合物。

氧分子存在孤对电子，在一定条件下可以作为 Lewis 碱，故 O_2 具有配位性，这在生物体中有重要作用。人血红素[简记为 HmFe(Ⅱ)]具有运载氧的功能，就是因为它是卟啉衍生物与 Fe(Ⅱ)离子形成的配合物。HmFe(Ⅱ)可与 O_2 结合成六配位的配合物氧合血红素，随血液流动到各组织，并释放出氧，这是一个可逆反应：

$$[HmFe(Ⅱ)] + O_2 \rightleftharpoons [HmFe(Ⅱ) \leftarrow O_2]$$

臭氧(O_3)的分子结构比较特殊，实验测得 O_3 分子中 O—O 键长为 127.8 pm，比正常 O—O 键键长(148 pm)短，而比 O=O 键键长(112 pm)长，说明臭氧分子中 O—O 键级介于 1 和 2 之间；键角 116.8°，分子呈 V 形，如图 8.10 所示。中心氧原子以 sp^2 杂化，它用两个杂化轨道与两端两个氧原子键合，另一个杂化轨道被孤对电子占据。除此之外，中心氧原子还有一个没有参与杂化的 p 轨道(被 2 个电子占据)，两端的两个氧原子也各有一个 p 轨道(各被一个电子占据)，这三个 p 轨道互相平行，形成了垂直于分子平面的三中心四电子的离域 π 键，记为 π_3^4。由此可见，**形成离域 π 键需要满足以下两点：参与离域 π 键的原子应在同一平面上，而且每个原子都能提供一个互相平行的 p 轨道(或 d 轨道)；离域 π 键上总的 π 电子数应少于参与离域 π 键的 p 轨道(或 d 轨道)数目的两倍**[1]。

臭氧分子中没有单电子，具抗磁性。

臭氧不稳定，常温下即可分解成氧气，为放热反应：

图 8.10　臭氧分子结构

$$2\,O_3(g) \rightleftharpoons 3\,O_2(g) \qquad \Delta_r H_m^\ominus = -285.4\ kJ\cdot mol^{-1}$$

由标准电极电势 $E_A^\ominus(O_3/H_2O) = 2.07\ V$、$E_B^\ominus(O_3/OH^-) = 1.24\ V$ 可知，无论在酸性介质还是在碱性介质中，臭氧的氧化性都比氧强，而且臭氧只具有强氧化性，而无还原性。例如

$$PbS(s) + 4\,O_3(g) \rightleftharpoons PbSO_4(s) + 4\,O_2(g)$$

$$2\,Ag(s) + 2\,O_3(g) \rightleftharpoons Ag_2O_2(s) + 2\,O_2(g)$$

$$O_3(g) + 2\,KI(aq) + H_2O(l) \rightleftharpoons I_2(s) + O_2(g) + 2\,KOH(aq)$$

O_3 作为氧化剂，在碱性介质中生成 O_2 及 OH^-，在酸性介质中生成 O_2 及 H_2O。O_3 与 KI

---

① 由于富勒烯的发现，形成离域π键已经不需要严格遵守这两项条件。

的反应既定量又迅速，可用于检测混合气体中是否有臭氧。利用臭氧的氧化性处理工业废气(如 SO_2、H_2S)或废水(如 CN^-、苯等)，既快速又彻底，而且可以减少二次污染。

$$O_3(g) + CN^-(aq) = OCN^-(aq) + O_2(g)$$

$$2\ OCN^-(aq) + 3\ O_3(g) = CO_3^{2-}(aq) + N_2(g) + 3\ O_2(g) + CO_2(g)$$

另外，臭氧在消毒、杀菌、漂白、脱色等方面具有极好的用途，其产物为氧气，不易导致二次污染。人吸入较高浓度的臭氧有损健康。

硫是活泼的非金属元素，常见的氧化态为–2、+4 和+6，但其活泼性不如氧。硫可与除金、铂外所有金属直接加热反应生成金属硫化物，显示氧化性：

$$Fe(s) + S(s) \overset{\triangle}{=\!=\!=} FeS(s)$$

$$Cu(s) + S(s) \overset{\triangle}{=\!=\!=} CuS(s)$$

$$Hg(l) + S(s) = HgS(s)$$

硫可与除稀有气体、碘、氮以外的大多数非金属元素化合：

$$S(s) + O_2(g) \overset{\triangle}{=\!=\!=} SO_2(g)$$

$$S(s) + 3\ F_2(g) = SF_6(g)$$

$$2\ S(s) + C(s) \overset{\triangle}{=\!=\!=} CS_2(l)$$

硫与氧化性的酸反应，显示还原性，生成硫酸或二氧化硫：

$$S(s) + 2\ HNO_3(aq,\ 浓) = H_2SO_4(aq) + 2\ NO(g)$$

$$S(s) + 2\ H_2SO_4(aq,\ 浓) \overset{\triangle}{=\!=\!=} 3\ SO_2(g) + 2\ H_2O(l)$$

硫在浓的 NaOH 溶液中加热发生歧化反应：

$$3\ S(s) + 6\ NaOH(aq) \overset{\triangle}{=\!=\!=} 2\ Na_2S(aq) + Na_2SO_3(aq) + 3\ H_2O(l)$$

硒和碲均有毒，硒的毒性较大，与砒霜相似。Se 和 Te 化学性质与 S 相似，但不如 S 活泼。

3. 氢化物

本族元素的氢化物 H_2O、H_2S、H_2Se 和 H_2Te 的性质的递变与卤化氢相似，即除 H_2O 之外，H_2S、H_2Se 和 H_2Te 随中心原子原子序数增加，熔沸点、酸性、还原性依次增加，而稳定性、键能依次降低；H_2O 因分子之间形成氢键，熔、沸点分别为 0 ℃和 100 ℃，比 H_2S 高。

水蒸气含有 3.5%的双分子水($H_2O)_2$，液态水缔合程度更大。

水分子的缔合*

水分子之间因形成氢键而缔合，是放热过程，温度降低，缔合程度增加，水的密度增加，在 4 ℃达到最大值 $1.04\ g \cdot cm^{-3}$；温度继续降低，因生成较多的结构疏松的多聚分子$(H_2O)_x\ (x \geqslant 3)$，密度反而减小。在 0 ℃，液态水结合成冰，形成巨大的缔合分子，每个水分子被 4 个水分子包围，通过氢键形成庞大的分子晶体。因结构疏松，其密度下降，故冰浮于水之上。

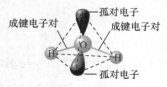

图 8.11　H_2O 分子结构示意图

水分子中，中心氧原子作 sp^3 不等性杂化，与两个氢原子形成共价单键，由于氧原子上孤对电子与成键电子对之间的排斥作用较大，键角小于 109.5°，为 104.5°，价电子几何构型为变形四面体，分子几何构型为 V 形，如图 8.11 所示。

V 形分子构型使 H_2O 成为极性分子，偶极矩 $\mu = 6.24 \times$

10^{-30} C·m。因此，水是一种极性大的溶剂，被广泛使用；晶格能不太大的离子化合物和极性的共价化合物易溶于水中。

硫化氢(H_2S)是一种有毒气体，为大气污染物。H_2S 的水溶液氢硫酸显弱酸性，在实验室中主要用作沉淀剂，许多金属离子遇氢硫酸可生成难溶的硫化物沉淀。此外，H_2S 也是强还原剂，较弱的氧化剂 I_2 就可以将其氧化：

$$I_2(s) + H_2S(aq) = 2HI(aq) + S(s)$$

氢硫酸溶液在空气中放置，空气中的 O_2 也可以把它慢慢氧化为 S 使得溶液变浑浊：

$$2H_2S(aq) + O_2(g) = 2S(s) + 2H_2O(l)$$

气态过氧化氢(H_2O_2)分子结构如图 8.12 所示，分子形状如同双折线，置于一本打开的书中，两个 O 原子均作 sp^3 不等性杂化，互相之间形成单键，并各与一个 H 原子形成单键。分子中含过氧键(—O—O—)，HO—OH 键能仅为 204.2 kJ·mol^{-1}；而 H—OOH 键能较大，为 374.9 kJ·mol^{-1}。液态和固态过氧化氢由于分子之间氢键的作用，键长和键角有所改变。H_2O_2 极性比 H_2O 大，$\mu = 7.54 \times 10^{-30}$ C·m，液态 H_2O_2 分子之间氢键比 H_2O 强，故沸点比水高，为 152.1 ℃，但熔点-0.89 ℃，与水相近。

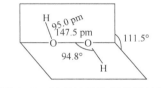

图 8.12 气态过氧化氢分子结构示意图

过氧化氢水溶液俗称"双氧水"。从结构看，H_2O_2 分子中含有过氧键(—O—O—)，而且键能低，易断键；从热力学看，$E_A^{\ominus}$(H_2O_2/H_2O) = 1.78 V，都表明过氧化氢具有强的氧化性。例如

$$H_2SO_3(aq) + H_2O_2(aq) = H_2SO_4(aq) + H_2O(l)$$
$$PbS(s) + 4 H_2O_2(aq) = PbSO_4(s) + 4 H_2O(l)$$

过氧化氢遇到强氧化剂，则显还原性[$E_A^{\ominus}$(O_2/H_2O_2) = 0.68 V]。例如

$$2 MnO_4^-(aq) + 5 H_2O_2(aq) + 6 H^+(aq) = 2 Mn^{2+}(aq) + 5 O_2(g) + 8 H_2O(l)$$
$$Ag_2O(s) + H_2O_2(aq) = 2 Ag(s) + H_2O(l) + O_2(g)$$

从热力学上讲，H_2O_2 应该不稳定，因为它可自发发生如下歧化反应：

$$2 H_2O_2(l) = 2 H_2O(l) + O_2(g) \qquad \Delta_r G_m^{\ominus} = -205 \text{ kJ} \cdot \text{mol}^{-1}$$

但是该反应活化能较高，室温下分解速率较小。如果有催化剂(如 Cu^{2+}、Fe^{2+}、Mn^{2+}、Cr^{3+}等)存在时，分解反应即可大大地加速。

过氧化氢水溶液是一种弱酸，$K_{a1}^{\ominus} = 2.0 \times 10^{-12}$，$K_{a2}^{\ominus} \approx 10^{-15}$。

4. 氧化物及其水合物的酸碱性

氧与除氟之外的其他元素生成的二元化合物称为"氧化物"(氧与氟的二元化合物称为"氟化物")。除稀有气体外，几乎所有的元素都可以与氧直接或间接地生成氧化物。根据酸碱性，元素的氧化物可分为以下四类。

1) 碱性氧化物

大多数金属元素的氧化物是碱性氧化物。它们的固体往往是离子型晶体，具有高熔点、高沸点。晶体中氧离子是强碱性的，有强的亲质子能力：

$$O^{2-} + H_2O = 2OH^- \qquad K^{\ominus} \approx 10^{22}$$

因此，金属氧化物在溶于水时，水溶液呈碱性。

2) 酸性氧化物

非金属性强的元素的氧化物(特别是高氧化数的氧化物)多数属于酸性氧化物。它们都是共价型的，其固体是分子晶体，具有低熔点、低沸点。一些非金属氧化物(如 B_2O_3、SiO_2)晶体呈三维网状结构，属于原子晶体，具有高熔点、高沸点。一些金属的高氧化数氧化物(如 CrO_3、Mn_2O_7)都是酸性氧化物。酸性氧化物除少数外(如 SiO_2)，都可以与水作用，生成相应的含氧酸。

3) 两性氧化物

电负性中等的一些金属、非金属等，它们的氧化物是两性的，如 Al、Zn、Be、Sn、Pb、Sb、As。

4) 惰性氧化物

一氧化碳、一氧化二氮、一氧化氮等氧化物与酸、碱都不能作用生成相应的盐，故又称为不成盐氧化物。

氧化物的水合物，无论是酸性、碱性还是两性，都可以把它看作氢氧化物，并用通式 $R(OH)_n$ 来表示(n 为 R 的氧化数)。某些含氧酸，如 H_2SO_4 可看作 $S(OH)_6$ 失去两个水分子的产物。氢氧化物的酸碱性及其强度可用以下两个规则来解释。

(1) ROH 规则(参阅 8.2.3)。

碱和含氧酸都有 R—O—H 结构。ROH 规则指出：R 的氧化数越高，半径越小，R—O—H 结构中的 R—O 键就越强，而 O—H 键就越弱，则该氢氧化物越易解离出 H^+；反之，R 的氧化数越低，半径越大，则该氢氧化物越易解离出 OH^-。根据这条规则，可引出有关含氧酸强度的结论：

(a) 同一周期元素含氧酸酸性从左到右逐渐增强，如

$$H_4SiO_4 < H_3PO_4 < H_2SO_4 < HClO_4$$

(b) 同一主族元素含氧酸酸性从上到下逐渐减弱，如

$$HIO_3 < HBrO_3 < HClO_3$$

(c) 同一元素形成几种不同氧化态的含氧酸，其酸性依氧化态升高而增强，如

$$HOCl < HClO_2 < HClO_3 < HClO_4$$

ROH 规则没有考虑到除羟基以外与 R 相连的其他原子的影响，特别是非羟基氧原子的影响，事实说明这种影响是不能忽视的。

(2) 鲍林规则。鲍林规则可以半定量地估计含氧酸的强度，它包括如下两条：

(a) 多元含氧酸的标准逐级解离常数 $K_{a1}^{\ominus}$、$K_{a2}^{\ominus}$、$K_{a3}^{\ominus}$、…，其数值比约为 $1:10^{-5}:10^{-10}$…。例如，磷酸(H_3PO_4)的 $K_{a1}^{\ominus} = 7.11 \times 10^{-3}$，$K_{a2}^{\ominus} = 6.34 \times 10^{-8}$，$K_{a3}^{\ominus} = 1.26 \times 10^{-12}$。但有机酸与许多无机酸不适用。

(b) 具有 $RO_m(OH)_n$ 形式的酸，其标准解离常数与 m 值(即非羟基氧原子数)的关系是：

当 $m = 0$ 时，$K_a^{\ominus} \leqslant 10^{-7}$，是很弱的酸；

当 $m = 1$ 时，$K_a^{\ominus} \approx 10^{-2}$，是弱酸；

当 $m = 2$ 时，$K_a^{\ominus} \approx 10^3$，是强酸；

当 $m = 3$ 时，$K_a^{\ominus} \approx 10^8$，是极强的酸。

对该规则进行结构上的分析，m 数对应非羟基氧的数目(参阅图 8.7 和表 8.8)。非羟基氧的数目越多，中心原子 R 的电负性越大，R 对羟基氧的束缚力越大，O—H 键越易解离，酸性越强。

5. 金属硫化物*

金属硫化物的特性是难溶于水，除碱金属和碱土金属硫化物外(BeS 难溶)，其他金属硫化物几乎都不溶于水。金属硫化物按溶解性不同，可分为五类，如表 8.11 所示。

表 8.11　金属硫化物的颜色及溶解性

硫化物	颜色	$K_{sp}^{\ominus}$	溶解性	溶解原因
Na₂S	无色	—		—
K₂S	黄棕色	—	溶于水或	—
BaS	无色	—	微溶于水	—
MnS	肉色	1.4×10^{-15}		
NiS(α)	黑色	3.2×10^{-19}		$MS + 2H^+ \Longrightarrow M^{2+} + H_2S$
FeS	黑色	3.7×10^{-19}	溶于 0.3 mol·L^{-1} 的 H$^+$溶液	
CoS(α)	黑色	4.0×10^{-21}		酸碱解离平衡-沉淀溶解平衡
ZnS	白色	1.6×10^{-24}		
CdS	黄色	8.0×10^{-27}	溶于浓 HCl	$MS + 4HCl \Longrightarrow H_2[MCl_4] + H_2S$
PbS	黑色	3.4×10^{-28}		配位平衡-沉淀溶解平衡
Ag₂S	黑色	1.6×10^{-49}		$3CuS + 8HNO_3 \Longrightarrow 3Cu(NO_3)_2 + 3S\downarrow + 2NO\uparrow + 4H_2O$
CuS	黑色	8.5×10^{-45}	溶于 HNO₃	氧化还原平衡-沉淀溶解平衡
HgS	黑色	4×10^{-53}	溶于王水	$3HgS + 2HNO_3 + 12HCl \Longrightarrow$ $3H_2[HgCl_4] + 3S\downarrow + 2NO\uparrow + 4H_2O$ 配位平衡-氧化还原平衡-沉淀溶解平衡

在无机化学中，常利用硫化物的难溶性来除去溶液中的金属离子杂质；在分析化学中利用硫化物溶解方法的多样性及硫化物具有的特征颜色，来分离和鉴别金属离子。

6. 硫的含氧酸及其盐

硫能形成种类繁多的含氧化合物，主要包括 SO₂、SO₃ 及它们作为酸酐形成的酸和盐。按含氧酸母体结构可分为 5 个系列：次硫酸系列、亚硫酸系列、(正)硫酸系列、连硫酸系列、过硫酸系列。表 8.12 列出了一些重要的硫含氧酸的性质。

表 8.12　一些重要的硫的含氧酸

分类	名称	化学式	硫的表观平均氧化态	分子结构式	存在形式
次硫酸系列	次硫酸	H₂SO₂	+2	HO—S—OH	盐
亚硫酸系列	亚硫酸	H₂SO₃	+4	$\overset{O}{\underset{}{\uparrow}}$ HO—S—OH	盐

分类	名称	化学式	硫的表观平均氧化态	分子结构式	存在形式
亚硫酸系列	连二亚硫酸	$H_2S_2O_4$	+3	HO—S—S—OH（两个 S 上各有 →O）	盐
硫酸系列	硫酸	H_2SO_4	+6	HO—S—OH（S 上 →O，S 下 →O）	酸、盐
	焦硫酸	$H_2S_2O_7$	+6	HO—S—O—S—OH（两 S 上下各 →O）	酸、盐
	硫代硫酸	$H_2S_2O_3$	+2	HO—S—OH（S 上 →O，S 下 →S）	盐
连硫酸系列	连四硫酸	$H_2S_4O_6$	+2.5	HO—S—S—S—S—OH（两端 S 上下各 →O）	盐
	连多硫酸	$H_2S_xO_6$ ($x = 3\sim6$)		HO—S—$(S)_{x-2}$—S—OH（两端 S 上下各 →O）	盐
过硫酸系列	过一硫酸	H_2SO_5	+8	HO—S—O—OH（S 上下各 →O）	盐
	过二硫酸	$H_2S_2O_8$	+7	HO—S—O—O—S—OH（两 S 上下各 →O）	酸、盐

注：—→ 表示 S→O 的配位 σ 键和 O→S 的 p-d 反馈 π 键。

1) 亚硫酸及其盐

SO_2 的结构与 O_3 相似，中心原子采取 sp^2 杂化，在分子平面还存在离域 π 键 π_3^4。SO_2 的水溶液称为亚硫酸，是二元中等质子酸。亚硫酸不稳定，只能存在于水溶液中。在亚硫酸中，硫的氧化态为+4，故它既有氧化性又有还原性。根据电极电势 $E^\ominus$ (H_2SO_3/S) = 0.45 V，$E^\ominus$ (SO_4^{2-}/H_2SO_3) = 0.17 V，亚硫酸主要表现出还原性，只有遇到强还原剂才显氧化性：

$$H_2SO_3(aq) + I_2(s) + H_2O(l) =\!=\!= H_2SO_4(aq) + 2\,HI(aq)$$

$$H_2SO_3(aq) + 2\,H_2S(aq) =\!=\!= 3\,S(s) + 3\,H_2O(l)$$

亚硫酸盐可形成正盐和酸式盐两类，所有酸式盐均易溶于水，正盐中除碱金属和铵盐外均难溶于水，但都能溶于强酸溶液。

2) 硫酸及其盐

硫酸为无色油状液体,有强烈吸水性,能从一些有机物中夺取水分而产生炭化作用。因此,它能严重地破坏动植物的组织,如损坏衣服和灼伤皮肤等,使用时必须注意安全。

标准状态下,H_2SO_4 氧化性不强,未酸化的 SO_4^{2-} 溶液(如 Na_2SO_4)无氧化性。但浓 H_2SO_4 氧化性会大幅度增强,可由能斯特方程计算 $c(H^+)$ 对 E 的影响。

$$Cu(s) + 2\,H_2SO_4(浓) = CuSO_4(aq) + SO_2(g) + 2\,H_2O(l)$$

$$C(s) + 2\,H_2SO_4\,(浓) = CO_2(g) + 2\,SO_2(g) + 2\,H_2O(l)$$

硫酸盐分为正盐(如 Na_2SO_4)、酸式盐(如 $NaHSO_4$)和复盐[如 $K_2SO_4 \cdot Al_2(SO_4)_3 \cdot 24H_2O$]。除 Sr^{2+}、Ba^{2+}、Pb^{2+} 的硫酸盐外均属可溶性盐,Ca^{2+}、Ag^+ 硫酸盐属微溶性盐。

大多数硫酸盐都含有结晶水。

ⅠA 族硫酸盐热稳定性较大,不易分解,其他硫酸盐加热下分解。

3) 硫代硫酸及其盐

纯的硫代硫酸只能在低温下以 SO_2 与 H_2S 作用下制备:

$$4\,SO_2 + 2\,H_2S + H_2O = 3\,H_2S_2O_3 \quad (逆歧化) \qquad \Delta_r H_m^\ominus < 0\ kJ \cdot mol^{-1}$$

但其盐,如 $Na_2S_2O_3 \cdot 5H_2O$(海波,大苏打)却极为常见,它可视为 SO_4^{2-} 中的一个氧被硫原子取代的产物,通常用亚硫酸钠和硫发生逆歧化反应制得:

$$Na_2SO_3(aq) + S(s) = Na_2S_2O_3(aq)$$

浓缩、结晶后,得到 $Na_2S_2O_3 \cdot 5H_2O$ 晶体,俗称"海波",常用作定影液的主要成分,它有以下性质。

(1) 酸性条件下歧化分解:

$$2\,H^+(aq) + S_2O_3^{2-}(aq) = S(s) + SO_2(g) + H_2O(l)$$

由于该反应生成黄色沉淀硫单质和刺激性气体二氧化硫,常可用作鉴定溶液中是否存在 $S_2O_3^{2-}$。

(2) 具有较强还原性,如

$$I_2(s) + 2\,S_2O_3^{2-}(aq) = 2\,I^-(aq) + S_4O_6^{2-}(aq)$$

$$S_2O_3^{2-}(aq) + Cl_2(aq) + H_2O(l) = SO_4^{2-}(aq) + S(s) + 2\,Cl^-(aq) + 2\,H^+(aq)$$

与碘的反应是碘量法分析的基础,与氯水的反应在印染工业中被广泛用于除氯。

(3) 良好的配位剂,如

$$AgBr(s) + 2\,S_2O_3^{2-}(aq) = [Ag(S_2O_3)_2]^{3-}(aq) + Br^-(aq)$$

该反应用于定影液除残余的 $AgBr$。

4) 过硫酸及其盐:过硫酸由于含有过氧链—O—O—,具有强的氧化性,通常用电解 HSO_4^- 的方法制备:

阳极 $\qquad\qquad\qquad 2HSO_4^- = S_2O_8^{2-} + 2\,H^+ + 2\,e^-$

阴极 $\qquad\qquad\qquad 2H^+ + 2\,e^- = H_2$

过一硫酸及其盐都不稳定。过二硫酸的盐是常用的氧化剂,它的氧化作用因 Ag^+ 的催化作用而加强。例如

$$2\,Mn^{2+}(aq) + 5\,S_2O_8^{2-}(aq) + 8\,H_2O(l) \xrightarrow{Ag^+} 2\,MnO_4^-(aq) + 10\,SO_4^{2-}(aq) + 16\,H^+(aq)$$

该反应可用于鉴别 Mn^{2+}。

8.3.4 氮族元素

1. 概述

氮族元素(the nitrogen group element)是指元素周期表中VA族氮、磷、砷、锑与铋。氮和磷是非金属元素，砷和锑是准金属元素，铋是金属元素，因此本族元素在性质递变上表现出典型的非金属到金属的一个完整的过渡。氮族元素的一些基本性质见表8.13。

表 8.13　氮族元素的基本性质

性质	N	P	As	Sb	Bi
价层电子构型	$2s^2 2p^3$	$3s^2 3p^3$	$4s^2 4p^3$	$5s^2 5p^3$	$6s^2 6p^3$
主要氧化态	-3、-2、-1、$+1$、$+2$、$+3$、$+4$、$+5$	-3、$+1$、$+3$、$+5$	-3、$+3$、$+5$	$+3$、$+5$	$+3$、$+5$
共价半径/pm	75	110	122	143	152
M^{3-}离子半径/pm	171	212	222	245	
M^{3+}离子半径/ pm	16	44	69	90	120
M^{5+}离子(在 MO_3^{3-})半径/pm	11	34	47	62	74
熔点/℃	-209.86	44.1(白)	817	630.5	271.3
沸点/℃	-195.19	280	613	1380	1560
I_1 /(kJ · mol^{-1})	1402.3	1061.5	964.8	833.5	772.0
EA_1 /(kJ · mol^{-1})	58	75	58	59	33
χ_p(鲍林电负性)	3.04	2.19	2.18	2.05	2.02
熔化热/(kJ · mol^{-1})	0.36	0.63	27.7	19.8	10.9
原子化热/(kJ · mol^{-1})	2.8	12.4	144.3	67.9	151.5
室温下状态	气	固(红磷、白磷、黑磷)	固	固	固

2. 单质

1) 物理性质

氮气是无色、无味气体，微溶于水，熔点-210 ℃，沸点-196 ℃。

磷有多种同素异形体，其中最重要的是白磷、红磷和黑磷。白磷(P_4)为正四面体构型，因表面易氧化成黄色的氧化物也称为黄磷，易溶于非极性溶剂中，熔点44 ℃，沸点280 ℃。白磷的燃点很低，为40 ℃，在空气中会自燃，故应保存在水中。

砷具有金属特性，属于半金属，灰砷属于金属晶体，灰色，614 ℃升华，主要用于制造杀虫剂和木材防腐。锑和铋是金属元素。

2) 化学性质

本族元素价电子构型为 $ns^2 np^3$，常见氧化态为-3、+3、+5。氮族的元素电势图见图 8.13。

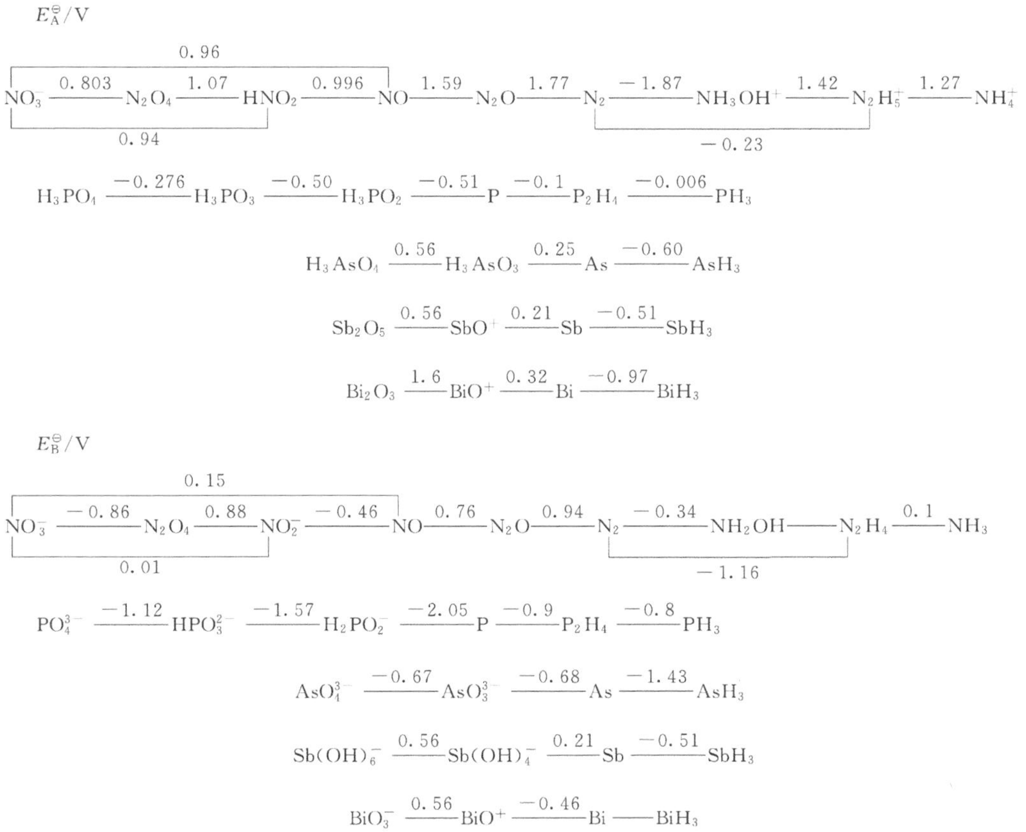

$E_A^\ominus/\text{V}$

$$
\begin{array}{l}
\overset{\displaystyle 0.96}{\overbrace{\text{NO}_3\xrightarrow{0.803}\text{N}_2\text{O}_4\xrightarrow{1.07}\text{HNO}_2\xrightarrow{0.996}}}\text{NO}\xrightarrow{1.59}\text{N}_2\text{O}\xrightarrow{1.77}\text{N}_2\underset{\displaystyle -0.23}{\overset{\displaystyle -1.87}{\xrightarrow{\hspace{1.2cm}}}}\text{NH}_3\text{OH}^+\xrightarrow{1.42}\text{N}_2\text{H}_5^+\xrightarrow{1.27}\text{NH}_4^+\\
\underset{\displaystyle 0.94}{\underbrace{\hspace{4cm}}}
\end{array}
$$

$$\text{H}_3\text{PO}_4\xrightarrow{-0.276}\text{H}_3\text{PO}_3\xrightarrow{-0.50}\text{H}_3\text{PO}_2\xrightarrow{-0.51}\text{P}\xrightarrow{-0.1}\text{P}_2\text{H}_4\xrightarrow{-0.006}\text{PH}_3$$

$$\text{H}_3\text{AsO}_4\xrightarrow{0.56}\text{H}_3\text{AsO}_3\xrightarrow{0.25}\text{As}\xrightarrow{-0.60}\text{AsH}_3$$

$$\text{Sb}_2\text{O}_5\xrightarrow{0.56}\text{SbO}^+\xrightarrow{0.21}\text{Sb}\xrightarrow{-0.51}\text{SbH}_3$$

$$\text{Bi}_2\text{O}_3\xrightarrow{1.6}\text{BiO}^+\xrightarrow{0.32}\text{Bi}\xrightarrow{-0.97}\text{BiH}_3$$

$E_B^\ominus/\text{V}$

$$
\begin{array}{l}
\overset{\displaystyle 0.15}{\overbrace{\text{NO}_3^-\xrightarrow{-0.86}\text{N}_2\text{O}_4\xrightarrow{0.88}\text{NO}_2^-\xrightarrow{-0.46}}}\text{NO}\xrightarrow{0.76}\text{N}_2\text{O}\xrightarrow{0.94}\text{N}_2\underset{\displaystyle -1.16}{\overset{\displaystyle -0.34}{\xrightarrow{\hspace{1.2cm}}}}\text{NH}_2\text{OH}\xrightarrow{}\text{N}_2\text{H}_4\xrightarrow{0.1}\text{NH}_3\\
\underset{\displaystyle 0.01}{\underbrace{\hspace{4cm}}}
\end{array}
$$

$$\text{PO}_4^{3-}\xrightarrow{-1.12}\text{HPO}_3^{2-}\xrightarrow{-1.57}\text{H}_2\text{PO}_2^-\xrightarrow{-2.05}\text{P}\xrightarrow{-0.9}\text{P}_2\text{H}_4\xrightarrow{-0.8}\text{PH}_3$$

$$\text{AsO}_4^{3-}\xrightarrow{-0.67}\text{AsO}_3^{3-}\xrightarrow{-0.68}\text{As}\xrightarrow{-1.43}\text{AsH}_3$$

$$\text{Sb(OH)}_6^-\xrightarrow{0.56}\text{Sb(OH)}_4^-\xrightarrow{0.21}\text{Sb}\xrightarrow{-0.51}\text{SbH}_3$$

$$\text{BiO}_3^-\xrightarrow{0.56}\text{BiO}^+\xrightarrow{-0.46}\text{Bi}\xrightarrow{}\text{BiH}_3$$

图 8.13　氮族元素的元素电势图

随原子序数增加，本族元素从上到下形成−3 氧化态的倾向减小。对于氮和磷来说，可与碱金属、碱土金属形成−3 氧化态的少数离子型化合物，如 Li_3N、Mg_3N_2、Ca_3P_2 等，而且它们遇水即分解；本族元素在与电负性较小的元素化合时，可形成共价化合物，例如，在与氢形成的氢化物中，由于习惯上视氢为正氧化态，故本族元素表现为−3 氧化态，但从本族元素的元素电势图可见，除 NH_3 外，其余的氢化物都十分不稳定，还原性极强。本族元素特征氧化态是+3 和+5，从上到下+3 氧化态稳定性增加，+5 氧化态稳定性减小。铋主要表现+3 氧化态，而+5 氧化态的 NaBiO_3 是极强的氧化剂，可将 Mn^{2+} 氧化为 MnO_4^-。造成这一现象的原因为：对于ⅢA、ⅣA、ⅤA、ⅥA、ⅦA 和ⅡB 族元素而言，第六周期元素出现了充满的 4f 和5d 能级，而 f 和 d 电子的屏蔽效应较小，6s 电子又具有较大的穿透效应，所以 6s 能级显著降低，6s 电子不易参与成键而变得“惰性”了。这就是“$6s^2$ 惰性电子对效应”。

氮和磷的单质性质差别很大，室温下 N_2 不活泼，而白磷具有很高的活性。这种差异主要是由于它们的分子结构不同。氮原子半径小，以三重键形成 N_2 分子(1 个 σ 键，2 个 π 键)，键能高达 941.68 $\text{kJ}\cdot\text{mol}^{-1}$，故氮气分子稳定性极高，在 3000 ℃解离率仅为 0.1%，是已知双原子分子中最稳定的分子之一，可用作保护性气体。氮的化学活性主要在高温下表现出来。而白磷则是磷原子与其他三个磷原子以单键相连构成四面体结构，这种结构的键角很小，为 60°左右，故张力很大，键能相对较低，反应活性较高。

单质磷的制备是在 1673 K 下将 $\text{Ca}_3(\text{PO}_4)_2$、碳粉和石英砂混合发生如下反应：

$$2 \text{ Ca}_3(\text{PO}_4)_2(\text{s}) + 6 \text{ SiO}_2(\text{s}) + 10 \text{ C}(\text{s}) = 6 \text{ CaSiO}_3(\text{s}) + \text{P}_4(\text{s}) + 10 \text{ CO}(\text{g}) \qquad ①$$

$$2 \text{ Ca}_3(\text{PO}_4)_2(\text{s}) + 10 \text{ C}(\text{s}) = 6 \text{ CaO}(\text{s}) + \text{P}_4(\text{s}) + 10 \text{ CO}(\text{g}) \qquad ②$$

$$\text{CaO}(\text{s}) + \text{SiO}_2(\text{s}) = \text{CaSiO}_3(\text{s}) \qquad ③$$

1673 K 时，$\Delta_{r2}G_m^{\ominus} = +117 \text{ kJ} \cdot \text{mol}^{-1}$，$\Delta_{r3}G_m^{\ominus} = -92 \text{ kJ} \cdot \text{mol}^{-1}$，表明反应②非自发进行，反应③可自发进行。

由于反应① = ② + 6 × ③，所以

$$\Delta_{r1}G_m^{\ominus} = \Delta_{r2}G_m^{\ominus} + 6 \times \Delta_{r3}G_m^{\ominus} = -435 \text{ kJ} \cdot \text{mol}^{-1}$$

可见，碳还原 $\text{Ca}_3(\text{PO}_4)_2$ 这样一个不能自发进行的反应②，在 SiO_2 的参与下可自发进行。**这就是"反应耦合原理"：把一个不能自发进行的反应，与一个(或多个)可自发进行的反应结合，使得总反应的吉布斯自由能变小于零，从而可自发进行。**

3. 氨和铵盐

氨是重要的化工原料之一，工业上大规模生产氨是通过氮和氢在高温高压催化下化合：

$$\text{N}_2(\text{g}) + 3 \text{ H}_2(\text{g}) \xrightarrow[\text{催化剂}]{\text{高温、高压}} 2 \text{ NH}_3(\text{g})$$

该反应虽是放热反应，但由于常温下反应速率小，因此生产中在较高温度下进行，同时施加高压，有利于平衡右移。

在氨分子中，氮原子作 sp^3 不等性杂化，分子呈三角锥形(图8.14)，孤对电子占用 s 成分较大的杂化轨道，因此氨分子有相当大的极性，$\mu = 4.90 \times 10^{-30} \text{ C} \cdot \text{m}$。

图 8.14　氨分子
结构

液氨是非常重要的非水溶剂，它有微弱的自身电离平衡：

$$2\text{NH}_3(\text{l}) \rightleftharpoons \text{NH}_4^+(\text{l}) + \text{NH}_2^-(\text{l}) \qquad K^{\ominus} = 10^{-29}\ (-33\ ℃)$$

因此，液氨是电的不良导体。由于分子极性比水小，生成氢键的能力比水小，故作为有机物的溶剂比水好；并且极性小的物质在液氨中溶解度比在水中大。例如

水中溶解度　　　　　　　　　　$\text{AgF} > \text{AgCl} > \text{AgBr} > \text{AgI}$

液氨中溶解度　　　　　　$\text{AgF} < \text{AgCl} < \text{AgBr} < \text{AgI}$

一些反应的自发方向，在水中与在液氨中相反：

$$2 \text{ AgNO}_3 + \text{BaCl}_2 \underset{\text{液氨中}}{\overset{\text{水中}}{\rightleftharpoons}} 2 \text{ AgCl}(\text{s}) + \text{Ba}(\text{NO}_3)_2$$

氨的化学性质主要是配位、取代和还原性。

1) 配位反应

氨分子是 Lewis 碱，其氮原子上的孤对电子可与 Lewis 酸形成共价配键，生成各种氨配合物，如

$$\text{BF}_3 + \text{NH}_3 = \text{F}_3\text{B} \leftarrow \text{NH}_3$$

$$\text{Ag}^+ + 2 \text{ NH}_3 = [\text{Ag}(\text{NH}_3)_2]^+$$

Cu^{2+}、Co^{2+}、Co^{3+}、Ni^{2+} 等有类似 Ag^+ 的反应。

2) 取代反应

取代反应可以从以下两方面考虑。

(1) NH_3 分子中的三个氢原子可以依次被取代，生成氨基化物、亚氨基化物、氮化物，如

$$2\,Na + 2\,NH_3 == 2\,NaNH_2 + H_2$$

$$Ca + NH_3 == CaNH + H_2$$

$$2\,Al + 2\,NH_3 == 2\,AlN + 3H_2$$

$$NH_4Cl + 3\,Cl_2 == 4\,HCl + NCl_3$$

(2) 以氨基(NH_2—)或亚氨基($NH\!\!<$)取代其他化合物中的原子或基团，如

$$HgCl_2 + 2\,NH_3 == Hg(NH_2)Cl(s) + NH_4Cl$$

$$COCl_2 + 4\,NH_3 == CO(NH_2)_2 + 2\,NH_4Cl$$

$$SOCl_2 + 4\,NH_3 == SO(NH_2)_2 + 2\,NH_4Cl$$

这类反应相当于水解反应，故又称为氨解反应。

3) 氧化反应

NH_3 分子和 NH_4^+ 中 N 的氧化数为 -3，因此它们在一定条件下有失电子的倾向，呈还原性。例如，氨在氧中的燃烧：

$$4\,NH_3(g) + 3\,O_2(g) == 2\,N_2(g) + 6\,H_2O(l) \qquad \Delta_r H_m^\ominus = -126.75\ kJ \cdot mol^{-1}$$

氨在催化剂下氧化：

$$4\,NH_3(g) + 5\,O_2(g) == 4\,NO(g) + 6\,H_2O(l) \qquad \Delta_r H_m^\ominus = -903.74\ kJ \cdot mol^{-1}$$

该反应用于工业制硝酸。

氨在水溶液中可被许多氧化剂，如 Cl_2、H_2O_2、$KMnO_4$ 氧化：

$$2\,NH_3(aq) + 3\,Cl_2(g) == N_2(g) + 6\,HCl(g)$$

生成的 HCl 会进一步与 NH_3 反应生成 NH_4Cl，为白烟状，该反应是工业氯气管道检漏的原理。

高温下，NH_3 是强还原剂，可将某些金属氧化物还原：

$$2\,NH_3(g) + 3\,CuO(s) \xrightarrow{高温} N_2(g) + 3\,Cu(s) + 3\,H_2O(g)$$

铵盐的主要性质有：酸性、热稳定性及还原性。

由于氨是弱碱，按照阿伦尼乌斯电离学说，铵盐都有一定程度的水解，如由强酸弱碱组成的铵盐水溶液呈酸性：

$$NH_4^+ + H_2O == NH_3 + H_3O^+$$

"酸碱质子理论" 无 "盐" 的概念，上述反应被视为 "质子传递反应"，即质子由 NH_4^+ 传递给 H_2O，生成对应的共轭碱 NH_3 和共轭酸 H_3O^+。因此，在任何铵盐溶液中加入强碱并加热，就会释放出氨，这也是一个 "质子传递反应"：

$$NH_4^+ + OH^- \xrightarrow{\triangle} NH_3\,(g) + H_2O$$

由于产生的氨气有强烈刺激性气味，该反应可用于鉴定溶液中是否存在 NH_4^+。

铵盐受热分解*

铵盐受热分解反应主要分为以下三种类型。

(1) 一般铵盐分解生成氨和相应的酸：

$$NH_4HCO_3(s) \xrightarrow{R.T.} NH_3(g) + CO_2(g) + H_2O(l)$$

$$NH_4Cl(s) \underset{冷}{\overset{\triangle}{\rightleftharpoons}} NH_3(g) + HCl(g)$$

(2) 难挥发性酸组成的铵盐，只有氨气逸出：

$$(NH_4)_2SO_4(s) \overset{\triangle}{=\!=\!=} NH_3(g) + NH_4HSO_4(s)$$

$$(NH_4)_3PO_4(s) \overset{\triangle}{=\!=\!=} 3\,NH_3(g) + H_3PO_4(s)$$

(3) 氧化性酸组成的铵盐，发生氧化还原反应：

$$NH_4NO_2(s) \overset{\triangle}{=\!=\!=} N_2(g) + 2\,H_2O(l)$$

$$NH_4NO_3(s) \overset{\triangle}{=\!=\!=} N_2O(g) + 2\,H_2O(l)$$

一氧化二氮(N_2O)略带甜味，俗称"笑气"。

4. 氮的含氧酸及其盐

1) 硝酸及其盐

HNO_3 和 NO_3^-的结构如图 8.15 所示。

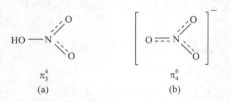

π_3^4　　　　　π_4^6
(a)　　　　　(b)

图 8.15　HNO_3 和 NO_3^-中的离域 π 键

HNO_3 分子中，氮原子采取 sp^2 杂化轨道与三个氧原子形成三个 σ 键，呈平面三角形分布。氮原子上剩余的未参加杂化的 p 轨道与两个非羟基氧原子的 p 轨道互相平行，形成了三中心四电子的离域 π 键，如图 8.15(a)所示。硝酸根的结构是对称的，氮原子和三个氧原子之间除 σ 键外，还存在一个四中心六电子的离域 π 键，如图 8.15(b)所示。

硝酸是强的一元质子酸，同时由于 N 处于+5 氧化态，是 N 的最高氧化态，因此硝酸也是一种强氧化剂。但在标准状态下，$E^{\ominus}$(HNO$_3$/还原型)一般为 0.72～1.24 V，硝酸的氧化性并不强。当硝酸的浓度提升时，E(HNO$_3$/还原型)变大，硝酸的氧化性增强，浓硝酸具有很强的氧化性。

硝酸作氧化剂反应时，产物呈现出多样化的特点，常为 NO_2、NO、N_2O、N_2、NH_4^+等的混合物。影响产物的因素有：

(1) 浓 HNO_3+金属：产物以 NO_2 为主。

(2) 稀 HNO_3+不活泼金属：产物以 NO 为主。

　　稀 HNO_3+活泼金属(Mg、Al、Zn、Fe…)：产物以 N_2O 为主。

(3) 极稀 HNO_3+活泼金属(Mg、Al、Zn、Fe…)：产物以 NH_4^+为主。

(4) HNO_3+非金属(C、S、P、I_2…)或化合物：产物以 NO 为主。

(5) 冷、浓 HNO_3 使下列金属"钝化"：Al、Cr、Fe、Co、Ni、Ti、V。

(6) 贵金属 Au、Pt、Rh(铑)、Ir(铱)和 Zr(锆)、Ta(钽)不与 HNO_3 反应。

实验室经常使用 HNO_3 与其他酸的混合酸，如"王水"。王水由 1 体积浓硝酸和 3 体积浓盐酸混合，兼有强酸性、硝酸的氧化性及氯离子的配位性特点，因此可以溶解金、铂等金属：

$$Au(s) + HNO_3(aq) + 4HCl(aq) =\!=\!= HAuCl_4(aq) + NO(g) + 2H_2O(l)$$

硝酸盐比硝酸稳定得多，未经酸化的硝酸盐溶液几乎没有氧化性，$E^{\ominus}(NO_3^-/NO_2) = -0.85$ V；$E^{\ominus}(NO_3^-/NO_2^-) = 0.015$ V。但固体硝酸盐在高温下都是强氧化剂，反应产物随着金属还原性强弱而产生变化，如

$$2\,NaNO_3(s) \stackrel{\triangle}{=\!=\!=} 2\,NaNO_2(s) + O_2(g) \qquad (Mg\ 之前)$$

$$2\,Zn(NO_3)_2(s) \stackrel{\triangle}{=\!=\!=} 2\,ZnO(s) + 4\,NO_2(g) + O_2(g) \qquad (Mg\!\sim\!Cu\ 之间)$$

$$2\,AgNO_3(s) \stackrel{\triangle}{=\!=\!=} 2\,Ag(s) + 2\,NO_2(g) + O_2(g) \qquad (Cu\ 之后)$$

2) 亚硝酸及其盐

亚硝酸中，N 原子也采取 sp^2 杂化，N 与非羟基 O 原子之间为双键，与羟基 O 原子之间为单键。亚硝酸是弱酸($K_a^{\ominus} = 4.6\times10^{-4}$)，不稳定，仅存在于水溶液中，受热时分解。在强酸性溶液中，亚硝酸还可按如下方式电离，生成亚硝酰离子 NO^+：

$$HNO_2(aq) + H^+(aq) =\!=\!= NO^+(aq) + H_2O(l) \qquad K_a^{\ominus} = 2\times10^{-7}$$

但亚硝酸盐具有相对较高的稳定性，尤其以碱金属和碱土金属的亚硝酸盐稳定。具有强极化能力阳离子的亚硝酸盐不稳定，易分解。如

$$AgNO_2(s) \stackrel{\triangle}{=\!=\!=} Ag(s) + NO_2(g)$$

亚硝酸及其盐在酸性介质中氧化性显著，氧化能力高于硝酸：

$$HNO_2 + H^+ + e^- =\!=\!= NO + H_2O \qquad E^{\ominus} = 1.00\ V$$

$$NO_3^- + 3H^+ + 2e^- =\!=\!= HNO_2 + H_2O \qquad E^{\ominus} = 0.94\ V$$

例如

$$2HNO_2(aq) + 2I^-(aq) + 2H^+(aq) =\!=\!= 2NO(g) + I_2(s) + 2\,H_2O(l)$$

而 HNO_3 不能氧化 I^-，其原因在于亚硝酸的酸性溶液中存在亚硝酰离子 NO^+，容易得到一个电子形成还原产物 NO，又带有一个正电荷易于和 I^- 接近，在动力学上十分有利；NO_3^- 则不易接近 I^-，在动力学上不利于反应发生。相同浓度的亚硝酸和硝酸相比，亚硝酸的氧化能力强于硝酸。这是 NO_2^- 和 NO_3^- 的重要区别之一。

HNO_2 与 I^- 的反应可用于定量检测 NO_2^-；若生成的 I_2 以 CCl_4 萃取，则可定性检测。

在酸性条件下，HNO_2 的还原性不突出，只有遇到很强的氧化剂如 $KMnO_4$、Cl_2 时，才起还原作用：

$$5\,HNO_2(aq) + 2\,MnO_4^-\,(aq) + H^+(aq) =\!=\!= 5\,NO_3^-\,(aq) + 2\,Mn^{2+}(aq) + 3\,H_2O(l)$$

以上反应可用于定量分析亚硝酸盐的含量。

在碱性介质中，亚硝酸根则以还原性为主，由 $E^{\ominus}(NO_3^-/NO_2^-) = 0.02V$ 和 $E^{\ominus}(O_2/OH^-) = 0.401\ V$ 可知，空气中的氧可将其氧化：

$$2\,NO_2^-\,(aq) + O_2(g) =\!=\!= 2\,NO_3^-\,(aq)$$

5. 磷的化合物

1) 磷的氧化物

磷在常温下缓慢氧化，在不充分的空气中燃烧生成三氧化二磷(P_4O_6)；在充足氧气中燃烧则生成五氧化二磷(P_4O_{10})。

三氧化二磷分子是在 P_4 四面体的基础上形成的。P_4 中 P—P 键由于张力而易于断裂，氧气分子进攻 P—P 键，会在每两个磷原子间加入一个氧原子，形成 P_4O_6 分子(图 8.16)。

三氧化二磷是无色蜡状固体，熔点 23.8 ℃，沸点 175 ℃，有挥发性。三氧化二磷是亚磷酸的酸酐，在冷水中生成 H_3PO_3，在热水中歧化：

$$P_4O_6(s) + 6\ H_2O(冷) = 4\ H_3PO_3(aq)$$

$$P_4O_6(s) + 6\ H_2O(l) \overset{\triangle}{=} \overset{-3}{P}H_3(g) + 3\ \overset{+5}{H_3PO_4}(aq)$$

五氧化二磷是在 P_4O_6 分子的基础上形成的。在形成球形的 P_4O_6 分子后，每个磷原子上还有一对孤对电子，可以向氧原子空的 p 轨道配位，形成 σ 配键。在氧气充足时，四个磷原子与四个端基氧原子形成四个配键，再加上原来作桥的六个氧原子，形成 P_4O_{10} 分子（图 8.17）。

　　　　　◯ 氧原子　● 磷原子　　　　　　　　　　　　◯ 氧原子　● 磷原子

　　　　图 8.16　P_4O_6 分子结构　　　　　　　　　　图 8.17　P_4O_{10} 分子结构

五氧化二磷是白色晶体，在 360 ℃时升华。可依此性质对五氧化二磷进行提纯。

五氧化二磷可与水反应生成各种+5 价磷的含氧酸：

$$P_4O_{10} \xrightarrow{+H_2O} (\overset{+5}{HPO_3})_4 \xrightarrow{+H_2O} 2\overset{+5}{H_4P_2O_7} \xrightarrow{+H_2O} H_3PO_4$$

　　　　　　　　　　偏磷酸　　　　　　　　　焦磷酸　　　　　　（正）磷酸

五氧化二磷具有极强吸水性、脱水性，可使 H_2SO_4、HNO_3 脱水：

$$P_4O_{10}(s) + 6\ H_2SO_4(aq) = 6\ SO_3(g) + 4\ H_3PO_4(aq)$$

$$P_4O_{10}(s) + 12\ HNO_3(aq) = 6\ N_2O_5(g) + 4\ H_3PO_4(aq)$$

因此，P_4O_{10} 是实验室常用的干燥剂。

2）磷的含氧酸及其盐

磷有多种含氧酸，其中+5 氧化态下的正酸为磷酸(H_3PO_4)，+3 氧化态下为亚磷酸(H_3PO_3)，+1 氧化态下为次磷酸(H_3PO_2)；1 个酸分子内脱水为"偏酸"，2 个酸分子之间脱水为"焦酸"，3 个酸分子之间脱水为"聚酸"，4 个酸分子之间脱水为"聚偏酸"。磷酸是三元质子酸，是中等强度的酸，$K_{a1}^{\ominus} = 7.11 \times 10^{-3}$，$K_{a2}^{\ominus} = 6.34 \times 10^{-8}$，$K_{a3}^{\ominus} = 1.26 \times 10^{-12}$。磷酸是一种非氧化性酸。

磷酸盐有三种类型：氢原子全部被取代的正盐，氢原子保留 1 个的磷酸一氢盐和氢原子保留 2 个的磷酸二氢盐。磷酸二氢盐均溶于水，而磷酸盐和磷酸一氢盐除 K^+、Na^+、NH_4^+盐之外，一般不溶于水。

磷酸根与过量的钼酸铵及适量的浓硝酸混合后加热，可慢慢生成黄色的钼磷酸铵沉淀：

$$PO_4^{3-}(aq) + 12\ MoO_4^{2-}(aq) + 24\ H^+(aq) + 3\ NH_4^+(aq) = (NH_4)_3[PO_4(Mo_3O_9)_4](s) + 12\ H_2O(l)$$

此反应可用于鉴别磷酸根。

亚磷酸根和次磷酸根的结构均为中心磷原子向一个氧原子发生配位，其余氧原子均以羟基的形式与磷原子相连，剩余的氢原子直接与磷原子相连。因为与磷原子直接键合的氢原子不能被金属离子置换，因此它们分别是二元和一元中强酸，如

$$H_3PO_2 + H_2O = H_3O^+ + H_2PO_2^- \qquad K_a^{\ominus} = 1.0 \times 10^{-2}$$

这两种酸都有较强的还原性，可用于对塑料或非金属制品进行"化学镀"，如使用次磷酸盐镀银和镀镍：

$$H_3PO_2(aq) + 2\,Ag^+(aq) + H_2O(l) = H_3PO_3(aq) + 2\,Ag(s) + 2\,H^+(aq)$$

$$H_3PO_2(aq) + Ni^{2+}(aq) + H_2O(l) = H_3PO_3(aq) + Ni(s) + 2\,H^+(aq)$$

使用亚磷酸盐镀银:

$$H_3PO_3(aq) + 2\,Ag^+(aq) + H_2O(l) = H_3PO_4(aq) + 2\,Ag(s) + 2\,H^+(aq)$$

由有关电对的标准电极电势,不难理解上述反应自发进行:

$$E^{\ominus}(H_3PO_3/H_3PO_2) = -0.50\ V$$

$$E^{\ominus}(H_3PO_4/H_3PO_3) = -0.28\ V$$

$$E^{\ominus}(Ag^+/Ag) = +0.80\ V$$

$$E^{\ominus}(Ni^{2+}/Ni) = -0.257\ V$$

使用硝酸银溶液可以鉴别正磷酸、焦磷酸和偏磷酸,反应如下:

$$H_3PO_4(aq) + 3\,Ag^+(aq) = Ag_3PO_4(s)(黄) + 3\,H^+(aq)$$

$$H_4P_2O_7(aq) + 4\,Ag^+(aq) = Ag_4P_2O_7(s)(白) + 4\,H^+(aq)$$

$$(HPO_3)_n(aq) + n\,Ag^+ = n\,AgPO_3(s)(白) + n\,H^+(aq)$$

$$\downarrow \begin{array}{l} +\ 2\ mol \cdot dm^{-3}\ HNO_3 \\ +\ HAc \\ +\ 蛋白质溶液 \end{array}$$

白色絮状(焦磷酸不会使蛋白质溶液产生此现象)

6. 砷的化合物*

砷的氧化物有 As_2O_3 和 As_2O_5 两种,它们都是白色固体。As_2O_3 俗称砒霜,剧毒,致死量约为 0.1 g。As_2O_3 微溶于水,生成亚砷酸 H_3AsO_3,是两性偏酸性的氢氧化物,因其偏酸性而不写成 $As(OH)_3$。亚砷酸溶于碱则生成亚砷酸盐,溶于浓盐酸则生成三氯化砷。

As_2O_5 溶于水生成砷酸 H_3AsO_4,是一种弱氧化剂:

$$H_3AsO_4 + 2\,H^+ + 2\,e^- = H_3AsO_3 + H_2O \qquad E^{\ominus} = 0.58\ V$$

H_3AsO_4 与碘可以在溶液中发生可逆反应:

$$H_3AsO_4(aq) + 2\,HI(aq) \rightleftharpoons H_3AsO_3(aq) + I_2(s) + H_2O(l)$$

该反应的反应方向取决于溶液的酸碱性,溶液酸性越强,正反应方向进行的趋势越大。

8.3.5　碳族元素

1. 概述

碳族元素(the carbon group element)是指元素周期表中ⅣA族碳、硅、锗、锡与铅。碳族元素的某些基本性质见表 8.14。

表 8.14　碳族元素的基本性质

性质	C	Si	Ge	Sn	Pb
价层电子构型	$2s^22p^2$	$3s^23p^2$	$4s^24p^2$	$5s^25p^2$	$6s^2p^2$
主要氧化态	+4、+2、-4	+4、+2	+4、+2	+4、+2	+4、+2

续表

性质	C	Si	Ge	Sn	Pb
原子半径/pm	77	117	122	141	154
M^{4+}离子半径/pm	15	41	53	71	84
M^{2+}离子半径/pm			73	93	120
熔点/℃	3652(升华)	1410	937.4	231.89	327.5
沸点/℃	4827	2355	2830	3260	1744
I_1/(kJ·mol^{-1})	1086.4	786.5	762.2	708.6	715.5
EA_1/(kJ·mol^{-1})	122	120	116	121	100
χ_p(鲍林电负性)	2.55	1.90	2.01	1.96	2.33
熔化热/(kJ·mol^{-1})		46.4	31.8	7.2	4.8
原子化热/(kJ·mol^{-1})	711.3	439.2	334.4	290.4	179.4

2. 单质

碳族元素由碳到铅，同样体现了非金属—半金属—金属的完整过渡，碳是非金属，硅和锗都是著名的"半导体"，锡和铅是金属。

1) 物理性质

碳常见的同素异形体有金刚石、石墨、石墨烯(graphene)、碳纳米管和 C_{60}，其结构见图 8.18。

金刚石　　　　石墨　　　　石墨烯　　　　碳纳米管　　　　C_{60}

图 8.18　金刚石、石墨、石墨烯、碳纳米管、C_{60}结构示意图

金刚石俗称"钻石"，是碳原子以 sp^3 杂化轨道和相邻四个碳原子以共价键结合而成的原子晶体，属面心立方晶格，C—C 键长为 154 pm，键能 347.3 kJ·mol^{-1}。由于 C—C 键键能大，金刚石是熔点最高的单质(熔点 3823 ℃)；硬度为 10，是硬度最高的物质。除用作装饰品外，金刚石主要用于钻头、精密轴承等。

石墨是具有层状结构的过渡型晶体，在晶体中每个碳原子都以 sp^2 杂化轨道跟三个最邻近的碳原子以 σ 键结合，层内 C—C 键长为 142 pm，每个碳原子余下的未参与杂化的 p 电子由于轨道相互重叠，形成离域 π 键，参与形成 π 键的电子可在层间流动；石墨分子层内是共价键，邻近层间是范德华力，结合力较弱，使石墨具有导电、导热性、解理性、质软等特性，有滑腻感、金属光泽及各向异性等性质。石墨硬度为 1，是最软的晶体之一。

以 C_{60} 为代表的碳原子簇(C_n, $n<200$)，又称为"富勒烯"，在 1985 年被发现，之后 4 位主要发现者获诺贝尔化学奖。每个 C 原子都采用 sp^2 杂化，未参与杂化的 p 轨道在 C_{60} 球面形成大 π 键，C_{60} 的形状与足球类似，又称为"足球烯"。富勒烯的发现对现有"化学键理论"

形成强大冲击；球面也可形成离域 π 键。

碳纳米管在 1991 年由日本饭岛(Iijima)发现。碳纳米管具有典型的层状中空结构特征，管身由六边形碳环微结构单元组成，端帽部分由含五边形的碳环组成的多边形结构，可分为单壁碳纳米管和多壁碳纳米管。碳纳米管中碳原子杂化介于 sp^2 和 sp^3 之间。碳纳米管的抗拉强度达到 50～200 GPa，是钢的 100 倍，密度却只有钢的 1/6；碳纳米管的硬度与金刚石相当，却拥有良好的柔韧性，可以拉伸。此外，碳纳米管还有特殊的电学性质、良好的传热性能等。

石墨烯由安德烈·康斯坦丁诺维奇·杰姆(Andre Konstantinovich Geim, 1958—)和康斯坦丁·索兹耶维奇·诺沃肖洛夫(Konstantin Sergeevich Novoselov, 1974—)在 2004 年首次制备。它是一种二维纳米材料，由碳原子以 sp^2 杂化轨道组成平面薄膜。石墨烯目前是最薄(仅一个碳原子厚度)而又最坚硬的纳米材料，透光、导热、导电性能优越，对光透过率为 97.7%；导热系数 5300 $W \cdot m^{-1} \cdot K^{-1}$，高于碳纳米管和金刚石；室温下电子迁移率大于 15 000 $cm^2 \cdot V^{-1} \cdot s^{-1}$，比碳纳米管或硅晶体都高；电阻率仅为 $10^{-9}\ \Omega \cdot m$，比铜或银更低，是目前已知的电阻率最小的材料。鉴于它的优异的导电性能和光学透明性，可望用来制造更薄、导电速度更快的新一代电子组件或晶体管、透明触控屏幕、太阳能电池板、高能电池等。杰姆和诺沃肖洛夫因为对石墨烯研究的开创性成果而获得了 2010 年诺贝尔物理学奖。

单质硅呈灰黑色，硬度和熔点均高，晶体硅的结构类似于金刚石，硅的所有价电子均参与成键，不导电。高纯硅中掺入百万分之一的 P 原子，成键后有多余的电子，称为 n-Si；掺入 B 原子，成键后有空轨道，称为 p-Si。高纯单晶硅是最重要的半导体材料，广泛用于集成电路和电子计算机中。

锗是灰白色金属，硬度和熔点均高，是一种好的半导体材料。

锡有三种常见的同素异形体，分别为灰锡、白锡和脆锡。它们之间的转化关系为

$$灰锡 \underset{}{\overset{13.2℃}{\rightleftharpoons}} 白锡 \underset{}{\overset{161℃}{\rightleftharpoons}} 脆锡 \underset{}{\overset{231.9℃}{\rightleftharpoons}} 液态锡$$

$$\alpha 型 \qquad\qquad \beta 型 \qquad\qquad \gamma 型$$

在常温下白锡稳定，是银白色金属，有延展性，可制成器皿。白锡制品若长期处于低温下，由于白锡转化为灰锡而会自行毁灭，先从某点开始，然后迅速蔓延，这一现象称为"锡疫"(tin disease)。

铅是暗灰色的金属，质软，相对密度高。

2) 化学性质

本族元素价电子构型为 ns^2np^2，因此它们主要的氧化态为 +2 和 +4，碳有时也可生成共价的 –4 氧化态化合物。惰性电子对效应在本族元素中表现也很显著，+4 氧化态的稳定性从上到下降低，+2 氧化态的稳定性从上到下增加。

室温下单质碳不活泼，化学性质主要在加热时表现在其还原性上。碳在空气中燃烧可生成 CO 或 CO_2：

$$C(s) + O_2(g，充足) \xrightarrow{\text{燃烧}} CO_2(g)$$

$$2\ C(s) + O_2(g，不足) \xrightarrow{\text{燃烧}} 2\ CO(g)$$

将 CO_2 通过炽热的碳层可获得 CO：

$$CO_2(g) + C(s) \xrightarrow{\text{炽热}} 2\ CO(g)$$

碳是冶金工业中重要的还原剂，在加热条件下可还原金属氧化物为单质。例如

$$MnO(s) + C(s) \xrightarrow{\text{加热}} Mn(s) + CO(g)$$

$$ZnO(s) + C(s) \xrightarrow{\text{加热}} Zn(s) + CO(g)$$

在自然界中硅主要以二氧化硅的形式存在，单质硅可用碳还原二氧化硅得到，但需要在电炉中加热至 1800 ℃：

$$SiO_2(s) + 2\,C(s) \xrightarrow{1800\,℃} Si(s) + 2\,CO(g)$$

将得到的粗硅与氯气反应转化成液态的 $SiCl_4$：

$$Si(s) + 2\,Cl_2(g) \xrightarrow{\text{加热}} SiCl_4(l)$$

可通过精馏来提纯 $SiCl_4$，再用活泼金属还原 $SiCl_4$ 即可得纯度较高的硅：

$$SiCl_4(l) + 2\,Zn(s) \xrightarrow{\text{加热}} Si(s) + 2\,ZnCl_2(s)$$

如要得到生产半导体用高纯硅，还要用区域熔融法来进一步提纯。

锗、锡、铅属于中等活泼金属。锗、锡常温下不与空气中的氧气反应，也不与水反应。铅在空气中被迅速氧化，形成保护膜。在空气存在下，铅能与水缓慢反应：

$$2\,Pb(s) + O_2(g) + 2\,H_2O(l) == 2\,Pb(OH)_2(s)$$

锗、锡、铅都能与卤素和硫形成相应的卤化物和硫化物。

锡、铅可溶于氢氧化钠溶液中放出氢气，但锗需要氧化剂存在，且生成 H_2O：

$$Ge(s) + 2\,NaOH(aq) + 2\,H_2O_2(aq) == Na_2GeO_3(aq) + 3\,H_2O(l)$$

$$Sn(s) + 2\,NaOH(aq) + 2\,H_2O(l) == Na_2[Sn(OH)_4]\,(aq) + H_2(g)$$

$$Pb(s) + 2\,NaOH(aq) == Na_2PbO_2(aq) + H_2(g)$$

锗、锡和铅单质的制备一般是将矿物转变成氧化物，如硫化物矿藏可通过煅烧将其转变成氧化物。例如

$$SnS(s) + 2\,O_2(g) \xrightarrow{\text{燃烧}} SnO_2(s) + SO_2(g)$$

再用还原剂将氧化物还原成金属单质：

$$GeO_2(s) + 2\,H_2(g) \xrightarrow{\text{加热}} Ge(s) + 2\,H_2O(g)$$

$$SnO_2(s) + 2\,C(s) \xrightarrow{\text{加热}} Sn(s) + 2\,CO(g)$$

$$PbO(s) + C(s) \xrightarrow{\text{加热}} Pb(s) + CO(g)$$

3. 碳的化合物

1) 一氧化碳

碳在供氧不足及高温下燃烧，可以生成 CO(carbon monoxide)，它是无色、无臭、有毒气体。实验室制备 CO 气体可采用甲酸滴加到热浓硫酸中，或将草酸晶体与浓硫酸共热：

$$HCOOH(aq) \xrightarrow[\text{加热}]{\text{浓}H_2SO_4} CO(g) + H_2O(g)$$

$$H_2C_2O_4 \cdot 2H_2O(s) \xrightarrow[\text{加热}]{\text{浓}H_2SO_4} CO_2(g) + CO(g) + 3H_2O(g)$$

:C══O:　　　　:c⫶O:

图 8.19　CO 的成键情况

根据价键理论，一氧化碳分子中 C—O 原子之间为三键：一个 p-p σ 键，一个 p-p π 键，以及一个由氧原子单方面提供电子对的"π 配键"（图 8.19）。

π 配键的形成导致 CO 偶极矩很小，仅为 4.1×10^{-31} C·m(H_2O 分子的偶极矩 6.2×10^{-30} C·m)；其次，C 原子上的电子密度增加导致 CO 具有 Lewis 碱性，因此 CO 可作为配位体，与金属形成羰基配合物。

一氧化碳具有还原性。在冶金过程中一氧化碳是重要的还原剂，可将金属氧化物还原成金属单质。CO 气体能还原溶液中的二氯化钯，使溶液变黑，可以用该反应来检验 CO：

$$CO(g) + PdCl_2(aq) + H_2O(l) = CO_2(g) + 2\ HCl(aq) + Pd(s)$$

CO 与 CuCl 酸性溶液的配位反应进行得很完全，可以用来吸收 CO：

$$CO(g) + CuCl(aq) + 2\ H_2O(l) = Cu(CO)Cl \cdot 2H_2O(aq)$$

作为 Lewis 碱，一氧化碳的另一重要化学性质是配位性。在室温或加热下，一氧化碳能与许多过渡金属单质反应生成金属羰基配合物，如 $Ni(CO)_4$、$Fe(CO)_5$：

$$Ni(s) + 4\ CO(g) \xrightarrow{\text{常温常压}} Ni(CO)_4(l)$$

$$Fe(s) + 5\ CO(g) \xrightarrow{\text{加热加压}} Fe(CO)_5(l)$$

羰基配合物一般是剧毒的。

CO 分子可与血红素中的 Fe(Ⅱ)配位，生成羰基配合物，其配位能力约为 O_2 的 600 倍，从而使血液失去输送氧的功能，这是 CO 使人中毒的原因：

$$[HmFe(Ⅱ) \leftarrow O_2] + CO(g) = [HmFe(Ⅱ) \leftarrow CO] + O_2(g)$$

等电子体[*]

CO 与 N_2、CN^-、NO^+ 称为"等电子体"。原子数目相同、所含电子数也相同的一类分子或离子互称为"等电子体"。等电子体常具有相似的电子结构、相似的几何构型、相似的性质等特点。例如

(i) CO、N_2、CN^-、$NO^+ \longrightarrow$ 三键($14e^-$)

(ii) CO_2、N_2O、N_3^-、$NO_2^+ \longrightarrow$ 直线构型($22e^-$)

(iii) BO_3^{3-}、CO_3^{2-}、NO_3^-、$BF_3 \longrightarrow$ 平面三角形($32e^-$)

(iv)ClO_4^-、SO_4^{2-}、PO_4^{3-}、$SiO_4^{4-} \longrightarrow$ 四面体($50e^-$)

CO 与 N_2 的物理性质相似，但化学性质差异较大，表 8.15 比较了它们的一些物理性质和化学性质。

表 8.15 CO 与 N_2 的性质对比

性质	CO	N_2
熔点/℃	−205	−210
沸点/℃	−190	−195
液体密度/(g·cm^{-3})	0.793	0.766
临界温度/℃	−140	−146
临界压力/kPa	3.65×10^4	3.55×10^4
键级	3	3
键长/pm	113	110
键能/(kJ·mol^{-1})	1070.3	941.69
还原性	有还原性	无
配位作用	较强	较弱
可燃性	可燃	不可燃

2）二氧化碳及碳酸

二氧化碳(CO_2)是碳单质充分燃烧的产物。常温、常压下二氧化碳是无色气体，降温加压 CO_2 较易液化或固化。固态二氧化碳(干冰)易升华，常用来作制冷剂。

工业上用煅烧石灰石的方法生产 CO_2：

$$CaCO_3(s) == CaO(s) + CO_2(g)$$

在实验室中则用碳酸盐和稀酸的反应来制备 CO_2：

$$CaCO_3(s) + 2\ HCl(aq) == CaCl_2(aq) + H_2O(l) + CO_2(g)$$

CO_2 与 N_2O、N_3^-、NO_2^+ 互为等电子体，具有线形构型，长期以来被认为具有 $O=C=O$ 的结构，该结构虽然可以解释 CO_2 的一些特殊性质，但是实验测出 C—O 键长为 116 pm，介于 C=O 键(124 pm)及 C≡O 键(112.8 pm)之间。根据 VB 法，认为碳原子采取 sp 杂化，CO_2 分子中有 2 个 σ 键、2 个 π_3^4 离域 π 键，分子结构见图 8.20。

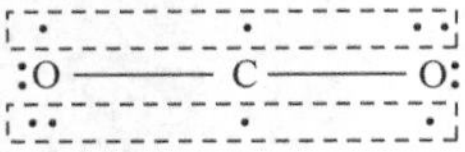

:O ====== C ====== O:

图 8.20　CO_2 的成键情况

CO_2 是一种酸性氧化物，若将 CO_2 气体通入澄清的石灰水中，首先会产生沉淀；当 CO_2 气体过量时沉淀又会消失，发生了如下反应：

$$CO_2(g) + Ca(OH)_2(aq) == CaCO_3(s) + H_2O(l)$$

$$CaCO_3(s) + CO_2(g) + H_2O(l) == Ca(HCO_3)_2(aq)$$

利用这一反应可以检验 CO_2 气体。

CO_2 灭火器不可用于活泼金属 Mg、Na、K 等引起的火灾：

$$CO_2(g) + 2\ Mg(s) == 2\ MgO(s) + C(s)$$

CO_2 水溶液习惯上称为碳酸，碳酸被误认为是二元弱酸。当考虑 CO_2 水合作用时，反应为

$$CO_2(aq) + H_2O(l) \rightleftharpoons H_2CO_3(aq) \qquad K^\ominus = 1.67 \times 10^{-3} \qquad ①$$

$$H_2CO_3(aq) \rightleftharpoons H^+(aq) + HCO_3^-(aq) \qquad K_{a1}^{\ominus\prime} = 2.66 \times 10^{-4} \qquad ②$$

反应①+反应②，得 CO_2 水溶液的电离：

$$CO_2(aq) + H_2O(l) \rightleftharpoons H^+(aq) + HCO_3^-(aq) \qquad K_{a1}^\ominus = K^\ominus \cdot K_{a1}^{\ominus\prime} = 4.44 \times 10^{-7}$$

反应②表明，H_2CO_3 自身第一级电离平衡常数为 2.66×10^{-4}，因此 H_2CO_3 本身属于中强酸，而 CO_2 水溶液为弱酸。

H_2CO_3 的第二级电离更弱：

$$HCO_3^-(aq) \rightleftharpoons H^+(aq) + CO_3^{2-}(aq) \qquad K_{a2}^\ominus = 5.6 \times 10^{-11}$$

实际上，在 CO_2 水溶液中，25 ℃时，$[CO_2]/[H_2CO_3]$ 为 600，碳酸(H_2CO_3)浓度低，因此 CO_2 水溶液显示弱酸性。[②]

在碳酸根离子中，中心碳原子仍采用 sp^2 等性杂化，形成平面三角形构型。另外，在垂直于碳酸根离子所在平面的方向上，中心碳原子未参与杂化的 p_z 轨道和 3 个氧原子的 p_z 轨道上各有一个电子，组成 π_4^6 键。

---

② 有的教科书未考虑 CO_2 水合作用，写为：$H_2CO_3(aq) == H^+(aq) + HCO_3^-(aq)$，$K_{a1}^\ominus = 4.44 \times 10^{-7}$；$HCO_3^-(aq) == H^+(aq) + CO_3^{2-}(aq)$，$K_{a2}^\ominus = 5.6 \times 10^{-11}$。

3) 碳酸盐

碳酸可以形成两类盐：正盐与酸式盐，它们的性质总结如下：

(1) 溶解性。除锂以外的碱金属正盐和碳酸铵易溶于水，其他金属的正盐难溶于水。酸式盐则大多溶于水。将正盐与酸式盐的溶解度比较，可得到现象：一般酸式盐的溶解度大于正盐；Na^+、K^+、NH_4^+等易溶于水的正盐溶解度大于酸式盐。造成该现象的原因为 HCO_3^- 以氢键相连形成二聚或多聚离子，降低了溶解度。

(2) 水解性。碱金属碳酸盐溶液因水解而呈强碱性，故溶液中同时存在碳酸根与氢氧根。当金属离子和碱金属碳酸盐溶液反应时，其产物主要取决于该金属碳酸盐和氢氧化物的溶解度相对大小，称为"溶度积规则"。

(a) 当金属氢氧化物溶解度小于碳酸盐时，生成氢氧化物沉淀与 CO_2 气体，如

$$3 H_2O(l) + 2 Fe^{3+}(aq) + 3 CO_3^{2-}(aq) = 2 Fe(OH)_3(s) + 3 CO_2(g)$$

类似离子有：Al^{3+}、Cr^{3+}、Sn^{4+}、Sn^{2+}。

(b) 金属氢氧化物溶解度大于碳酸盐时，生成正盐沉淀，如

$$Ba^{2+}(aq) + CO_3^{2-}(aq) = BaCO_3(s)$$

类似离子有：Ca^{2+}、Sr^{2+}、Ag^+、Mn^{2+}。

(c) 金属氢氧化物溶解度与碳酸盐相近时生成碱式碳酸盐沉淀与 CO_2 气体，如

$$2 Mg^{2+}(aq) + 2 CO_3^{2-}(aq) + H_2O(l) = Mg_2(OH)_2CO_3(s) + CO_2(g)$$

类似离子有：Cu^{2+}、Pb^{2+}、Bi^{3+}、Zn^{2+}、Hg^{2+}。

(3) 热稳定性。碳酸盐热稳定性较差，受热分解为对应氧化物与二氧化碳。碳酸盐的分解温度取决于正离子的极化力，极化力越大，分解温度越低。具体表现如下。

(a) 正盐分解温度高于酸式盐，如 Na_2CO_3 在 851 ℃以上分解，$NaHCO_3$ 在 270 ℃分解，$CaCO_3$ 在 900 ℃以上分解，$Ca(HCO_3)_2$ 沸水中分解。

(b) 同族元素的碳酸盐(ⅠA、ⅡA)，从上到下热稳定性增加。

(c) 不同阳离子的碳酸盐，热稳定性顺序为

$$铵盐 < 过渡金属盐 < 碱土金属盐 < 碱金属盐$$

4. 硅的化合物*

1) 二氧化硅

二氧化硅 SiO_2(silicon dioxide)属于原子晶体，硬度高，熔点高，在自然界中广泛存在，如石英等。

二氧化硅及其他硅的含氧化合物，都以硅氧四面体作为基本结构单元，每个 Si—O 四面体共用顶角的氧原子按一定规律连接，构成了 SiO_2 的空间三维结构。石英的各种晶形的转化，就是内部硅氧四面体排列方式的变化结果。

二氧化硅是硅酸的酸酐，不溶于水，常温下也不与盐酸、硫酸及碱反应，但可与氢氟酸反应生成四氟化硅或六氟硅酸，因此不能用玻璃瓶储存氢氟酸：

$$SiO_2(s) + 4 HF(aq) = SiF_4(g) + 2 H_2O(l)$$

$$SiO_2(s) + 6 HF(aq) = H_2SiF_6(aq) + 2 H_2O(l)$$

二氧化硅可溶于热的强碱溶液或熔融的碳酸钠，生成可溶性的硅酸盐：

$$2 NaOH(aq) + SiO_2(s) \xrightarrow{加热} Na_2SiO_3(aq) + H_2O(l)$$

$$Na_2CO_3(s) + SiO_2(s) \xrightarrow{熔融} Na_2SiO_3(s) + CO_2(g)$$

2）硅酸及硅酸盐

硅酸由可溶性硅酸盐与酸反应制得：

$$SiO_4^{4-}(aq) + 4\,H^+(aq) === H_4SiO_4(s)$$

因此，H_4SiO_4 为正硅酸，是原酸，经脱水可得偏硅酸和多硅酸。通常以 H_2SiO_3 和 $MSiO_3$ 表示硅酸及硅酸盐。硅酸是二元弱酸，$K_{a1}^{\ominus} = 4.2 \times 10^{-10}$，$K_{a2}^{\ominus} = 10^{-12}$。硅酸在水中溶解度不大，但在硅酸钠水溶液中加入酸时，生成硅酸凝胶。凝胶经水充分洗涤，除去可溶性电解质，干燥脱水后制得硅胶。由于硅胶的多孔性，比表面大，可作良好的干燥剂、吸附剂或催化剂的载体。通常加入 $CoCl_2$，制成变色硅胶作干燥剂使用。

常见可溶性的硅酸盐有 Na_2SiO_3 和 K_2SiO_3。Na_2SiO_3 的水溶液俗称"水玻璃"，工业上称为泡花碱，是黏合剂和防腐剂。可溶性的硅酸盐在水中强烈水解，呈碱性：

$$Na_2SiO_3(aq) + 2\,H_2O(l) === NaH_3SiO_4(aq) + NaOH(aq)$$

5. 锗、锡和铅的化合物*

锗、锡和铅可生成 MO 和 MO_2 两类氧化物及其相应氢氧化物 $M(OH)_2$ 和 $M(OH)_4$。它们呈两性，但+4 氧化态的以酸性为主，+2 氧化态的以碱性为主，碱性从 Ge 到 Pb 依次增强。

铅在空气中燃烧可得黄色的氧化铅 PbO，俗称密陀僧。

二氧化铅是黑色粉末，具有强氧化性，可将酸性溶液中的 Mn^{2+} 氧化成 MnO_4^-，与盐酸反应生成氯气：

$$5\,PbO_2(s) + 2\,Mn^{2+}(aq) + 4\,H^+(aq) === 5\,Pb^{2+}(aq) + 2\,MnO_4^-(aq) + 2\,H_2O(l)$$

$$PbO_2(s) + 4\,H^+(aq) + 4\,Cl^-(aq) === PbCl_2(s) + Cl_2(g) + 2\,H_2O(l)$$

Pb(Ⅳ)的强氧化性同样可用"$6s^2$ 惰性电子对效应"解释。

$SnCl_2$ 是强还原剂，它可把 $HgCl_2$ 还原为 Hg_2Cl_2，若 $SnCl_2$ 过量则还原为 Hg：

$$2\,HgCl_2(aq) + SnCl_2(aq) === SnCl_4(aq) + Hg_2Cl_2(s)(白色)$$

$$Hg_2Cl_2(s) + SnCl_2(aq) === SnCl_4(aq) + 2\,Hg(l)(黑色)$$

该反应常用来鉴别 Hg^{2+} 或 Sn^{2+}。

8.3.6　硼族元素

1. 概述

硼族元素(the boron group element)是指元素周期表中ⅢA 族硼、铝、镓、铟与铊。硼族元素的某些基本性质见表 8.16。

表 8.16　硼族元素的基本性质

性质	B	Al	Ga	In	Tl
价层电子构型	$2s^2 2p^1$	$3s^2 3p^1$	$4s^2 4p^1$	$5s^2 5p^1$	$6s^2 p^1$
主要氧化态	+3	+3、+1	+3、+1	+3、+1	+3、+1
共价半径/ pm	82	143	126	162	170
M^+离子半径/pm			113	132	140
M^{3+}离子半径/pm	20	50	62	81	95

续表

性质	B	Al	Ga	In	Tl
熔点/℃	2177	660.2	29.78	156.6	303.3
沸点/℃	3658	2327	2250	2070	1453
I_1 /(kJ · mol^{-1})	800.6	577.6	578.8	558.3	589.3
I_2 /(kJ · mol^{-1})	2427	1817	1979	1821	1971
I_3 /(kJ · mol^{-1})	3600	2745	2963	2705	2878
EA_1 /(kJ · mol^{-1})	23	44	36	34	50
χ_p(鲍林电负性)	2.04	1.61	1.81	1.78	2.04
熔化热/(kJ · mol^{-1})	22.2	10.7	5.6	3.3	4.3
气化热/(kJ · mol^{-1})	538.9	293.7	256.1	226.4	162.1
密度/(g · cm^{-3})	2.5	2.699	5.907	7.31	11.85

2. 单质

1) 物理性质

单质硼有晶体和无定形两类。晶体硼是原子晶体，呈黑灰色，硬度高、熔点高。无定形硼为棕色粉末。

铝是银白色金属。铝的密度小，机械性能出众，是重要的结构材料，可用于飞机和宇航器的制造。铝具有好的延展性，但导电性不如铜。

镓是银白色金属，质软。金属镓熔点 29.8 ℃，沸点 2403 ℃，利用其大的熔、沸点之差可制造高温温度计。铟和铊的物性与镓类似。

2) 化学性质

硼族元素除了硼是非金属，其余四种元素均为金属。本族元素的价电子构型为 ns^2np^1，氧化态一般为+3。惰性电子对效应在本族元素中仍有所体现，+1 氧化态从上到下稳定性增加，铊+1 氧化态稳定。本族元素价电子层有四个轨道，但价电子只有三个，**价电子数少于价轨道数的原子称为 "缺电子原子"。当它与其他原子形成共价键时，价电子层中还留下空轨道，这类化合物称为 "缺电子化合物"**。由于原子价轨道中的空轨道有很强的接受电子对的能力，故它们具有如下特性。

(1) 易形成配合物，如

$$F_3B + :NH_3 \Longrightarrow F_3B \leftarrow NH_3$$

(2) 易形成聚合分子，如气态的卤化铝(除 AlF_3)易形成双聚分子：

在 Al_2Cl_6 分子中，每个 Al 原子以 sp^3 杂化轨道与四个 Cl 原子成键，呈四面体结构。中间两个 Cl 原子形成桥式结构，它除与一个 Al 原子形成正常共价键外，还与另一个 Al 原子形成配位键，即两个 $AlCl_4$ 四面体共用一条 Cl—Cl。

作为原子晶体，晶体硼单质的化学性质不活泼，而无定形硼则较活泼。由于硼原子只有两层电子，原子半径小，故 B 主要以共价键成键，其单质和化合物性质与 Al、Ga、In 和 Tl 相比有较大区别，而与 Si 相似，表现在常温下可与 F_2 反应、与 NaOH 作用放出氢气等：

$$2\,B(s) + 3\,F_2(g) = 2\,BF_3(g)$$

$$Si(s) + 2\,F_2(g) = SiF_4(g)$$

$$2\,B(s) + 2\,NaOH(浓) + 2\,H_2O(l) \xrightarrow{加热} 2\,NaBO_3(aq) + 3\,H_2(g)$$

$$Si(s) + 2\,NaOH(aq) + H_2O(l) = Na_2SiO_3(aq) + 2\,H_2(g)$$

在高温下，硼能与氮气、氧气、硫、卤素等非金属反应：

$$2\,B(s) + N_2(g) \xrightarrow{高温} 2\,BN(s)$$

$$2\,B(s) + 3\,S(s) \xrightarrow{高温} B_2S_3(s)$$

$$2\,B(s) + 3\,Br_2(l) \xrightarrow{高温} 2\,BBr_3(l)$$

由于 B—O 键键能很大，因此硼可用作还原剂，从 H_2O、SO_2、N_2O_5、CO_2 及众多的金属氧化物中夺取氧。例如

$$2\,B(s) + 6\,H_2O \xrightarrow{加热} 2\,B(OH)_3(aq) + 3\,H_2(g)$$

硼还可以与许多金属反应生成硼化物，如 Ca、Sr、Ba、La 等金属：

$$2\,B(s) + 3\,Mg(s) \xrightarrow{加热} Mg_3B_2(s)$$

硼只能和热的、浓的氧化性酸作用，而不与盐酸作用：

$$2\,B(s) + 3\,H_2SO_4(浓) \xrightarrow{加热} 2\,B(OH)_3(aq) + 3\,SO_2(g)$$

$$B(s) + 3\,HNO_3(浓) \xrightarrow{加热} B(OH)_3(aq) + 3\,NO_2(g)$$

硼一般不与碱液和熔融碱作用($< 500\ ℃$)，但有氧化剂存在时，硼与碱作用：

$$2\,B(s) + 3\,KNO_3(aq) + 2\,KOH(aq) \xrightarrow{加热} 3\,KNO_2(aq) + 2\,KBO_2(aq) + H_2O(l)$$

铝与同族的硼性质上有较大的差异：① 铝是金属，而硼是非金属；② 硼是成酸元素，铝是两性元素；③ 硼只能以共价键和电负性更大的元素结合，而铝既能生成共价化合物，也能生成离子化合物；④ 硼的最大配位数是 4，而铝的最大配位数是 6。

铝在空气中强热，放出大量的热：

$$4\,Al(s) + 3\,O_2(g) = 2\,Al_2O_3(s) \qquad \Delta_r H_m^\ominus = -3356\ kJ \cdot mol^{-1}$$

说明铝是极强还原剂，它可以从其他金属氧化物中夺取氧，使金属还原。

铝还可以与卤素、氮、硫等非金属直接化合。铝迅速地溶解在酸及碱中：

$$2\,Al(s) + 6\,H^+(aq) = 2\,Al^{3+}(aq) + 3\,H_2(g)$$

$$2\,Al(s) + 2\,OH^-(aq) + 6\,H_2O(l) = 2\,Al(OH)_4^-(aq) + 3\,H_2(g)$$

但在冷浓硝酸中会钝化，因此可用铝罐储运浓硝酸。

镓、铟和铊*

镓的化学性质活泼，但不如铝，表面也能形成致密氧化膜而钝化。镓、铟和铊都能与非氧化性酸反应放出氢气，但反应速率小，需要加热；镓、铟生成 MCl_3，铊只生成 TlCl，显示"惰性电子对效应"：

$$2\,M(s) + 6\,HCl(aq) \xrightarrow{加热} 2\,MCl_3(aq) + 3\,H_2(g) \qquad (M = Ga、In)$$

$$2\,Tl(s) + 2\,HCl(aq) \xrightarrow{加热} 2\,TlCl(aq) + H_2(g)$$

镓能与碱反应放出氢气，因此镓是两性金属，而铟和铊不是两性金属。

$$2\,Ga(s) + 2\,NaOH(aq) + 2\,H_2O(l) == 2\,NaGaO_2(aq) + 3\,H_2(g)$$

3. 硼的化合物*

1) 硼的氢化物

硼可形成一系列共价氢化物，称"硼烷"，其中最简单也最重要的是乙硼烷。乙硼烷是无色气体，极毒。由于硼烷的标准生成焓是正值，表明其热力学不稳定，因此不能由硼和氢直接化合制取，而采用间接方法。如在乙醚中，用 NaH、LiAlH₄ 或 LiBH₄ 还原硼卤化物 BX₃：

$$3\,LiAlH_4 + 4\,BCl_3 == 2\,B_2H_6 + 3\,LiCl + 3\,AlCl_3$$
$$3\,NaBH_4 + 4\,BF_3 == 2\,B_2H_6 + 3\,NaBF_4$$

关于硼烷的结构问题，曾是化学界一大难题，因为在 B_2H_6 中只有 12 个价电子参与成键，因此如果 B—H 以共价单键相连时，则硼原子间就缺乏电子来结合。人们提出各种结构式来说明乙硼烷的结构，但都不能完美地解释乙硼烷的结构参数。实验测定表明，乙硼烷分子具有逆磁性，在分子中的六个氢原子中有两个氢原子与其余四个不同，两个硼原子与四个氢原子在同一平面上，而另外两个氢原子各处于平面的上下位置，并分别与两个硼原子形成 B—H—B 三中心二电子键(3c-2e bond)(图 8.21)，键长为 133 pm。乙硼烷的分子结构见图 8.22。

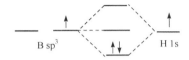 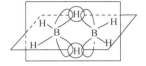 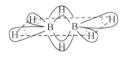

图 8.21　乙硼烷分子中的三中心二电子键　　　图 8.22　乙硼烷的分子结构

乙硼烷由于氢桥键键能小，它很不稳定，在空气中能自燃：

$$B_2H_6(g) + 3\,O_2(g) == B_2O_3(s) + 3\,H_2O(l) \qquad \Delta_r H_m^{\ominus} = -2033.8\ kJ \cdot mol^{-1}$$

此反应的反应热很大，故硼烷可在火箭和导弹中用作高能喷射燃料。

硼烷的性质主要有易燃性、水解性、还原性和加合性。

2) 硼酸

硼的氧化物主要是 B_2O_3，它是白色固体，常见有无定形和晶形两种。B_2O_3 易溶于水，形成硼酸，但在热水蒸气中或遇潮气时形成会挥发的偏硼酸：

$$B_2O_3(无定形) + 3\,H_2O(l) == 2\,H_3BO_3(aq)$$
$$B_2O_3(晶) + H_2O(g) == 2\,HBO_2(g)$$

硼酸是白色闪亮鳞片状晶体，微溶于水。由于硼是缺电子原子，能加合水分子的氢氧根离子，而释放出质子，其成酸机理如下：

$$B(OH)_3(s) + H_2O(l) \rightleftharpoons [B(OH)_4]^-(aq) + H^+(aq) \qquad K_a^{\ominus}=5.81\times10^{-10}$$

硼酸是典型的 Lewis 酸。 利用硼原子的缺电子性质，在硼酸溶液中加入多羟基化合物(如甘油等)生成稳定配合物，可使其酸性增强。

当硼酸遇到强酸时，显碱性：

$$B(OH)_3(aq) + H_3PO_4(aq) == BPO_4(s) + 3\,H_2O(l)$$

硼酸受热失水，先生成偏硼酸，再脱水，生成三氧化二硼：

$$H_3BO_3(s) \xrightarrow{加热} HBO_2(s) + H_2O(g)$$
$$2\,HBO_2(s) \xrightarrow{加热} B_2O_3(s) + H_2O(g)$$

3) 硼酸盐

除 IA 族金属元素外，多数金属的硼酸盐不溶于水。在水溶液中，由于硼酸根离子和硼酸分子以多种形式缩合，从溶液中结晶出来的金属硼酸盐通常采用 BO_3^{3-} 平面三角形单元与 BO_4^{5-} 正四面体单元的立体结构。

最重要的硼酸盐是四硼酸钠，俗称硼砂($Na_2B_4O_7 \cdot 10H_2O$)。根据阴离子结构，它的正确写法应是 $Na_2[B_4O_5(OH)_4] \cdot 8H_2O$。

熔融的硼砂可以溶解许多金属氧化物形成不同颜色的偏硼酸复盐。例如

$$Na_2B_4O_7 + CoO \xrightarrow{\text{熔融}} Co(BO_2)_2 \cdot 2NaBO_2 \text{(宝石蓝色)}$$

利用这一类反应可以鉴别某些金属离子，在分析化学上称为硼砂珠实验。硼砂易溶于水，并发生水解反应：

$$[B_4O_5(OH)_4]^{2-} + 5\,H_2O \Longrightarrow 2\,H_3BO_3 + 2[B(OH)_4]^-$$

水解产生等物质的量的 H_3BO_3 及其共轭碱$[B(OH)_4]^-$，故具有良好的缓冲作用，实验室常用它来配制标准缓冲溶液。

4. 铝的化合物[*]

在铝盐溶液中加入氨水或适量碱，可得到白色凝胶状 $Al(OH)_3$ 沉淀，它实际上是含水量不定的水合氧化铝 $Al_2O_3 \cdot xH_2O$。

$Al(OH)_3$ 是两性氢氧化物，遇酸变成铝盐，遇碱则变成铝酸盐。

在水溶液中铝酸钠实为 $Na[Al(OH)_4]$，而非 $NaAlO_2$。固态的 $NaAlO_2$ 要用 Al_2O_3 和氢氧化钠(或碳酸钠)熔融的方法制得。

8.3.7　稀有气体元素[*]

1. 概述

稀有气体元素(the rare gas element)在周期表中处于 0 族，包括氦、氖、氩、氪、氙、氡 6 种元素。稀有气体元素化学性质不活泼，过去曾称为"惰性元素"。在 20 世纪 60 年代初发现第一个惰性气体化合物后，人们制取了一系列惰性气体化合物，从此惰性元素改称为"稀有气体"。

2. 稀有气体的物理性质

稀有气体的熔点和沸点都很低，而且十分接近。稀有气体是单原子分子，而色散力是稀有气体分子间的主要作用力，由于稀有气体的分子间作用力很小，因而稀有气体的熔、沸点及临界温度都很低，且随原子序数的增加而呈规律性的变化，有关性质见表 8.17。

表 8.17　稀有气体的性质

性质	He	Ne	Ar	Kr	Xe	Rn
价层电子构型	$1s^2$	$2s^22p^6$	$3s^23p^6$	$4s^24p^6$	$5s^25p^6$	$6s^26p^6$
原子半径/pm		131	174	189	209	214
熔点/K	0.9	24	84	116	161	202
沸点/K	4.2	27	87	120	166	211
$I_1/(kJ \cdot mol^{-1})$	2372	2038	1523	1351	1171.5	1038
质量热容比 $\gamma/[J \cdot (kg \cdot K)^{-1}]$	1.65	1.64	1.65	1.69	1.67	
在水中溶解度(293 K)/(mL · mol^{-1})	13.8	14.7	37.9	73	110.9	
临界温度/K	5.1	44.3	153	210.5	289.6	377.5
气体密度(标准状态)/(g · L^{-1})	0.1785	0.9002	1.7809	3.708	5.851	9.73

由表可见，稀有气体熔、沸点随相对原子质量增大而有规律地增加。氦是所有气体中最难液化的，而且在 2.2 K 时，液氦会由一种状态相变到另一种状态，如 2.2 K 以下它是超导体，2.2 K 以上只是普通液体。氦甚至在常压下都不能凝固。

3. 稀有气体的化学性质

稀有气体的第一个化合物是"笼"化物，稀有气体原子被捕获到笼中。1962 年加拿大巴特利特(Neil Bartlett)注意到 Xe 的电离能与 O_2 的相近，参照 $O_2^+[PtF_6]^-$ 的合成方法在室温下制得了 $Xe^+[PtF_6]^-$。随后，其他稀有气体元素化合物被陆续合成。已知稳定的稀有气体元素化合物包括氙、氪和氡的共价化合物，而氦和氖的化合物极不稳定。目前研究最多的是氙的化合物。

Xe(g)与 F_2(g)在不同条件下反应，可以得到不同组成的氙的氟化物 XeF_2(g)、XeF_4(g)、XeF_6(g)。

这三种氙的氟化物均是强氧化剂：

$$XeF_2(g) + 2\ Cl^-(aq) = Xe(g) + Cl_2(g) + 2\ F^-(aq)$$
$$XeF_4(g) + Ce(s) = Xe(g) + CeF_4(s)$$
$$XeF_4(g) + Pt(s) = Xe(g) + PtF_4(s)$$

它们都与水反应：

$$2\ XeF_2(g) + 2\ H_2O(l) = 2\ Xe(g) + O_2(g) + 4\ HF(g)$$
$$6\ XeF_4(g) + 12\ H_2O(l) = 2\ XeO_3(s) + 4\ Xe(g) + 24\ HF(g) + 3\ O_2(g)$$
$$XeF_6(g) + H_2O(l) = XeOF_4(l) + 2\ HF(aq)$$

它们还是良好的、温和的氟化剂：

$$2\ XeF_6(g) + SiO_2(s) = 2\ XeOF_4(l) + SiF_4(g)$$

所以不能用玻璃或石英容器来盛装氟化氙。

氙的含氧化合物主要有 XeO_3、XeO_4、氙酸和高氙酸及其盐。在酸性条件下，Xe(Ⅵ)较稳定；而在碱性条件下，Xe(Ⅷ)较稳定。

XeO_3 是白色、易潮解、易爆炸固体，具有强氧化性。

向 XeO_3 的水溶液中通入 O_3，将生成高氙酸：

$$XeO_3(aq) + O_3(g) + 2\ H_2O(l) = H_4XeO_6(aq) + O_2(g)$$

向 XeO_3 的碱性溶液中通入 O_3，将生成高氙酸盐：

$$XeO_3(aq) + 4\ NaOH(aq) + O_3(g) + 6\ H_2O(l) = Na_4XeO_6 \cdot 8H_2O(aq) + O_2(g)$$

Na_2XeO_4 和 Na_4XeO_6 都是很强的氧化剂。

4. 稀有气体的用途

稀有气体的应用，主要是基于这些气体的化学不活泼性及特殊的物理性质，如它们易于发光放电，低熔点、沸点等性质上。

氦气可用来填充高空气球和飞艇，比填充氢气安全。液氦常用于超低温技术上。氦、氩还常用于活泼金属焊接工艺(镁、铝、钛不锈钢焊接)中的保护气氛。氦在人体血液中溶解度比氮气小得多，因此，常用氦氧混合气代替空气供深水潜水员用，以防止潜水病发生。

氖广泛应用于霓虹灯及穿透力极强的机场、港口水陆交通干线的信号灯上。

氩广泛用于钨丝灯的填充气体，可以减少钨丝蒸发，延长灯泡寿命。此外，应用在激光设备中作激励光源，也应用于金属焊接保护气体，如氩弧焊接技术。

氙和氪可用于特殊电光源，例如，氙灯又称人造小太阳，适用于机场、体育场、车站广场。另外，氙和氪的同位素也在医学上被广泛应用于脑血流量测量、肺功能测定、计算胰岛分泌量等。

8.4　d 区 元 素
(The d-block element)

8.4.1　通性

1. d 区元素与过渡元素

d 区元素是周期表中第三列(ⅢB 族)到第十列(Ⅷ族)的元素，f 区元素包括除镧、锕以外的镧系和锕系元素。过渡元素(the transition element)是指原子的电子层结构中 d 轨道或 f 轨道仅部分填充的元素，因此过渡元素包括 d 区元素和 f 区元素。由于 f 区元素原子的价层电子填充到 $(n-2)$ f 轨道上，故常把它称为内过渡元素，以区别于 d 区过渡元素。

2. d 区元素的通性

d 区元素原子的价电子层构型均为 $(n-1)d^{1\sim8}ns^{1\sim2}$(如钯 Pd $4d^{10}5s^0$、铂 Pt $5d^96s^1$)。与同周期的ⅠA、ⅡA 族元素相比，过渡元素的原子半径一般比较小。由于过渡金属元素的 d 电子层未充满，其屏蔽作用较小，因而随原子序数的增加，有效核电荷依次增大。所以从左到右，随原子序数的增加，原子半径依次减小，但随着成对 d 电子数增多，电子之间斥力逐渐增大，使得原子半径减小幅度放缓；最后当电子之间斥力因素占优时，原子半径还略有增加(参阅图 5.12)。

1) 单质

与 s 区元素相比，d 区元素具有较大的有效核电荷，且 d 电子存在一定的成键能力，所以 d 区元素一般具有较小的原子半径、较大的密度、较高的熔点和沸点、良好的导电与导热性能等，金属中 Os 的密度最大、W 的熔点最高、Cr 的硬度最大。

2) 氧化态

(1) 有可变的氧化态：由于 $(n-1)d$ 轨道与 ns 轨道能量相近，d 电子可以全部或部分参与成键，因此它们大多数具有可变的氧化态。例如，Mn 的常见氧化态有+2、+3、+4、+6、+7，Fe 的常见氧化态有+2、+3、+6。

(2) 最高氧化态：ⅢB 到ⅦB 族元素的最高氧化态与其族数相等，为 $(n-1)d$ 电子数与 ns 电子数之和。但多数Ⅷ族元素最高氧化态小于其族数。这一现象说明不是所有 $(n-1)d$ 电子均可参与成键。

3) 多数过渡金属及其化合物具有磁性

物质的磁性分为顺磁性、逆磁性、铁磁性与反铁磁性。过渡元素及其化合物由于 d 轨道中多有成单电子存在，其自旋运动使该物质表现为顺磁性；d 轨道不存在成单电子的物质表现为逆磁性。顺磁性物质对外加磁场磁力线表现为吸引、聚集，逆磁性物质对外加磁场磁力线表现为排斥。

能被磁场较强烈地吸引的物质称为铁磁性物质，它们在固态下由于顺磁性原子间的相互作用而表现强磁性。例如，Fe、Co、Ni 三种金属可以观察到铁磁性。

4) 水合离子大多具有颜色

d 区元素的水合离子大多具有颜色，这一现象与离子的 d 轨道具有未成对电子有关。某些过渡元素的水合阳离子的颜色见表 8.18。

表 8.18　某些过渡元素的水合阳离子的颜色

阳离子	电子构型	水合离子颜色	阳离子	电子构型	水合离子颜色
Sc^{3+}、Ti^{4+}	$3d^0$	无色	Mn^{2+}	$3d^5$	粉红色
Ti^{3+}	$3d^1$	紫色	Fe^{3+}	$3d^5$	浅紫色
VO^{2+}	$3d^1$	蓝色	Fe^{2+}	$3d^6$	绿色
V^{3+}	$3d^2$	绿色	Co^{2+}	$3d^7$	粉红色
V^{2+}、Cr^{3+}	$3d^3$	紫色	Ni^{2+}	$3d^8$	绿色
Mn^{3+}	$3d^4$	紫色	Cu^{2+}	$3d^9$	蓝色
Cr^{2+}	$3d^4$	蓝色	Zn^{2+}	$3d^{10}$	无色

5) 形成配合物的倾向比主族金属离子大得多

d 区元素容易形成配合物，这是由于：① $(n-1)d$ 与 ns 能量相近，$(n-1)d$ 电子参与成键，且具有未充满的 d 轨道，在配体的作用下，可额外获得晶体场稳定化能；② d 区离子 M^{n+}一般电荷数高、半径小、具有$(9\sim17)e^-$构型，这一构型具有强极化力和大变形性的特点。在配体的作用下，d 区离子可与配体互相极化，使 M—L 键共价性增加。

6) 常用作催化剂

d 区元素由于空的 d 轨道能够接收电子，所以这些元素及其化合物常具有催化性能。

7) 有形成多碱、多酸的倾向

某些高氧化态金属阳离子，在一定 pH 条件下，由于分步水解可以羟基为桥彼此相连，形成多核配合物，称为"多碱"。另一些过渡金属的酸性氧化物，在一定 pH 条件下，也有缩合作用，这种聚合是以氧原子为桥使两个酸根连接起来，这一类由含氧酸彼此缩合而成的比较复杂的酸，称为"多酸"。

d 区元素的许多特性都与其未充满的 d 轨道电子有关，因此 d 区元素的化学就是 d 电子的化学。d 区金属元素的基本性质列于表 8.19～表 8.21 中。

表 8.19　第四周期 d 区金属的基本性质

性质	Sc	Ti	V	Cr	Mn	Fe	Co	Ni
价层电子构型	$3d^14s^2$	$3d^24s^2$	$3d^34s^2$	$3d^54s^1$	$3d^54s^2$	$3d^64s^2$	$3d^74s^2$	$3d^84s^2$
原子半径/ pm	164	147	135	129	127	126	125	125
M^{2+}离子半径/pm		90	88	84	80	76	74	69
熔点/℃	1539	1675	1890	1890	1204	1535	1495	1453
沸点/℃	2727	3260	3380	2482	2077	3000	2900	2732
I_1 /(kJ · mol^{-1})	631	658	650	652.8	717.4	759.4	758	736.7
χ_p(鲍林电负性)	1.36	1.54	1.63	1.66	1.55	1.83	1.88	1.91
原子化热/(kJ · mol^{-1})	304.8	428.9	456.6	348.8	219.7	351.0	352.4	371.8
常见氧化态	+3	+2、+3、+4	+2、+3、+4、+5	+2、+3、+6	+2、+3、+4、+6、+7	+2、+3、+6	+2、+3	+2、+3
密度/(g · cm^{-3})	2.99	4.54	5.96	7.20	7.20	7.86	8.90	8.90

表 8.20　第五周期 d 区金属的基本性质

性质	Y	Zr	Nb	Mo	Tc	Ru	Rh	Pd
价层电子构型	$4d^15s^2$	$4d^25s^2$	$4d^35s^2$	$4d^55s^1$	$4d^55s^2$	$4d^75s^1$	$4d^85s^1$	$4d^{10}$
原子半径/pm	182	160	147	140	135	134	134	137
熔点/℃	1495	1952	2468	2610		2250	1966	1552
沸点/℃	2927	3578	4927	5560		3900	3727	2927
I_1/(kJ·mol^{-1})	616	660	664	685	702	711	720	805
χ_p(鲍林电负性)	1.22	1.33	1.60	2.16	1.90	2.20	2.28	2.20
原子化热/(kJ·mol^{-1})	393.3	581.6	696.6	594.1	577.4	567.8	495.4	376.6
常见氧化态	+3	+2、+3、+4	+2、+3、+4、+5	+2、+3、+4、+5、+6	+2、+3、+4、+5、+6、+7	+2、+3、+4、+5、+6、+7、+8	+2、+3、+4、+5、+6	+2、+3、+4
密度/(g·cm^{-3})	4.34	6.49	8.57	10.2		12.30	12.4	11.97

表 8.21　第六周期 d 区金属的基本性质

性质	La	Hf	Ta	W	Re	Os	Ir	Pt
价层电子构型	$5d^16s^2$	$5d^26s^2$	$5d^36s^2$	$5d^46s^2$	$5d^56s^2$	$5d^66s^2$	$5d^76s^2$	$5d^96s^1$
原子半径/pm	188	159	147	141	137	135	136	139
熔点/℃	920	2150	2996	3410	3180	3000	2410	1769
沸点/℃	3469	5440	5425	5927	5627	5000	3827	2966
I_1/(kJ·mol^{-1})	538.1	654	761	770	764	840	880	870
χ_p(鲍林电负性)	1.10	1.30	1.50	2.36	1.90	2.20	2.20	2.28
原子化热/(kJ·mol^{-1})	399.6	661.1	735.1	799.2	707.1	627.6	572	510.4
常见氧化态	+3	+3、+4	+2、+3、+4、+5	+2、+3、+4、+5、+6	+3、+4、+5、+6、+7	+2、+3、+4、+5、+6、+8	+2、+3、+4、+5、+6	+2、+4
密度/(g·cm^{-3})	6.194	13.31	16.6	19.35	20.53	22.48	22.42	21.45

8.4.2　钪*

钪(scandium)在地壳岩石中的含量为 0.001%，分布很广但是稀少。

由于钪的次外层 d 轨道上仅有一个电子，所以它是第一过渡系元素中最活泼的金属元素，其活泼性接近于碱土金属。例如，它在空气中能迅速被氧化生成氧化物，与水反应放出氢气，也能溶于酸等。

钪是ⅢB族第一种元素，也是第一过渡系第一种元素，因此它的化学行为有些不同于典型过渡元素的性质，如过渡元素的特征性质是具有可变的氧化态、能与许多配体形成配合物；而钪只有+3 氧化态，形成配合物的能力较同周期其他过渡金属元素差。同时，在同族元素之间化学性质的差异性很大，如钪在这些元素中密度最小、离子半径最小、碱性最弱，这些都与铝相似。

8.4.3　钛

钛(titanium)在地壳中的丰度为 0.56%，在所有元素中居第十位，在过渡金属元素中占第二位，仅次于铁，高于常见的锌、铅、锡、铜等。但由于钛在自然界中的存在十分分散，以及提炼金属钛的困难大，因此长期被认为是一种稀有金属。钛的主要矿物有钛铁矿 $FeTiO_3$ 和金红石 TiO_2，还有钒钛铁矿。

1. 钛的性质和用途

钛是银白色金属，它兼有金属材料所需的三大性质：①密度小($4.5\,g\cdot cm^{-3}$)，强度大；②熔点较高，为 1675 ℃，而且在 600 ℃时，钛合金仍保持高强度；③耐蚀性强，在室温下不与氧气、卤素、强酸或水作用，高温时才与氧、氮、氯作用。

钛能与多种金属形成合金。由于以上特性，钛和钛合金是超音速飞机、航天器、舰船、运载火箭等不可缺少的材料，也是化工、纺织、冶金、机电等部门用于制造防腐设备的优良材料。

钛的密度与人的骨骼相近，与人体内组织不起化学反应，且亲和力强，易为人体所容纳，对任何消毒方式都能适应，因而常用于制造人工关节等，称为"生物金属"。

此外，钛合金还具有特殊的记忆功能(如 Ti-Ni 合金)、超导功能(如 Nb-Ti 合金)和储氢功能(如 Ti-Mn、Ti-Fe 等合金)。

钛原子的基态价电子层结构为 $3d^24s^2$，除最外层 s 电子，次外层 d 电子也参与成键，因此 Ti 最稳定的氧化态是+4，其次是+3，较少见+2；在个别配合物中，钛也可以呈现低氧化态 0 和−1。

钛的元素电势图如图 8.23 所示。

$$E_A^\ominus\,/\,V$$

$$TiO^{2+}\xrightarrow{\ 0.10\ }Ti^{3+}\xrightarrow{\ -0.37\ }Ti^{2+}\xrightarrow{\ -1.63\ }Ti$$
$$-0.89$$

$$E_B^\ominus\,/\,V$$

$$TiO_2\xrightarrow{\ -1.69\ }Ti$$

图 8.23　钛的元素电势图

从元素电势图看，钛本应是还原性很强的金属，但因其表面易形成致密、钝性的氧化物膜，因此具有优良的抗腐蚀性，特别是对海水的抗腐蚀性很强。常温下钛化学性质不活泼，但高温能和许多非金属如 H_2、X_2、O_2、N_2、C、B、Si、S 等直接生成稳定的填隙式化合物，还能与 Al、Sb、Be、Cr、Fe 等生成填隙式化合物或金属间化合物。

室温下钛不与无机酸反应，但能缓慢地溶解在热的浓盐酸或浓硫酸中，生成 Ti^{3+}：

$$2\,Ti(s)+6\,HCl(浓)\xrightarrow{\ \triangle\ }2\,TiCl_3(aq)+3\,H_2(g)$$

$$2\,Ti(s)+6\,H_2SO_4(浓)\xrightarrow{\ \triangle\ }Ti_2(SO_4)_3\,(aq)+3\,SO_2(g)+6\,H_2O(l)$$

金属钛可溶于氢氟酸中，这是由于 Ti^{4+} 是硬酸，F^- 是硬碱，可生成稳定的配离子$[TiF_6]^{2-}$，导致电极电势明显降低，从而促使钛溶解。

钛不与热碱反应。

2. 钛的化合物

在钛的化合物中，以+4 氧化态最稳定。天然的 TiO_2 称为金红石，由于含有杂质，都有颜色。纯 TiO_2 为白色,称为"钛白",是优良的白色颜料,它具有折射率高、着色力强、遮盖力大和化学性能稳定等优点,受热时转为黄色。TiO_2 不溶于水、稀酸或碱溶液,但能溶于热的浓硫酸或氢氟酸。

TiO_2 在碳参与下,加热进行氯化,可制得四氯化钛 $TiCl_4$:

$$TiO_2(s) + 2\ C(s) + 2\ Cl_2(g) \xrightarrow{600\ ℃} TiCl_4(g) + 2\ CO(g)$$

然后在氩气气氛中用镁或钠还原 $TiCl_4$,得到金属钛:

$$TiCl_4(g) + 2\ Mg(l) \xrightarrow{800\ ℃,\ Ar} Ti(s) + 2\ MgCl_2(s)$$

室温下,$TiCl_4$ 是无色液体,有刺激性气味,在潮湿空气中水解,产生白色烟雾:

$$TiCl_4(l) + 3\ H_2O(l) =\!=\!= TiO_2 \cdot H_2O(s) + 4\ HCl(g)$$

该反应可用于制造烟幕弹。

Ti^{3+} 水溶液呈紫色,具有很强的还原性。借助于 Ti^{3+} 的还原性,可以分析含钛试样的钛含量。其具体方法是:以 H_2SO_4-HCl 混合酸溶解试样,将 Al 片放入溶液中,使 TiO^{2+} 转化为 Ti^{3+},再用标准 $FeCl_3$ 溶液滴定,以 KSCN 溶液作指示剂,反应式为

$$3\ TiO^{2+}(aq) + Al(s) + 6\ H^+(aq) =\!=\!= 3\ Ti^{3+}(aq) + Al^{3+}(aq) + 3\ H_2O(l)$$

$$Ti^{3+}(aq) + Fe^{3+}(aq) + H_2O(l) =\!=\!= TiO^{2+}(aq) + Fe^{2+}(aq) + 2\ H^+(aq)$$

8.4.4 钒*

钒(vanadium)是 V B 族中重要的元素,广泛应用于制造特种钢和催化剂。钒具有多种氧化态,V^{2+}、V^{3+} 具有还原性,VO_2^+ 具有氧化性。

钒的不同氧化态水合离子具有不同的颜色,如 V^{2+} 呈紫色、V^{3+} 呈绿色、VO^{2+} 呈蓝色、VO_2^+ 呈黄色。

钒的化合物中以 V_2O_5 最为重要,它具有两性:

$$V_2O_5 + 6\ NaOH =\!=\!= 2Na_3VO_4 + 3\ H_2O$$

$$V_2O_5 + H_2SO_4 =\!=\!= (VO_2)_2SO_4 + H_2O$$

酸性介质中,V_2O_5 有强氧化性:

$$2\ VO_2^+ + 4\ H^+ + 2\ Cl^- =\!=\!= 2\ VO^{2+} + Cl_2(g) + 2\ H_2O \qquad E^\ominus(VO_2^+/VO^{2+}) = 1.00\ V$$

VO_2^+ 也可以被 Fe^{2+}、草酸、酒石酸和乙醇等还原为 VO^{2+},可以利用以上反应测定钒。

钒的另一重要性质是缩合形成多酸,随着 pH 下降,多钒酸根缩合程度增大:

$$2\ VO_4^{3-} + 2\ H^+ \longleftrightarrow 2\ HVO_4^{2-} \longleftrightarrow V_2O_7^{4-} + H_2O \qquad pH \geqslant 13.0$$

$$3\ V_2O_7^{4-} + 6\ H^+ \longleftrightarrow 2\ V_3O_9^{3-} + 3\ H_2O \qquad pH \geqslant 8.4$$

$$10\ V_3O_9^{3-} + 12\ H^+ \longleftrightarrow 3\ V_{10}O_{28}^{6-} + 6\ H_2O \qquad pH > 5.0$$

随着聚合度增大,溶液的颜色逐渐加深,由淡黄色变到深红色。当溶液为酸性后,聚合度不再增大,只是作为 Lewis 碱俘获 H^+。

在 pH = 2.0 时,如浓度大于 $0.1\ mol \cdot L^{-1}$,则脱水生成五氧化二钒水合物的红棕色沉淀;pH ≤ 1.0 后,溶液以 VO_2^+ 黄色离子存在。

8.4.5 铬、钼、钨

1. 概述

铬(chromium)、钼(molybdenum)、钨(tungsten)三元素组成周期系ⅥB族,它们都是高熔点、高沸点的灰白色金属。铬是金属中最硬的,而钨是所有金属中熔点最高的。

铬、钼价电子层结构为$(n–1)d^5ns^1(n = 4、5)$，钨为$5d^46s^2$。

铬的元素电势图见图 8.24。从标准电极电势看，铬为活泼金属，但它的表面易形成致密氧化膜（"钝化"），从而降低了它的化学活泼性，常温下铬不活泼，不溶于硝酸及王水。高温时铬活泼，可与多种非金属，如卤素、O_2、S、C、N_2 等直接化合，一般生成 Cr(Ⅲ)化合物；高温时可与酸反应，熔融时也可与碱反应，生成铬酸盐。

$$E_A^{\ominus} / V$$

$$Cr_2O_7^{2-} \xrightarrow{+1.33} Cr^{3+} \xrightarrow{-0.41} Cr^{2+} \xrightarrow{-0.91} Cr$$
$$\underset{-0.74}{\rule{4cm}{0.4pt}}$$

$$E_B^{\ominus} / V$$

$$CrO_4^{2-} \xrightarrow{-0.13} Cr(OH)_3 \xrightarrow{-1.1} Cr(OH)_2 \xrightarrow{-1.4} Cr$$

图 8.24　铬的元素电势图

2. 铬的化合物

由图 8.24 可见，在酸性介质中，Cr^{3+}最稳定，$Cr_2O_7^{2-}$具有强氧化性；在碱性介质中，CrO_4^{2-}稳定，而 $Cr(OH)_3$ 在氧化剂作用下可转化为 CrO_4^{2-}；无论在何种介质中，Cr^{2+} 都具有强还原性，容易被氧化为+3 氧化态。但是钼和钨在酸性介质中，均以+6 氧化态稳定。

1) 铬(Ⅲ)化合物

较重要的铬(Ⅲ)化合物有 Cr_2O_3 和 $Cr_2(SO_4)_3$。

Cr_2O_3 是一种高熔点的绿色固体，俗称"铬绿"。Cr_2O_3 为两性氧化物，既能溶于酸，又能溶于碱。但是经过灼烧的 Cr_2O_3 不溶于酸，因其化学性质比较稳定，被广泛地用作颜料。

向 Cr(Ⅲ)盐的溶液中加入碱，得到灰绿色的 $Cr(OH)_3$ 胶状沉淀。$Cr(OH)_3$ 具有两性，与 $Al(OH)_3$ 相似。在溶液中存在以下平衡：

$$Cr^{3+}(紫色) \underset{H^+}{\overset{OH^-}{\rightleftharpoons}} Cr(OH)_3\downarrow (灰蓝色胶态) \underset{H^+}{\overset{OH^-}{\rightleftharpoons}} [Cr(OH)_4]^- (绿色)$$

$0.1\ mol \cdot L^{-1}$　　　pH 4.9~6.8　　　　　　　　　pH 12.0~14.0

这说明，向浓度为 $0.1\ mol \cdot L^{-1}$ 的 Cr^{3+}溶液中加入 OH^-时，pH 4.9 开始产生 $Cr(OH)_3$ 沉淀；pH 6.8 沉淀完全；pH 12.0 时 $Cr(OH)_3$ 沉淀开始溶解生成$[Cr(OH)_4]^-$；pH 14.0 时完全变成$[Cr(OH)_4]^-$。

但加热$[Cr(OH)_4]^-$溶液，由于水解重新产生 $Cr(OH)_3$ 沉淀，而$[Al(OH)_4]^-$在热溶液中十分稳定，这说明 $Cr(OH)_3$ 的酸性较弱。

Cr^{3+}具有较小的离子半径，为 62 pm，有较强的正电场，因此容易形成 d^2sp^3 型配合物，故 Cr^{3+}在水溶液中以$[Cr(H_2O)_6]^{3+}$形式存在。Cr^{3+}的离子半径与 Al^{3+}(51 pm)、Fe^{3+}(64 pm)相近，因此它们的性质有相似之处。M^{3+}易水解，故溶液显酸性。

由 $E_A^{\ominus}(Cr_2O_7^{2-}/Cr^{3+}) = 1.33\ V$，$E_B^{\ominus}(CrO_4^{2-}/CrO_2^-) = -0.13\ V$ 可知，碱性条件下 Cr(Ⅲ)具有较强的还原性：

$$2\,Cr(OH)_4^- + 3\,H_2O_2 + 2\,OH^- === 2\,CrO_4^{2-} + 8\,H_2O$$

而在酸性条件下，只有强氧化剂如 $KMnO_4$、PbO_2，才可以把 Cr(Ⅲ)氧化为 $Cr_2O_7^{2-}$：

$$10\,Cr^{3+}(aq) + 6\,MnO_4^-(aq) + 11\,H_2O(l) === 6\,Mn^{2+}(aq) + 5\,Cr_2O_7^{2-}(aq) + 22\,H^+(aq)$$

2) 铬(Ⅵ)化合物

常见的 Cr(Ⅵ)化合物主要有三氧化铬(CrO_3)、铬酸盐(如 K_2CrO_4)和重铬酸盐(如 $K_2Cr_2O_7$)。

CrO_3 是红色针状晶体，有强的吸水性，溶于水生成铬酸和重铬酸，故称为铬酐。CrO_3 具有较强的氧化性。

水溶液中存在以下平衡：

$$2\ CrO_4^{2-}(aq) + 2\ H^+(aq) \rightleftharpoons Cr_2O_7^{2-}(aq) + H_2O(l) \qquad K^\ominus = 1.2 \times 10^{14}$$

　　　　　　　　黄色　　　　　　　　　　　橙红色

当酸性增强时，平衡向右移动，$Cr_2O_7^{2-}$增多，当 pH=4.0 时，$Cr_2O_7^{2-}$占 90%，溶液变为橙红色；若加碱，则平衡向左移动，CrO_4^{2-}增多，当 pH=9.0 时，CrO_4^{2-}占比超过 99%，溶液呈黄色。

重铬酸盐在水中的溶解度高于铬酸盐，因此在 $K_2Cr_2O_7$ 溶液中加入 Ba^{2+}、Pb^{2+}和 Ag^+时，得到的是相应的铬酸盐沉淀。$BaCrO_4$ 和 $PbCrO_4$ 呈黄色，Ag_2CrO_4 呈红色。由于这三种沉淀均有明显的颜色，因此可以用来定性鉴定 $Cr_2O_7^{2-}$、CrO_4^{2-}或 Ba^{2+}、Pb^{2+}、Ag^+。另外，$PbCrO_4$ 不但溶于强酸，而且还可溶于碱，由此可区分 $PbCrO_4$ 与其他黄色铬酸盐沉淀。

重铬酸盐在酸性溶液中是强氧化剂，能氧化 H_2S、H_2SO_3、KI、$FeSO_4$ 等物质，本身被还原为 Cr^{3+}，是分析化学中常用的氧化剂之一。例如

$$Cr_2O_7^{2-}(aq) + 6\ Fe^{2+}(aq) + 14\ H^+(aq) == 2\ Cr^{3+}(aq) + 6\ Fe^{3+}(aq) + 7\ H_2O(l)$$
$$Cr_2O_7^{2-}(aq) + 6\ I^-(aq) + 14\ H^+(aq) == 2\ Cr^{3+}(aq) + 3\ I_2(s) + 7\ H_2O(l)$$

前一反应在分析化学上用于测定 Fe^{2+}。

在酸性溶液中，重铬酸盐可以与 H_2O_2 反应生成过氧化铬(CrO_5)，通常用乙醚或戊醇萃取生成的 CrO_5，显蓝色：

$$Cr_2O_7^{2-}(aq) + 4\ H_2O_2(aq) + 2\ H^+(aq) \xrightarrow{\text{乙醚或戊醇}} 2\ CrO_5(s) + 5\ H_2O(l)$$

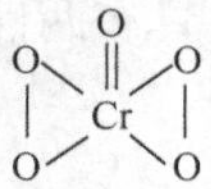

图 8.25　CrO_5 结构

这一反应可以用于鉴定 $Cr_2O_7^{2-}$ 或 H_2O_2。CrO_5 的结构如图 8.25 所示，有两个过氧键。

8.4.6　锰

1. 单质

地壳中锰(manganese)的含量在过渡元素中占第三位，仅次于铁和钛。锰是白色金属，质硬而脆。

纯锰可通过铝热反应，用 Al 还原 MnO_2 或 Mn_3O_4 来制备。

锰的元素电势图见图 8.26。

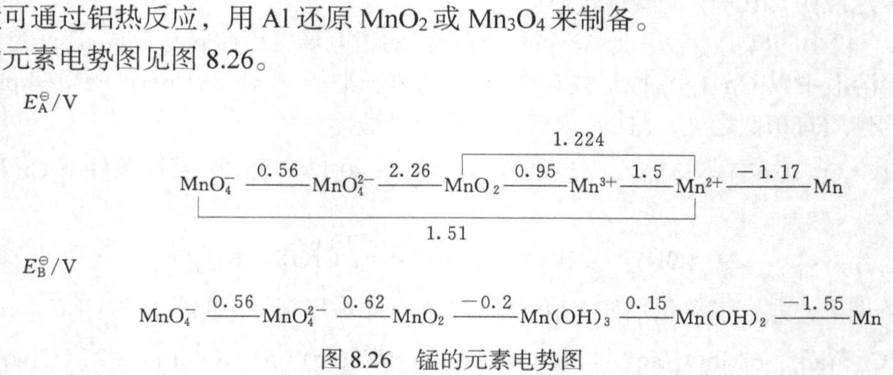

$E_A^\ominus/V$

$$MnO_4^- \xrightarrow{0.56} MnO_4^{2-} \xrightarrow{2.26} MnO_2 \xrightarrow{0.95} Mn^{3+} \xrightarrow{1.5} Mn^{2+} \xrightarrow{-1.17} Mn$$

（MnO_2—Mn^{2+}：1.224；MnO_4^-—MnO_2：1.51）

$E_B^\ominus/V$

$$MnO_4^- \xrightarrow{0.56} MnO_4^{2-} \xrightarrow{0.62} MnO_2 \xrightarrow{-0.2} Mn(OH)_3 \xrightarrow{0.15} Mn(OH)_2 \xrightarrow{-1.55} Mn$$

图 8.26　锰的元素电势图

单质 Mn 比较活泼，在空气中被氧化，加热时生成 Mn_3O_4，高温下可与卤素、硫、碳、磷作用。锰与热水作用生成 $Mn(OH)_2$，并放出氢气：

$$Mn(s) + 2 H_2O(l) \stackrel{\triangle}{=\!=\!=} Mn(OH)_2(s) + H_2(g)$$

在氧化剂的存在下，锰与熔融的碱作用生成锰酸盐：

$$2 Mn(s) + 4 KOH(l) + 3 O_2(g) \stackrel{熔融}{=\!=\!=} 2 K_2MnO_4 (s) + 2 H_2O(g)$$

2. 锰的化合物

锰的价电子层结构为 $3d^54s^2$，可呈现+2、+3、+4、+6 和+7 等氧化态。

1) 锰(Ⅱ)化合物

常见的锰(Ⅱ)化合物有氧化物、硫化物、卤化物、氢氧化物及其他含氧酸盐。锰(Ⅱ)盐的性质主要有：

(1) 水溶性。除碳酸盐、磷酸盐和硫化物难溶于水外，其他强酸的锰(Ⅱ)盐都易溶于水。通常，锰(Ⅱ)的难溶盐都易溶于稀酸中。

(2) 还原性。由图 8.26 可见，碱性条件下，$Mn(OH)_2$ 的还原性显著；酸性条件下，只有遇到强氧化剂，如 $(NH_4)_2S_2O_8$、$NaBiO_3$、H_5IO_6 等，Mn^{2+} 才会被氧化。

(3) 形成有关配合物。Mn^{2+} 由于其电子结构的关系($3d^5$)，较少与配位体形成配合物，只与一些配位能力很强的配体，如 CN^-，才能形成低自旋的 $[Mn(CN)_6]^{4-}$。

2) 锰(Ⅳ)化合物

在锰(Ⅳ)化合物中，最重要的是 MnO_2。它存在于自然界中，俗称为软锰矿，是黑色粉末状，不溶于水。MnO_2 具有两性，但由于其酸、碱性都很弱，故在酸、碱中都难以溶解。由图 8.26 可见，MnO_2 在酸性介质中是强氧化剂。例如

$$MnO_2(s) + 4 HCl(aq) =\!=\!= MnCl_2(aq) + Cl_2(g) + 2 H_2O(l)$$

$$2 MnO_2(s) + 2 H_2SO_4(aq) =\!=\!= 2 MnSO_4(aq) + O_2(g) + 2 H_2O(l)$$

在碱性条件下，MnO_2 被空气中的氧气氧化：

$$2 MnO_2(s) + 4 KOH(aq) + O_2(g) =\!=\!= 2 K_2MnO_4(aq) + 2 H_2O(l)$$

生成的 K_2MnO_4 在酸性条件下会歧化为 MnO_4^- 及 MnO_2：

$$3 K_2MnO_4(aq) + 4 CO_2(g) + 2 H_2O(l) =\!=\!= 2 KMnO_4(aq) + MnO_2(s) + 4 KHCO_3(aq)$$

这是制备 $KMnO_4$ 的一种方法。

3) 锰(Ⅶ)化合物

锰(Ⅶ)化合物中以高锰酸钾($KMnO_4$)最为重要。$KMnO_4$ 是深紫色晶体，在 200 ℃下分解：

$$10 KMnO_4(s) \stackrel{200\ ℃}{=\!=\!=} 3 K_2MnO_4(s) + 2 K_2O \cdot 7 MnO_2(s) + 6 O_2(g)$$

在水溶液中，$KMnO_4$ 会缓慢但明显地分解：

$$4 MnO_4^-(aq) + 4 H^+(aq) =\!=\!= 4 MnO_2(s) + 3 O_2(g) + 2 H_2O(l)$$

在中性或碱性溶液中，这种分解的速度更慢，但光及分解产物 MnO_2 对它的分解有催化作用，因此 $KMnO_4$ 溶液必须保存于棕色瓶中。

MnO_4^- 是强氧化剂，其还原产物随介质的酸碱性不同而异。例如，与 SO_3^{2-} 的反应：

酸性介质　$2 MnO_4^-(aq) + 5 SO_3^{2-}(aq) + 6 H^+(aq) =\!=\!= 2 Mn^{2+}(aq) + 5 SO_4^{2-}(aq) + 3 H_2O(l)$

中性介质 $2\,MnO_4^-(aq) + 3\,SO_3^{2-}(aq) + H_2O(l) = 2\,MnO_2(s) + 3\,SO_4^{2-}(aq) + 2\,OH^-(aq)$

碱性介质 $2\,MnO_4^-(aq) + SO_3^{2-}(aq) + 2\,OH^-(aq) = 2\,MnO_4^{2-}(aq) + SO_4^{2-}(aq) + H_2O(l)$

在酸性介质中，$KMnO_4$ 与众多还原剂的反应有广泛的应用：

$MnO_4^-(aq) + 5\,Fe^{2+}(aq) + 8\,H^+(aq) = Mn^{2+}(aq) + 5\,Fe^{3+}(aq) + 4\,H_2O(l)$ (定量测定 Fe^{2+} 含量)

$2\,MnO_4^-(aq) + 5\,H_2C_2O_4(aq) + 6\,H^+(aq) = 2\,Mn^{2+}(aq) + 10\,CO_2(g) + 8\,H_2O(l)$ (标定 $KMnO_4$ 溶液浓度)

$2\,MnO_4^-(aq) + 10\,Cl^-(aq) + 16\,H^+(aq) = 2\,Mn^{2+}(aq) + 5\,Cl_2(g) + 8\,H_2O(l)$ (实验室制备氯气)

$2\,MnO_4^-(aq) + 5\,H_2O_2(aq) + 6\,H^+(aq) = 2\,Mn^{2+}(aq) + 5\,O_2(g) + 8\,H_2O(l)$ (实验室制备氧气)

8.4.7　铁系元素

周期系Ⅷ族元素包括铁(iron)、钴(cobalt)、镍(nickel)、钌(ruthenium)、铑(rhodium)、钯(palladium)、锇(osmium)、铱(iridium)、铂(platinum) 9 种元素。其中铁、钴、镍通常称为"铁系元素"，其他 6 种元素称为"铂系元素"。本小节讨论铁系元素及其化合物。

1. 单质

铁、钴、镍都是银白色、具有光泽的金属，都表现出强磁性。铁和镍有良好的延展性，钴则硬而脆。依 Fe、Co、Ni 的顺序，原子半径略有减小，相对密度略有增大，熔点降低。

铁、钴、镍的价电子层结构依次为 $3d^64s^2$、$3d^74s^2$、$3d^84s^2$。由于 3d 电子已经超过 5 个，全部 d 电子参与成键变得困难，所以在一般条件下，铁呈+2、+3 氧化态，钴的+2 氧化态稳定、+3 氧化态具有强的氧化性，镍一般只呈现+2 氧化态。

铁、钴、镍是中等活泼的金属，活泼性按 Fe、Co、Ni 的顺序递减。铁、钴、镍的纯单质在空气和纯水中都是稳定的，虽然钴和镍也能被空气氧化，但由于生成了薄而致密的氧化膜，氧化膜保护金属不被进一步腐蚀。含有杂质的铁在潮湿的空气中慢慢形成棕色的铁锈 $Fe_2O_3 \cdot xH_2O$。用强氧化性物质如浓硝酸等处理铁表面，也可形成致密的氧化膜，从而保护铁表面，使其不受潮湿空气的锈蚀。

铁易与稀硫酸、盐酸作用，而浓硫酸、冷的浓硝酸可使铁的表面钝化，因此可用铁制品运输浓硝酸或用铁制容器盛放浓硫酸。钴、镍都缓慢溶于稀硫酸、盐酸，在冷的浓硝酸中钝化。但钴与稀硝酸有作用，镍与热的浓、稀硝酸都有作用。

在加热的条件下，铁、钴、镍能与许多非金属剧烈反应。例如，在 150 ℃以上铁与 O_2 生成 Fe_2O_3 和 Fe_3O_4；钴在 500 ℃以上与 O_2 反应生成 Co_2O_3；镍在加热时与 O_2 反应仅能生成 NiO。

铁、钴、镍都不易与强碱作用。铁能被热的浓碱溶液侵蚀，而钴和镍在碱性溶液中的稳定性比铁高，故熔融强碱时最好使用镍制坩埚。

铁系元素电势图见图 8.27。

2. 氧化物和氢氧化物

铁系元素主要的氧化物有：FeO(黑色)、CoO(灰绿色)、NiO(暗绿色)、Fe_2O_3(砖红色)、Co_2O_3(黑色)、Ni_2O_3(黑色)。

FeO、CoO 和 NiO 均为碱性氧化物，不溶于碱，可溶于酸。Fe_2O_3 以碱性为主，但有一定的两性，与碱熔融可生成铁酸盐，如 $NaFeO_2$。Fe_2O_3、Co_2O_3、Ni_2O_3 都有氧化性，从 Fe 到 Ni

$E_A^\ominus/\text{V}$

$$\text{FeO}_4^{2-} \xrightarrow{2.20} \text{Fe}^{3+} \xrightarrow{0.771} \text{Fe}^{2+} \xrightarrow{-0.44} \text{Fe}$$

$$\text{Co}^{3+} \xrightarrow{1.83} \text{Co}^{2+} \xrightarrow{-0.277} \text{Co}$$

$$\text{NiO}_2 \xrightarrow{1.593} \text{Ni}^{2+} \xrightarrow{-0.257} \text{Ni}$$

$E_B^\ominus/\text{V}$

$$\text{FeO}_4^{2-} \xrightarrow{0.72} \text{Fe(OH)}_3 \xrightarrow{-0.56} \text{Fe(OH)}_2 \xrightarrow{-0.92} \text{Fe}$$

$$\text{Co(OH)}_3 \xrightarrow{0.17} \text{Co(OH)}_2 \xrightarrow{-0.73} \text{Co}$$

$$\text{NiO}_2 \xrightarrow{0.49} \text{Ni(OH)}_2 \xrightarrow{-0.72} \text{Ni}$$

图 8.27　铁系元素电势图

顺序增强。Co_2O_3 和 Ni_2O_3 都可以与盐酸反应放出 Cl_2：

$$\text{M}_2\text{O}_3(s) + 6\,\text{HCl(aq)} = 2\,\text{MCl}_2(aq) + \text{Cl}_2(g) + 3\,\text{H}_2\text{O(l)} \quad (M = Co、Ni)$$

铁的氧化物除 FeO 和 Fe_2O_3 外，还存在具有磁性的 Fe_3O_4(黑色)，可把它看作 FeO 和 Fe_2O_3 的混合氧化物。

铁系元素的二价氢氧化物 $Fe(OH)_2$、$Co(OH)_2$、$Ni(OH)_2$ 均可由其二价离子与碱反应得到，$Fe(OH)_2$ 为白色，$Co(OH)_2$ 为粉红色，$Ni(OH)_2$ 为绿色。$Fe(OH)_2$ 在空气中会迅速被氧化为红棕色的 $Fe(OH)_3$：

$$4\,\text{Fe(OH)}_2(s) + \text{O}_2(g) + 2\,\text{H}_2\text{O(l)} = 4\,\text{Fe(OH)}_3(s)$$

$Co(OH)_2$ 在空气中也会被缓慢地氧化为暗棕色的 CoO(OH)。但 $Ni(OH)_2$ 不会被空气氧化，只有在强碱性溶液中用强氧化剂(如 NaClO、溴水)才能将其氧化为黑色的 NiO(OH)。

将 $Fe(OH)_3$、CoO(OH)、NiO(OH) 溶于酸可得到 Fe^{3+}、Co^{2+} 和 Ni^{2+}，这是因为在酸性溶液中，Co^{3+} 和 Ni^{3+} 都是很强的氧化剂，可以将 H_2O 氧化为 O_2：

$$\text{MO(OH)}(s) + 3\text{H}^+(aq) = \text{M}^{3+}(aq) + 2\,\text{H}_2\text{O(l)} \quad (M=Co、Ni)$$

$$4\,\text{M}^{3+}(aq) + 2\,\text{H}_2\text{O(l)} = 4\,\text{M}^{2+}(aq) + 4\,\text{H}^+(aq) + \text{O}_2(g) \quad (M=Co、Ni)$$

对于铁系元素的氢氧化物，+2 价氢氧化物还原性从 Fe 到 Ni 依次降低，+3 价氢氧化物氧化性从 Fe 到 Ni 依次增高。

3. 盐类

1) +2 价盐类

铁系元素的+2 价盐类都有如下一些共性。

(1) 水合离子呈现颜色，$[\text{Fe(H}_2\text{O})_6]^{2+}$ 为浅绿色，$[\text{Co(H}_2\text{O})_6]^{2+}$ 为粉红色，$[\text{Ni(H}_2\text{O})_6]^{2+}$ 为绿色。产生这一现象的原因是这些离子都有未成对电子。

(2) 这些盐类的溶解性类似。它们的强酸盐都易溶于水，而一些弱酸盐，如碳酸盐、磷酸盐、硫化物则难溶于水。可溶性盐类从水溶液中结晶出来时，常含有相同数目的结晶水，如 $\text{MCl}_2 \cdot 6\text{H}_2\text{O}$、$\text{M(NO}_3)_2 \cdot 6\text{H}_2\text{O}$、$\text{MSO}_4 \cdot 7\text{H}_2\text{O}$。

(3) 它们的硫酸盐和碱金属的硫酸盐均能形成相同类型的复盐 $\text{M}^\text{I}_2\text{SO}_4 \cdot \text{M}^\text{II}\text{SO}_4 \cdot 6\text{H}_2\text{O}$，

式中 $M^1 = K^+$、Rb^+、Cs^+、NH_4^+；$M^2 = Fe^{2+}$、Co^{2+}、Ni^{2+}。

+2 价盐类的还原性顺序与其氢氧化物相似，从 Fe 到 Ni 依次降低，Co^{2+} 与 Ni^{2+} 都比较稳定。

酸度越低，Fe^{2+} 越易被氧化，故实验室配制亚铁盐溶液时，除了在酸性条件下，还应加入少量铁屑。

$CoCl_2 \cdot 6H_2O$ 是常用的钴盐。晶体由于结晶水数目不同而呈现不同的颜色：

$$CoCl_2 \cdot 6H_2O \xrightleftharpoons{52\,℃} CoCl_2 \cdot 2H_2O \xrightleftharpoons{90\,℃} CoCl_2 \cdot H_2O \xrightleftharpoons{120\,℃} CoCl_2$$

　　　粉红色　　　　　　　　　　紫红色　　　　　　　　　蓝紫色　　　　　　　　　蓝色

因此，常将 $CoCl_2$ 掺入硅胶中，作为含水量指示剂。

2) +3 价盐类

+3 价铁盐稳定，而钴盐和镍盐不稳定。$E_A^{\ominus}(Fe^{3+}/Fe^{2+}) = 0.771\,V$，可知 Fe(Ⅲ)盐是中等强度的氧化剂。较强的还原剂如 H_2S、HI、Cu 等可将其还原为 Fe^{2+}。其中与 Cu 的反应在印刷制版中，用作铜版的腐蚀剂。

Fe^{3+} 因半径小、电荷高而易水解，所以 Fe(Ⅲ)仅能存在于酸性较强的溶液中。$FeCl_3$ 溶液与氨水、碳酸盐、硫化物等作用，都生成 $Fe(OH)_3$ 沉淀。

4. 配合物

1) 氨合物

铁系元素盐溶液与氨水的反应情况见表 8.22。

表 8.22　铁系元素盐溶液与氨水反应情况

离子	适量 $NH_3 \cdot H_2O$	过量 $NH_3 \cdot H_2O$	备注
Fe^{2+}	$Fe(OH)_2 \longrightarrow Fe(OH)_3\downarrow$	$Fe(OH)_3\downarrow$	Fe^{2+} 与 Fe^{3+} 均不形成氨配合物
Fe^{3+}	$Fe(OH)_3\downarrow$	$Fe(OH)_3\downarrow$	
Co^{2+}	$Co(OH)_2\downarrow$	$[Co(NH_3)_6]^{2+}$ 黄色 $[Co(NH_3)_6]^{3+}$ 橙黄色	$4[Co(NH_3)_6]^{2+} + O_2 + 2H_2O = [4Co(NH_3)_6]^{3+} + 4OH^-$
Ni^{2+}	$Ni(OH)_2\downarrow$	$[Ni(NH_3)_6]^{2+}$ 紫色	

由此可见，水溶液中 Co^{3+} 不稳定，有很强的氧化性，但形成氨合物 $[Co(NH_3)_6]^{3+}$ 后能稳定存在于水溶液中。

2) 氰合物

铁系元素都能与 CN^- 形成配合物，其稳定常数见表 8.23。

表 8.23　铁系元素氰合物的稳定常数

氰合物	$K_稳^{\ominus}$	氰合物	$K_稳^{\ominus}$
$[Fe(CN)_6]^{4-}$	2.51×10^{35}	$[Fe(CN)_6]^{3-}$	3.98×10^{43}
$[Co(CN)_6]^{4-}$	1.23×10^{17}	$[Co(CN)_6]^{3-}$ 黄色	1.01×10^{65}
$[Ni(CN)_4]^{2-}$ 杏黄色	2.00×10^{31}		

[Co(CN)$_6$]$^{4-}$显极强还原性，甚至在碱性条件下，微热即被 H$_2$O 氧化：

$$2\,[\text{Co(CN)}_6]^{4-}\text{(aq)} + 2\,\text{H}_2\text{O(l)} \xrightarrow{\text{微热}} 2\,[\text{Co(CN)}_6]^{3-}\text{(aq)} + \text{H}_2\text{(g)} + 2\,\text{OH}^-\text{(aq)}$$

仿照例 7.9 的计算方法，计算出衍生电势 $E^\ominus$[Co(CN)$_6^{3-}$/Co(CN)$_6^{4-}$] $= -0.828$ V，表明[Co(CN)$_6$]$^{4-}$具有很强的还原性。

3) 异硫氰配合物*

Fe^{3+}的异硫氰配合物[Fe(NCS)$_x$]$^{3-x}$呈红色($x = 1\sim6$)，可用作鉴定 Fe^{3+}；

Co^{2+}的异硫氰配合物[Co(NCS)$_4$]$^{2-}$在有机相中显蓝色，可用作鉴定 Co^{2+}；

Fe^{3+}共存时干扰 Co^{2+}鉴定，可加 F$^-$掩蔽：

$$\text{Fe}^{3+}\text{(aq)} + 6\,\text{F}^-\text{(aq)} =\!=\!= [\text{FeF}_6]^{3-}\text{(aq)(无色)}$$

Ni^{2+}的异硫氰配合物极不稳定。

8.5　ds 区 元 素
(The ds-block element)

8.5.1　通性

在元素周期表中，铜、锌分族(ⅠB、ⅡB 族)元素位于 ds 区，称 ds 区元素，包括铜(copper)、银(silver)、金(gold)、锌(zinc)、镉(cadmium)、汞(mercury)六种元素。ds 区元素的基本性质见表 8.24。

表 8.24　ds 区元素的基本性质

性质	Cu	Ag	Au	Zn	Cd	Hg
价层电子构型	3d^{10}4s^1	4d^{10}5s^1	5d^{10}6s^1	3d^{10}4s^2	4d^{10}5s^2	5d^{10}6s^2
主要氧化态	+1、+2	+1	+3、+1	+2	+2	+1、+2
原子半径/pm	128	144	144	133	149	151
M$^+$离子半径/pm	96	126	137			
M^{2+}离子半径/pm	69			74	97	110
熔点/℃	1083	960.8	1063	419	321	−38.87
沸点/℃	2596	2212	2707	907	767	357
I_1/(kJ·mol^{-1})	750	735	895	915	873	1013
I_2/(kJ·mol^{-1})	1970	2083	1987	1743	1641	1820
I_3/(kJ·mol^{-1})				3837	3616	3299
χ_p(鲍林电负性)	1.9	1.9	2.4	1.6	1.7	1.9
M$^+$(g)离子水合能 /(kJ·mol^{-1})	−582	−485	−644			
M^{2+}(g)离子水合能 /(kJ·mol^{-1})	−2121			−2054	−1816	−1833
原子化热/(kJ·mol^{-1})	340	285	≈385	126	112	62
密度/(g·cm^{-3})	8.92	10.5	19.3	7.14	8.64	13.55
莫氏硬度	3	2.7	2.5	2.5	2	
导电性(以 Hg=1 作比较)	58.6	61.7	41.7	16.6	14.4	

虽然铜族和碱金属的最外层电子结构都只有一个电子，锌族与碱土金属元素的最外层电子结构都只有两个电子，但是铜、锌族元素的性质与碱金属、碱土金属元素相比都有很大的差别，如表 8.25 所示。

表 8.25　ds 区元素与 s 区元素的性质对比

性质	ds 区元素	s 区元素
价层电子构型	$(n-1)d^{10}ns^{1\sim2}$	$ns^{1\sim2}$
次外层电子构型	$18e^-$, $(n-1)s^2(n-1)p^6(n-1)d^{10}$	$8e$, $(n-1)s^2(n-1)p^6$
有效核电荷 Z^*	大	小
原子半径 r	小	大
有效离子势 ϕ^*	大	小
金属活泼性	小	大
化合物键型	明显共价性	主要是离子键
形成配合物倾向	大	小

对于同一周期的元素来说，有效核电荷从左到右呈变大趋势。虽然随着价电子数的增加，半径应有所增加，但总的来说，原子半径呈现减小趋势；只有在 IB、IIB 族的变化上较为“反常”，IIB 族原子半径大于 IB 族，这与 s 区元素的情况刚好相反。由于 IIB 族元素原子化热小，因而在金属活泼性质上表现为 IIB 族比 IB 族更活泼。此外，在同一族元素中，主族元素(IIIA 除外)通常是从上到下化学活泼性增大，但由于 IB、IIB 族元素原子结构上的特殊性，其金属活泼性表现为从上到下依次减弱(图 8.1)。

铜族元素和锌族元素电势图见图 8.28。

$E_A^\ominus/V$（酸性介质）

$$\text{Cu}_2\text{O}_3 \xrightarrow{\ 2.0\ } \text{Cu}^{2+} \xrightarrow{\ 0.159\ } \text{Cu}^+ \xrightarrow{\ 0.520\ } \text{Cu}$$
$$0.340$$

$$\text{Ag}^{3+} \xrightarrow{\ 1.8\ } \text{Ag}^{2+} \xrightarrow{\ 1.980\ } \text{Ag}^+ \xrightarrow{\ 0.7991\ } \text{Ag}$$

$$1.36$$
$$\text{Au}^{3+} \xrightarrow{\ >1.29\ } \text{Au}^{2+} \xrightarrow{\ 1.8\ } \text{Au}^+ \xrightarrow{\ 1.83\ } \text{Au}$$
$$1.52$$

$$\text{Zn}^{2+} \xrightarrow{\ -0.7626\ } \text{Zn}$$

$$\text{Cd}^{2+} \xrightarrow{\ >-0.6\ } \text{Cd}_2^{2+} \xrightarrow{\ <-0.2\ } \text{Cd}$$
$$-0.403$$

$$\text{Hg}^{2+} \xrightarrow{\ 0.911\ } \text{Hg}_2^{2+} \xrightarrow{\ 0.7960\ } \text{Hg}$$
$$0.8535$$

$E_B^\ominus/V$

$$-0.222$$
$$\text{Cu(OH)}_2 \xrightarrow{\ -0.08\ } \text{Cu}_2\text{O} \xrightarrow{\ -0.360\ } \text{Cu}$$

$$Ag_2O_3 \xrightarrow{0.739} AgO \xrightarrow{0.607} Ag_2O \xrightarrow{0.342} Ag$$

$$Au(OH)_3 \xrightarrow{1.45} Au$$

$$Zn(OH)_2 \xrightarrow{-1.249} Zn$$

$$Cd(OH)_2 \xrightarrow{-0.809} Cd$$

$$HgO \xrightarrow{0.0977} Hg$$

图 8.28　铜族元素和锌族元素电势图

8.5.2　铜族

1. 单质

铜族元素属于重金属，单质密度较大，熔、沸点较高，但低于同周期的 d 区金属元素。铜族元素导电性、导热性在所有金属中是最好的，同时具有良好的延展性和可塑性。铜、银、金能与许多金属形成合金，如黄铜(Cu 60%，Zn 40%)、青铜(Cu 80%，Sn 15%，Zn 5%)、白铜(Cu 50%～70%，Ni 13%～15%，Zn 13%～25%)等。

铜在常温下不与干燥空气中的氧反应，加热时与空气中的氧反应生成 CuO，高温下又分解为 Cu_2O。铜在潮湿的空气中会在表面慢慢生成一层"铜绿"(碱式碳酸铜)，铜绿可以防止铜进一步腐蚀，反应如下：

$$2\,Cu(s) + O_2(g) + H_2O(l) + CO_2(g) = Cu(OH)_2 \cdot CuCO_3(s)$$

银和金的金属活泼性差，不会发生上述反应。但空气中有 H_2S 存在时，银的表面很快会生成一层 Ag_2S 的黑色薄膜而使银失去金属光泽，反应如下：

$$4\,Ag(s) + 2\,H_2S(g) + O_2(s) = 2\,Ag_2S(s) + 2\,H_2O(l)$$

金不与所有酸反应，只溶于"王水"(浓盐酸与浓硝酸按 3∶1 体积比混合)：

$$Au(s) + 4\,HCl(aq) + HNO_3(aq) = H[AuCl_4]\,(aq) + NO(g) + 2\,H_2O(l)$$

加热时，浓盐酸也能与铜反应，这是因为 Cl^- 和 Cu^+ 形成了较稳定的配离子$[CuCl_4]^{3-}$，使 $Cu^+ + e^- \rightleftharpoons Cu(s)$平衡向左移动：

$$2\,Cu(s) + 8\,HCl(浓) = 2\,H_3[CuCl_4]\,(aq) + H_2(g)$$

2. 氧化物和氢氧化物*

铜族元素的重要氧化物有 Cu_2O、CuO 和 Ag_2O，它们的基本性质见表 8.26。

表 8.26　铜族元素氧化物的基本性质

性质	Cu_2O	CuO	Ag_2O
颜色	红	黑	暗棕
酸碱性	弱碱	两性	碱性
在稀硫酸中	歧化	溶解	Ag_2SO_4 沉淀
在氨水中	被氧化，生成$[Cu(NH_3)_4]^{2+}$	$Cu[(NH_3)_4]^{2+}$	$[Ag(NH_3)_2]^+$
$\Delta_f H_m^\ominus /(kJ \cdot mol^{-1})$	−166.61	−155.23	−30.57
氧化性		氧化性	氧化性

由表可见，Ag_2O 的生成热较小，所以受热易分解：

$$2\,Ag_2O(s) == 4\,Ag(s) + O_2(g) \qquad \Delta_r H_m^\ominus = 60.14\,kJ\cdot mol^{-1}$$

因 $\Delta_r H_m^\ominus > 0\,kJ\cdot mol^{-1}$，$\Delta_r S_m^\ominus > 0\,J^{-1}\cdot K^{-1}\cdot mol$，所以这个反应是熵驱动的反应，温度升高，平衡将右移。

CuO、Ag_2O 都具有一定的氧化性，如 CuO 在加热条件下容易被 H_2、C、CO、NH_3 等还原剂还原：

$$3\,CuO(s) + 2\,NH_3(g) \xrightarrow{\text{加热}} 3\,Cu(s) + 3\,H_2O(l) + N_2(g)$$

$$Ag_2O(s) + H_2O_2(aq) \xrightarrow{\text{加热}} 2\,Ag(s) + H_2O(l) + O_2(g)$$

Ag_2O 可发生银镜反应：

$$Ag_2O(s) + 4\,NH_3\cdot H_2O(aq) == 2\,[Ag(NH_3)_2]^+(aq) + 2\,OH^-(aq) + 3\,H_2O(l)$$

$$2\,[Ag(NH_3)_2]^+(aq) + RCHO(aq) + 3\,OH^-(aq) == RCOO^-(aq) + 2\,Ag(s) + 4\,NH_3(g) + 2\,H_2O(l)$$

该反应常用于化学镀银。该反应的第一步氧化银与氨水的反应产物称为"银氨溶液"，在气温较高时，一天内可形成强爆炸性的氮化银：

$$[Ag(NH_3)_2]^+ \longrightarrow Ag_3N$$

银氨溶液可加盐酸回收：

$$[Ag(NH_3)_2]^+(aq) + 2\,H^+(aq) + Cl^-(aq) == AgCl(s) + 2\,NH_4^+(aq)$$

在铜族元素的盐溶液中加入碱，可得相应的氢氧化物，但 $AgOH$ 不稳定，立即分解为氧化物：

$$2\,Ag^+(aq) + 2\,OH^-(aq) == Ag_2O(s) + H_2O(l)$$

$Cu(OH)_2$ 呈淡蓝色，受热脱水变为黑色的 CuO：

$$Cu(OH)_2(s) \xrightarrow{\text{加热}} CuO(s) + H_2O(l)$$

$Cu(OH)_2$ 略显两性，不但可溶于酸，也可溶于过量的浓碱溶液，而形成配离子 $[Cu(OH)_4]^{2-}$。四羟基合铜离子具有一定的氧化性，可被葡萄糖还原为鲜红色的 Cu_2O：

$$2\,[Cu(OH)_4]^{2-}(aq) + CH_2OH(CHOH)_4CHO(aq) == Cu_2O(s) + 3\,OH^-(aq) + CH_2OH(CHOH)_4COO^-(aq) + 3\,H_2O(l)$$

医院里常用这个反应来检验糖尿病。

3. 铜盐

1）硫酸铜

最常见的铜盐是 $CuSO_4\cdot 5H_2O$，俗称胆矾，蓝色晶体。在晶体中，四个水分子以平面正方形配位在 Cu^{2+} 的周围，第五个水分子以氢键与硫酸根结合，硫酸根离子与平面四边形构成不规则的八面体，如图 8.29 所示。

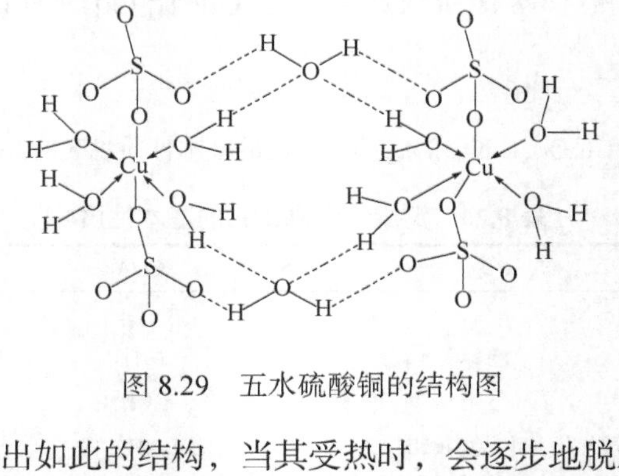

图 8.29　五水硫酸铜的结构图

由于五水硫酸铜呈现出如此的结构，当其受热时，会逐步地脱水，在 102 ℃时脱去两个水分子变为三水硫酸铜，113 ℃时再脱去两个水分子变为一水硫酸铜，在 258 ℃时脱去全部水分子变为无水硫酸铜。

无水硫酸铜是白色粉末,具有很强的吸水性,吸水后则变为蓝色,可用于检验有机物中的微量水,也可用作干燥剂。

向 $CuSO_4$ 溶液中逐步加入氨水,反应如下:

$$CuSO_4(aq) \longrightarrow Cu_2(OH)_2SO_4(s) \longrightarrow [Cu(NH_3)_4]SO_4(aq)$$

　　　　　　蓝色　　　　　　　浅蓝色　　　　　　　　深蓝色

该反应是鉴定 Cu^{2+} 的特效反应。

2) Cu(Ⅰ)和 Cu(Ⅱ)的相互转化及 Cu(Ⅰ)化合物

(1) Cu(Ⅰ)$\longrightarrow$Cu(Ⅱ)。从 Cu^+ 的价电子构型($3d^{10}$)来看,Cu^+ 化合物应具有一定的稳定性,CuO 加热分解生成 Cu_2O 和氧气,以及铜与过量硫反应生成 Cu_2S 都可以说明这一点。但 Cu^+ 在水溶液中不稳定,通过其电势图(图 8.28),$E_A^\ominus$(右)>$E_A^\ominus$(左),可知 Cu^+ 歧化反应自发进行,生成 Cu^{2+} 与 Cu:

$$2\,Cu^+(aq) = Cu^{2+}(aq) + Cu(s)$$

以上反应的 $K^\ominus = [c(Cu^{2+})/c^\ominus]/[c(Cu^+)/c^\ominus]^2 = 1.2\times10^6$,可见平衡时,$c(Cu^{2+})$ 占绝对优势,即歧化反应很彻底。不难理解,白色的硫酸亚铜晶体溶于水中,将得到蓝色的 $CuSO_4$ 溶液和 Cu 固体:

$$Cu_2SO_4(s) \xrightarrow{H_2O} CuSO_4(aq) + Cu(s)$$

但 $K_{sp}^\ominus$ 很小的 Cu(Ⅰ)化合物可以在水溶液中稳定存在。例如

$$CuI\ (s) \qquad K_{sp}^\ominus = 5.06\times10^{-12}$$

$$Cu_2S\ (s) \qquad K_{sp}^\ominus = 2.5\times10^{-50}$$

Cu(Ⅰ)可被适当氧化剂氧化为 Cu(Ⅱ)。例如

$$Cu_2O(s) + 4\,NH_3(aq) + H_2O(l) = 2\,[Cu(NH_3)_2]^+\,(aq) + 2\,OH^-(aq)$$

$$4\,[Cu(NH_3)_2]^+\,(aq) + O_2(g) + 8\,NH_3(aq) + 2\,H_2O(l) = 4\,[Cu(NH_3)_4]^{2+}(aq) + 4\,OH^-(aq)$$

因此可用 $[Cu(NH_3)_2]^+(aq)$ 除去混合气体中的 O_2。

(2) Cu(Ⅱ)$\longrightarrow$Cu(Ⅰ)。

(a) 水溶液中 Cu(Ⅱ)$\longrightarrow$Cu(Ⅰ):由于水溶液中 Cu(Ⅰ)自发歧化为 Cu(Ⅱ)和 Cu,所以若要在水溶液中使 Cu(Ⅱ)$\longrightarrow$Cu(Ⅰ),必须满足 2 个条件:一是有还原剂存在;二是生成的 Cu(Ⅰ)以沉淀或配合物形式存在,即

$$Cu(Ⅱ) + 还原剂 + 沉淀剂 \longrightarrow Cu(Ⅰ)难溶化合物$$

$$Cu(Ⅱ) + 还原剂 + 配位剂 \longrightarrow Cu(Ⅰ)稳定配合物$$

例 1:　　　　　　　$2\,Cu^{2+}(aq) + 4\,I^-(aq) = 2\,CuI(s) + I_2(aq)$

其中,碘离子既是还原剂又是沉淀剂。该反应可用于碘量法测 Cu^{2+} 含量。

例 2:　　　　$2\,CuS(s) + 10\,CN^-(aq) = 2\,[Cu(CN)_4]^{3-}(aq) + (CN)_2(g) + 2\,S^{2-}(aq)$

其中,CN^- 既是还原剂又是配体。

例 3:$Cu^{2+}(aq)$ 和 Cu(s)在热、浓 HCl 中逆歧化:

$$\text{Cu}^{2+}(\text{aq}) + \text{Cu}(\text{s}) + 4\,\text{Cl}^-(\text{aq}) \xrightarrow{\text{加热}} 2\,[\text{CuCl}_2]^-(\text{aq})$$

其中，Cl⁻是配体。

以上反应都可以从"多重平衡原理"理解。

(b) 固态高温 Cu(Ⅱ) ⟶ Cu(Ⅰ)：在高温下灼烧 CuO，可生成 Cu₂O 及氧气：

$$4\,\text{CuO}(\text{s}) \xrightarrow{1000\,℃} 2\,\text{Cu}_2\text{O}(\text{s}) + \text{O}_2(\text{g})$$

$\Delta_r G_m^{\ominus}(298\ \text{K}) = +216\ \text{kJ} \cdot \text{mol}^{-1}$，因此在标准状态下，该反应不会自发进行；但由于 $\Delta_r H_m^{\ominus}(298\ \text{K}) = 287.4\ \text{kJ} \cdot \text{mol}^{-1}$，$\Delta_r S_m^{\ominus}(298\ \text{K}) = 0.238\ \text{kJ} \cdot \text{K}^{-1} \cdot \text{mol}^{-1}$，这是一个"熵驱动"反应。据"吉布斯-亥姆霍兹方程" $\Delta_r G_m^{\ominus}(T) = \Delta_r H_m^{\ominus} - T\Delta_r S_m^{\ominus}$（参阅 4.4.3），可求出：当 $T > 1208\ \text{K}$ 时，$\Delta_r G_m^{\ominus}(T) < 0\ \text{kJ} \cdot \text{mol}^{-1}$，上述正反应可自发进行。

8.5.3　锌族

1. 单质

锌族单质除汞在常温下呈液态外，其余均为固态。锌族元素与过渡金属相比，熔、沸点较低，汞的熔点是所有金属中最低的。由元素电势图(图 8.28)可见，ⅡB 族元素比同周期的ⅠB 族元素有更强的电正性，Zn、Cd 可从非氧化性酸中置换出氢气，而 Cu、Ag、Au、Hg 均不能与稀的非氧化性酸反应，Cu、Ag、Hg 溶于硝酸、热浓硫酸等氧化性酸，而 Au 只溶于"王水"。Zn 还可溶于强碱和氨水：

$$\text{Zn}(\text{s}) + 2\,\text{OH}^-(\text{aq}) + 2\,\text{H}_2\text{O}(\text{l}) = [\text{Zn}(\text{OH})_4]^{2-}(\text{aq}) + \text{H}_2(\text{g})$$

$$\text{Zn}(\text{s}) + 4\,\text{NH}_3 \cdot \text{H}_2\text{O}(\text{aq}) = [\text{Zn}(\text{NH}_3)_4]^{2+}(\text{aq}) + 2\,\text{OH}^-(\text{aq}) + \text{H}_2(\text{g}) + 2\,\text{H}_2\text{O}(\text{l})$$

2. 氧化物和氢氧化物*

锌族元素常见的氧化物有 ZnO、CdO 与 HgO，其基本性质见表 8.27。

表 8.27　锌族元素氧化物的基本性质

性质	ZnO	CdO	HgO
颜色	白(室温) 黄(高温)	棕红(室温) 深灰(高温)	黄或红色
酸碱性	两性	碱性	碱性
在稀硫酸中	溶解	溶解	HgSO₄沉淀
在氨水中	[Zn(NH₃)₄]²⁺	[Cd(NH₃)₄]²⁺	不反应
$\Delta_r H_m^{\ominus}/(\text{kJ} \cdot \text{mol}^{-1})$	−347.48	−254.64	−90.71
氧化性			氧化性

ZnO 和 CdO 在不同温度下的颜色有所不同，这一现象可用来制作温敏元件。

HgO 的生成热也较小，受热易分解：

$$2\,\text{HgO}(\text{s}) = 2\,\text{Hg}(\text{l}) + \text{O}_2(\text{g}) \qquad \Delta_r H_m^{\ominus} = 181.42\ \text{kJ} \cdot \text{mol}^{-1}$$

锌族氧化物热稳定性大于铜族。HgO 具有一定的氧化性。

Zn(OH)₂ 与 Cd(OH)₂ 均为白色固体，且不溶于水。Hg(OH)₂ 不稳定。Zn(OH)₂ 具有两性，而 Cd(OH)₂ 显碱性。

3. 汞盐*

1) 汞(Ⅱ)盐

金属汞与锌、镉性质差别很大，与此类似，汞(Ⅱ)盐与锌盐或镉盐性质也很不相同，部分原因是汞(Ⅱ)具有极强的形成共价键的倾向。

硫化汞(HgS)是典型的共价化合物，$K_{sp}^{\ominus} = 1 \times 10^{-47}$，在水中溶解度比 ZnS、CdS 小很多，既不溶于浓硝酸也不溶于浓盐酸，但可溶于"王水"：

$$3\ HgS(s) + 12\ HCl(aq) + 2\ HNO_3(aq) == 3\ H_2[HgCl_4]\ (aq) + 3\ S(s) + 2\ NO(g) + 4\ H_2O(l)$$

以上反应包含了沉淀溶解平衡、配位平衡和氧化还原平衡，可依据"多重平衡"原理计算该反应的平衡常数。

最重要的可溶性汞(Ⅱ)盐是 $Hg(NO_3)_2$ 和 $HgCl_2$。$HgCl_2$ 也是典型的共价化合物，在水中解离度很小，为弱电解质；加热可升华，俗称升汞，极毒。它的稀溶液在外科上用作消毒剂。

在 $HgCl_2$ 溶液中加入氨水，可得到白色的氨基氯化汞沉淀：

$$HgCl_2(aq) + 2\ NH_3 \cdot H_2O(aq) == H_2N—Hg—Cl\ (s) + NH_4Cl(aq) + 2\ H_2O(l)$$

利用这一反应可以鉴别溶液中是否存在 Hg^{2+}。

2) Hg(Ⅱ)-Hg(Ⅰ)的互相转化

Hg(Ⅰ)通常是二聚体$[Hg_2]^{2+}$，结构为$[Hg—Hg]^{2+}$。

根据元素电势图：

$$Hg^{2+} \underline{\quad 0.911 \quad} Hg_2^{2+} \underline{\quad 0.7960 \quad} Hg$$

$E^{\ominus}$ (右) $< E^{\ominus}$ (左)，故逆歧化反应自发进行：

$$Hg^{2+}(aq) + Hg(l) \rightleftharpoons Hg_2^{2+}(aq)$$

反应的平衡常数 $K^{\ominus} = [Hg_2^{2+}]/[Hg^{2+}] = 166$。因此，在通常情况下，$Hg_2^{2+}$在水溶液中是稳定的，只有当溶液中 Hg^{2+}浓度显著减小的情况下(如生成沉淀或配合物)，上述平衡向左移动，Hg_2^{2+}才会发生歧化反应。如向 Hg_2Cl_2 溶液加入氨水：

$$Hg_2Cl_2(aq) + 2\ NH_3 \cdot H_2O(aq) == H_2N—Hg—Cl(s) + Hg(l) + NH_4^+(aq) + Cl^-(aq) + 2\ H_2O(l)$$

该反应生成白色沉淀氨基氯化汞与黑色汞单质，混合显灰黑色，是鉴定 Hg_2^{2+}的反应。

8.6　f 区 元 素*
(The f-block element)

8.6.1　概述

周期表中原子序数从 57 到 71 的 15 种元素，称为"镧系元素"(lanthanide element，简写 Ln)；原子序数从 89 到 103 的 15 种元素，称为"锕系元素"(actinide element)，它们统称为 f 区元素。它们的价电子填充在外数第三层，即$(n-2)$f 轨道上。因此，f 区元素在周期表上只占有两小格的位置，称为"内过渡元素"。

镧系元素常与 Sc、Y 一起合称为"稀土元素"(rare earth element，RE)，因为它们化学性质相似，在自然界中常共生在一起。

镧系元素的基本性质见表 8.28。

表 8.28　镧系元素的基本性质

| 元素 | 电子构型 | 电离能 $I_1+I_2+I_3$ /(kJ · mol^{-1}) | r(Ln)/pm | r(Ln^{3+})/pm | 密度 /(g · cm^{-3}) | $E^{\ominus}$ [Ln(Ⅲ)/Ln]/V | | M^{3+}颜色 |
						$E_A^{\ominus}$	$E_B^{\ominus}$	
La 镧	5d^{1}6s^2	3455.4	187.9	106.1	6.146	−2.37	−2.90	无色
Ce 铈	4f^{2}5d^{1}6s^2	3527	182.5	103.4	6.770	−2.34	−2.87	无色

元素	电子构型	电离能 $I_1+I_2+I_3$ /(kJ·mol⁻¹)	$r(\mathrm{Ln})$/pm	$r(\mathrm{Ln}^{3+})$/pm	密度 /(g·cm⁻³)	$E^{\ominus}$ [Ln(Ⅲ)/Ln]/V		M³⁺颜色
						$E_A^{\ominus}$	$E_B^{\ominus}$	
Pr 镨	4f³6s²	3627	182.8	101.3	6.773	−2.35	−2.85	绿色
Nd 钕	4f⁴6s²	3694	182.1	99.5	7.008	−2.32	−2.84	红色
Pm 钷	4f⁵6s²	3738	181.1	97.9	7.264	−2.29	−2.84	紫色
Sm 钐	4f⁶6s²	3841	180.4	96.4	7.520	−2.30	−2.82	浅黄
Eu 铕	4f⁷6s²	4032	204.2	95.0	5.244	−1.99	−2.83	浅紫
Gd 钆	4f⁷5d¹6s²	3752	180.1	93.8	7.901	−2.29	−2.82	无色
Tb 铽	4f⁹6s²	3786	178.3	92.3	8.230	−2.33	−2.77	无色
Dy 镝	4f¹⁰6s²	3898	177.4	90.8	8.551	−2.29	−2.78	无色
Ho 钬	4f¹¹6s²	3920	176.6	89.4	8.795	−2.33	−2.77	浅绿
Er 铒	4f¹²6s²	3930	175.7	88.1	9.066	−2.31	−2.75	红色
Tm 铥	4f¹³6s²	4043.7	174.6	86.9	9.321	−2.31	−2.74	黄褐
Yb 镱	4f¹⁴6s²	4193.4	193.9	85.8	6.966	−2.22	−2.73	浅黄绿
Lu 镥	4f¹⁴5d¹6s²	3885.5	173.5	84.8	9.841	−2.30	−2.72	浅紫

8.6.2 镧系元素

1. 镧系收缩

镧系元素由于 4f 电子的递增不能完全抵消核电荷的递增，从 La 到 Lu 有效核电荷数逐渐增加。因此，对外电子层的引力逐渐增强，导致原子半径逐渐缩小(图 5.12，表 8.28)，Ln³⁺半径更是有规律地依次缩小(图 8.30)。镧系元素这种原子半径和离子半径依次缩小的现象，称为"镧系收缩"，这影响了镧系之后一些元素的性质(参阅 5.1.3 小节"5. 元素的基本性质及其周期性的变化规律")。

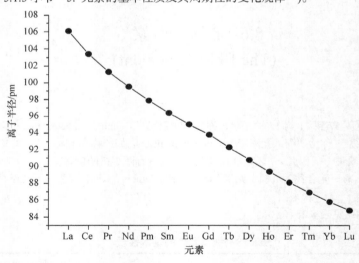

图 8.30 镧系元素 Ln³⁺离子半径的变化

2. 镧系元素性质

稀土金属(包括镧系元素及钪和钇)具有银白、灰色或微黄色的金属光泽，质软、有延展性。新切开的金属表面具有银白色的光泽，但暴露在空气中会被氧化而变暗。它们的密度和熔点随原子序数增加而增大，但 Ce、Eu、Yb 有异常现象。这与它们固态时采取的电子组态、实际参加形成金属键的电子数有关。稀土金属的导电性能良好。稀土金属及化合物在常温下是顺磁性物质，具有很高的磁化率，Sm、Y、Dy 还具有铁磁性。

由表 8.28 可见，镧系元素原子最外层电子结构相似，只是 4f 层相异，内层 4f 电子对外层 $6s^2$ 电子完全屏蔽，以致 4f 电子很少影响它们的化学性质。因此，镧系元素在性质上非常类似，金属性仅次于碱金属和碱土金属，它们的标准电极电势 $E^{\ominus}$ (Ln^{3+}/Ln)相近，为 $-2.4\sim-2.0$ V，是很强的还原剂，稀土金属能与周期表中绝大多数元素作用形成非金属的化合物和金属间化合物，分解水放出氢气，与酸反应更剧烈，但与碱不作用。镧系元素从 La 到 Lu，由于原子半径逐渐减小，呈现出金属活泼性逐渐降低的趋势；而ⅢB族从上到下，Sc—Y—La，则金属活泼性逐渐增强，与碱金属和碱土金属规律相同，表明原子半径增大的影响超过有效核电荷增大的影响。

镧系元素的氧化态，首先反映出ⅢB族的特点，即一般表现为稳定的+3 氧化态。然而，4f 轨道上有保持或接近全空、半充满或全充满稳定结构的倾向，致使一些元素表现多种氧化态；据此观点，可以预测，Pr^{4+}、Dy^{4+} 不会比 Ce^{4+} 稳定，Sm^{2+}、Tm^{2+} 也不会比 Eu^{2+}、Yb^{2+} 稳定。表 8.29 表示了镧系元素不同的氧化态。

表 8.29　镧系元素氧化态

元素	氧化态
La 镧	+3
Ce 铈	+3、+4
Pr 镨	+3、+4
Nd 钕	+3
Pm 钷	+3
Sm 钐	+3、+2
Eu 铕	+3、+2
Gd 钆	+3
Tb 铽	+3、+4
Dy 镝	+3、+4
Ho 钬	+3
Er 铒	+3
Tm 铥	+3、+2
Yb 镱	+3、+2
Lu 镥	+3

镧系元素+3 氧化态的氢氧化物都为中强碱，从 La 到 Lu 碱性逐渐减弱。这是因为从 La 到 Lu 三价离子半径逐渐减小。镧系元素的氢氧化物均难溶于水，盐类一般也难溶于水，但氯化物、硝酸盐和硫酸盐是常见的可溶性盐类。

我国是世界上稀土资源最丰富和产量最大的国家，稀土矿分布广，可开采种类多，开采价值高。

稀土元素及其化合物广泛应用于工业、国防和日常生活中。

在冶金工业中，稀土是很强的除硫剂、脱氧剂，可消除金属中的有害元素。稀土与其他金属组成的合金，可显著改善单一金属的性能。例如，微量稀土加入钢中，可增加其硬度和强度；在铜中掺少量镧，可增强高温塑性和抗氧化性；在钛中掺少量镧，可使其抗张强度提高 50%；在铝中加入 0.2%的铈，可增强铝的导电性；在钨中加入少量铈，可增加钨的延展性。

镧系元素的某些化合物是特殊的磁性材料，如 20 世纪 60 年代末制得的 $SmCo_5$，其磁性是普通碳钢的 100

倍，第二代高磁性材料 SmCo$_{17}$，其磁性又比 SmCo$_5$ 高 20%，近年研究开发的钕铁硼永磁或钕钛硼永磁材料已广泛地应用于各行各业中。

Y-Ba-Cu-O 系列化合物是著名的超导体，在液氮温度出现零电阻率。除此之外，镧系元素化合物还用于制薄膜电容、电子管阴极(用 LaB$_6$)及小型磁透镜(用镝、钬制成的磁透镜体积小、密度小、常用于高压电子显微镜上)。

稀土的光、电、磁等性能被广泛应用于军事领域，包括信息设备、制导设备、半导体设备、激光产生、外层隐形涂料等。例如，导弹精确制导系统使用钐钴磁体和钕铁硼磁体产生电子束聚焦，其弹体控制翼面、尾鳍系统等关键部位也使用稀土合金；含稀土钢材用作坦克的装甲，可改善其防弹性能；稀土永磁材料用于制备舰艇的混合动力发电机及导航系统；镱元素则用于制造坦克和导弹激光引导系统。

稀土发光材料通常以镧、铈、钆、铽、铕、钇等氧化物为原料合成，广泛应用在彩色电视阴极射线显像管(cathode-ray tube, CRT)、液晶显示器(liquid crystal display, LCD)背光源、等离子体显示屏(plasma display panel，PDP)和 LED 照明中。2010 年我国发射的"嫦娥二号"卫星，其主要的有效载荷之一的伽马射线谱仪，由于探测材料采用了 LaBr$_3$ 掺 Ce^{3+} 闪烁体，能量分辨率相比"嫦娥一号"普通闪烁探测器提高了近 3 倍，探测灵敏度也有大幅提高。此外，镧系元素还广泛用来制备各种激光器光源，如掺钕的钇铝石榴石激光器及掺钕的玻璃激光器在激光仪器中已广泛使用。

LaNi$_5$ 合金是极好的储氢材料。1 体积的 LaNi$_5$ 能储存近 2 体积液体氢。稀土应用必将给能源产业带来巨大影响。

在原子能工业中，镧系元素中钐、钆、镝、镥等金属都能强烈地吸收中子，用它们制成控制棒，可以控制核反应的进行速度，在核电厂、军事工业中有重要的地位。

石油化工中广泛使用稀土化合物作催化剂。例如，石油催化裂化，就是使用镧系元素的氯化物和磷酸盐作催化剂。汽车尾气的转化、分解也用稀土化合物作催化剂，这在环境保护中有重要意义。

8.6.3　锕系元素简介

锕系元素包括 Ac(锕)、Th(钍)、Pa(镤)、U(铀)、Np(镎)、Pu(钚)、Am(镅)、Cm(锔)、Bk(锫)、Cf(锎)、Es(锿)、Fm(镄)、Md(钔)、No(锘)、Lr(铹)15 种元素，它们都具有放射性。锕系元素除钍、铀外，其他元素在地壳中含量极微或者根本不存在，铀后的 11 种元素是在 1940～1962 年用人工核反应合成的，称为"超铀元素"。由于人工合成元素的数量极少，而且大多数同位素的半衰期又很短，因此锕系中大多数元素至今还缺乏详尽的资料。

锕系元素的离子半径也有与镧系元素相似的表现，称为"锕系收缩"，但锕系收缩的程度小一些。

锕系元素是电正性很强的金属元素，是强还原剂。

锕系元素的不少化合物都与相应镧系化合物表现为类质同晶，如三氯化物、二氧化物及许多盐都表现出相同的性质。

锕系最重要的元素是铀(uranium)。铀在自然界中主要存在于沥青铀矿(主要成分 U$_3$O$_8$)。铀是银白色活泼金属，在空气中很快被氧化而变黑。由于氧化膜不紧密，不能保护金属。粉末状的铀在空气中可以自燃。铀与稀酸作用放出氢。在高温下可以与水蒸气、氮气、碳作用，但不与碱作用。

铀的氧化态有+2、+3、+4、+5、+6，其中以+6 最为重要，其次是+4。

UO$_3$ 与 SF$_4$ 在 300 ℃下作用得到 UF$_6$：

$$UO_3(s) + 3\ SF_4(g) \xrightarrow{300\ ℃} UF_6(g) + 3\ SOF_2(g)$$

UF$_6$ 是无色晶体，熔点 64 ℃，在 56.5 ℃升华，具有挥发性。利用 ^{238}UF$_6$ 与 ^{235}UF$_6$ 蒸气扩散速率不同，可对 ^{235}U 与 ^{238}U 进行高速离心分离，取得 ^{235}U 核燃料，含 ^{235}U 3%以上可发电，含 ^{235}U 90%以上可制备原子弹，因此 UF$_6$ 是重要化合物。

UF$_4$ 是绿色粉末固体，十分稳定，熔点 1000 ℃，是典型离子型化合物，由 UO$_2$ 与 HF 作用制取：

$$UO_2 + 4\ HF == UF_4 + 2\ H_2O$$

它是制取金属铀的原料。

(石建新)

8.7 无 机 材 料*
(Inorganic material)

8.7.1 材料的定义与分类

材料是指具有一定性能，能用以制造有用器材的物质。材料有多种分类方法：基于化学组成和原子结构，材料可以分为无机材料、有机高分子材料和复合材料；根据用途，材料可以分为结构材料和功能材料；基于尺寸，材料可以分为纳米材料和非纳米材料。

无机材料主要分为金属材料和无机非金属材料，从尺度上又可分为纳米无机材料和非纳米无机材料。无机材料化学是研究无机材料制备、组成、结构、性质和应用的科学。本节主要介绍金属材料和无机非金属材料，并简要介绍纳米材料。

8.7.2 金属材料与合金材料

1. 金属材料

在石器时代和陶器时代之后，人类文明步入青铜器时代和随后的铁器时代。青铜是铜锡合金，我国商朝时期(公元前 1600～公元前 1046 年)已大量应用。由于锌的冶炼技术成熟较晚，黄铜(铜锌合金)在明清时期才得到大量应用。

钢铁材料的发展比青铜要晚。早期采用天然陨铁锻造，后来采用铁矿石冶炼。金属材料主导了工业革命，廉价质优的钢铁材料被广泛应用于制造工具、修建铁路、桥梁和建造楼房等。20 世纪中叶高分子材料蓬勃发展，但金属材料依然发展迅速，并且继续居于主体地位。与此同时，铝合金、钛合金等合金随着冶炼技术的不断进步，不仅在航空航天中广泛应用，在机械制造等日常生活领域也被普遍推广。

根据用途，金属材料可以分为结构材料和功能材料。**按照元素组成，金属材料可以分为黑色金属、有色金属和特殊金属材料**。铁、铬、锰为黑色金属，其余金属均为有色金属。有色金属根据物理特性、蕴藏、丰度和应用实践等要求，可分为四类：有色重金属(密度大于 5 g·cm^{-3})、有色轻金属(密度小于 5 g·cm^{-3})、贵金属(金、银、铂、铑、铱等价值比一般金属贵而且不容易被氧化的金属)和稀有金属(分布分散且提取方法复杂的金属)。特殊金属材料多指一些具有特定功能的合金，如非晶态金属材料、形状记忆合金、超导合金及储氢合金。

2. 合金

合金是由两种或两种以上的金属与金属或非金属经一定方法所合成的具有金属特性的物质。合金具有部分金属的特性，但是结构比金属复杂，一般来说合金的某些物理和化学性能要优于纯金属。合金材料在人类历史文化中有着重要的地位。例如，青铜就是铜锡合金，钢铁则是一系列铁碳合金。各类型合金有以下通性：①多数合金熔点低于其组分中任一种组成金属的熔点，如钠钾合金为液态，用作原子反应堆里的导热剂；②硬度一般比其组分中任一金属的硬度大；③合金的导电性和导热性低于任一组分金属，利用合金的这一特性，可以制造高电阻和高热阻材料，还可制造有特殊性能的材料；④有的合金抗腐蚀能力强，如在铁中掺入15%铬和9%镍可得到一种适用于化学工业的耐腐蚀不锈钢。

基于合金中组成元素之间的相互作用，将合金分为金属固溶体、金属化合物和金属间隙化合物。金属固溶体是指一种含量较高的金属元素和另一种添加进入其内的金属元素相互溶解形成的一种结构均匀的固溶体。一般来说，这两种金属元素的电负性、化学性质和原子大小等比较接近，将含量较高的金属看作溶剂，含量较少的金属看作溶质。该种合金从液态转变为固态后，仍然保持组织结构的均匀性，保持原先的晶格类型不发生变化。形成固溶体合金的倾向取决于下列三个因素：①两种金属元素在周期表中的位置及其化学性质和物理性质的接近程度；②原子半径的接近程度；③单质的结构形式，简单来说，过渡金属元素之间最容

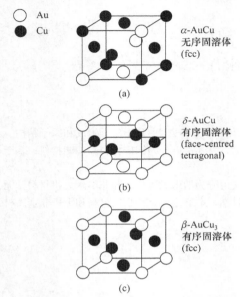

图 8.31 Au-Cu 合金的 3 种构型
(a)无序化 Au-Cu; (b)有序的 Au-Cu; (c)有序的 Au-Cu₃

易形成固溶体，尤其是两种金属元素的半径差距小于 15% 并且单质结构形式相同时，但是一般金属是不可互溶的，在低价金属中的溶解度要大于在高价金属中的溶解度。无序固溶体在缓慢冷却过程中，结构会发生有序化，有序化结构称为超结构，如 Au-Cu 合金(图 8.31)。

金属化合物主要有两种类型，一种是组成确定，另一种组成可变。易于生成组成可变的金属化合物相是合金独特的化学性质。金属化合物具有一些独特的结构特征：①金属化合物的结构形式一般不同于纯组分在独立存在时的结构形式；②在金属 A 和 B 形成的金属化合物相中，各种原子在结构中的位置已经有了分化，两种原子分别占据其中一套不同的结构位置。

金属化合物 CaCu₅ 结构如图 8.32 所示，该图为一个六方晶胞，包含一个 CaCu₅。

金属和 B、C、N 等非金属元素可以形成金属间隙化合物，可看作金属原子形成密堆积或者简单的结构，而 B、C、N 等半径较小的非金属原子填入间隙之中。间隙化合物具有以下三种特点：①大多数间隙化合物具有岩盐型结构；②一般具有很高的熔点和很大的硬度，很少量的非金属原子即可使纯金属的性能发生很大的变化；③导电性良好，具有一定金属光泽等合金的性质，填隙原子和金属原子之间存在一定程度的共价键，如 AlN。

3. 钢铁

钢铁是以铁和碳为基本组成元素的一类合金的总称，是应用最广泛、用量最大并且对社会生活影响最大的金属材料。钢铁材料有以下几方面的优势：①铁是地壳含量第二丰富的金属材料(仅次于铝)，而且铁矿分布比较密集，易于开采；②金属铁从铁矿石中通过热化学方法冶炼出来成本低廉，方法简便；③钢铁材料具有良好的延展性，导电、导热性及其他优良的物理性能；④冶炼过程中容易改变其化学组成，得到多种用途不同的金属合金；⑤可以通过浇铸、锻压、冷轧和淬火等多种处理工艺，改变钢铁材料的形状和物性，使其满足不同的使用要求。

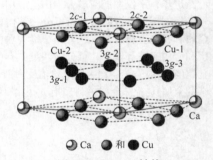

图 8.32　CaCu₅ 结构

钢铁冶炼一般用赤铁矿和磁铁矿。黄铁矿因为含硫量较高，一般用于制备二氧化硫和硫酸。大规模炼铁的设备可以分为转炉、平炉和电炉，目前工业上大量生产的主要是电弧炉钢。大量的铁可以在高炉中用焦炭还原氧化铁制得，要加入二氧化硅和石灰石以满足造渣需要。高炉炼铁是铁和碳接触，同时存在 P、S 等杂质。杂质的存在会影响铁碳合金的熔点，使其降低到 1200 ℃左右。根据含碳量的不同，铁碳合金可以分为纯铁(含碳量小于 0.02%)、生铁(含碳量大于 2.0%)、钢(含碳量 0.02%～2.0%)，其中钢又可以分为高碳钢(含碳量大于 0.6%)、中碳钢(含碳量 0.25%～0.60%)和低碳钢(含碳量小于 0.25%)。将铁炼成钢的过程主要是调整铁中的含碳量使其达到所需含量，并且加入各种不同的金属改善钢的性能使其合金化。

纯铁的熔点 1535 ℃，沸点 3000 ℃。由 Fe-C 相图(图 8.33)可见，常温下的铁为 α-Fe，具有体心立方结构(bcc)。温度上升到 912 ℃，α-Fe 发生相变，变为 γ-Fe(面心立方结构，fcc)，温度升高到 1400 ℃时，γ-Fe 转变为 δ-Fe(bcc)。高炉炼铁所得铁碳合金的具体情况可以结合铁碳相图来理解。

钢铁按照用途可以分为以下四种：①结构钢。建筑及工程用结构钢，简称建造用钢，指用于建筑、桥梁、船舶、锅炉或其他工程上制作金属结构件的钢，如碳素结构钢、低合金钢、钢筋钢等；机械制造用结构钢，

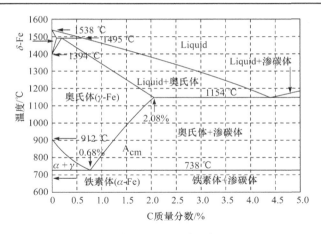

图 8.33　Fe-C 相图

指用于制造机械设备上结构零件的钢。②工具钢。一般用于制造各种工具，如碳素工具钢、合金工具钢、高速工具钢等。③特殊钢。具有特殊性能的钢，如不锈耐酸钢、耐热不起皮钢、高电阻合金、耐磨钢、磁钢等。④专业用钢。指各个工业部门专业用途的钢，如汽车用钢、农机用钢、航空用钢、化工机械用钢、锅炉用钢、电工用钢、焊条用钢等。

　　不锈钢相比普通的碳钢和合金钢具有更加优异的抗锈蚀性能，被广泛应用在化学化工生产设备当中。不锈钢的抗腐蚀性来源于铁碳合金中加入的 Cr、Ni 等金属，在缺少 Cr 的情况下，其他金属的掺杂作用会大大减弱。目前普遍接受 4% Cr 作为不锈钢与合金的分割线，不锈钢含 Cr 的量大于 4%。不锈钢常按组织状态分为：马氏体钢、铁素体钢、奥氏体钢、奥氏体-铁素体(双相)不锈钢及沉淀硬化不锈钢等。其中奥氏体不锈钢，含铬大于 18%，还含有 8%左右的镍及少量钼、钛、氮等元素，具有良好的塑性、韧性、焊接性、耐蚀性能和无磁或弱磁性，用来制作耐酸设备，如耐蚀容器及设备衬里、输送管道、耐硝酸的设备零件等，另外还可用作不锈钢钟表饰品的主体材料。

4. 铝合金

　　铝合金指含有金属铝的一类合金，是工业中应用最广泛的一类有色金属结构材料，在航空、航天、汽车、机械制造、船舶及化学工业中已大量应用。铝合金密度低，但强度比较高，接近或超过优质钢，塑性好，可加工成各种型材，具有优良的导电性、导热性和抗蚀性，工业使用量仅次于钢。铝合金按加工方法可以分为形变铝合金和铸造铝合金两大类。形变铝合金能承受压力加工，主要用于制造航空器材、建筑用门窗等。铸造铝合金按化学成分可分为铝硅合金、铝铜合金、铝镁合金、铝锌合金和铝稀土合金，其中，铝硅合金包含过共晶硅铝合金、共晶硅铝合金、单共晶硅铝合金，铸造铝合金在铸态下使用。航空航天是铝合金的主要应用领域之一。飞机上的蒙皮、梁、肋、桁条、隔框和起落架都可以用铝合金制造。波音 767 客机采用的铝合金约占机体结构质量的 81%。军用飞机因要求有良好的作战性能而相对地减少铝的用量，如 F-15 战斗机仅使用 35.5%铝合金。有些铝合金有良好的低温性能，在−253～−183 ℃下不冷脆，可在液氢和液氧环境下工作，与浓硝酸和偏二甲肼不起化学反应，具有良好的焊接性能，因而是制造液体火箭的好材料。如发射"阿波罗"号飞船的"土星"5 号运载火箭各级的燃料箱、氧化剂箱、箱间段、级间段、尾段和仪器舱都用铝合金制造。

5. 钛合金

　　钛合金是一种比较新的合金，20 世纪 50 年代以来得到广泛的应用。20 世纪 50～60 年代，主要是发展航空发动机用的高温钛合金和机体用的结构钛合金，70 年代开发出一批耐蚀钛合金，80 年代以来，耐蚀钛合金和高强钛合金得到进一步发展。相比于一般的金属合金，钛合金有以下优点：

　　(1) 强度高。钛合金的密度一般在 4.51 g·cm⁻³ 左右，仅为钢的 58%，一些高强度钛合金超过了许多合金结构钢的强度。因此，钛合金的比强度(强度/密度)远大于其他金属结构材料，可制出单位强度高、刚性好、质轻的零部件，如飞机的发动机构件、骨架、蒙皮、紧固件及起落架等。

(2) 热强度高。使用温度比铝合金高几百摄氏度，在中等温度下仍能保持所要求的强度,可在 450～500 ℃的温度下长期工作，而铝合金在 150 ℃时比强度明显下降。钛合金的工作温度可达 500 ℃，铝合金则在 200 ℃以下。

(3) 抗蚀性好。钛合金在潮湿的大气和海水介质中工作，其抗蚀性远优于不锈钢；对点蚀、酸蚀、应力腐蚀的抵抗力特别强；对碱、氯化物、氯的有机物品、硝酸、硫酸等有优良的抗腐蚀能力，然而对具有还原性氧及铬盐介质的抗蚀性差。

(4) 低温力学性能好。

(5) 化学活性大。钛的化学活性大，与大气中 O、N、H、CO、CO_2、水蒸气、氨气等产生强烈的化学反应。含碳量大于 0.2%时，会在钛合金中形成硬质 TiC；温度较高时，与 N 作用也会形成 TiN 硬质表层；在 600 ℃以上时，钛吸收氧形成硬度很高的硬化层；氢含量上升，也会形成脆化层。

(6) 导热弹性小。钛的导热系数约为镍的 1/4、铁的 1/5、铝的 1/14，而各种钛合金的导热系数比钛的导热系数约下降 50%。钛合金的弹性模量约为钢的 1/2，故其刚性差、易变形，不宜制作细长杆和薄壁件。

8.7.3　无机非金属材料

无机非金属材料是指由以某些元素的氧化物、碳化物、氮化物、卤素化合物、硼化物或硅酸盐、铝酸盐、磷酸盐、硼酸盐等物质组成的材料。无机非金属材料可划分为传统无机非金属材料和功能无机非金属材料，传统无机非金属材料主要包括玻璃、水泥及陶瓷，而功能无机非金属材料是在现代化生产与科学技术进步下产生的新概念，指具有一种或多种物理化学功能(如电、磁、光、热、声、化学、生物等功能)及耦合功能(如压电、热电、电光、声光、磁光等功能)的无机非金属材料。

无机非金属材料的主要组成及特性简介如下。

1. 传统无机非金属材料

1) 玻璃

广义上，将**在熔融时形成连续网络结构，冷却过程中黏度逐渐增大并硬化而不结晶的硅酸盐类非金属材料统称为玻璃**，该类材料固体原子排列呈短程有序、长程无序状态。玻璃制备主要原理为二氧化硅与氧化物共熔，经澄清、均化后冷却成型。常用于提供二氧化硅的原料有硅砂、砂岩，用于引入氧化物的常见原料有长石、高岭土、纯碱、芒硝、石灰石、方解石、白云石、硼酸、硼砂、硫酸钡、碳酸钡、铅丹等。**玻璃类材料通性为各向同性、无固定熔点、亚稳定性及物理化学性质渐变可逆性**。引入的金属氧化物种类与含量不同，会对玻璃物理化学性能产生显著影响。例如，当成品中 SiO_2 含量大于 99.5%时，所得玻璃热膨胀系数低，耐高温，化学稳定性好，对紫外光和红外光有良好透过率，该类玻璃称为石英玻璃，其熔制温度高，成型较难，多用于半导体、光导通信、激光等技术和精密光学仪器。当成品中含有约 15%的 Na_2O(纯碱、芒硝引入)和 16%的 CaO(石灰石、方解石引入)时，其熔体黏度适宜，成本低廉，易成型，利于大规模生产，该类玻璃称为钙钠玻璃，常用于日常生活中玻璃器皿、灯泡、装饰品的生产，其产量约占实用玻璃的 90%。当成品中主要包含 SiO_2 与 Al_2O_3(长石、高岭土引入)成分时，所得玻璃具有极高的玻璃化温度，称为铝硅酸盐玻璃，常用于高温玻璃温度计、化学燃烧管及耐火玻璃纤维的制备。当成品中主要包含 SiO_2 与 PbO(铅丹引入)时，所得玻璃与金属具有良好浸润性，且具有较高折射率与体积电阻，称为铅硅酸盐玻璃，常用于真空管芯柱与晶质玻璃器皿的制造。含有较高 PbO 组分的该类玻璃可阻挡 X 射线与 γ 射线，可用于仪器屏蔽层；当向玻璃组分中添加有色氧化物时，所得玻璃将具有与添加的氧化物类似的颜色，如 Cu_2O(红色)、CuO(蓝绿色)、CdO(浅黄色)、Co_2O_3(蓝色)、Ni_2O_3(墨绿色)、MnO_2(蓝紫色)。当成品中所包含组分为 SiO_2 与非氧化物如硫系化合物及卤化物时，所得玻璃统称为非氧化物玻璃，其中硫系玻璃往往具有短波长波屏蔽性与低电阻性质，常用于滤光片与光电开关制作，而卤化物玻璃往往具有低折射率与低色散率，常用于光学玻璃制作。此外，玻璃还可根据加工工艺不同分为平板玻璃与深加工玻璃，深加工玻璃往往具有特殊的力学或光学性能，如高强度、隔音隔热、单向透光性、破碎安全性(破碎为无棱角玻璃珠或只产生裂纹不破裂)等。

2) 陶瓷

由粉状原料成型后在高温下作用硬化生成的多晶、多相聚集体统称为陶瓷。陶瓷类材料具有硬度较高、抗压性能良好、韧性较差、化学稳定性高与热稳定性高等通性。除用于艺术品与日用品的制造外，陶瓷还广泛用于化学工业中耐酸容器、管道、反应炉及输电线路上各种绝缘子的制造。传统陶瓷的原料多为天然黏土及各种天然无机非金属矿物，究其组成往往为金属氧化物的聚集体。从结晶度来看，陶瓷同时包含晶相组分、玻璃态组分与气相组分。晶相组分是陶瓷的主要构成组分，对性能影响较大，它的结构、数量、形态和分布，对陶瓷的物理化学性质起主要作用。玻璃态组分的存在可使陶瓷获得一定程度的玻璃特性，如透光性与高光泽度，同时能够降低烧成温度，加速烧成过程。此外，玻璃态组分的存在还可以填充晶相组分之间的空隙，将晶相颗粒连接起来，提高材料的致密度。但是玻璃态的存在对陶瓷的机械强度、介电性能、耐高温能力有一定的负面影响，一般在陶瓷中的含量会控制在40%以下。气相组分在陶瓷成品中往往以气孔形式存在，会在一定程度上降低陶瓷的机械强度与热传导性能，也容易形成裂纹。除了多孔陶瓷，其余陶瓷在制备过程中尽量规避气孔的生成，一般而言，普通陶瓷气孔率为5%～10%，特种陶瓷气孔率为5%以下，金属陶瓷气孔率低于0.5%。金属陶瓷是一种在烧结过程中加入金属粉末制得的新型陶瓷，其极低的气孔率得益于金属较玻璃态组分更好的流动性，这使得金属陶瓷相比传统陶瓷，具有更好的机械性能与热传导性。

3) 水泥

凡细磨成粉末状，加入适量水后，可形成塑性浆体，既能在空气中硬化，又能在水中硬化，并能将固体材料如砂、石、钢筋等牢固地胶结在一起的水硬性胶凝材料称为水泥，其是建筑领域应用最广泛的基础材料之一。水泥的生产主要用"两磨一烧"概括，即生料的配制与磨细，熟料的烧成和熟料的粉磨。水泥的固化主要由其熟料矿物的水化引起，常见水泥熟料矿物包括硅酸三钙($3CaO \cdot SiO_2$)、硅酸二钙($2CaO \cdot SiO_2$)、铝酸三钙($3CaO \cdot Al_2O_3$)与铁铝酸四钙($4CaO \cdot Al_2O_3 \cdot Fe_2O_3$)。这些物质在水化过程中放热，形成交联网络并逐渐硬化，其中硅酸三钙水化热最高，反应速率适中且对硬度有较高贡献，为最常使用的熟料矿物，硅酸二钙水化反应缓慢但对后期硬度有较高贡献，铝酸三钙与铁铝酸四钙具有较快的水化速率与较低的水化热，常用作速凝水泥的主要成分。

2. 功能无机非金属材料

1) 光功能材料

光功能材料包括用于光传输的光介质材料，在外场(如电、声、磁、热、压力等)作用下光学性质发生变化的光应激材料，以及在光的作用下结构与性能发生改变的光响应材料。其中光介质材料如光学玻璃、光学塑料、光导纤维和光学晶体，以折射、反射和透射的方式，改变光的方向、强度和位相，使光按照预定的要求传输，也可以吸收或透过一定波长的光而改变其光谱成分。利用光应激与光响应材料的反馈变化可以实现能量的探测和转换，如激光材料、电光材料、声光材料、非线性光学材料、显示材料和光信息存储材料等。

稀土发光材料是一类重要的光功能材料，广泛应用于阴极射线管显示、等离子体平板显示(PDP)、三基色节能荧光灯和半导体发光二极管(light emitting diode, LED)等发光与显示领域。LED是以半导体GaN为芯片，其上涂敷稀土荧光粉制成的固态光源。在3～5 V直流电源激发下，首先GaN芯片发出370～395 nm的近紫外光或约450 nm为中心波长的宽带蓝光，再由近紫外光或蓝光激发芯片上的稀土荧光粉发出长波可见光(绿、黄、红等颜色)，共同组合成白光。LED具有使用寿命长、低功耗(比白炽灯节能约90%，比荧光灯节能约50%)等优点，而且避免了使用污染环境的汞，与使用汞的日光灯或三基色节能荧光灯相比，是一种对环境友好的"绿色"照明光源。因此，半导体材料固态照明被誉为新一代照明技术。除了LED照明产业外，LED已被用于移动电话、MP3、MP4等手持式产品照明、汽车照明、交通指示、室内和室外照明、广告和装饰等各种场合，如图8.34所示。

2) 电功能材料

电功能材料是指那些具有导电特性的物质，它包括电阻材料、电热与电光材料、导电与超导材料、半导体材料、介电材料、离子导体等。

无机非金属电阻材料主要用于1500 ℃以上的高温工作环境中，主要包括碳化硅、二硅化钼、铬酸镧与二氧化锡，其中铬酸镧晶体具有最高熔点(约2500 ℃)且有良好的抗腐蚀能力与高导电性，可用于磁流体发电机中的电极，此外，掺杂钛酸钡常被制成热敏电阻元件用于电动机过热保护器、电视机的消磁器、传感器等方面。

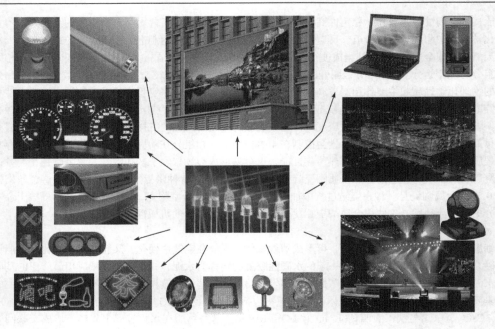

图 8.34　LED 的应用

　　超导材料要求在一定条件下电阻完全为零且材料具有完全抗磁性，其中的无机非金属材料主要为金属氧化物，这类超导材料具有较传统金属或合金超导材料高得多的超导转变温度，即可以在较高温度维持超导特性，是新近超导材料研究的热点方向。该类高温氧化物超导体具有如下共性：①层状类钙钛矿准二维结构；②Cu 存在 Cu^{1+}、Cu^{2+} 和 Cu^{3+} 等混合价态离子；③除 YBCO 含 $Cu—O_2$ 面和 Cu—O 链外，其余氧化物超导体只含 $Cu—O_2$ 面；④存在氧空位，非化学计量比的氧对晶体结构畸变和物理特性具有重要作用。

　　无机非金属半导体材料主要包括ⅢA-ⅤA 族、ⅡA-ⅥA 族、ⅣA-ⅣA 族化合物半导体和氧化物半导体，它们的种类繁多，性能各异，有着广阔的应用前景。例如，要求禁带宽度较大可用 SiC、GaP 等；而要求迁移率较大则可选 InSb 等。

　　无机非金属介电材料主要包括介电陶瓷，以并非传导而是感应的方式传递电的作用和影响，其性质与陶瓷多晶体的晶体结构密切相关。

　　3) 磁功能材料

　　物质的磁性(magnetism)来源于原子的磁性，原子的磁性来源于原子中电子及原子核的磁矩。从具有磁矩的物体就是磁性体这层意义上讲，自然界的任何物质都是磁性体。**磁功能材料通常是指那些在实际工程意义上具有较强磁性的材料**。早期的磁性材料主要是软铁、硅钢片、铁氧体等，从 20 世纪 60 年代起，非晶态软磁材料、纳米晶软磁材料、稀土永磁材料等一系列的高性能磁性材料相继出现。现在磁性材料广泛应用于电子计算机及声像记录用大容量存储装置如磁盘、磁带，电工产品如变压器、电机，以及通信、无线电、电器和各种电子装置中，是电子、电工工业、机械行业和日常生活中不可缺少的材料之一，其应用涵盖了人类生产与生活的方方面面，在经济建设与日常生活中占有举足轻重的地位。

　　磁性材料分为软磁体功能材料、永磁体功能材料、半硬磁体功能材料等。软磁体功能材料指能够响应外磁场的变化，低损耗地获得高磁感应强度，容易受外加磁场磁化和退磁的材料。主要用途为变压器、电机、继电器和电感的铁芯、磁头与计算机磁芯等。对软磁体功能材料的基本要求主要有：①初始磁导率 μ_i 和最大磁导率 μ_m 要高；②饱和磁感应强度 M_s 要高；③矫顽力 H_c 要小；④功率损耗 P 要低；⑤稳定性要高。

　　永磁体功能材料指被外加磁场磁化以后，除去外磁场，仍能保留较强磁性的一类材料。永磁体功能材料主要分为金属永磁材料、铁氧体永磁材料和稀土永磁材料等。基本要求是剩磁 B_r 要高，矫顽力 H_c 要高，最大磁能积 $(BH)_{max}$ 要高，材料稳定性要高。其中，$(BH)_{max}$ 是表征永磁体性能的最主要指标。

　　半硬磁体功能材料是指磁学软硬性介于上两种材料之间的一系列材料。

4) 生物功能材料

生物功能材料是指对生物材料本身所具有的物理、化学、生物功能加以开发利用而得到的一类新材料，主要用于可再生能源制备、信息处理和医疗领域。例如，通过二氧化钛等微生物辅助材料制备乙醇汽油；医疗领域中的人造组织与人造器官，如以中空醋酸纤维或聚乙烯醇纤维构建的人工肾，以合成橡胶构建的人工心脏，以聚甲基丙烯酸甲酯系材料构建的假牙与人工牙根等。

8.7.4　纳米材料

纳米材料指空间上至少有一个维度尺寸在 100 nm 以内的物质所组成的材料。纳米材料因尺寸远小于传统材料，具有一些传统材料所不具有的独特性质，这些性质包括体积效应、表面效应、量子尺寸效应、量子隧道效应及介电限域效应等。下面简要介绍这些特性及纳米材料的应用。

1. 体积效应

当纳米粒子的尺寸与传导电子的德布罗意波相当或更小时，周期性的边界条件将被破坏，磁性、内压、光吸收、热阻、化学活性、催化性及熔点等物理化学性质都将较普通粒子发生极大变化，这就是纳米粒子的体积效应，又称小尺寸效应。例如，在纳米尺寸下，粒子熔点可远低于块状本体。块状金的熔点为 1064 ℃，当金颗粒粒径为 10 nm 时，熔点为 1037 ℃，粒径为 2 nm 时，熔点为 327 ℃，类似地，银的熔点可由 690 ℃降到 100 ℃。因此，银超细粉制成的导电浆料可在低温下烧结。这样元件基片不必采用耐高温的陶瓷，而可采用塑料。这种浆料成膜均匀、覆盖面大，同时省料、质量好；粒子尺寸同样对材料的力学性能有显著影响，如传统陶瓷呈现出脆性，由纳米超微粉体制成的纳米陶瓷材料却具有良好的韧性与一定延展性。这是由于超微粉具有众多界面，界面原子排列混乱度极高，原子在外力变形条件下容易迁移。材料的光学性质同样受体积效应影响，如块状金属材料普遍具有金属光泽，而金属纳米粒子对光的反射率一般低于 1%。几乎所有金属纳米粒子在粒径小于可见光波波长时，会失去金属光泽，呈现黑色，具有很强的光吸收能力，可利用此特性，制备高效光热、光电转化材料。此外，利用等离子共振频移随颗粒尺寸变化的性质，控制吸收的位移，可制造出具有宽频微波吸收能力的纳米颗粒材料，如纳米铁氧体微粒，用于电磁屏蔽或红外/雷达隐身材料；小尺寸超微粒子还具有特异的磁性能，其磁性比块状材料强许多倍。例如，20 nm 的磁性氧化物矫顽力为块状该氧化物的 1000 倍，但当尺寸继续减少时，其矫顽力迅速降低而成为超顺磁性材料。利用超微粒子所具有高矫顽力性质，可制备高储存密度磁记录粉，用于磁带、磁盘、磁卡及磁性钥匙等。

2. 表面效应

表面效应是指纳米粒子表面原子与总原子数之比随着粒径变小而急剧增大后所引起的性质上的变化。随粒径减小，表面原子数迅速增加。另外，随着粒径的减小，纳米粒子的表面积、表面能都迅速增加。表面原子的晶体场环境和结合能与内部原子不同。表面原子周围缺少相邻的原子，有许多悬空键，具有不饱和性质，易与其他原子相结合而稳定下来，因而表现出很大的化学和催化活性，例如，新制备的金属超微粒子如果不经过钝化，在空气中容易自燃。由于其表面活性高，金属超微粒子可以成为新一代的高效环境友好催化剂和储氢材料。在火箭发射的固体燃料推进剂中添加质量约为 1 % 的超微铝或镍，燃料燃烧热可增加约 1 倍。纳米 ZnO、TiO_2 等半导体纳米粒子的光催化作用在环保健康方面有广泛的应用。这些化合物半导体在紫外线和可见光的辐照下可产生光生电子和光生空穴对来参与氧化还原反应，从而达到净化空气和降解污水中多种有机物的目的。

3. 量子尺寸效应

粒子尺寸下降到一定值时，费米能级接近的电子能级由准连续能级变为分立能级的现象称为量子尺寸效应。当能隙大于它具有的热能、电磁能时，超微粒子就会呈现出一系列与宏观物体截然不同的性质，久保亮五采用单电子模型求得金属超微粒子的能级间距为

$$d = 4E_f/3N$$

式中，E_f 为费米势能；N 为微粒中的原子数。宏观物体的 N 趋向于无限大，因此能级间距趋向于零。纳米粒子因为原子数有限，N 值较小，导致其有一定的值，即能级间发生分裂。在纳米粒子中处于分立的量子化能级中的电子的波动性带来了纳米粒子一系列特性，如高的光学非线性、特异的催化和光催化性质，金属导体可能变成半导体甚至绝缘体。对半导体材料来说，由于尺寸的减少，价带和导带之间的能隙增大，发光带的波长向短波移动，这种现象称为"蓝移"。

4. 量子隧道效应

微观粒子贯穿势垒的能力称为隧道效应。量子隧穿效应属于量子力学的研究领域，量子力学研究在量子尺度所发生的事件。设想一个运动中的粒子遭遇到一个位势垒，试图从位势垒的一边移动到另一边，这可以被类比为一个圆球试图滚动过一座小山。量子力学与经典力学对于这一问题给出不同的解答。经典力学预测，假若粒子所具有的能量低于位势垒的位势，则这一粒子绝对无法从一边移动到另一边。量子力学则预测，这一粒子可以概率性地从位势垒一边穿越到另一边。用此概念可定性解释超细镍微粒在低温下保持超顺磁性等。

5. 介电限域效应

介电限域效应是纳米微粒分散在异质介质中时由于界面存在引起的体系介电增强的现象，即光照射时，由于折射率不同，邻近纳米半导体表面的区域、纳米半导体表面甚至纳米粒子内部的场强大于辐射光光强。一般来说，过渡族金属氧化物和半导体微粒都可能产生介电限域效应，该效应对光吸收、光化学、光学非线性等都会有直接的影响，在无机-有机杂化材料及多相反应体系光催化材料中介电限域效应对反应过程和动力学有重要影响。

6. 纳米材料的应用

目前纳米材料被广泛应用于各个前沿领域，如储能(太阳能电池、锂离子电池、超级电容器等)、医药(纳米药物、纳米粒子辅助成像、光热效应药物等)、现代分析技术等。纳米材料所具有的优异性能被逐渐发掘与改善，并开始对我们的日常生活产生积极影响，下面是几个例子。

三氧化二铁是日常生活中极为常见的一种化合物，也是铁锈的主要成分，但三氧化二铁纳米棒[(图 8.35(a)、(b)]经过在氮气气氛中 400 ℃热处理引入氧缺陷后，却成为一种具有高比电容值、良好导电性、长使用寿命的赝电容材料，在能源转化与储存领域有着广阔的应用前景。

最近，一种高容量三嵌段共聚胶束药物载体被成功研制，该载体由聚乙二醇、2-(二异丙基氨基)乙基胺接枝聚(L-天冬氨酸)、2-巯基乙胺接枝聚(L-天冬氨酸)共聚而成[(图 8.35(c)]，该载体对 pH 与还原剂具有双重敏感性，在血液中输送时能有效防止药物泄漏，到达靶点后，在突变的 pH 与溶酶体作用下可迅速释放所搭载药物并解体为无细胞毒性与免疫毒性的聚合物片段，为新型高效药物载体的设计提供了新颖思路。

支化锐钛矿型二氧化钛纳米线阵列[(图 8.35(d)]可通过简单的两步水热法制得，其具有比表面积大、光伏效率高、光生电流大等优异特性，其光伏效率与光生电流值分别较同测试条件下非支化二氧化钛纳米线提升45%与52%，可用作高性能染料敏化太阳能电极。且该材料可在多种基底上可控制备，为高效染料敏化太阳能电池的生产提供了普适性方法。

一种新型的纳米光热疗法药物可以通过多级修饰金棒的方法得到，研究者首先通过溶液合成法制得长度在 100 nm 左右的溴化十六烷基三甲基修饰纳米金棒，而后依次在其上包覆纳米尺度聚苯乙烯硫酸酯与聚乙烯亚胺层，并使用小分子干扰核糖核酸与聚乙烯亚胺层复合，所制得功能化金纳米棒[图 8.35(e)]同时具有基因沉默能力与光致发热能力，在光照条件下，该药物可大幅降低乳腺癌细胞的存活能力，且无任何免疫毒性与细胞毒性。

纳米材料还可以组装成可应用的器件。研究者组装了一种新型的水系电池 Ni-Bi 电池[(图 8.35(f)]，以 $NiCo_2O_4$ 纳米线作为正极，Bi 纳米树枝结构作为负极。这种柔性电池具有良好的可穿戴性、较高的功率密度和能量密度，在可穿戴设备的应用领域具有良好的前景。除了水系电池，纳米材料还可以做成纤维状的超级电容器[(图 8.35(g)]，具有更高的能量密度和功率密度。

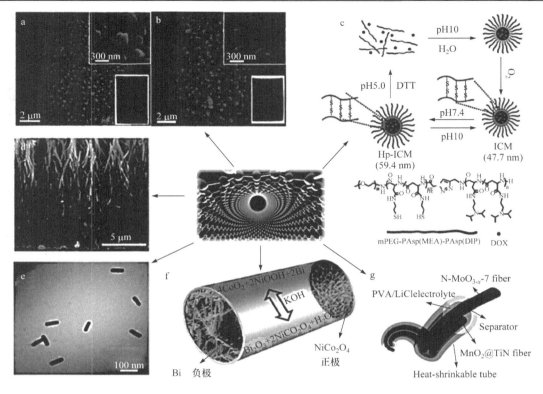

图 8.35　纳米材料的应用

（卢锡洪）

本章教学要求

1. 熟悉整个元素周期系中元素金属性与非金属性的递变规律，能从微观结构、原子半径和有效核电荷角度认识影响元素性质递变规律的原因。

2. 熟识主族元素重要单质的物理性质、化学性质，掌握主族元素重要化合物的化学性质，了解它们的制备方法；了解各主族重要单质和化合物性质的特殊性及其原因。

3. 熟悉主族元素同一周期和同一主族元素最高价态氧化物及其水合物的酸碱性递变规律，能用 R—O—H 模型解释，了解关于含氧酸酸性的鲍林规则。

4. 认识一些金属含氧酸盐的热稳定性变化规律，并能用离子极化模型解释。

5. 了解卤化物和氧化物的某些物理性质(熔点、沸点、硬度及导电性)的变化规律，了解氯化物与水反应的规律。

6. 掌握 d 区和 ds 区元素通性及其原因，能运用元素电势图分析不同氧化态物质的氧化还原性质和热力学稳定性，并认识不同氧化态物质互相转化的规律。

7. 熟悉 Ti、V、Cr、Mn 等元素重要化合物的性质，包括酸碱性、氧化还原性等；认识铁系元素重要化合物的性质及其递变规律。

8. 熟悉 ds 区元素单质、重要化合物的主要性质，如单质与酸的反应、氧化物的稳定性、氢氧化物的酸碱性、卤化物和硫化物的氧化还原性等。

9. 了解 f 区元素的结构特点；了解"镧系收缩"的含义及其对元素性质的影响；了解稀土元素在电、光、磁等功能材料中的应用。

10. 了解常见元素单质及化合物在生产、生活中的应用。

11. 掌握材料的定义与基本分类。

12. 掌握无机材料的定义及其分类方法，了解各类无机材料的特性并各熟悉一到两种典型材料的制备方法与应用领域。

13. 了解纳米材料的定义，并对体积效应、表面效应、量子尺寸效应、量子隧道效应与介电限域效应及这些效应所能应用的领域有一定了解。

习　　题

1. 在实验室中如何制取氢气？工业上呢？

2. 鉴别下列各组物质：

(1) 硝酸锂与硝酸钾　　　　(2) 碳酸钙与乙二酸钙　　　　(3) 碳酸钠与碳酸氢钠

(4) 硫酸钙与氢氧化钙　　　　(5) 氯化锂与氯化钠　　　　(6) 氢氧化钠与氢氧化钡

3. 欲以重晶石为原料制备硝酸钡，用化学反应方程式表示。

4. 简述氯气的实验室制法和工业制法，用方程式表示。

5. 完成并配平下列反应方程式：

(1) $NaBr + H_2SO_4(浓) \longrightarrow$　　　　(2) $CaF_2 + H_2SO_4(浓) \longrightarrow$

(3) $KBr + KBrO_3 + H_2SO_4 \longrightarrow$　　　　(4) $NaI + MnO_2 + H_2SO_4 \longrightarrow$

(5) $NaClO + MnSO_4 + NaOH \longrightarrow$　　　　(6) $NaI + H_3PO_4(浓) \xrightarrow{\triangle}$

(7) $Cu(ClO_3)_2 \xrightarrow{\triangle}$

6. 现有 6 种白色粉状未知物，可能是 NH_4Cl、KCl、KBr、KI、$CaCO_3$、$BaSO_4$，设计方案将它们分别检出。

7. 用分子轨道理论说明下列分子或离子的键级，并按键长排列这些分子或离子：

(1) O_2^+　　　　(2) O_2　　　　(3) O_2^-　　　　(4) O_2^{2-}

8. 区别下列各对物质：

(1) SO_4^{2-}、SO_3^{2-}　　　　(2) SO_3^{2-}、$S_2O_3^{2-}$

(3) $H_2S(g)$、$SO_2(g)$　　　　(4) $SO_2(g)$、$SO_3(g)$

9. 写出 NO、NO^+、NO^- 的分子轨道式，计算键级并比较其稳定性顺序。

10. 除去下列物质中的少量杂质：

(1) H_2 中的少量 H_2S 和 SO_2　　　　(2) CO 中的少量 H_2

(3) H_2 中的少量 CO　　　　(4) CO 中的少量 CO_2

(5) CO_2 中的少量 CS_2　　　　(6) N_2 中的少量 O_2

(7) NO 中的少量 NO_2　　　　(8) N_2 中的少量 NO 和水蒸气

11. 完成并配平下列化学反应：

(1) $P_4 + NaOH \longrightarrow$　　　　(2) $Sb(OH)_3 + NaOH \longrightarrow$

(3) $AgCl + NH_3 \cdot H_2O \longrightarrow$　　　　(4) $Li + N_2 \longrightarrow$

(5) $NaBiO_3 + MnSO_4 + H_2SO_4 \longrightarrow$　　　　(6) $BCl_3 + LiAlH_4 \longrightarrow$

(7) $Tl + HNO_3 \longrightarrow$　　　　(8) $C + H_2SO_4(浓) \longrightarrow$

(9) $Si + NaOH \longrightarrow$　　　　(10) $Si + HF \longrightarrow$

(11) $SnS + Na_2S_2 \longrightarrow$　　　　(12) $PbO_2 + MnSO_4 + H_2SO_4 + K_2SO_4 \longrightarrow$

(13) $SiO_2 + C + Cl_2 \longrightarrow$　　　　(14) $B + NaOH \longrightarrow$

(15) $Al + NaOH + H_2O \longrightarrow$ 　　　　　(16) $BF_3 + NH_3 \longrightarrow$

12. 如何从二氧化硅出发制备纯硅？用化学反应方程式表示。

13. 写出从硼镁矿 $Mg_2B_2O_5 \cdot H_2O$ 制备单质硼的化学反应方程式。

14. 已知 $Al(OH)_3 \rightleftharpoons Al^{3+} + 3OH^-$ 　　　$K_1 = 4.6 \times 10^{-33}$

　　　　$Al(OH)_3 + H_2O \rightleftharpoons [Al(OH)_4]^- + H^+$ 　　$K_2 = 2.5 \times 10^{-13}$

(1) Al^{3+} 完全沉淀为 $Al(OH)_3$ 时，溶液的 pH 为多少？

(2) 10 mmol $Al(OH)_3$ 用 20 mL NaOH 溶解时，溶液的 pH 为多少？

15. 用价层电子对互斥理论判断下列稀有气体化合物的结构：

(1) $XeOF_2$　(2) $XeOF_4$　(3) XeO_3F_2　(4) XeF_2　(5) XeF_4　(6) XeF_6　(7) XeO_3

16. 完成并配平下列反应式：

(1) $TiO_2 + H_2SO_4(浓) \longrightarrow$ 　　　　　(2) $TiO^{2+} + Zn + H^+ \longrightarrow$

(3) $TiO_2 + C + Cl_2 \longrightarrow$ 　　　　　　(4) $V_2O_5 + NaOH \longrightarrow$

(5) $V_2O_5 + H_2SO_4 \longrightarrow$ 　　　　　　(6) $V_2O_5 + HCl \longrightarrow$

(7) $VO_2^+ + H_2C_2O_4 + H^+ \longrightarrow$

17. 如何实现下述转化？写出配平的反应式。

(1) $[Cr(OH)_4]^- \longrightarrow CrO_4^{2-}$ 　　　　　(2) $Cr_2O_7^{2-} \longrightarrow CrO_4^{2-}$

(3) $(NH_4)_2Cr_2O_7 \longrightarrow Cr_2O_3$ 　　　　(4) $Cr[(OH)_4]^- \longrightarrow Cr_2O_7^{2-}$

(5) $Mn^{2+} \longrightarrow MnO_4^-$ 　　　　　　　(6) $KMnO_4(s) \longrightarrow K_2MnO_4(s)$

(7) $Mn^{2+} \longrightarrow MnO_2$ 　　　　　　　(8) $MnO_4^- \longrightarrow Mn^{2+}$

18. 如何鉴定溶液中的 Cr(Ⅲ) 和 Cr(Ⅵ)，写出有关的方程式。

19. 铬的某化合物 A 是橙红色溶于水的固体，将 A 用浓 HCl 处理产生黄绿色刺激气体 B 和生成暗绿色溶液 C，在 C 中加入 KOH 溶液，先生成灰绿色沉淀 D，继续加入过量的 KOH 溶液，则沉淀溶解，变成绿色溶液 E。在 E 中加入 H_2O_2，加热则生成黄色溶液 F，F 用稀酸酸化，又变成原来的化合物 A 的溶液。A、B、C、D、E、F 各是什么？写出各步变化的反应式。

20. 写出用 MnO_2 为原料制备 K_2MnO_4 和 $KMnO_4$ 的反应式。

21. 完成下列方程式：

(1) $FeCl_3 + NaF \longrightarrow$

(2) $Co(OH)_3 + H_2SO_4 \longrightarrow$

(3) $Co^{2+} + SCN^- \longrightarrow$

(4) $Ni(OH)_2 + Br_2 + OH^- \longrightarrow$

(5) $Ni + CO \longrightarrow$

22. 解释下列现象：

(1) 标准状态下，Fe^{3+} 能氧化 I^-，而 $[Fe(CN)_6]^{3-}$ 却不能氧化 I^-。

(2) 在 Fe^{3+} 溶液加入 KSCN 时，呈血红色，当加入少量铁粉后，红色即消失，写出有关反应。

(3) 在配制的 $FeSO_4$ 溶液中为什么需加一些金属铁？写出有关反应方程式。

(4) 变色硅胶含有什么成分？为什么干燥时呈蓝色，吸水后变粉红色？

23. 如何分离下列各组阳离子？

(1) Fe^{2+}、Mg^{2+}、Mn^{2+} 　　　　　　(2) Fe^{3+}、Cr^{3+}、Al^{3+}

(3) Sn^{2+}、Zn^{2+}、Fe^{2+} 　　　　　　(4) Fe^{3+}、Cr^{3+}、Ni^{2+}

24. 有一未知溶液，可能含有下列离子 Al^{3+}、Fe^{3+}、Cr^{3+}、Mn^{2+}、Co^{2+}、Ni^{2+}。已知：①加入过量氨水和 NH_4Cl 时，有白色胶状沉淀生成；②加入 $(NH_4)_2S$ 溶液，生成灰黑色沉淀。此沉淀在稀 HCl 中部分溶解，但在王水中全部溶解。将此溶液加入过量 NaOH 中生成绿色沉淀，溶液无色。

试问原溶液中可能有哪些离子存在？哪些离子不可能存在？

25. 解释以下事实：

(1) 将 $CuCl_2 \cdot 2H_2O$ 加热，得不到无水 $CuCl_2$。

(2) Cu^{2+}、Ag^+、Hg^{2+}都有氧化性，但 HgO 在有机化学分析中一般不作氧化剂，而多使用 CuO 作氧化剂。

(3) $ZnCl_2$ 水溶液常称为熟镪水。

(4) H_2S 通入 $Hg_2(NO_3)_2$ 溶液中，最终得不到 HgS 沉淀。

26. 试用反应方程式表示如何溶解下列各沉淀物：

(1) AgBr　(2) $Cu(OH)_2$　(3) ZnS　(4) CuS　(5) HgS　(6) HgI_2

27. 化合物 A 为一无色晶体。A 溶于水得无色溶液 B，B 可发生如下化学反应：

(1) 加 HCl 于 B 中，生成白色沉淀 C，C 可溶于氨水，形成溶液 D；

(2) 加 K_2CrO_4 于 B 中，生成砖红色沉淀 E；

(3) 加 KCN 于 B 中，开始生成沉淀，继续加入 KCN，沉淀消失，生成溶液 F，在 F 中加入 Na_2S，析出黑色沉淀 G，G 可溶于热的浓 HNO_3 中；

(4) 将晶体 A 加热，产生红棕色气体 H 及黑色固体 I，I 不溶于水和稀 HCl，但溶于浓 HNO_3，所得溶液与 B 性质相同。

试说明由 A 到 I 各是什么物质，并写出有关的反应方程式。

28. 设计实验方案分离以下各组离子：

(1) Zn^{2+}、Cd^{2+}　　　(2) Cu^{2+}、Zn^{2+}　　　(3) Ag^+、Pb^{2+}、Hg^{2+}

29. 完成并配平下列反应方程式：

(1) $Cu_2O + H_2SO_4(稀) \longrightarrow$　　　　(2) $CuS + HNO_3(浓) \longrightarrow$

(3) $AgNO_3 + NaOH \longrightarrow$　　　　　(4) $AgBr + Na_2S_2O_3 \longrightarrow$

(5) $Zn(OH)_2 + NH_3 \longrightarrow$　　　　　(6) $HgS + HCl(浓) + HNO_3(浓) \longrightarrow$

(7) $Hg_2^{2+} + I^- \longrightarrow$　　　　　　　(8) $HgCl_2$ 溶液加适量 KI，再加过量 KI 溶液

(9) Au + 王水 $\longrightarrow$　　　　　　　　(10) $HgS + Na_2S \longrightarrow$

30. 有一固体，可能含有 $AgNO_3$、CuS、$AlCl_3$、$KMnO_4$、K_2SO_4 和 $ZnCl_2$。将该固体加入水中，并用几滴盐酸酸化，有白色沉淀生成，过滤后得沉淀 A 和无色滤液 B，沉淀 A 溶于氨水中。将滤液 B 分成两份，一份加入少量 NaOH 溶液时有白色沉淀生成，再加入过量 NaOH 溶液白色沉淀溶解；另一份加入少量氨水时有白色沉淀生成，加入过量氨水及 NH_4Cl 固体时，沉淀溶解。

根据实验现象，请指出以上化合物中哪些一定存在，哪些肯定不存在，哪些可能存在。

31. 简述材料定义，并按照物质组成简要说明材料的分类。

32. 简述无机材料的定义与分类，并分别列举每类三种材料及其应用。

33. 简述合金的分类与形成固溶体合金的依据与判据。

34. 查阅相关资料，简述钛合金相比于钢铁材料的优点及中国钛合金生产工业的最新进展。

35. 简述三类传统无机非金属材料的组成与特性，选取其中一种，查阅相关资料后简述其行业现状与发展方向。

36. 简述功能无机非金属材料的定义与分类，试举出三种日常生活中已实用化的功能非金属材料。

37. 简述纳米材料定义及纳米材料较传统材料所特有的效应。

38. 选择自己感兴趣的纳米材料应用方向，查阅相关资料后简述该领域研究的最新进展。

（石建新　卢锡洪）

第 9 章 定量分析基础
(Basics of quantitative analysis)

定量分析是分析化学的一个重要组成部分。

许多的物理和化学定律都是在对物质的含量实现了准确定量分析的基础上建立起来的。现代定量分析可划分为化学定量分析和仪器定量分析，前者主要指采用传统的滴定分析法，而后者常指借助于各种仪器的定量分析方法。

本章主要介绍**化学定量分析法，包含重量分析法、酸碱滴定法、配位滴定法和氧化还原滴定法**，最后对仪器定量分析中的**吸光光度法**进行简要介绍。由于定量分析中必须对测量数据进行处理，因而本章首先介绍定量分析**数据的处理方法**。

9.1 定量分析数据的处理方法
(Data processing in quantitative analysis)

一个完整的定量分析要经过多个步骤，而每个步骤中都存在一定程度的测量误差。由于分析测量过程中的误差是不可避免的，我们必须正确地认识误差及其产生的原因，从而对分析结果的准确度及精确度进行合理的评价，并以科学的方式将最终的定量分析结果表达出来。

9.1.1 测量误差及其来源

在定量分析中常见的误差有系统误差和随机误差。**系统误差是由分析测量过程中确定性的影响因素产生的，表现为重复性、单向性和可测性**。例如，当容量器皿的刻度不准确时，即便每一次都按照正确的操作方式量取溶液，得到的溶液体积都是不准确的。

随机误差则是在测量过程中由一系列随机变化的微小因素引起的一类误差。例如，测定过程中仪器的电流和电压的微小波动会使得对同一样品的重复测量值之间存在一个小的差异，由此导致各测量值不同。随机误差的这个特点使得我们无法采用校正的方法进行扣除(或抵偿)。

无论存在哪种误差，其最终结果都使测量值与真实值(true value)不同，称为测量误差，简称误差(error)。假设某个化学量(或物理量)的真实值为μ，对它进行一次测量得到的值为x，则定义如下的量E为**绝对误差**(absolute error)：

$$E = x - \mu \tag{9.1}$$

绝对误差反映了测量的准确度(accuracy)，如果E小，则测量的准确度高；反之，则低。将绝对误差除以真值，得到一个称为**相对误差**(relative error)的量E_r：

$$E_r = \frac{E}{\mu} \times 100\% \tag{9.2}$$

相对误差反映了误差相对于真实值大小的份额，更适于描述真实的误差程度，如例 9.1

所示。

【**例 9.1**】 两个分析人员对两份 NaCl 样品进行分析，这两份样品中 NaCl 的真实含量分别为 0.15 g 和 0.10 g，这两个分析人员的测定值分别为 0.14 g 和 0.09 g，计算他们测量值的绝对误差和相对误差。

解 绝对误差为

$$E_1 = x_1 - \mu_1 = 0.14\,g - 0.15\,g = -0.01\,g$$
$$E_2 = x_2 - \mu_2 = 0.09\,g - 0.10\,g = -0.01\,g$$

相对误差为

$$E_{r1} = \frac{E_1}{\mu_1} \times 100\% = \frac{-0.01\,g}{0.15\,g} \times 100\% = -6.7\%$$
$$E_{r2} = \frac{E_2}{\mu_2} \times 100\% = \frac{-0.01\,g}{0.10\,g} \times 100\% = -10\%$$

从上述的例子可以看到，如果以绝对误差来衡量两个分析人员的测量水平，则会得出两者水平相同的结论。但是，从相对误差来看，第一个分析人员的相对误差较小，反映出其失误较小，因而其测量水平稍高。

9.1.2 随机误差的分布规律

前已述及，由于随机误差的存在，对同一样品进行重复测量会得到不同的测量值。表 9.1 为对某一合金样中的含铁量进行 100 次测定的数据，随机误差的存在导致它们并不完全相同。

表 9.1 合金中含铁量的分析数据

1.42	1.49	1.43	1.41	1.37	1.40	1.32	1.42	1.47	1.39
1.42	1.36	1.40	1.34	1.42	1.42	1.45	1.35	1.42	1.39
1.36	1.42	1.39	1.42	1.42	1.30	1.34	1.42	1.37	1.36
1.41	1.34	1.37	1.46	1.44	1.45	1.32	1.48	1.40	1.45
1.44	1.46	1.39	1.53	1.36	1.48	1.40	1.39	1.38	1.40
1.37	1.45	1.50	1.43	1.45	1.43	1.41	1.48	1.39	1.45
1.39	1.46	1.39	1.45	1.31	1.41	1.44	1.44	1.42	1.47
1.46	1.36	1.39	1.40	1.38	1.35	1.42	1.43	1.42	1.42
1.37	1.40	1.41	1.37	1.46	1.36	1.37	1.27	1.47	1.38
1.35	1.34	1.43	1.42	1.41	1.41	1.44	1.48	1.55	1.37

统计学中采用一种称为直方图的方式来展示这些数据的分布规律，如图 9.1 所示。从图中可以看到，虽然随机误差导致测量值各不相同，但测量数据大多集中在 1.37～1.45。

统计学家在研究随机误差变化规律的基础上，提出了正态分布的概念，用来描述随机量的分布规律。式(9.3)为正态分布概率密度函数的表达式：

$$y = f(x) = \frac{1}{\sqrt{2\pi}\sigma} e^{-\frac{(x-\mu)^2}{2\sigma^2}} \tag{9.3}$$

式中，y 为随机变量取值 x 时的概率密度(probability density)；μ 为真值；σ 为标准差(standard

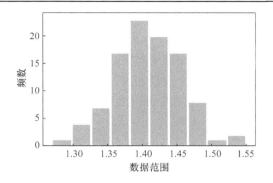

图 9.1　频数分布直方图

error)。μ 和 σ 的定义如下：

$$\mu = \frac{x_1 + x_2 + \cdots + x_N}{N} \tag{9.4}$$

$$\sigma = \sqrt{\frac{(x_1 - \mu)^2 + (x_2 - \mu)^2 + \cdots + (x_N - \mu)^2}{N}} \tag{9.5}$$

式中，N 为测量值总体的容量(或个体数目)，它通常是一个很大的数。正态分布函数由 μ 和 σ 两个统计量确定，常简化为用符号 $N(\mu, \sigma^2)$ 表示。如果引入一个新的统计量：

$$u = \frac{x - \mu}{\sigma} \tag{9.6}$$

则正态分布函数变换为[①]

$$\phi(u) = \frac{1}{\sqrt{2\pi}} e^{-u^2/2} \tag{9.7}$$

　　式(9.7)对应的是真值为 0、标准差为 1 的分布，通常称为标准正态分布，用 $N(0,1)$ 表示。图 9.2 是标准正态分布曲线，从图中可以得到一些结论：①小误差出现的概率大，大误差出现的概率小；②正、负误差出现的概率相等，分布曲线呈中心对称；③标准差 σ 增大，标准正态分布曲线将向两边拓宽，数据的分散程度增大，表明误差会增大。

　　有一点需要说明，概率分布曲线上的值是概率密度值而非某个具体值出现的概率。对于连续随机变量而言，某个具体值对应的概率为零，我们只能讨论某个取值区间的概率问题。在区间 $[u_1, u_2]$ 的概率可用式(9.8)计算：

$$P(u_1 \leqslant u \leqslant u_2) = \int_{u_1}^{u_2} \phi(u)\mathrm{d}u = \int_{u_1}^{u_2} \frac{1}{\sqrt{2\pi}} e^{-u^2/2}\mathrm{d}u \tag{9.8}$$

　　由于

$$x = \mu + u\sigma \tag{9.9}$$

所以，通过设定不同的 u 值可以计算测定值出现的区间概率。

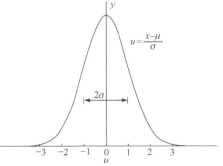

图 9.2　标准正态分布曲

---

① 注意：这里不是简单的代数变换。

表 9.2 给出了几个常用区间概率。从表 9.2 中可以看到，测定值出现在±3σ的范围内的概率高达 99.7%，这是一个大概率事件。这也表明测定值出现在±3σ范围之外的概率不大于 0.3%，因而是一个小概率事件。从统计学角度来看，这样的事件在 1000 次测定中出现的可能性仅为 3 次，故对于通常的分析测定次数而言，如果某测定值超出了±3σ的范围，则可以认为该测定值的偏差不是测定过程中的随机误差所引起，应考虑测量过程中是否存在系统误差。

表 9.2　测定值出现的概率

u 的区间	测定值出现的区间	概率
$u = \pm 1$	$x = \mu \pm 1\sigma$	68.3%
$u = \pm 2$	$x = \mu \pm 2\sigma$	95.5%
$u = \pm 3$	$x = \mu \pm 3\sigma$	99.7%

标准正态分布的概率值可通过式(9.8)进行计算，也可以通过标准正态分布表查找，如表 9.3 所示。表中的正态分布的概率值是[0, u]区间的积分值，也称为单侧概率。如果要求[$-u$, u]区间的积分值，则将[0, u]区间的概率值乘以 2。

表9.3　正态分布概率积分表

$|u|$	面积	$|u|$	面积	$|u|$	面积
0.0	0.0000	1.0	0.3413	2.0	0.4773
0.1	0.0398	1.1	0.3643	2.1	0.4821
0.2	0.0793	1.2	0.3849	2.2	0.4861
0.3	0.1179	1.3	0.4032	2.3	0.4893
0.4	0.1554	1.4	0.4192	2.4	0.4918
0.5	0.1915	1.5	0.4332	2.5	0.4938
0.6	0.2258	1.6	0.4452	2.6	0.4953
0.7	0.2580	1.7	0.4554	2.7	0.4965
0.8	0.2881	1.8	0.4641	2.8	0.4974
0.9	0.3159	1.9	0.4713	3.0	0.4987

【**例 9.2**】　设某钢样中磷的质量分数的真值为 $\mu=0.099\%$，总体标准差为 $\sigma=0.002\%$。则测定值落在区间 0.095%～0.103%的概率是多少？

解　根据式(9.6)，得

$$u_1 = \frac{0.095 - 0.099}{0.002} = -2 \qquad u_2 = \frac{0.103 - 0.099}{0.002} = 2$$

查表得[0, 2]区间的概率值为 0.4773，所以

$$P(0.095\% \leqslant x \leqslant 0.103\%) = 2 \times 0.4773 = 0.955$$

需要说明的是，上述的正态分布理论是一种理想状态的结果，适用于大样本体系。在实际的定量分析过程中，我们只能进行有限次的测量，因而往往面对的是小样本体系。将上述的理论直接用于小样本体系时就存在一定的风险。1908 年，英国统计学家戈塞特(W. S. Gosset)提出了一种用于处理小样本体系的统计方法。他发表论文时把作者名字写成 Student，因而历史上又将他的方法称为"学生氏"分布，简称 t 分布。

t 分布采用了一个新的统计量 t，用于取代正态分布里面的统计量 u，其定义如下：

$$t = \frac{\overline{x} - \mu}{s} \sqrt{n} \qquad (9.10)$$

式中，s 为样本标准偏差(sample standard error)，其定义为

$$s = \sqrt{\frac{(x_1 - \overline{x})^2 + (x_2 - \overline{x})^2 + \cdots + (x_n - \overline{x})^2}{n-1}} \qquad (9.11)$$

其中，n 为样本容量；$\overline{x}$ 为样本均值(sample mean)，其定义如下：

$$\overline{x} = \frac{x_1 + x_2 + \cdots + x_n}{n} \qquad (9.12)$$

从式(9.10)中可以看到，t 分布实际上是用样本标准偏差 s 取代了总体标准偏差 σ。由于样本标准偏差 s 是与测定次数有关的量，所以 t 分布定义自由度 $f = n-1$ 来反映不同测定次数下的分布，当 $f = \infty$ 时，t 分布就变成正态分布。

图 9.3 为 t 分布的概率分布曲线，与正态分布曲线(图中虚线所示)相比，它显得略窄一些。与正态分布一样，t 分布曲线下方一定区间内的面积值即为该区间内随机误差的概率。为了使用方便，通常 t 值做成表格形式，如表 9.4 所示，表中的 P 是置信度(confidence level)，$\alpha = 1 - P$，是显著性水准，表示测定值落在置信区间之外的概率。

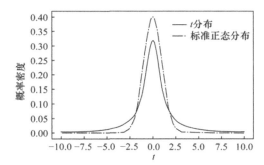

图 9.3 t 分布的概率分布曲线

利用 t 分布，可以在只进行了有限次测量的情况下，对于真值可能存在的区间(称为置信区间)进行估计，其计算公式为

$$\mu = \overline{x} \pm \frac{ts}{\sqrt{n}} \qquad (9.13)$$

表9.4 $t_{\alpha, f}$ 值表(双边)

f	置信度，显著性水平		
	$P=0.90$ $\alpha=0.10$	$P=0.95$ $\alpha=0.05$	$P=0.99$ $\alpha=0.01$
1	6.31	12.71	63.66
2	2.92	4.30	9.92
3	2.35	3.18	5.84
4	2.13	2.78	4.60
5	2.02	2.57	4.03
6	1.94	2.45	3.71
7	1.90	2.36	3.50
8	1.86	2.31	3.36
9	1.83	2.26	3.25
10	1.81	2.23	3.17
20	1.72	2.09	2.84
∞	1.64	1.96	2.58

【**例 9.3**】 对某未知试样中 Cl^- 的质量分数进行 4 次平行测定，结果为 47.64%、47.69%、47.52% 和 47.55%。计算置信度为 90%、95%、99% 时，总体平均值的置信区间。

解 计算可得

$$\bar{x} = 47.60\% \qquad s = 0.079\%$$

置信度为 90% 时，$t_{0.10,3} = 2.35$，所以

$$\bar{x} = \bar{x} \pm t_{\alpha,f} \frac{s}{\sqrt{n}} = 47.60\% \pm 2.35 \times \frac{0.079\%}{\sqrt{4}} = (47.60 \pm 0.09)\%$$

置信度为 95% 时，$t_{0.05,3} = 3.18$，所以

$$\bar{x} = \bar{x} \pm t_{\alpha,f} \frac{s}{\sqrt{n}} = 47.60\% \pm 3.18 \times \frac{0.079\%}{\sqrt{4}} = (47.60 \pm 0.13)\%$$

置信度为 99% 时，$t_{0.01,3} = 5.84$，所以

$$\bar{x} = \bar{x} \pm t_{\alpha,f} \frac{s}{\sqrt{n}} = 47.60\% \pm 5.84 \times \frac{0.079\%}{\sqrt{4}} = (47.60 \pm 0.23)\%$$

例 9.3 的结果表明，置信度越高，置信区间就越大，区间内包含真值的可能性也就越大。然而，太大的置信区间将失去其实用的意义，故在分析化学中，计算置信区间时通常将置信度设为 95%。

本节介绍了四个统计量，真值 μ、标准差 σ、均值 $\bar{x}$ 和样本标准偏差 s。统计学可以证明，如果测量过程中仅涉及随机误差，则均值 $\bar{x}$ 是对真值 μ 的无偏估计，而样本标准偏差 s 是对标准差 σ 的无偏估计。因而在实际的测量过程中，可以用均值和样本标准偏差来表征真值和标准差。而样本标准偏差反映了测量数据的分散程度，它也反映了测量的精密度。样本标准偏差的值越大，则精密度越差，反之，越好。精密度高，意味着数据向分布曲线的中心聚集，在一定程度上可以得到对真值的更好估计，因而高的精密度是获得高的准确度的先决条件。但是，精密度高时准确度并不一定高，因为精密度不能决定分布的中心位置。

9.1.3 测量数据的处理方式

由于存在测量误差，在实际的测量过程中不能相信一次测量的结果，通常都是进行重复测量。设对某个化学量进行了 n 次测量，得到 n 个测量数据。如果将其大小按递增排列为 x_1，x_2，$\cdots$，x_n，会发现两端的数据 x_1 和(或)x_n 有时候表现得更为偏小和(或)偏大，与群体中的其他测量值非常不协调，因而称为离群值(outlier)。造成这种情况的原因很复杂，有时是明显的失误，有时则是较大的随机误差导致。无论哪种情况出现，我们都应对它们进行相关的检验，如果确实是离群值，则应将其剔除。

常用的检验离群值的方法有很多，如 $4\bar{d}$ 法、格鲁布斯法、Q 检验法等。推荐使用的方法是格鲁布斯法，其具体做法是：

(1) 先将测量数据从小到大进行排列，则两端的最小值和最大值皆有可能是离群值。

(2) 计算该组数据的平均值 $\bar{x}$ 和样本标准偏差 s，再计算格鲁布斯统计量 G。

若 x_1 为可疑值，则

$$G = \frac{\bar{x} - x_1}{s} \tag{9.14}$$

若 x_n 为可疑值，则

$$G = \frac{x_n - \bar{x}}{s} \tag{9.15}$$

(3) 根据预先设定的置信度 P 和测定次数 n，确定临界点 $G_{P,n}$ 值，如果 $G>G_{P,n}$，则将可疑值舍弃；反之，则保留。表 9.5 列出了临界 $G_{P,n}$ 值。

表 9.5　$G_{P,n}$ 值表

测定次数 n	置信度 P		测定次数 n	置信度 P	
	95%	99%		95%	99%
3	1.15	1.15	12	2.29	2.55
4	1.46	1.49	13	2.33	2.61
5	1.67	1.75	14	2.37	2.66
6	1.82	1.94	15	2.41	2.71
7	1.94	2.10	16	2.44	2.75
8	2.03	2.22	17	2.47	2.79
9	2.11	2.32	18	2.50	2.82
10	2.18	2.41	19	2.53	2.85
11	2.23	2.48	20	2.56	2.88

【例 9.4】 对某 NaOH 溶液进行了 6 次平行测定，结果为 0.1049 mol · L^{-1}、0.1050 mol · L^{-1}、0.1042 mol · L^{-1}、0.1086 mol · L^{-1}、0.1063 mol · L^{-1} 和 0.1064 mol · L^{-1}。判定该数据集中是否存在可疑值。(P=0.95)

解　计算得 $\overline{x}$ = 0.1059 mol · L^{-1}，s = 0.0016 mol · L^{-1}。

如果存在可疑值，则 0.1042 mol · L^{-1} 和 0.1086 mol · L^{-1} 的可能性最大，二者对应的 G 值为

$$G_{0.1042} = \frac{0.1059 \text{ mol} \cdot \text{L}^{-1} - 0.1042 \text{ mol} \cdot \text{L}^{-1}}{0.0016 \text{ mol} \cdot \text{L}^{-1}} = 1.06$$

$$G_{0.1086} = \frac{0.1086 \text{ mol} \cdot \text{L}^{-1} - 0.1059 \text{ mol} \cdot \text{L}^{-1}}{0.0016 \text{ mol} \cdot \text{L}^{-1}} = 1.69$$

查表可得，$G_{0.95,6}$=1.82，所以，该数据集中不存在可疑值。

在对测量数据中存在的离群值进行剔除之后，要以某种合适的方式将测量结果表达出来。一种最简单的表达方式是直接提供均值、样本标准偏差和样本容量。

$$\overline{x}(s, n) \tag{9.16}$$

9.1.4　有效数字及其运算规则

有效数字是指实际上能测量到的数字，它包括全部准确测定的数字及最后一位估计的数字。有效数字来源于所使用的分析工具。例如，万分之一的天平可以读到克后面的第四位，即 0.1 mg。在称量的过程中，最后一位的读数常会变动，这意味着最后一位的读数具有不确定性。因为最后一位数字也是被称量物质的真实质量的反映，应该如实地记录下来。下面是一些有效数字的示例。

0.5	0.02%	一位有效数字
0.0054	0.40	两位有效数字
0.0382	1.08×10^{-10}	三位有效数字
0.1000	10.98%	四位有效数字
1.0008	430981	五位有效数字

从上面的有效数字中可以看到，"0"所在的位置不同，它所起的作用也不同。当它排在末尾或非零数字之间时，"0"是实际的有效数字；而当它排在所有的非零数字之前时，"0"只起了定位的作用。有些数字在变更单位时"0"的数目会改变，此时应确保有效数字位数不变。例如，以克作单位时，0.0100 g 有三位有效数字，如果改为以毫克为单位，则应该写成 10.0 mg；而如果改为以微克为单位，则应该写成 $1.00×10^4$ μg，切不可写为 10 000 μg。

pH、pOH、p*K*、pM、lg*K* 等对数值，其有效数字的位数是小数点后数字的位数，因为其整数部分对应于该数的幂指数，不是有效数字。例如，pH=11.20，换算成 H^+ 浓度时，应为 $[H^+]=6.3×10^{-12}$ mol·L^{-1}，因此有效数字只是两位。

对于非测量所得的数字，如倍数、分数关系，π，e 等物理常数，不具体限定其有效数字的位数，而是根据具体情况来决定其取值位数。

分析化学中一般按下述规则来记录有效数字。

(1) 记录测定结果时，只保留一位可疑数字，如

分析天平的称量值：0.000□① g；

滴定管体积：0.0□ mL；

pH：0.0□ 单位。

(2) 含量>10%组分的测定，一般要求四位有效数字；含量在 1%～10%的一般要求三位有效数字；含量<1%的组分只要求两位有效数字。

(3) 分析中各类误差通常取 1～2 位有效数字，如相对误差 0.02%，标准偏差 0.23。

在分析数据的处理过程中，通常会有不同有效数字位数的数字相加减或乘除运算的情况，由于不同的有效数字位数反映的测量精度不同，为了使最终结果的精度与测量过程的精度保持一致，就必须对有效数字进行修约，即将多余的数字去掉。有效数字的修约规则是：四舍六入五成双。

(1) 当尾数≤4 时则舍弃。

(2) 当尾数≥6 时则进位。

(3) 当尾数=5 时，按如下情况处理：

数字 5 之后仅为 0 值且其之前为奇数时，将 5 进位；

数字 5 之后仅为 0 值且其之前为偶数时，将 5 舍弃；

当 5 之后还有不为零的任何数，则将 5 进位。

当 5 之后还有不为零的任何数时，它与 5 合在一起比 5 大，所以应把此时的 5 看作接近 6，因而按照"六入"的规则处理。

现举若干例子说明数字的修约，如下所示为将左边的数字修约为四位有效数字。

0.32554	⟶	0.3255
0.42605	⟶	0.4260
15.4565	⟶	15.46
150.650	⟶	150.6
16.0851	⟶	16.09

---

① 这里的方框□表示可疑数字的位置。

当多个数据进行运算后得到一个最终结果时，该结果的有效数字位数将取决于计算的方式。对于加、减法运算，最终结果的小数点的位数由这些数据中小数点后位数最少的数字来确定；对于乘、除运算，最终结果的有效数字位数由其中的相对误差最大的数字确定。

【例 9.5】　求 135.621+0.33+21.2163=?

解　如果直接计算，结果为

$$R = 135.621+0.33+21.2163=157.1673$$

由于其中的 0.33 的绝对误差最大为±0.01，即小数点后第二位已经为可疑值，所以计算结果中应该修约到小数点后第二位，即

$$R = 135.621+0.33+21.2163 = 135.62+0.33+21.22 = 157.17$$

【例 9.6】　求 0.0121×25.64×1.05782=?

解　各数字的相对误差如下：

数字	相对误差
0.0121	$\dfrac{\pm 0.0001}{0.0121} \times 100\% = \pm 0.8\%$
25.64	$\dfrac{\pm 0.01}{25.64} \times 100\% = \pm 0.04\%$
1.05782	$\dfrac{\pm 0.00001}{1.05782} \times 100\% = \pm 0.00009\%$

其中相对误差最大的数字是 0.0121，它是三位有效数字。所以，计算结果应该保留三位有效数字：

$$R = 0.0121 \times 25.64 \times 1.05782 = 0.0121 \times 25.6 \times 1.06 = 0.328$$

9.2　重量分析法
(Gravimetry)

重量分析法是通过称量的方式对待测物进行定量分析的一类方法的统称。重量分析法虽然在常规分析中已经很少使用，但是，由于它是直接以国际千克原器为基准的方法，因而它也是人类的最终极的定量分析方法，任何的定量分析方法都必须以某种形式最终追溯到重量分析法。从这个意义上说，重量分析法也是检验其他定量分析方法的"正统性"的一个基准。因此，了解和掌握重量分析法是完整、正确地掌握定量分析的不可或缺的环节。

常用的重量分析法有沉淀重量分析法、挥发重量分析法(气化法)和电重量分析法(电解法)等。沉淀重量分析法是将待测组分以微溶化合物的形式从试液中沉淀出来，再通过将沉淀过滤、洗涤、烘干或灼烧等操作处理，最后以称量的方式求得待测组分的含量。挥发重量分析法是通过加热或其他方法使试样中的待测组分气化逸出，然后根据试样所减轻的质量，计算试样中该组分的含量；或者，当该组分逸出时，用吸收剂将其吸收，再根据吸收剂质量的增加来计算该组分的含量。电重量分析法是将某组分在电极上析出，根据电极增加的质量，求得该组分的含量。限于篇幅，本节只讨论沉淀重量分析法。

9.2.1　沉淀的几种类型

一个熟知的沉淀反应是 Ba^{2+} 与 SO_4^{2-} 形成白色的沉淀，反应式如下：

$$Ba^{2+}(aq) + SO_4^{2-}(aq) == BaSO_4(s)$$

这个反应形成的白色沉淀表现为晶体形态，因而常称为晶形沉淀，其中的 Ba^{2+} 和 SO_4^{2-} 称为构晶离子。晶形沉淀的内部按照晶体结构排列，结构致密。晶体颗粒的直径为 $0.1 \sim 1\ \mu m$，整个沉淀所占的体积较小，容易沉淀于容器的底部且容易过滤，是理想的沉淀形态。

一些高价态的金属离子，如 Al^{3+} 容易与 OH^- 形成白色沉淀，反应如下：

$$Al^{3+}(aq) + 3OH^-(aq) + nH_2O(aq) == Al(OH)_3 \cdot nH_2O(s)$$

这个反应形成的沉淀表现为絮状，没有固定的形态，因而称为无定形沉淀。构成无定形沉淀的小颗粒的直径一般小于 $0.02\ \mu m$，它们疏松地聚集在一起，其中还包含了大量的水分，所以沉淀的体积一般较大，不容易沉淀到容器的底部，也难于过滤。

有些金属离子容易与卤素离子形成沉淀，如 Ag^+ 与 Cl^- 形成白色沉淀，反应如下：

$$Ag^+(aq) + Cl^-(aq) == AgCl(s)(白色)$$

这个反应形成的沉淀表现为凝乳状，常称为凝乳状沉淀。凝乳状沉淀的颗粒大小介于晶形沉淀和无定形沉淀之间，为 $0.02 \sim 0.1\ \mu m$。凝乳状沉淀的性质也介于晶形沉淀和无定形沉淀之间。

9.2.2　沉淀重量分析法对沉淀的要求

沉淀重量分析法的整个分析过程可分为两个步骤，首先，在试液中加入适当的沉淀剂，使被测组分以某种"沉淀形式"沉淀出来；其次，将沉淀过滤、洗涤后，再将其烘干或灼烧成"称量形式"进行称量，继而求得待测组分的含量。沉淀形式与称量形式可能相同也可能不相同。例如，测定 Cl^- 时，过程如下：

$$Cl^-(aq) \xrightarrow{AgNO_3} AgCl(s) \xrightarrow{过滤、洗涤、烘干} AgCl(s)$$

这里，沉淀形式和称量形式相同，都是 $AgCl$。当用乙二酸钙法测定 Ca^{2+} 时，过程如下：

$$Ca^{2+}(aq) \xrightarrow{C_2O_4^{2-}} CaC_2O_4 \cdot H_2O(s) \xrightarrow{灼烧} CaO(s)$$

这里，沉淀形式是 $CaC_2O_4 \cdot H_2O$，而称量形式是 CaO。为了保证测定具有足够的准确度且便于操作，重量分析法对于沉淀形式和称量形式都有一定的要求。对沉淀形式的要求有：①沉淀的溶解度要小，其溶解损失应不超过天平的称量误差；②沉淀应易于过滤和洗涤；③沉淀应有较高的纯度；④沉淀应易于转变为称量形式。对称量形式的要求有：①称量形式应具有确定的化学组成；②称量形式应稳定，不受空气中水分、二氧化碳等的影响；③称量形式应有较大的摩尔质量。

称量形式的摩尔质量大，则待测组分在其中所占的比例相对就小，这样有利于减小称量误差。例如，用重量分析法测定 Al^{3+} 时既可用氨水将其沉淀为 $Al(OH)_3$ 后灼烧成 Al_2O_3 称量；也可用 8-羟基喹啉将其沉淀为 $(C_9H_6NO)_3Al$ 后烘干称量，但是这两种方法的称量误差不同。由 0.1000 g 铝可获得 0.1888 g Al_2O_3，分析天平的称量误差一般为 ±0.2 mg，所以称量 Al_2O_3 的相对误差为

$$Al_2O_3 \text{ 相对误差} = \frac{\pm 0.0002 \text{ g}}{0.1888 \text{ g}} \times 100\% = \pm 0.1\%$$

而 0.1000 g 铝可获得 1.704 g $(C_9H_6NO)_3Al$，其称量误差为

$$(C_9H_6NO)_3Al \text{ 相对误差} = \frac{\pm 0.0002 \text{ g}}{1.704 \text{ g}} \times 100\% = \pm 0.01\%$$

显然，用 8-羟基喹啉沉淀 Al^{3+} 的方法具有较高的准确度。

9.2.3　沉淀的形成及影响其纯度的因素*

沉淀的形成过程大致可分为晶核的形成与晶核的成长两个过程，如下所示。

$$\text{构晶离子} \underset{\text{成核过程}}{\overset{}{\rightleftharpoons}} \text{晶核} \underset{\text{成长过程}}{\overset{}{\longrightarrow}} \text{沉淀微粒} \begin{cases} \xrightarrow{\text{定向排列}} \text{晶形沉淀} \\ \xrightarrow{\text{非定向排列}} \text{无定形沉淀} \end{cases}$$

当沉淀剂加入离子溶液中时，构晶离子相互结合，形成晶核，这一过程也称为均相成核过程。在过饱和度很低的溶液中，由于构晶离子浓度很小，均相成核作用不易发生。在这种情况下，构晶离子更倾向于附着在溶液中的固体微粒上形成晶核，这一过程称为异相成核。

一般而言，晶核在形成过程中首先形成离子对，继而形成三离子体、四离子体等。

(1) 离子对：

$$Ba^{2+} + SO_4^{2-} \rightleftharpoons (Ba^{2+}SO_4^{2-})$$

(2) 三离子体：

$$(Ba^{+}SO_4^{2-}) + Ba^{2+} \rightleftharpoons (Ba_2^{2+}SO_4^{2-})$$

(3) 四离子体：

$$(Ba_2^{2+}SO_4^{2-}) + SO_4^{2-} \rightleftharpoons (Ba^{2+}SO_4^{2-})_2$$
$$\vdots$$

上述的过程持续进行下去，晶核就会逐渐形成晶体，并最终形成沉淀微粒。这种沉淀微粒有聚集为更大的颗粒的倾向，其聚集方式将决定沉淀的类型。如果微粒的聚集过程是按晶体的晶格定向排列进行的，则可得到晶形沉淀；否则，如果微粒的聚集是按非定向的方式进行，则将得到无定形沉淀。

对于极性较强的盐类，如 $BaSO_4$、CaC_2O_4 等，一般具有较大的定向排列速度，故常生成晶形沉淀；对于氢氧化物，如 $Al(OH)_3$、$Fe(OH)_3$ 等，它们的溶解度很小，且在沉淀时含有大量的水分子，故其定向排列不易进行，通常形成体积庞大、结构疏松的无定形沉淀。

在形成目标沉淀物的过程中，某些可溶性杂质混杂在沉淀中一同沉积下来，称为共沉淀现象。产生共沉淀的原因有表面吸附、吸留和生成混晶。图 9.4 为表面吸附的示意图。

表面	Ca^{2+}	Ca^{2+} SO_4^{2-}	Ca^{2+}	Ca^{2+} SO_4^{2-}	Ca^{2+}
Ba^{2+} ⋯	SO_4^{2-} ⋯	Ba^{2+} ⋯	SO_4^{2-} ⋯	Ba^{2+} ⋯	SO_4^{2-}
⋮	⋮	⋮	⋮	⋮	⋮
SO_4^{2-} ⋯	Ba^{2+} ⋯	SO_4^{2-} ⋯	Ba^{2+} ⋯	SO_4^{2-} ⋯	Ba^{2+}
⋮	⋮	⋮	⋮	⋮	⋮
Ba^{2+} ⋯	SO_4^{2-} ⋯	Ba^{2+} ⋯	SO_4^{2-} ⋯	Ba^{2+} ⋯	SO_4^{2-}

图 9.4　$BaSO_4$ 沉淀表面吸附示意图

表面吸附来源于晶体表面对带电离子的吸引。以稀 H_2SO_4 沉淀溶液中的 Ba^{2+} 为例，当生成了 $BaSO_4$ 晶体后，其表面裸露出构晶离子 Ba^{2+} 和 SO_4^{2-}，它们有吸引溶液中带相反电荷的离子的能力。例如，晶体表面裸露

的 Ba^{2+} 会吸引溶液中过量的 SO_4^{2-}，以中和 Ba^{2+} 的电荷，达到电荷平衡。被吸引的 SO_4^{2-} 在沉淀晶体的表面形成一个负电荷层，它会进一步吸引溶液中的其他带正电离子，如 Ca^{2+}、H^+ 等。所有这些被吸附的离子都有可能伴随沉淀沉积下来，从而对沉淀的纯度造成影响。表面吸附一般遵循如下的规律：

(1) 第一吸附层中被吸附的离子通常是溶液中过量的构晶离子。与构晶离子半径相似、电荷相同的离子，也可能被吸附到第一吸附层，如 $BaSO_4$ 沉淀的表面也可以吸附溶液中的 Pb^{2+}。

(2) 第二吸附层中被吸附的离子通常是容易与第一吸附层中的离子形成微溶化合物的离子。例如，如果溶液中存在 Ca^{2+}，因 Ca^{2+} 与 SO_4^{2-} 易生成沉淀，故 Ca^{2+} 易被吸附。

(3) 离子的价数越高，浓度越大，越容易被吸附。

沉淀表面吸附杂质的量与沉淀的比表面积有关，比表面积越大，则吸附杂质的量越多。晶形沉淀的颗粒大，比表面积小，吸附杂质较少。而对于无定形沉淀，由于其结构疏松，体积庞大，有大的比表面积，所以表面吸附现象特别严重。对于由表面吸附产生的沉淀沾污，通常可以用稀电解质洗涤沉淀的方式除去。

如果在沉淀过程中，沉淀表面吸附的杂质被随后生成的沉淀所覆盖，使杂质被包藏在沉淀的内部，这种现象称为吸留(或包藏)。由于此时杂质已经留在了沉淀的内部，故不能用洗涤的方式除去，但可以通过陈化或重结晶的方法使吸留的杂质减少。

还有一种情况，在沉淀过程中，存在与构晶离子电荷数和离子半径相近的杂质离子，则该杂质离子就有可能取代构晶离子，占据晶体的晶格位置，这种现象称为混晶。由于混晶现象导致的沉淀沾污，很难用通常的洗涤、陈化方式除去，所以最好是在进行沉淀之前将这类杂质离子除去。

沉淀析出之后，通常要在母液中存放一段时间，这一过程称为陈化，其目的是让小颗粒长成大颗粒。然而，在陈化的过程中，溶液中的杂质离子会慢慢沉积到沉淀的表面上，这种现象称为后沉淀。例如，在含有 Mg^{2+} 杂质离子的 Ca^{2+} 溶液中加入乙二酸，开始形成的 CaC_2O_4 沉淀表面只吸附了少量的 Mg^{2+}。然而，如果将沉淀放置一段时间，则沉淀的表面会有 MgC_2O_4 析出。

后沉淀所引入的杂质的量随着沉淀放置时间延长而增加，因此对于某些沉淀而言，陈化的时间不宜过长。

9.2.4　沉淀条件的控制

为了使沉淀完全、纯净，且易于过滤和洗涤，对于不同类型的沉淀，应采用不同的沉淀条件。

对于晶形沉淀而言，主要考虑的是如何获得较大的沉淀颗粒。大颗粒沉淀因溶解度相对较小而使沉淀更为完全，同时大颗粒的总表面积较小，吸附的杂质相对较少，易于洗涤和过滤。为获得较好的晶形沉淀，①沉淀应该在适当稀的溶液中进行，加入的沉淀剂浓度也要适当小，其目的在于使沉淀开始时溶液的相对过饱和度不会过大，产生的晶核也不会过多，以利于晶核的形成和长大；②应在搅拌下逐滴加入沉淀剂，这样可以防止局部过浓现象，以免产生大量的晶核；③沉淀作用应在热溶液中进行，热溶液会使沉淀的溶解度增加，减少沉淀表面吸附的杂质；④沉淀完成后，让沉淀在母液中陈化一段时间。

无定形沉淀的特点是溶解度小、体积庞大、易吸附大量的杂质、难于洗涤和过滤。针对无定形沉淀的这些特点，沉淀过程中应采用如下措施：①沉淀过程应在较浓的溶液中进行，加入沉淀剂的速度可适当快些。浓度大时，离子的水合程度较小，得到的沉淀比较紧密。但浓度大时也会导致吸附的杂质增多，所以在沉淀完毕后，应加入大量热水稀释母液，并搅拌沉淀使吸附的杂质转入溶液中。②沉淀过程应在热溶液中进行，这样不但可以防止生成胶体溶液，还可减少杂质的吸附，并使生成的沉淀紧密。③在溶液中加入适当的电解质，以防止生成胶体溶液。加入的电解质应易于加热除去。④沉淀完毕后应趁热过滤，而不必陈化。无定形沉淀长时间放置后易脱水，从而使沉淀变得很紧密，不利于后续的洗涤净化过程。⑤视具体情况，对沉淀进行再沉淀。

9.2.5 重量分析结果的计算

重量分析法中，由于称量形式与待测组分的表示形式可能不同，所以计算的方式也不同。如果称量形式与待测组分的表示形式相同，则待测组分的质量分数用式(9.17)计算：

$$w(\text{B}) = \frac{m(\text{B})}{m} \times 100\% \qquad (9.17)$$

式中，$m(\text{B})$ 为待测组分 B 的质量；m 为试样的质量。

例如，用重量分析法测定某试样中 SiO_2 的含量时，先将试样分解，然后将其中的硅以 $H_2SiO_3 \cdot nH_2O$ 的形式沉淀下来。沉淀经洗涤、过滤后，最终被灼烧成 SiO_2，所以此时可以直接采用式(9.17)进行计算。

当沉淀的称量形式与待测组分的表示形式不一致时，要经过适当的换算才能得到待测组分的质量分数。例如，用重量分析法测定某铁矿中铁的质量分数时，铁样经处理后生成 $Fe(OH)_3$ 沉淀，经灼烧后得到称量形式 Fe_2O_3，则

$$w(\text{Fe}) = \frac{m(\text{Fe}_2\text{O}_3) \times \dfrac{2M(\text{Fe})}{M(\text{Fe}_2\text{O}_3)}}{m} \times 100\% \qquad (9.18)$$

式中，$\dfrac{2M(\text{Fe})}{M(\text{Fe}_2\text{O}_3)}$ 为将 Fe_2O_3 的质量换算为 Fe 的质量的换算因子，用 F 表示，即

$$F = \frac{2M(\text{Fe})}{M(\text{Fe}_2\text{O}_3)}$$

它是与称量形式和表示形式有关的量，其分子项是表示形式，分母项是称量形式，其系数反映二者之间待测组分的量比关系。见例 9.7。

【例 9.7】 用重量分析法测定某 $MgNH_4PO_4$ 样品的镁含量。称取该试样 0.3621 g，得到 $Mg_2P_2O_7$ 沉淀 0.6300 g。求 $w(\text{MgO})$。

解 根据题意，其称量形式为 $Mg_2P_2O_7$，而表示形式为 MgO。从 Mg 的等量角度来看，一分子 $Mg_2P_2O_7$ 中的 Mg 是与两分子 MgO 中的 Mg 等量的，所以换算因子为

$$F = \frac{2M(\text{MgO})}{M(\text{Mg}_2\text{P}_2\text{O}_7)} = \frac{2 \times 40.31\,\text{g} \cdot \text{mol}^{-1}}{222.55\,\text{g} \cdot \text{mol}^{-1}} = 0.3623$$

所以

$$w(\text{MgO}) = \frac{m(\text{Mg}_2\text{P}_2\text{O}_7) \times F}{m} \times 100\% = \frac{0.6300\,\text{g} \times 0.3623}{0.3621} \times 100\% = 63.03\%$$

表 9.6 为一些待测组分的换算因数表。

表 9.6 换算因数表

待测组分	称量形式	换算因数 F
Cl^-	AgCl	$M(\text{Cl}^-)/M(\text{AgCl})$
S	$BaSO_4$	$M(\text{S})/M(\text{BaSO}_4)$
MgO	$Mg_2P_2O_7$	$2M(\text{MgO})/M(\text{Mg}_2\text{P}_2\text{O}_7)$
Fe_3O_4	Fe_2O_3	$2M(\text{Fe}_3\text{O}_4)/3M(\text{Fe}_2\text{O}_3)$
FeS_2 中的铁	$BaSO_4$	$M(\text{Fe})/2M(\text{BaSO}_4)$
Na_2SO_4	$BaSO_4$	$M(\text{Na}_2\text{SO}_4)/M(\text{BaSO}_4)$

9.2.6 重量分析法的应用

以测定 $BaCl_2 \cdot H_2O$ 中的钡含量为例来介绍沉淀重量分析法的一个应用。该法的理论依据是如下的反应：

$$Ba^{2+}(aq) + SO_4^{2-}(aq) \Longrightarrow BaSO_4(s)$$

定量分析的第一步是将称量过的钡盐用蒸馏水溶解，然后用适量稀盐酸将溶液酸化。将溶液加热至近沸，在不断搅拌下，缓慢加入热、稀的硫酸溶液，使形成 $BaSO_4$ 沉淀。开始时仅滴加一滴稀硫酸溶液，然后充分搅拌，其目的是形成原始的晶核，为后续的晶形沉淀颗粒的形成提供平台。后续加入稀硫酸溶液的量可适当增加，速度也可适当加快，但必须确保搅拌速度不减慢。

形成的 $BaSO_4$ 沉淀需经过一个陈化的过程，即将沉淀放置 24 h 使沉淀颗粒形成大颗粒的、纯净的沉淀。也可以在约 70 ℃ 的水浴箱中陈化 1 h。陈化过程中每隔一段时间要把沉淀搅散，其目的是将包埋在沉淀中的杂质释放出来。

经陈化之后的沉淀经过过滤、洗涤和干燥之后，最终得到 $BaSO_4$ 沉淀。对该沉淀进行称量，即可计算样品中钡的含量。

设称量的 $BaCl_2 \cdot H_2O$ 的质量为 $m(BaCl_2 \cdot H_2O)$，得到的硫酸钡的质量为 $m(BaSO_4)$，则样品中钡的质量分数为

$$w(Ba) = \frac{m(BaSO_4)}{m(BaCl_2 \cdot H_2O)} \times \frac{M(Ba)}{M(BaSO_4)} \times 100\%$$

9.3　酸碱滴定法
(Acid-base titration)

酸碱滴定法是以酸碱反应为基础的定量分析方法。按照布朗斯台德的观点，酸是质子的给予体，碱是质子的接受体，酸给出质子后变成了它的共轭碱，碱接受质子后变成了它的共轭酸。酸与其共轭碱之间构成了一个共轭酸碱对，存在如下的关系：

$$酸 \Longrightarrow 碱 + 质子$$

一个最简单的酸碱反应为

$$NaOH(aq) + HCl(aq) \Longrightarrow NaCl(aq) + H_2O(l)$$

在这个反应中，NaOH 和 HCl 反应的计量系数关系为 1∶1，等量的酸和碱反应完全后，系统的 pH=7.00。利用该反应的这些特点可以对 NaOH 或 HCl 进行定量分析。对于更为复杂的系统，必须在掌握了酸与碱相互反应过程中溶液体系 pH 的变化规律的基础上才能实现。

9.3.1 酸碱电离平衡及相关参数

酸或碱在水溶液中的电离程度，取决于酸或碱自身的特征，通常用电离平衡常数来衡量。考虑如下的酸碱平衡：

$$HA(aq) + H_2O(aq) \Longrightarrow H_3O^+(aq) + A^-(aq)$$

酸电离出氢离子的能力用酸电离常数 $K_a^\ominus$ 表示：

$$K_a^{\ominus}(\mathrm{HA}) = \frac{([\mathrm{H}^+]/c^{\ominus}) \cdot ([\mathrm{A}^-]/c^{\ominus})}{[\mathrm{HA}]/c^{\ominus}} \tag{9.19}$$

本章约定以[B]表示 B 物质的平衡浓度。

类似地，定义 HA 的共轭碱 A^- 的质子结合常数。共轭碱 A^- 在水溶液中的化学平衡如下：

$$\mathrm{A}^-(\mathrm{aq}) + \mathrm{H_2O}(\mathrm{aq}) \Longleftrightarrow \mathrm{HA}(\mathrm{aq}) + \mathrm{OH}^-(\mathrm{aq})$$

所以

$$K_b^{\ominus}(\mathrm{HA}) = \frac{([\mathrm{HA}]/c^{\ominus}) \cdot ([\mathrm{OH}^-]/c^{\ominus})}{[\mathrm{A}^-]/c^{\ominus}} \tag{9.20}$$

式中，$K_b^{\ominus}$ 为碱 A^- 的质子结合常数。从式(9.19)和式(9.20)可以得到：

$$K_a^{\ominus}(\mathrm{HA})K_b^{\ominus}(\mathrm{A}^-) = \frac{([\mathrm{H}^+]/c^{\ominus})([\mathrm{A}^-]/c^{\ominus})}{[\mathrm{HA}]/c^{\ominus}} \times \frac{([\mathrm{HA}]/c^{\ominus})([\mathrm{OH}^-]/c^{\ominus})}{[\mathrm{A}^-]/c^{\ominus}} \tag{9.21}$$

$$= ([\mathrm{H}^+]/c^{\ominus})([\mathrm{OH}^-]/c^{\ominus})$$

式(9.21)实际上描述了水的自电离平衡常数，即水的离子积常数 $K_w^{\ominus}$，如下

$$\mathrm{H_2O} \Longleftrightarrow \mathrm{H}^+ + \mathrm{OH}^-$$

$$K_w^{\ominus} = K_a^{\ominus}K_b^{\ominus} = ([\mathrm{H}^+]/c^{\ominus})([\mathrm{OH}^-]/c^{\ominus}) = 1.0 \times 10^{-14} \tag{9.22}$$

因此，只要知道了 $K_a^{\ominus}$ 和 $K_b^{\ominus}$ 其中的一项，就可以通过式(9.22)计算另一项。式(9.22)还表明，酸的酸性越强，则其共轭碱的碱性就越弱；反之亦然。

由于化学系统都具有自发趋于平衡状态的能力，所以当酸或碱与水混溶时，由于水分子与酸或碱分子的相互作用，会出现质子的转移过程，且这个过程会一直持续下去，直到达到一个相对的平衡状态。此时，溶液中将存在不同的酸、碱形态，下面分几种情况进行讨论。

对于一元弱酸乙酸(HAc)，它在水溶液中有一部分发生电离，生成 Ac^-，还有一部分仍然以 HAc 的形式存在，所以在溶液中同时存在 HAc 和 Ac^- 两种型体。在水溶液中，这两种型体的平衡浓度分别以[HAc]和[Ac^-]表示，其浓度的总和就是 HAc 的初始浓度 $c(\mathrm{HAc})$，也称为 HAc 的总浓度或分析浓度。

$$c(\mathrm{HAc}) = [\mathrm{HAc}] + [\mathrm{Ac}^-] \tag{9.23}$$

式(9.23)是质量守恒定律的基本结果，在分析化学中也称为质量平衡。定义溶液中 HAc 和 Ac^- 所占的总浓度的分数分别为 $\delta(\mathrm{HAc})$ 和 $\delta(\mathrm{Ac}^-)$，则

$$\delta(\mathrm{HAc}) = \frac{[\mathrm{HAc}]}{c(\mathrm{HAc})} = \frac{[\mathrm{HAc}]}{[\mathrm{HAc}] + [\mathrm{Ac}^-]} \tag{9.24}$$

$$\delta(\mathrm{Ac}^-) = \frac{[\mathrm{Ac}^-]}{c(\mathrm{HAc})} = \frac{[\mathrm{Ac}^-]}{[\mathrm{HAc}] + [\mathrm{Ac}^-]} \tag{9.25}$$

由于存在下列的关系：

$$K_a^{\ominus}(\mathrm{HAc}) = \frac{([\mathrm{H}^+]/c^{\ominus})([\mathrm{Ac}^-]/c^{\ominus})}{[\mathrm{HAc}]/c^{\ominus}} \tag{9.26}$$

将式(9.26)代入式(9.24)和式(9.25)，整理得

在一定温度下达到化学平衡状态时，其化学平衡常数可表示为

$$\delta(\text{HAc}) = \frac{[\text{HAc}]}{c(\text{HAc})} = \frac{[\text{HAc}]}{[\text{HAc}] + [\text{Ac}^-]} = \frac{[\text{H}^+]}{[\text{H}^+] + K_a^{\ominus} c^{\ominus}} \tag{9.27}$$

$$\delta(\text{Ac}^-) = \frac{[\text{Ac}^-]}{c(\text{HAc})} = \frac{[\text{Ac}^-]}{[\text{HAc}] + [\text{Ac}^-]} = \frac{K_a^{\ominus} c^{\ominus}}{[\text{H}^+] + K_a^{\ominus} c^{\ominus}} \tag{9.28}$$

显然，下面的关系式成立：

$$\delta(\text{HAc}) + \delta(\text{Ac}^-) = 1 \tag{9.29}$$

从式(9.27)和式(9.28)可以看到，分布分数只与酸的电离常数 $K_a^{\ominus}$ 和氢离子浓度有关，与系统中各物质的总浓度无关。类似地，可以写出多元酸的各种型体的分布分数的计算式，限于篇幅，在此不赘述。

9.3.2　酸碱滴定方程

酸碱滴定方程是描述用碱(或酸)去滴定酸(或碱)时，系统的 pH 的改变与加入滴定剂的数量关系。以氢氧化钠滴定盐酸为例，化学反应方程式如下：

$$\text{HCl(aq)} + \text{NaOH(aq)} =\!=\!= \text{NaCl(aq)} + \text{H}_2\text{O(aq)}$$

设在滴定开始时，盐酸的分析浓度为 $c(\text{HCl})$，其初始体积为 V_0。用浓度为 $c(\text{NaOH})$ 的氢氧化钠滴定该盐酸，则当滴加的氢氧化钠体积为 V_t 时，质量平衡为

$$\frac{c(\text{HCl})V_0}{V_0 + V_t} = [\text{Cl}^-] \tag{9.30}$$

$$\frac{c(\text{NaOH})V_t}{V_0 + V_t} = [\text{Na}^+] \tag{9.31}$$

滴定过程中存在的带电型体为 Na^+、H^+、OH^- 和 Cl^-，它们之间的电荷平衡为

$$[\text{Na}^+] + [\text{H}^+] = [\text{OH}^-] + [\text{Cl}^-] \tag{9.32}$$

将质量平衡方程中的相关项替换电荷平衡方程中的相关项，得

$$\frac{c(\text{NaOH})V_t}{V_0 + V_t} + [\text{H}^+] = \frac{c(\text{HCl})V_0}{V_0 + V_t} + [\text{OH}^-] \tag{9.33}$$

为了简化式(9.33)，定义 $\rho = V_t/V_0$ 和 $\Delta = [\text{H}^+] - [\text{OH}^-]$。将这两个量代入方程(9.33)，并整理，得

$$\rho = \frac{c(\text{HCl}) - ([\text{H}^+] - [\text{OH}^-])}{c(\text{NaOH}) + ([\text{H}^+] - [\text{OH}^-])} = \frac{c(\text{HCl}) - \Delta}{c(\text{NaOH}) + \Delta} \tag{9.34}$$

式(9.34)是氢氧化钠滴定盐酸的滴定方程。由于[H^+]和[OH^-]是共轭量，因而式(9.34)实质上也等同于建立了体积比与氢离子浓度(pH)的关系 $\rho = f(\text{pH})$，通过计算不同氢离子浓度时的体积比，就可以得到滴定曲线，如图9.5所示。

图 9.5 中有两个关键的指标，其一为化学计量点(stoichiometric point)，另一为滴定突跃(titration jump)范围。化学计量点是滴加的碱的物质的量与溶液中的酸的物质的量完全相等时滴定曲线上的位置(ρ,pH)。从方程式表达的化学计量关系可知，化学计量点时：

$$c(\text{NaOH}) V_{\text{sp}} = c(\text{HCl}) V_0 \tag{9.35}$$

所以

$$\rho_{sp} = \frac{V_{sp}}{V_0} = \frac{c(HCl)}{c(NaOH)} \tag{9.36}$$

在等浓度滴定时 $c(HCl)=c(NaOH)$，因而 $\rho_{sp}=1$。图 9.5 所示的滴定体系的化学计量点为 (1,7)。滴定突跃范围是指 ρ 值在 0.999~1.001 这个区间时 pH 有一个大的跳跃，从 4.31 突变至 9.70。0.999~1.001 这个范围对应的滴定完成率为 99.9%~100.1%。

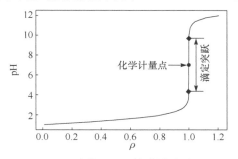

图 9.5　浓度为 0.1000 mol · L^{-1} 的 NaOH 滴定浓度为 0.1000 mol · L^{-1} 的 HCl

Robert de Levie 对酸碱滴定进行了理论探讨，得出了酸碱滴定的通式，原则上可以描述任意复杂的酸碱滴定体系。这里要说明的是，对于简单的酸碱滴定体系，采用手工计算酸碱滴定方程的做法是可行的；但对于复杂的酸碱体系，建议采用相关的软件。

9.3.3　酸碱滴定终点与滴定误差

滴定终点是指停止滴定的位置。判定酸碱滴定终点通常采用酸碱指示剂法。酸碱指示剂是一些结构复杂的有机弱酸或有机弱碱，它的结构中通常包含双键结构和苯环结构，使整个分子构成一个大的 π 电子共轭体系，因而通常显现出一定的颜色。当酸碱溶液中的氢离子结合到酸碱指示剂上时，它改变了酸碱指示剂原有的共轭结构，从而导致其颜色的改变。利用酸碱指示剂的这一特征，可示踪酸碱溶液中氢离子浓度的变化情况。表 9.7 列出了几种常用的酸碱指示剂。

表 9.7　几种常用的酸碱指示剂

指示剂	变色范围	颜色		pK(HIn)	浓度
		酸色	碱色		
甲基橙	3.1 ~ 4.4	红	黄	3.4	0.05% 水溶液
甲基红	4.4 ~ 6.2	红	黄	5.2	0.1%(60% 乙醇溶液)
酚红	6.7 ~ 8.4	黄	红	9.1	0.1%(60% 乙醇溶液)
酚酞	8.0 ~ 9.6	无	红	9.1	0.1%(90% 乙醇溶液)
百里酚酞	9.4 ~ 10.6	无	蓝	10.0	0.1%(90% 乙醇溶液)

需要说明的是，指示剂本身作为弱酸(或弱碱)，它必定会参与滴定过程，从而影响滴定的进程。另外，指示剂从一种颜色改变为另一种颜色的瞬间，即达到滴定终点，滴定过程停止，但此时的位置未必恰好是化学计量点，由此产生滴定误差(或称终点误差)。滴定误差的定义为

$$TE = \frac{终点时碱过量(或不足)的物质的量}{酸的物质的量} \times 100\%$$

设以浓度为 $c(NaOH)$ 的 NaOH 滴定体积为 V_0，浓度为 $c(HCl)$ 的 HCl 溶液，在化学计量点时消耗 NaOH 的体积为 V_t，则

$$c(NaOH) \times V_t = c(HCl) \times V_0 \tag{9.37}$$

即

$$\rho = \frac{V_t}{V_0} = \frac{c(HCl)}{c(NaOH)} \tag{9.38}$$

如果酸碱浓度相等，则化学计量点时的体积比为 1。体积比小于 1 将产生负误差，而体积比大于 1 时将产生正误差。所以，可以用酸碱滴定过程的体积比来度量酸碱滴定的终点误差：

$$TE = \frac{\rho_{ep} - \rho_{sp}}{\rho_{sp}} \tag{9.39}$$

式中，ρ_{sp} 和 ρ_{ep} 分别为化学计量点和滴定终点时的体积比。

【**例 9.8**】　用分析浓度为 $0.1000 \ mol \cdot L^{-1}$ 的 NaOH 滴定分析浓度为 $0.1000 \ mol \cdot L^{-1}$ 的 HCl，计算用甲基橙作指示剂滴定至 pH=4.00 时的终点误差。

解　由于是等浓度的滴定，所以化学计量点时的体积比为 1.000。根据酸碱滴定通式，可得

$$\rho = \frac{c(HCl) + [OH^-] - [H^+]}{c(NaOH) + [H^+] - [OH^-]}$$

当 pH=4.00 时

$$\rho = \frac{0.1000 \ mol \cdot L^{-1} + 10^{-10} \ mol \cdot L^{-1} - 10^{-4} \ mol \cdot L^{-1}}{0.1000 \ mol \cdot L^{-1} + 10^{-4} \ mol \cdot L^{-1} - 10^{-10} \ mol \cdot L^{-1}} = 0.998$$

所以终点误差为

$$TE = \frac{0.998 - 1.000}{1.000} \times 100\% = -0.20\%$$

9.3.4　酸碱滴定法的应用

酸碱滴定法在科学研究和生产实践中都有着广泛的应用，许多化工产品如烧碱、纯碱、硫酸铵和碳酸氢铵等，常采用酸碱滴定法测定其主要成分的含量。钢铁及某些原材料中碳、硫、磷、硅和氮等元素，也可以采用酸碱滴定法测定。某些有机合成工业和医药工业中的原料、中间产品及其成品等，也可采用酸碱滴定法。本节仅介绍铵盐中氮含量的测定。

含氮化合物中的氮可以通过化学反应转化为 NH_4^+，尽管分子式上表现为酸，但由于酸性太弱无法用 NaOH 标准溶液直接滴定。图 9.6 为 NaOH 直接滴定 NH_4^+ 溶液的滴定曲线。从中可以看到，在滴定的化学计量点处没有显著的滴定突跃，因而采用直接滴定的方式必然会导致较大的滴定误差。

在 NH_4^+ 溶液中加入甲醛，会发生如下的反应：

$$4NH_4^+ (aq) + 6HCHO(aq) \Longleftrightarrow (CH_2)_6N_4H^+(aq) + 3H^+(aq) + 6H_2O(l)$$

此时溶液中实际上是由强酸和弱酸构成的混合酸溶液，其中，弱酸 $(CH_2)_6N_4H^+$ 的 $K_a^\ominus = 7.1 \times 10^{-6}$，可以使用酚酞作指示剂，以 NaOH 标准溶液滴定。图 9.7 为用 NaOH 滴定经过甲醛处理后的 NH_4^+ 溶液的滴定曲线。从图中可以看到，在化学计量点处有足够的滴定突跃，因而可以准确滴定。

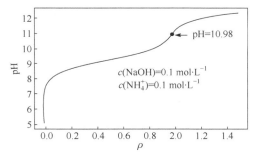

图9.6　NaOH滴定NH_4^+溶液的滴定曲线

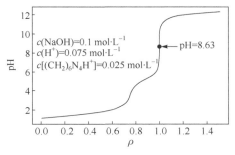

图9.7　NaOH滴定经过甲醛处理后的
NH_4^+溶液的滴定曲线

在实际的滴定分析过程中，还需针对不同的样品采用合适的预处理方法，否则也会影响滴定结果的准确度。例如，当上述方法用于滴定硫酸铵中的含氮量时，由于硫酸铵中有可能存在游离酸(通常可能是硫酸)，因而必须在滴定前先行中和样品中的游离酸。图 9.8 为用 NaOH 中和[①]含有游离硫酸的 NH_4^+ 溶液时 pH 的变化曲线。从中可以看到，中和至 pH 5.3 左右时即可认为游离酸被中和掉。

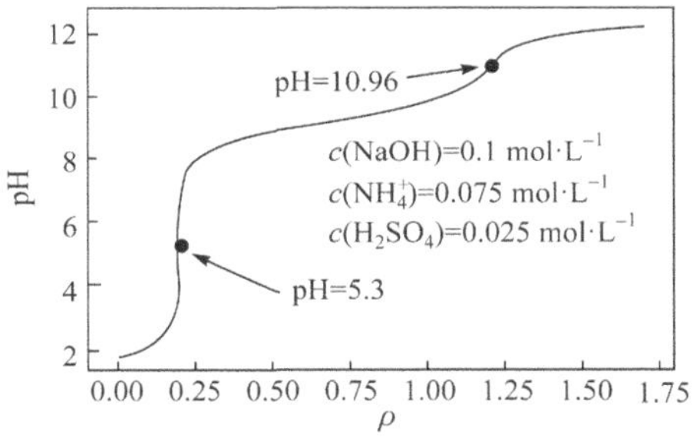

设称取了 $m(g)$硫酸铵$(NH_4)_2SO_4$，配制成 V_0 体积的水溶液，其中铵离子的浓度为 $c(NH_4^+)$。取 V_1 体积的该溶液，用浓度为$c(NaOH)$的 NaOH 标准溶液滴定，终点时消耗体积为 $V(NaOH)$，则有

$$c(NH_4^+) = \frac{c(NaOH) \times V(NaOH)}{V_1} \qquad (9.40)$$

所以，V_0体积的溶液中铵离子的物质的量为

图9.8　NaOH 中和含有游离硫酸的 NH_4^+ 溶液

$$n(NH_4^+) = c(NH_4^+) \times V_0 = \frac{c(NaOH) \times V(NaOH)}{V_1} \times V_0 \qquad (9.41)$$

由于

$$n(N) = n(NH_4^+) \qquad (9.42)$$

所以，样品中的含氮量为

$$w(N) = \frac{n(N) \times M(N)}{m[(NH_4)_2SO_4]} \times 100\% = \frac{\dfrac{c(NaOH) \times V(NaOH)}{V_1} \times V_0 \times M(N)}{m[(NH_4)_2SO_4]} \times 100\% \qquad (9.43)$$

$$= \frac{c(NaOH) \times V(NaOH) \times M(N)}{m[(NH_4)_2SO_4]} \times \frac{V_0}{V_1} \times 100\%$$

9.4　配位滴定法
(Complexometric titration)

配位滴定法是以滴定剂和待测物之间的配位反应为基础的滴定分析方法。当前使用最多

---

① 中和过程实际上也是一种较为粗放的滴定过程。

的滴定剂是具有氨羧结构的化合物，如乙二胺四乙酸(EDTA)，它们能够与待测物形成非常稳定的，且具有 1∶1 比例的配合物。当前常用的配位滴定法多以 EDTA 为滴定剂。

9.4.1　配位反应平衡及相关参数

配位滴定中常用到的配位反应有单齿配位反应和多齿配位反应。单齿配位反应通常是指由单齿配位剂参与的反应。例如，Cu^{2+} 与 NH_3 的配位反应就属于单齿配位反应，其反应如下：

$$Cu^{2+}(aq) + iNH_3(aq) \rightleftharpoons [Cu(NH_3)_i]^{2+}(aq) \quad (i=1、2、3、4)$$

反应的平衡常数为

$$\beta[Cu(NH_3)_i^{2+}] = \frac{[Cu(NH_3)_i^{2+}]}{[Cu^{2+}][NH_3]^i} \quad (i=1、2、3、4) \tag{9.44}$$

式中，β 为累积稳定常数。一般情况下，如果金属离子 M 可以与单齿配位剂 L 形成 1∶n 的配合物，则其反应可表述为

$$M(aq) + iL(aq) = ML_i(aq) \qquad \beta_i(ML_i) = \frac{[ML_i]}{[M][L]^i} \quad (i=1、2、\cdots、n) \tag{9.45}$$

式中，β_i 为第 i 级累积稳定常数。第 n 级累积稳定常数 β_n 又称为总稳定常数。采用累积稳定常数的优势是将各级配合物的浓度 $[ML_n]$ 直接与游离金属离子浓度 $[M]$ 和游离配位剂浓度 $[L]$ 联系起来，有利于处理复杂的配位反应平衡。

对于单齿配位反应体系而言，掌握反应体系中各种配合物随配体浓度的改变而变化的规律是非常重要的，由此引入了分布分数的概念。设溶液中金属离子 M 的总浓度为 $c(M)$，根据质量平衡：

$$\begin{aligned} c(M) &= [M] + [ML_1] + [ML_2] + \cdots + [ML_n] \\ &= [M] + \beta_1[M][L_1] + \beta_2[M][L_2]^2 + \cdots + \beta_n[M][L_n]^n \\ &= [M]\left(1 + \sum_{i=1}^{n} \beta_i[L]^i\right) \end{aligned} \tag{9.46}$$

式中，$[M]$ 和 $[L]$ 分别为金属离子与配体的游离浓度。溶液中各种型体的分布分数 δ 定义如下：

$$\delta(ML_i) = \frac{[ML_i]}{c(M)} = \frac{\beta_i[M][L]^i}{[M]\left(1 + \sum\limits_{j=1}^{n} \beta_j[L]^j\right)} = \frac{\beta_i[L]^i}{1 + \sum\limits_{j=1}^{n} \beta_j[L]^j} \tag{9.47}$$

式中，$\delta(ML_i)$ 为 ML_i 的分布分数，它仅取决于游离配体的浓度。

图 9.9 为水溶液中铜氨配合物各种型体分布分数曲线。从图 9.9 中可以推断，采用 NH_3 作滴定剂来滴定 Cu^{2+} 显然是不可行的。理由很简单，在一个相当大的游离氨浓度范围内，没有一种型体的分布分数接近 1。滴定过程中将存在多个型体，我们既难以确定滴定的化学计量点，又无法确定一个合适的滴定终点。因而，具有固定的、较高分布分数的配位比也构成了配位滴定的必备条件之一。

当然，某些单齿配位反应是可用于定量分析的，其中的一个例子是 Justus Liebig (1803—1873)于 1850 年建立的用 Hg^{2+} 滴定 Cl^- 的方法。图 9.10 为汞氯配合物各型体分布分数曲线，在 $\lg([Cl^-]/c^{\ominus}) \approx -5 \sim -3$ 的范围，$\delta(HgCl_2) \approx 1$。所以，可用 Hg^{2+} 滴定在上述浓度范围内的 Cl^-。

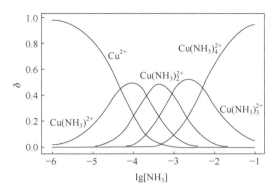

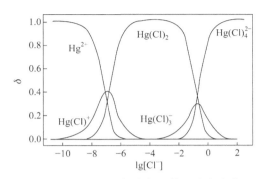

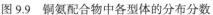

图 9.9　铜氨配合物中各型体的分布分数　　　图 9.10　汞氯配合物中各型体的分布分数

尽管单齿配位反应很难用于定量分析，但是由于这类反应可以介入配位滴定中，从而调控溶液中金属离子的浓度以实现掩蔽某些金属离子的目的，所以把握这类反应依然非常重要。后面涉及的金属离子的副反应计算问题就与此相关。

多齿配位反应通常指金属离子与氨羧类化合物的反应，其显著特点是金属离子可以与配体形成 1：1 的配合物。最常用到的多齿配位剂是 EDTA，其结构式如图 9.11(a)所示，它与镁离子形成的配合物的结构式如图 9.11(b)所示。EDTA 中的羧基和氨基提供电子对给镁离子，从而形成稳定的配合物。从图中可以看到，EDTA 像蟹类一样伸出长臂捕获了金属离子，所以这类配合物在历史上也称为"螯合物"(chelate)。由于 EDTA 的这类特性，它通常与金属离子形成 1：1 型的配合物，这也非常有利于定量分析。

EDTA 本身是四元酸，但在高酸度情况下，它的两个羧基可再接受氢离子从而形成六元酸，因而溶液中可能存在的型体有 H_6Y^{2+}、H_5Y^+、H_4Y、H_3Y^-、H_2Y^{2-}、HY^3 和 Y^{4-}。其中又以 Y^{4-} 进行配位反应最为有效。图 9.12 为 EDTA 受酸度影响的示意图。从图中可以看到，作为最有效的配体形式的 Y^{4-} 仅在较高 pH 时才有较高的存在比例。可以预期，在基于 EDTA 的配位滴定中酸度将会是一个重要的影响因素。

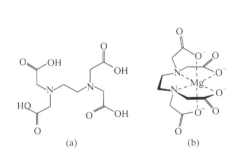

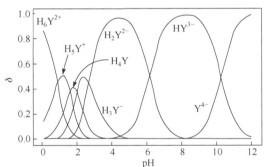

图 9.11　EDTA(a)及与镁离子形成的配合物(b)　　图 9.12　不同 pH 情况下 EDTA 水溶液中各种存在型体分布分数图

EDTA 与金属离子形成的配合物的稳定程度用稳定常数来描述。假设 EDTA 与金属离子 M 发生如下的配位反应[①]：

---

① 为简化书写，在不影响理解时略去了电荷表述，下同。

$$M(aq) + Y(aq) \rightleftharpoons MY(aq)$$

反应的稳定常数定义为

$$K_{稳}^{\ominus}(MY) = \frac{[MY]}{[M][Y]} \tag{9.48}$$

式中，$K_{稳}^{\ominus}(MY)$为配合物 MY 的稳定常数[⑤]。所以，EDTA 与铜离子和镁离子的稳定常数可以表示如下：

$$K_{稳}^{\ominus}(CuY^{2-}) = \frac{[CuY^{2-}]}{[Cu^{2+}][Y^{4-}]} = 6.31 \times 10^{18}$$

$$K_{稳}^{\ominus}(MgY^{2-}) = \frac{[MgY^{2-}]}{[Mg^{2+}][Y^{4-}]} = 5.01 \times 10^{8}$$

稳定常数越大，表明生成的配合物越稳定。所以，EDTA 与铜离子形成的配合物的稳定性要远远大于 EDTA 与镁离子形成的配合物。EDTA 与金属离子有着非常大的稳定常数，构成了配位滴定能够成立的条件之一。

EDTA 与目标金属离子的反应描述了配位滴定的核心反应部分，因而也称为配位滴定的主反应。在不存在其他反应的情况下，式(9.48)足以描述配位反应的进程，以及其用于配位滴定分析的可行性。

前已述及，酸度对 EDTA 的有效型体 Y^{4-}的存在比例有很大的影响，因而定义了一个酸效应系数来描述这种影响。EDTA 的酸效应系数定义如下：

$$\alpha(Y \cdot H) = \frac{[Y']}{[Y^{4-}]} \tag{9.49}$$

式中，$\alpha(Y \cdot H)$为 EDTA 的酸效应系数；$[Y^{4-}]$为游离的 EDTA 的浓度；$[Y']$为未参与金属离子未反应的 EDTA 的总浓度，它包括游离的 EDTA 及与氢离子形成的 EDTA 各种型体。所以，酸效应系数可以展开如下：

$$\alpha(Y \cdot H) = \frac{[Y']}{[Y^{4-}]} = \frac{[Y^{4-}] + [HY^{3-}] + \cdots + [H_6Y^{2+}]}{[Y^{4-}]}$$

$$= 1 + \frac{[H^+]}{K_{a6}^{\ominus}} + \frac{[H^+]^2}{K_{a6}^{\ominus}K_{a5}^{\ominus}} + \cdots + \frac{[H^+]^6}{K_{a6}^{\ominus}K_{a5}^{\ominus}\cdots K_{a1}^{\ominus}} \tag{9.50}$$

从式(9.50)可以看到，EDTA 的酸效应系数仅取决于溶液的 pH，而高酸度显然不利于 EDTA 有效型体的存在比例。式(9.49)定义的酸效应系数也适用于反应系统中的其他配体。例如，如果系统中存在配体 L，则其酸效应系数为

$$\alpha(L \cdot H) = \frac{[L']}{[L]} = \frac{游离的[L] + 与氢离子结合的[L]}{[L]} \tag{9.51}$$

另外，如果溶液中存在的配体 L 会与金属离子发生配位反应，它必然会对金属离子的游离浓度产生影响。与配体的酸效应系数类似，可以定义一个描述配体 L 会与金属离子发生配位反应的参数：

---

⑤ 为简化书写，标准平衡常数 $K_{稳}^{\ominus}$ 表达式中各物质的平衡浓度默认除以标准浓度 $c^{\ominus}$，下同。

$$\alpha(M \cdot L) = \frac{[M']}{[M]} \tag{9.52}$$

式中，$\alpha(M \cdot L)$为金属离子 M 与配体 L 的副反应系数；$[M']$为未参与 EDTA 配位反应的金属离子的总浓度；$[M]$为游离的金属离子的浓度。如果配体 L 与金属离子 M 可形成 $ML_i (i =1, 2, \cdots, n)$型的配合物，则金属离子的副反应系数可用式(9.53)表示

$$\alpha(M \cdot L) = \frac{[M']}{[M]} = \frac{[M]+[ML]+\cdots+[ML_n]}{[M]}$$
$$= 1 + \sum_{i=1}^{n} \beta(ML_i)[L]^i \tag{9.53}$$

这表明金属离子的副反应系数取决于溶液中配体 L 的游离浓度。如果反应体系中还存在 n 个配体 $L_1, L_2, \cdots, L_n$，则金属离子 M 的总的副反应系数 $\alpha(M)$可用式(9.54)表示

$$\alpha(M) = \alpha(M \cdot L_1) + \alpha(M \cdot L_2) + \cdots + \alpha(M \cdot L_n) - n + 1 \tag{9.54}$$

配位反应系统中存在的 EDTA 的酸效应和金属离子的副反应必然会影响到 EDTA 与金属离子形成的配合物的稳定性，由此定义条件稳定常数来描述在此情况下的配合物的稳定程度，如下：

$$K_{稳}^{\ominus'}(MY) = \frac{[MY]}{[M'][Y']} \tag{9.55}$$

式中，$[M']$为未参与主反应的金属离子的总浓度；$[Y']$为未参与主反应的 EDTA 的总浓度。根据式(9.49)和式(9.52)，可得

$$K_{稳}^{\ominus'}(MY) = \frac{[MY]}{[M'][Y']} = \frac{[MY]}{\alpha(M)[M]\alpha(Y)[Y^{4-}]} = \frac{K_{稳}^{\ominus}(MY)}{\alpha(M)\alpha(Y)} \tag{9.56}$$

将式(9.56)取常用对数，得到

$$\lg K_{稳}^{\ominus'}(MY) = \lg K_{稳}^{\ominus}(MY) - \lg \alpha(M) - \lg \alpha(Y) \tag{9.57}$$

由于 $\alpha(M) > 1$ 和 $\alpha(Y) > 1$，所以条件稳定常数通常小于稳定常数。也就是说，EDTA 的酸效应和金属离子的副反应均会导致 EDTA 与金属离子形成配合物的稳定性降低。

【例 9.9】 计算在 pH=2.00 和 pH=5.00 时，ZnY 的条件稳定常数。

解 通过查表可得，pH=2.00 和 pH=5.00 时的 $\lg \alpha(Y \cdot H)$分别为 13.51 和 6.45，$\lg K^{\ominus}(ZnY)=16.5$。

当 pH=2.00 时

$$\lg K_{稳}^{\ominus'}(ZnY) = \lg K_{稳}^{\ominus}(ZnY) - \lg \alpha(Y \cdot H) = 16.50 - 13.51 = 2.99$$

当 pH=5.00 时

$$\lg K_{稳}^{\ominus'}(ZnY) = \lg K_{稳}^{\ominus}(ZnY) - \lg \alpha(Y \cdot H) = 16.50 - 6.45 = 10.05$$

最后，讨论在实际滴定过程中最常遇到的一种情况，即滴定某个金属离子时同时存在其他金属离子。例如，在测定黄铜合金中的铜含量时，体系中同时存在铁、铝、镁等金属离子。EDTA 与铁、铝、镁等金属离子均会发生配位反应，从而导致$[Y^{4-}]$的减少，影响到对于铜离子的定量分析。传统的配位滴定理论中将其他金属离子对$[Y^{4-}]$的影响归结为 EDTA 的副反应，这样的处理方式在表面上看非常直观，对于定性描述配位滴定问题确实有一定的帮助。

但是，由于滴定过程是一个动态过程，所有的金属离子含量均会在滴定过程中发生改变，因而继续沿袭传统配位滴定理论中对 EDTA 的副反应描述方式显然不利于严格的定量描述。

本章约定：

(1) 在涉及描述配位滴定过程时，金属离子与 EDTA 的反应均被视为正反应。

(2) 金属离子与其他配体 L 的反应均看作金属离子的副反应，用 $\alpha(M)$ 表示。

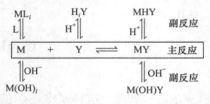

图 9.13　EDTA 滴定金属离子 M 时的
主反应和副反应

(3) 涉及滴定剂 Y 和其他配体 L 的副反应时均指配体的酸效应，且简化表示为 $\alpha(Y)$ 和 $\alpha(L)$。

基于这样的约定，可以用图示的方式表达配位滴定中的主反应和副反应，图 9.13 还显示了形成的配合物 MY 可能存在的副反应。在本书中不对这类副反应进行深入讨论，一方面是由于缺乏相应的参数，另一方面是由于这类副反应通常有利于配位滴定的进行。

9.4.2　配位滴定方程

用 EDTA 滴定单一金属离子 M 的情况，配位反应方程如下：

$$Y + M \rightleftharpoons MY \qquad K_{稳}^{\ominus}(MY) = \frac{[MY]}{[M'][Y']} \tag{9.58}$$

为了讨论简便，假设：①溶液的 pH 用缓冲溶液控制，且缓冲溶液中的配体不会与 M 发生反应；②系统中不存在其他能够与 M 发生配位反应的配体。在这种情况下，仅需考虑 EDTA 的酸效应。

设 EDTA 和 M 二者的初始浓度分别为 $c(Y)$ 和 $c(M)$，金属离子溶液的初始体积为 V_0。

当加入 EDTA 的体积为 V_t 时，质量平衡方程如下：

$$\frac{c(Y)V_t}{V_0 + V_t} = \alpha(Y)[Y] + [MY] \tag{9.59}$$

$$\frac{c(M)V_0}{V_0 + V_t} = [M] + [MY] \tag{9.60}$$

由式(9.59)可得

$$[Y] = \frac{c(Y)\rho}{(1+\rho) \cdot \alpha(Y) + K_{稳}^{\ominus}(MY)[M]} \tag{9.61}$$

式中，$\rho = V_t/V_0$。将式(9.61)代入式(9.60)，可得

$$\rho = \frac{c(M) - [M]}{[M] + \dfrac{K_{稳}^{\ominus}(MY)[M]c(Y)}{\alpha(Y) + K_{稳}^{\ominus}(MY)[M]}} \tag{9.62}$$

式(9.62)即为 EDTA 滴定单一金属离子 M 时的滴定方程。可以根据具体的配位滴定体系得到该方程的数值解，然后将 ρ 对[M]作图得到滴定曲线。图 9.14 和图 9.15 分别为两种酸度情况下，用 EDTA 滴定钙离子的滴定曲线。

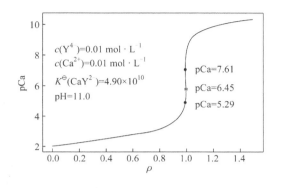
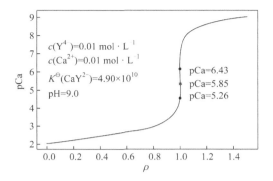

图 9.14　pH=11.0 时滴定曲线　　　　　　图 9.15　pH=9.0 时滴定曲线

图 9.14 和图 9.15 中的星号(∗)表示配位滴定的化学计量点(sp)，它对应着

$$c(Ca^{2+}) \times V_0 = c(Y^{4-}) \times V_{sp} \tag{9.63}$$

式中，V_{sp} 是化学计量点时消耗 EDTA 的体积。所以，化学计量点时的体积比为

$$\rho_{sp} = \frac{V_{sp}}{V_0} = \frac{c(Ca^{2+})}{c(Y^{4-})} \tag{9.64}$$

当 EDTA 与钙离子的初始浓度相等时，$\rho_{sp} = 1$，这也是图 9.14 和图 9.15 所展示的情况。图 9.14 和图 9.15 中的圆点(·)表示滴定突跃对应于 $\rho = 0.999$ 和 $\rho = 1.001$ 的范围，它表示如果滴定终点控制在此范围内则滴定误差会在 ±0.1% 范围内。在等浓度滴定的情况下，化学计量点处有 $\rho_{sp} = 1$，从式(9.62)中可解得

$$[M] \approx \sqrt{\frac{c(M)\alpha(Y)}{2K(MY)}} \tag{9.65}$$

要说明的是，在方程的求解过程中利用了 $c(Y) = c(M)$ 的条件，并做了适当的近似。

从图 9.14 和图 9.15 中我们可以得出如下几个结论：①酸度的增加会导致化学计量点处游离金属离子浓度的增加，这证明酸度降低了配合物的稳定性；②酸度增加导致了化学计量点处金属离子浓度的改变和 ±0.1% 范围的收窄，这势必会影响到指示剂的选择和应用。

对于更为复杂体系的配位滴定问题，请参阅参考书目。

9.4.3　配位滴定终点与滴定误差

配位滴定终点通常采用金属离子指示剂来判定。金属离子指示剂是能够与金属离子形成较稳定的配合物的有机化合物，其显著特点是游离的型体与形成的金属离子配合物之间存在显著的颜色变化。以铬黑 T(EBT)为例，它本身是蓝色，与 Mg^{2+} 反应则生成红色的配合物，如下：

$$Mg^{2+}(aq) + EBT(aq)(蓝色) \Longleftrightarrow Mg^{2+} \cdot EBT(aq)(红色)$$

$$K_{稳}^{\ominus}(Mg^{2+} \cdot EBT) = \frac{[Mg^{2+} \cdot EBT]}{[Mg^{2+}][EBT]} \tag{9.66}$$

由于 $K_{稳}^{\ominus}(Mg^{2+} \cdot EBT) < K_{稳}^{\ominus}(MgY^{2-})$，当滴定进行到化学计量点附近时，溶液中 Mg^{2+} 的浓度已经降到很低，此时加入的 EDTA 将从 $Mg^{2+} \cdot EBT$ 中夺取 Mg^{2+}，使 EBT 游离出来，反

应如下：

$$Mg^{2+} \cdot EBT(aq)(红色) + Y^{4-}(aq) \Longleftrightarrow MgY^{2-}(aq) + EBT(aq)(蓝色)$$

所以，当溶液从红色变为蓝色时，表示已达到滴定终点。由式(9.66)可得

$$\lg K_{稳}^{\ominus}(Mg^{2+} \cdot EBT) = pMg + \lg \frac{[Mg^{2+} \cdot EBT]}{[EBT]} \tag{9.67}$$

当[Mg^{2+} · EBT]=[EBT]时，称为达到指示剂的理论变色点，此时有

$$\lg K_{稳}^{\ominus}(Mg^{2+} \cdot EBT) = pMg_{ep} \tag{9.68}$$

这表明，指示剂与金属离子的稳定常数值对应于滴定终点金属离子的浓度。指示剂的理论变色点与化学计量点未必一致，由此会产生滴定终点误差，如下：

$$TE = \frac{\rho_{ep} - \rho_{sp}}{\rho_{sp}} \times 100\%$$

式中，ρ_{ep}为滴定终点时的体积比，可将指示剂的 pM$_{ep}$=lg$K$(MIn)值代入滴定方程中进行计算。

【例 9.10】　在 pH 10.0 的氨性溶液中，以铬黑 T(EBT)为指示剂，用浓度为 0.02000 mol · L^{-1} 的 EDTA 滴定 0.02000 mol · L^{-1} 的 Ca^{2+}溶液，计算终点误差。

解　为简便计算，此处不考虑金属离子的副反应，也不考虑指示剂的其他效应，仅考虑 EDTA 的酸效应。根据式(9.62)，可得

$$\rho = \frac{c(Ca) - [Ca]}{[Ca] + \dfrac{K_{稳}^{\ominus}(CaY)[Ca]c(Y)}{\alpha(Y) + K_{稳}^{\ominus}(CaY)[Ca]}}$$

对于铬黑 T 指示剂，$\lg K_{稳}^{\ominus}(Ca \cdot EBT) = 5.4$，因而在滴定终点处有 pCa$_{ep}$ = 5.4，即[Ca] = 10$^{-5.4}$。代入上式得

$$\rho = \frac{0.0200 \text{ mol} \cdot L^{-1} - 10^{-5.4} \text{ mol} \cdot L^{-1}}{10^{-5.4} \text{ mol} \cdot L^{-1} + \dfrac{10^{10.69}(\text{mol} \cdot L^{-1})^{-1} \times 10^{-5.4} \text{ mol} \cdot L^{-1} \times 0.02000 \text{ mol} \cdot L^{-1}}{10^{0.45} + 10^{10.69}(\text{mol} \cdot L^{-1})^{-1} \times 10^{-5.4} \text{ mol} \cdot L^{-1}}} = 1.000$$

终点误差为

$$TE = \frac{\rho_{ep} - \rho_{sp}}{\rho_{sp}} \times 100\% = \frac{1.000 - 1.000}{1.000} \times 100\% = 0.0\%$$

9.4.4　配位滴定法的应用

本节以 EDTA 测定水的总硬度来介绍配位滴定法的一个应用。水的硬度泛指那些容易与肥皂形成不溶物的阳离子的浓度。在这些阳离子中，又以钙离子和镁离子具有代表性。因而，常规分析中水的总硬度的测量也特指水中钙离子和镁离子的总浓度。钙离子和镁离子确实也非常容易形成碳酸盐沉淀从而形成水垢，因而会对日常的饮用水、锅炉用水、冷却用水的质量产生很大的影响。2007 年 7 月 1 日实施的中华人民共和国国家标准 GB 5749—2006《生活饮用水卫生标准》规定生活饮用水的总硬度(以 CaCO$_3$ 计)不超过 450 mg · L^{-1}。

水的总硬度的常规分析方法是在 pH 10.0 时，以铬黑 T 作指示剂，用 EDTA 滴定钙和镁离子的总量。最终结果以 CaCO$_3$ 的形式表达。图 9.16 为 EDTA 滴定钙和镁离子的滴定曲线。从图中可以看到，采用 EDTA 无法分别滴定钙离子和镁离子，只能得到它们的总量。从图中还可以看到，对于镁离子而言，其滴定的突跃范围在 pM 4.5～6.5，可以采用铬黑 T 作指示剂。

水的总硬度测量通常包括两个步骤：①用碳酸钙标准物标定 EDTA；②用标定好的 EDTA 滴定水样，水中总硬度以 CaCO₃ 的形式表示。在标定 EDTA 时，也可采用 Zn 作标准物质。但是，由于 Zn 标准物质的处理要比碳酸钙麻烦些，所以通常更多的是采用碳酸钙。并且最终测定的也是水样中的钙，所以采用碳酸钙是更为合理的选择，可抵偿测定中存在的系统误差。水中的 Al^{3+}、Fe^{3+} 等离子会封闭铬黑 T，为了消除其影响，滴定前须用三乙醇胺掩蔽这些干扰离子[①]。如果水样中的 HCO_3^-、H_2CO_3 含量较高，会使终点变色不敏锐，这时可先将水样酸化、煮沸、冷却后再测定。

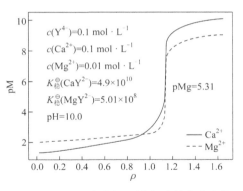

图 9.16　EDTA 滴定钙、镁离子混合溶液的滴定曲线

但是，采用碳酸钙作标准物标定 EDTA 时，如果采用铬黑 T(EBT)作指示剂则存在滴定终点显色不敏锐的缺陷。图 9.17 是 EBT 作指示剂时游离的 EBT 的浓度变化图。从该图中可以看到，如果滴定的目标物是钙离子，则在滴定进程中游离 EBT 的浓度实际上发生渐变，这必然导致溶液颜色的渐变，从而影响滴定终点的判定。从该图中还可以看到，如果滴定目标物是镁离子，则在接近计量点的时候，游离 EBT 的浓度会发生锐变，这显然有利于滴定终点颜色的判定。

鉴于 EBT 对于钙离子的显色渐变性，以及 EBT 对于镁离子显色的锐变性，有人提出了一个非常巧妙的技巧：用(Mg²⁺+EDTA)混合溶液来增强用碳酸钙标定 EDTA 时终点变色的灵敏度。EBT 与镁离子结合的稳定性强于其与钙离子结合的稳定性，所以在滴定开始时溶液呈现

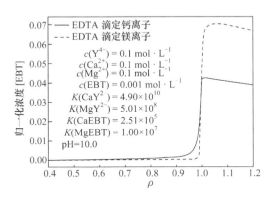

图 9.17　EDTA 滴定钙(镁)离子时游离 EBT 浓度变化曲线

Mg-EBT 配合物的红色。随着滴定过程的进行，溶液中的钙离子首先被 EDTA 滴定，在钙离子的滴定终点处，加入的 EDTA 将会与 Mg-EBT 配合物中的镁离子结合，从而释放出 EBT，使溶液呈现蓝色，指示滴定终点。在测定水的总硬度时，由于水中已经含有一定量的镁离子，所以没有必要再加入(Mg²⁺+EDTA)混合溶液来提高显色的灵敏度。当然，如果镁离子的含量太低，依然可以采用这个技巧来提高显色的灵敏度。有一点必须强调，采用这种技巧时，混合溶液中 Mg²⁺ 和 EDTA 的浓度必须相同，否则会人为地引入误差。

9.5　氧化还原滴定法
(Redox titration)

氧化还原滴定法是以氧化还原反应为基础的一种滴定分析方法，是化学分析中被广泛应

---

① 采用何种掩蔽剂应视具体情况而定。

用的重要的分析方法之一，能够直接或间接地用于许多无机化合物和有机化合物的定量分析。

9.5.1 氧化还原反应及相关参数

氧化还原反应涉及电子的迁移，通常采用电化学理论进行描述。对于如下的氧化还原反应：

$$Ce^{4+}(aq) + Fe^{2+} \rightleftharpoons Ce^{3+}(aq) + Fe^{3+}(aq)$$

它是由下面两个半反应组成的：

$$Ce^{4+}(aq) + e^- \rightleftharpoons Ce^{3+}(aq) \qquad E^{\ominus}(Ce^{4+}/Ce^{3+})=1.61 \text{ V}$$

$$Fe^{3+}(aq) + e^- \rightleftharpoons Fe^{2+}(aq) \qquad E^{\ominus}(Fe^{3+}/Fe^{2+})=0.771 \text{ V}$$

其中，Ce^{4+} 与 Ce^{3+}，Fe^{3+} 与 Fe^{2+} 各自组成了一个电对；$E^{\ominus}(Ce^{4+}/Ce^{3+})$ 和 $E^{\ominus}(Fe^{3+}/Fe^{2+})$ 分别为这两个电对的标准电极电势。在氧化还原滴定中，通常只考虑氧化还原电对为可逆电对[⑦]的情况，其电位可以用能斯特方程来表示。对于上述电对的电位，其能斯特方程如下：

$$E(Ce^{4+}/Ce^{3+}) = E^{\ominus}(Ce^{4+}/Ce^{3+}) + \frac{RT}{nF}\ln\frac{a(Ce^{4+})}{a(Ce^{3+})}$$

$$E(Fe^{3+}/Fe^{2+}) = E^{\ominus}(Fe^{3+}/Fe^{2+}) + \frac{RT}{nF}\ln\frac{a(Fe^{3+})}{a(Fe^{2+})}$$

式中，E 为电对的电极电势；R=8.314 $J \cdot mol^{-1} \cdot K^{-1}$；$F$=96500 $C \cdot mol^{-1}$；n 为反应中的电子转移数；T 为热力学温度；a 为氧化态或还原态的活度。当氧化态或还原态为纯固体或纯金属时，其活度等于 1。

一般而言，对于如下的氧化还原反应：

$$n_2Ox_1 + n_1Red_2 \rightleftharpoons n_1Ox_2 + n_2Red_1$$

其电对反应为

$$Ox_1 + n_1e^- \rightleftharpoons Red_1$$

$$Ox_2 + n_2e^- \rightleftharpoons Red_2$$

在 T=298 K 时，以上电对的电极电势参照式(6.12b)表示为

$$E(Ox_1/Red_1) = E^{\ominus}(Ox_1/Red_1) + \frac{0.059 \text{ V}}{n_1}\lg\frac{a(Ox_1)}{a(Red_1)}$$

$$E(Ox_2/Red_2) = E^{\ominus}(Ox_2/Red_2) + \frac{0.059 \text{ V}}{n_2}\lg\frac{a(Ox_2)}{a(Red_2)}$$

活度的概念在描述微观过程时非常有效，然而在定量分析中，往往只关心总浓度。通过简单的变换，可以得到适合于描述定量分析体系的电位方程。例如，在 HCl 溶液中，对于 Fe^{3+}/Fe^{2+} 电对，离子的平衡浓度与活度之间存在如下的关系：

---

⑦ 可逆电对是指在反应的任一瞬间，电对都能迅速建立起氧化还原平衡，其电势符合能斯特方程。本书涉及的电对，如无特别说明，皆指可逆氧化还原电对。

$$a(\mathrm{Fe^{3+}}) = \gamma\,(\mathrm{Fe^{3+}})[\mathrm{Fe^{3+}}]$$

$$a(\mathrm{Fe^{2+}}) = \gamma\,(\mathrm{Fe^{2+}})[\mathrm{Fe^{2+}}]$$

式中，γ 为对应组分的活度系数。以平衡浓度表达的能斯特方程为

$$
\begin{aligned}
E(\mathrm{Fe^{3+}}/\mathrm{Fe^{2+}}) &= E^{\ominus}(\mathrm{Fe^{3+}}/\mathrm{Fe^{2+}}) + 0.059\ \mathrm{V}\ \lg\frac{a(\mathrm{Fe^{3+}})}{a(\mathrm{Fe^{2+}})}\\[4pt]
&= E^{\ominus}(\mathrm{Fe^{3+}}/\mathrm{Fe^{2+}}) + 0.059\ \mathrm{V}\ \lg\frac{\gamma(\mathrm{Fe^{3+}})[\mathrm{Fe^{3+}}]}{\gamma(\mathrm{Fe^{2+}})[\mathrm{Fe^{2+}}]}\\[4pt]
&= E^{\ominus}(\mathrm{Fe^{3+}}/\mathrm{Fe^{2+}}) + 0.059\ \mathrm{V}\ \lg\frac{\gamma(\mathrm{Fe^{3+}})}{\gamma(\mathrm{Fe^{2+}})} + 0.059\ \mathrm{V}\ \lg\frac{[\mathrm{Fe^{3+}}]}{[\mathrm{Fe^{2+}}]}\\[4pt]
&= E^{\ominus\prime}(\mathrm{Fe^{3+}}/\mathrm{Fe^{2+}}) + 0.059\ \mathrm{V}\ \lg\frac{[\mathrm{Fe^{3+}}]}{[\mathrm{Fe^{2+}}]}
\end{aligned}
\tag{9.69}
$$

式中，$E^{\ominus\prime}$ 为表观电极电势(formal potential)，其形式如下：

$$E^{\ominus\prime} = E^{\ominus}(\mathrm{Fe^{3+}}/\mathrm{Fe^{2+}}) + 0.059\ \mathrm{V}\ \lg\frac{\gamma(\mathrm{Fe^{3+}})}{\gamma(\mathrm{Fe^{2+}})} \tag{9.70}$$

由于影响活度系数的因素很多，如溶液的 pH 和离子组成情况等，因而，从更一般的意义上说，表观电极电势表示在特定的溶液情况下的电极电势，有些手册给出的标准电极电势实质上就是表观电极电势。

氧化还原反应的平衡常数可以用电极电势来表示。对于下列的一般反应：

$$n_2\mathrm{Ox_1} + n_1\mathrm{Red_2} \Longleftrightarrow n_1\mathrm{Ox_2} + n_2\mathrm{Red_1}$$

其电对反应为

$$\mathrm{Ox_1} + n_1\mathrm{e^-} \Longleftrightarrow \mathrm{Red_1}$$

$$\mathrm{Ox_2} + n_2\mathrm{e^-} \Longleftrightarrow \mathrm{Red_2}$$

在 $T=298\ \mathrm{K}$ 时，各电对的电极电势为

$$E(\mathrm{Ox_1}/\mathrm{Red_1}) = E^{\ominus\prime}(\mathrm{Ox_1}/\mathrm{Red_1}) + \frac{0.059\ \mathrm{V}}{n_1}\lg\frac{[\mathrm{Ox_1}]}{[\mathrm{Red_1}]}$$

$$E(\mathrm{Ox_2}/\mathrm{Red_2}) = E^{\ominus\prime}(\mathrm{Ox_2}/\mathrm{Red_2}) + \frac{0.059\ \mathrm{V}}{n_2}\lg\frac{[\mathrm{Ox_2}]}{[\mathrm{Red_2}]}$$

当氧化还原反应达到平衡时，两电对的电势相同，所以

$$E^{\ominus\prime}(\mathrm{Ox_1}/\mathrm{Red_1}) + \frac{0.059\ \mathrm{V}}{n_1}\lg\frac{[\mathrm{Ox_1}]}{[\mathrm{Red_1}]} = E^{\ominus\prime}(\mathrm{Ox_2}/\mathrm{Red_2}) + \frac{0.059\ \mathrm{V}}{n_2}\lg\frac{[\mathrm{Ox_2}]}{[\mathrm{Red_2}]}$$

整理得

$$\lg K^{\ominus} = \lg\frac{[\mathrm{Red_1}]^{n_2}[\mathrm{Ox_2}]^{n_1}}{[\mathrm{Ox_1}]^{n_2}[\mathrm{Red_2}]^{n_1}} = \frac{n[E^{\ominus\prime}(\mathrm{Ox_1}/\mathrm{Red_1}) - E^{\ominus\prime}(\mathrm{Ox_2}/\mathrm{Red_2})]}{0.059\ \mathrm{V}} \tag{9.71}$$

式中，$K^{\ominus}$ 为反应平衡常数；n 为反应中电子转移数 n_1 和 n_2 的最小公倍数。

【例 9.11】　计算在分析浓度为 1.0 mol · L^{-1} 的 HCl 介质中，$\mathrm{Fe^{3+}}$ 与 $\mathrm{Sn^{2+}}$ 反应的平衡常数及达到平衡时

反应进行的程度。

解　Fe^{3+} 与 Sn^{2+} 的反应式如下：

$$2Fe^{3+}(aq)+Sn^{2+}(aq) \rightleftharpoons 2Fe^{2+}(aq)+Sn^{4+}(aq)$$

所以，电子转移的最小公倍数为 2，平衡常数为

$$\lg K^{\ominus}=\frac{2[E^{\ominus\prime}(Fe^{3}/Fe^{2+})-E^{\ominus\prime}(Sn^{4+}/Sn^{2+})]}{0.059\ V}=\frac{2\times(0.38\ V-0.14\ V)}{0.059\ V}=18.40$$

在等量反应的情况下，有

$$\frac{[Fe^{2+}]}{[Fe^{3+}]}=\frac{[Sn^{4+}]}{[Sn^{2+}]}$$

所以

$$K^{\ominus}=\frac{[Fe^{2+}]^2[Sn^{4+}]}{[Fe^{3+}]^2[Sn^{2+}]}=\frac{[Fe^{2+}]^3}{[Fe^{3+}]^3}=2.5\times10^{18}$$

即

$$\frac{[Fe^{2+}]}{[Fe^{3+}]}=1.4\times10^{6}$$

计算结果表明，反应进行得非常完全。

　　一般而言，对一个化学反应，反应进行完全的基本要求是反应物转化率达 99.9%以上。对于如下的一般反应：

$$n_2Ox_1+n_1Red_2 \rightleftharpoons n_1Ox_2+n_2Red_1$$

即要求：

$$\frac{[Red_1]}{[Ox_1]}>10^3 \quad 和 \quad \frac{[Ox_2]}{[Red_2]}>10^3$$

即

$$\lg K^{\ominus}=\lg\frac{[Red_1][Ox_2]}{[Ox_1][Red_2]}>6$$

如果 $n_1=n_2=1$，根据式(9.71)：

$$E^{\ominus\prime}(Ox_1/Red_1)-E^{\ominus\prime}(Ox_2/Red_2)=0.059\ V\lg K^{\ominus}\geqslant0.059\ V\times6=0.35\ V$$

如果 $n_1=n_2=2$，根据式(9.71)式：

$$E^{\ominus\prime}(Ox_1/Red_1)-E^{\ominus\prime}(Ox_2/Red_2)=\frac{0.059\ V}{2}\lg K^{\ominus}\geqslant\frac{0.059\ V}{2}\times6=0.18\ V$$

　　所以，通过两个电对的条件电极电势，就可以大致判定该氧化还原反应能否进行完全，这有利于判定一个氧化还原反应能否用于定量分析。

9.5.2　氧化还原滴定方程

　　在氧化还原滴定中，随着滴定剂的加入，被滴定物质的氧化态和还原态的浓度逐渐发生改变，电对的电极电势也改变。如果电对是可逆的，则电极电势的改变可以用能斯特方程来描述。由于氧化还原反应的复杂性，其电子转移模式不同，故对不同类型的反应应区分对待。

氧化还原反应的类型大致可分为两类，一类称为对称的氧化还原反应，它表现为反应式中电对的系数相同。例如

$$Ce^{4+}(aq) + e^- \rightleftharpoons Ce^{3+}(aq)$$

另一类为非对称的氧化还原反应，其中存在系数不同的电对。例如

$$Cr_2O_7^{2-}(aq) + 14H^+(aq) + 6e^- \rightleftharpoons 2Cr^{3+}(aq) + 7H_2O(aq)$$

为理论分析的方便，这里仅讨论对称的氧化还原反应。对于如下的氧化还原反应：

$$2Fe^{3+}(aq) + Sn^{2+}(aq) = 2Fe^{2+}(aq) + Sn^{4+}(aq)$$

其两个半反应如下：

$$Fe^{3+}(aq) + e^- \rightleftharpoons Fe^{2+}(aq)$$

$$Sn^{4+}(aq) + 2e^- \rightleftharpoons Sn^{2+}(aq)$$

设 Sn^{2+} 的初始浓度和体积分别为 $c(Sn^{2+})$ 和 V_0；Fe^{3+} 的初始浓度为 $c(Fe^{3+})$，当将 V_t 体积的 Fe^{3+} 加入 Sn^{2+} 的溶液中时，质量平衡方程为

$$\frac{c(Fe^{3+})V_t}{V_0 + V_t} = [Fe^{3+}] + [Fe^{2+}] \tag{9.72}$$

$$\frac{c(Sn^{2+})V_0}{V_0 + V_t} = [Sn^{2+}] + [Sn^{4+}] \tag{9.73}$$

将式(9.72)除以式(9.73)，得

$$\frac{c(Fe^{3+})\rho}{c(Sn^{2+})} = \frac{[Fe^{3+}] + [Fe^{2+}]}{[Sn^{2+}] + [Sn^{4+}]} = \frac{[Fe^{2+}]\left(\dfrac{[Fe^{3+}]}{[Fe^{2+}]} + 1\right)}{[Sn^{4+}]\left(\dfrac{[Sn^{2+}]}{[Sn^{4+}]} + 1\right)} \tag{9.74}$$

这里 $\rho = V_t/V_0$。

对于可逆反应，在滴定的任一瞬间反应都达到平衡，故溶液中的电势为

$$E = E^{\ominus\prime}(Fe^{3+}/Fe^{2+}) + 0.059\,V\,lg\frac{[Fe^{3+}]}{[Fe^{2+}]} = E^{\ominus\prime}(Sn^{4+}/Sn^{2+}) + \frac{0.059\,V}{2}lg\frac{[Sn^{4+}]}{[Sn^{2+}]} \tag{9.75}$$

由式(9.75)可得

$$\frac{[Fe^{3+}]}{[Fe^{2+}]} = 10^{[E-E^{\ominus\prime}(Fe^{3+}/Fe^{2+})]/0.059\,V} \tag{9.76}$$

和

$$\frac{[Sn^{2+}]}{[Sn^{4+}]} = 10^{-2[E-E^{\ominus\prime}(Sn^{4+}/Sn^{2+})]/0.059\,V} \tag{9.77}$$

同时，在滴定过程中，两种滴定产物 Fe^{2+}、Sn^{4+} 的浓度之间存在如下的计量关系：

$$\frac{[Fe^{2+}]}{[Sn^{4+}]} = 2 \tag{9.78}$$

将式(9.76)、式(9.77)和式(9.78)代入式(9.74)，整理得

$$\rho = \frac{2c(Sn^{2+})(10^{[E-E^{\ominus\prime}(Fe^{3+}/Fe^{2+})]/0.059\,V}+1)}{c(Fe^{3+})(10^{-2[E-E^{\ominus\prime}(Sn^{4+}/Sn^{2+})]/0.059\,V}+1)} \tag{9.79}$$

式(9.79)即为用 Fe^{3+} 滴定 Sn^{2+} 的滴定方程。图 9.18 为用 $0.1000\,mol \cdot L^{-1}$ 的 Fe^{3+} 滴定浓度为

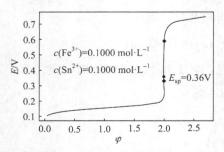

图 9.18 Fe^{3+} 滴定 Sn^{2+} 的滴定曲线

$0.1000\,mol \cdot L^{-1}$ 的 Sn^{2+} 的滴定曲线。从图中可以看到，当 $\rho=2$ 时达到化学反应计量点，并且在化学计量点处存在一个非常大的滴定突跃，对应于圆点符号的位置是滴定的化学计量点，两个菱形符号对应的一段范围是滴定突跃范围。

对于由一般的对称的氧化还原反应构成的氧化还原滴定体系：

$$Ox_1 + Red_2 \longrightarrow Ox_2 + Red_1 \tag{9.80}$$

如果相关的两个电对的反应为

$$Ox_1 + n_1e^- \rightleftharpoons Red_1$$

$$Red_2 - n_2e^- \rightleftharpoons Ox_2$$

以 Ox_1 滴定 Red_2 的滴定方程为

$$\rho = \frac{n_2 c(Red_2)(10^{n_1[(E-E^{\ominus\prime}(Ox_1/Red_1))/0.059\,V]}+1)}{n_1 c(Ox_1)(10^{-n_2[(E-E^{\ominus\prime}(Ox_2/Red_2))/0.059\,V]}+1)} \tag{9.81}$$

氧化还原滴定的化学计量点可以通过条件电极电势来求得。根据化学反应式，化学计量点时存在如下关系：

$$n_1 c(Ox_1)V_t = n_2 c(Red_2)V_0$$

所以，化学计量点时的体积比为

$$\rho_{sp} = \frac{n_2 c(Red_2)}{n_1 c(Ox_1)} \tag{9.82}$$

根据式(9.81)，得

$$\frac{10^{n_1[(E_{sp}-E^{\ominus\prime}(Ox_1/Red_1))/0.059\,V]}+1}{10^{-n_2[(E_{sp}-E^{\ominus\prime}(Ox_2/Red_2))/0.059\,V]}+1} = 1$$

整理得化学计量点时的电极电势为

$$E_{sp} = \frac{n_1 E^{\ominus\prime}(Ox_1/Red_1) + n_2 E^{\ominus\prime}(Ox_2/Red_2)}{n_1 + n_2} \tag{9.83}$$

对于图 9.18 所示的滴定曲线，化学计量点为

$$E_{sp} = \frac{E^{\ominus\prime}(Fe^{3+}/Fe^{2+}) + 2E^{\ominus\prime}(Sn^{4+}/Sn^{2+})}{1+2} = \frac{0.771\,V + 2\times0.154\,V}{1+2} = 0.360\,V$$

随着滴定过程的进行，该体系中占主导的电对从

$$Sn^{4+}(aq) + 2e^- \rightleftharpoons Sn^{2+}(aq)$$

变为

$$Fe^{3+}(aq) + e^- \rightleftharpoons Fe^{2+}(aq)$$

如果要求滴定分析的终点误差小于±0.1%，也就是要求终点时应该满足：

$$\frac{[\text{Sn}^{4+}]}{[\text{Sn}^{2+}]} \geqslant 10^3 \quad 和 \quad \frac{[\text{Fe}^{3+}]}{[\text{Fe}^{2+}]} \leqslant 10^{-3}$$

所以，滴定的突越范围为

$$E^{\ominus\prime}(\text{Sn}^{4+}/\text{Sn}^{2+}) + 0.059\,\text{V}\lg 10^3 \sim E^{\ominus\prime}(\text{Fe}^{3+}/\text{Fe}^{2+}) + 0.059\,\text{V}\lg 10^{-3} \tag{9.84}$$

图 9.18 所示的滴定曲线中，滴定突越范围为

$$E^{\ominus\prime}(\text{Sn}^{4+}/\text{Sn}^{2+}) + 0.059\,\text{V}\lg 10^3 \sim E^{\ominus\prime}(\text{Fe}^{3+}/\text{Fe}^{2+}) + 0.059\,\text{V}\lg 10^{-3}$$

$$= (0.154\,\text{V} + 0.059\,\text{V}\times 3) \sim (0.771\,\text{V} - 0.059\,\text{V}\times 3)$$

$$= 0.331\,\text{V} \sim 0.594\,\text{V}$$

可以将式(9.84)写成一般形式：

$$E^{\ominus\prime}(\text{Ox}_2 + \text{Red}_2) + \frac{0.059\,\text{V}}{n_2}\lg 10^3 \sim E^{\ominus\prime}(\text{Ox}_1 + \text{Red}_1) + \frac{0.059\,\text{V}}{n_1}\lg 10^{-3} \tag{9.85}$$

9.5.3　滴定终点的判定与滴定误差

氧化还原滴定法通常采用氧化还原指示剂判定终点。氧化还原指示剂是一些本身具有氧化还原性质的有机化合物，其氧化态和还原态具有不同的颜色，据此可以判定氧化还原反应的终点。例如，邻二氮菲亚铁是邻二氮菲与二价铁的配合物，呈深红色，当遇到氧化剂时，发生如下反应：

$$[\text{Fe}(\text{C}_{12}\text{H}_8\text{N}_2)_3]^{2+}(\text{aq})(深红色) \xrightleftharpoons{\text{氧化剂}} [\text{Fe}(\text{C}_{12}\text{H}_8\text{N}_2)_3]^{3+}(\text{aq})(浅蓝色)$$

氧化反应的生成物 $[\text{Fe}(\text{C}_{12}\text{H}_8\text{N}_2)_3]^{3+}$ 显浅蓝色，因而邻二氮菲可以作为氧化还原滴定二价铁的指示剂。有些作为滴定剂的物质或被滴定物质本身具有颜色，而它们的滴定产物为无色或颜色很浅，此时可以不加指示剂，只需利用它们自身颜色的改变来判定滴定反应的终点。例如，在高锰酸钾法中，作为滴定剂的 MnO_4^- 本身是紫红色，而其还原产物为几乎无色的 Mn^{2+}，在滴定反应达到化学计量点时，稍微过量的 MnO_4^- 就会使溶液呈现粉红色，从而指示终点。具有这种特性的指示剂也称为自身指示剂。

有些物质本身并不具备氧化还原特性，但它能与滴定剂或被滴定物质反应，生成具有特殊颜色的物质，因而也可以作为氧化还原滴定的指示剂。例如，可溶性淀粉与碘分子反应，生成深蓝色的配合物，而当碘分子被还原为碘离子时，深蓝色消失。因此，在碘量法中，可溶性淀粉溶液是常用的指示剂。这类指示剂也常称为特殊指示剂。

要说明的是，淀粉溶液应当在使用前临时配制，陈旧的淀粉溶液与碘分子作用不是显蓝色，而是显紫色或红紫色。并且这种有色物质在 $\text{Na}_2\text{S}_2\text{O}_3$ 作用下变色很慢，不具有显示滴定终点的作用。

氧化还原滴定的终点误差可以采用体积比来计算：

$$E = \frac{\rho_{\text{ep}} - \rho_{\text{sp}}}{\rho_{\text{sp}}} \times 100\% \tag{9.86}$$

式中，ρ_{ep} 为滴定终点时的体积比，可根据终点时的电极电势由式(9.81)计算；ρ_{sp} 为化学计量点时的体积比，可通过式(9.82)计算。

【例 9.12】 在浓度为 $1\ mol \cdot L^{-1}$ 的 H_2SO_4 介质中用分析浓度为 $0.1000\ mol \cdot L^{-1}$ 的 Ce^{4+} 标准溶液滴定分析浓度为 $0.1000\ mol \cdot L^{-1}$ 的 Fe^{2+}，若选用二苯胺磺酸钠作指示剂，计算终点误差。

解 化学计量点的体积比为

$$\rho_{sp} = \frac{n_2 c(Fe^{2+})}{n_1 c(Ce^{4+})} = \frac{1 \times 0.100\ mol \cdot L^{-1}}{1 \times 0.100\ mol \cdot L^{-1}} = 1.000$$

终点时的体积比为

$$\rho_{ep} = \frac{n_2 c(Fe^{2+})(10^{n_1[(E_{ep}-E^{\ominus\prime}(Ce^{4+}/Ce^{3+}))/0.059\ V]}+1)}{n_1 c(Ce^{4+})(10^{-n_2[(E_{ep}-E^{\ominus\prime}(Fe^{3+}/Fe^{2+}))/0.059\ V]}+1)}$$

$$= \frac{1 \times 0.100\ mol \cdot L^{-1} \times (10^{1\times[(0.84\ V-1.44\ V)/0.059\ V]}+1)}{1 \times 0.100\ mol \cdot L^{-1} \times (10^{-1\times[(0.84\ V-0.68\ V)/0.059\ V]}+1)}$$

$$= 0.998$$

终点误差为

$$E = \frac{\rho_{ep}-\rho_{sp}}{\rho_{sp}} \times 100\% = \frac{0.998-1.000}{1.000} \times 100\% = -0.2\%$$

9.5.4 氧化还原滴定法的应用

常用的氧化还原滴定方法有高锰酸钾法、重铬酸钾法和碘量法。本书中以碘量法为例对氧化还原的应用方法进行一个简要的说明。碘量法是以 I_2 的氧化性和 I^- 的还原性为基础的滴定方法，电极反应为

$$I_2(s) + 2e^- \rightleftharpoons 2I^-(aq) \qquad E^{\ominus} = 0.54\ V$$

这里要说明的是，由于 I_2 易挥发，在使用过程中通常加入过量的 KI 使之形成溶解度较大的 I_3^-，但为了书写方便，习惯上还是写成 I_2。I_2 是一种较弱的氧化剂，能与较强的还原剂反应；而 I^- 是一种中等强度的还原剂，能与许多氧化剂起反应。例如，利用 I^- 与 Cu^{2+} 的反应，可以建立碘量法测量铜合金中的铜离子含量，其反应如下：

$$2Cu^{2+}(aq) + 4I^-(aq) = 2CuI(s) + I_2(aq)$$

用过量的 I^- 与 Cu^{2+} 反应，然后用 $Na_2S_2O_3$ 标准溶液滴定生成的 I_2，就可求出铜的含量。灵活运用与 I_2 和 I^- 相关的反应，可以构建出非常有趣的应用，如例 9.13 所示。

【例 9.13】 取 KI 试液 25.00 mL，加入稀 HCl 溶液和 10.00 mL 分析浓度为 $0.05000\ mol \cdot L^{-1}$ 的 KIO_3 溶液，析出的 I_2 经煮沸挥发释出。冷却后，加入过量的 KI 与剩余的 KIO_3 反应，析出的 I_2 用分析浓度为 0.1008 $mol \cdot L^{-1}$ 的 $Na_2S_2O_3$ 标准溶液滴定，耗去 21.14 mL。计算试液中 KI 的浓度。

解 在预处理阶段，第一步通过 KIO_3 与样品中 KI 的歧化反应，将样品中的 KI 消耗完。第二步还是通过歧化反应，将过量的 KIO_3 全部转化为 I_2，两步涉及同样的反应：

$$IO_3^-(aq) + 5I^-(aq) + 6H^+(aq) = 3I_2(aq) + 3H_2O(aq)$$

第二步反应生成的 I_2 用 $Na_2S_2O_3$ 标准溶液滴定，反应如下：

$$I_2(aq) + 2S_2O_3^{2-}(aq) = S_4O_6^{2-}(aq) + 2I^-(aq)$$

各物质之间的计量关系分别为

$$IO_3^- \sim 5I^- \quad \text{和} \quad IO_3^- \sim 3I_2 \sim 6S_2O_3^{2-}$$

所以，真正消耗于试样中 KI 的 KIO_3 的物质的量为

$$c(KIO_3)V(KIO_3) - \frac{1}{6}c(Na_2S_2O_3)V(Na_2S_2O_3)$$

所以，试样中 KI 的物质的量浓度为

$$c(\text{KI}) = \frac{5 \times \left[c(\text{KIO}_3)V(\text{KIO}_3) - \dfrac{1}{6}c(\text{Na}_2\text{S}_2\text{O}_3)V(\text{Na}_2\text{S}_2\text{O}_3) \right]}{V(\text{KI})}$$

$$= \frac{5 \times (0.0500\ \text{mol} \cdot \text{L}^{-1} \times 10.00 \times 10^{-3}\ \text{L} - \dfrac{1}{6} \times 0.1008\ \text{mol} \cdot \text{L}^{-1} \times 21.14 \times 10^{-3}\ \text{L})}{25.00 \times 10^{-3}\ \text{L}}$$

$$= 0.02896\ \text{mol} \cdot \text{L}^{-1}$$

9.6　吸光光度法
(Spectrophotometry)

吸光光度法是利用物质的分子对紫外-可见光谱区(一般认为是 200~800nm)的辐射的吸收来进行定性和定量分析的一种仪器分析方法。吸光光度法是测定低含量组分(<1%)的常用方法，其相对误差一般为 2%~5%。吸光光度法准确度和灵敏度较高，仪器设备简单，在工业、生物、环境等领域获得了广泛的应用。

9.6.1　吸光光度法的基本原理

物质分子是由原子组成的。当原子相互结合形成分子时，原子轨道进行复杂的组合形成了分子轨道，与原子轨道类似，分子轨道也是量子化的。在一般情况下，分子中的电子处于分子轨道的基态，当分子受到光照射时，其中的电子有可能从基态跃迁到能量更高的分子轨道。

由于分子轨道的能级通常较多，且能级差也各不相同(图 9.19)，当用某个波长范围的单色光依次照射某一物质时，可以得到该物质对各单色光的吸收光谱。图 9.20 为重铬酸钾的吸收光谱曲线。

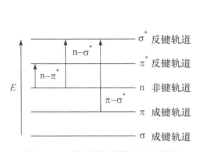

图 9.19　分子轨道能级示意图

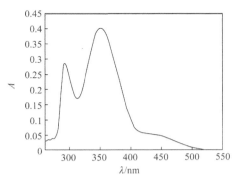

图 9.20　重铬酸钾的吸收光谱曲线

吸收光谱中吸光度最大值处的波长称为最大吸收波长，用 $\lambda_{\max}$ 表示。由于最大吸收波长附近的吸光度具有最大的信背比和相对的稳定性，因而在采用吸光光度法进行定量分析时首先需要找到最大吸收波长位置。化学计量学的研究表明，采用全谱进行定量分析会优于采用单一波长吸光度，限于篇幅，在此不拓展讲述。

1729 年、1760 年和 1852 年，布格(Bouguer)、朗伯(Lambert)和比尔(Beer)先后独立研究

了物质对单色光的吸收问题，它的研究结果汇总成为当前常用的光吸收定律[⑧]，其表达式为

$$A = Kbc \tag{9.87}$$

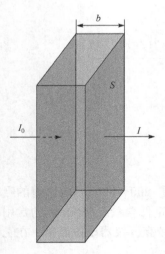

图 9.21　光吸收示意图

式中，A 为吸光度，是一个量纲为 1 的量；K 为吸光系数，是与物质的性质、入射光波长、温度等因素有关的量；b 为光程的长度，通常按照比色皿的厚度计算；c 为溶液中某个(或某些)吸光物质的浓度。当 c 的单位为 $mol \cdot L^{-1}$，b 的单位为 cm 时，吸光系数用另一符号 ε 来表示，称为摩尔吸光系数，其单位为 $L \cdot mol^{-1} \cdot cm^{-1}$。这时，式(9.87)变为

$$A = \varepsilon bc \tag{9.88}$$

在测定波长、温度和溶剂等条件一定时，摩尔吸光系数的大小取决于物质的性质，是物质对某一波长的光的吸收能力的量度。对应于最大吸收波长处的摩尔吸光系数 ε_{max} 常用来衡量吸光光度法的灵敏度。

从仪器测量的角度看，它并非直接测量吸光度，而是测量入射光强度 I_0 和出射光的强度 I，如图 9.21 所示。

因此，在吸光光度法中另一个经常使用的量是透光度，其定义如下：

$$T = \frac{I}{I_0} \tag{9.89}$$

式中，T 为透光度，它与吸光度之间有如下的关系：

$$A = \lg \frac{1}{T} = \lg \frac{I_0}{I} \tag{9.90}$$

从式(9.90)也可以看到，吸光度 A 是一个量纲为 1 的量，这也导致采用吸光光度法进行定量分析时必须采用新的策略。

【例 9.14】　邻二氮菲与亚铁离子反应可以生成橘红色的配合物，吸光光度法中常以此反应测定微量铁。已知溶液中 $c(Fe^{2+})$ 为 $1.0783 \; mg \cdot L^{-1}$，液层厚度为 1 cm，在 508 nm 处测得邻二氮菲铁配合物的吸光度为 0.208。计算吸光系数 K 和摩尔吸光系数 ε。

解　吸光系数为

$$K = \frac{A}{bc} = \frac{0.208}{1 \; cm \times 1.0783 \times 10^{-3} \; g \cdot L^{-1}} = 193 \; L \cdot g^{-1} \cdot cm^{-1}$$

铁的物质的量浓度为

$$c = \frac{1.0783 \times 10^{-3} \; g \cdot L^{-1}}{55.85 \; g \cdot mol^{-1}} = 1.931 \times 10^{-5} \; mol \cdot L^{-1}$$

由于 1 mol Fe^{2+} 可以生成 1 mol 邻二氮菲铁(Ⅲ)配合物$[Fe(phen)_3]^{2+}$，所以摩尔吸光系数为

$$\varepsilon = \frac{A}{bc} = \frac{0.208}{1 \; cm \times 1.931 \times 10^{-5} \; mol \cdot L^{-1}} = 1.08 \times 10^4 \; L \cdot mol^{-1} \cdot cm^{-1}$$

吸光光度法中，仪器测量的是经过样品的透光度 T。在分光光度计的标尺上，透光度 T 的标尺是均匀的，透光度的读数误差 ΔT 仅取决于仪器的状态，与透光度值无关。然而，透

---

⑧ 现在习惯称为比尔定律。

光度与吸光度之间存在着对数关系，ΔT对浓度估计产生的误差将不再是固定值，而是与T有关的值。

根据比尔定律，可以得到如下的仪器测量的误差公式：

$$E = \frac{\Delta c}{c} \times 100\% = \frac{\Delta T}{T \ln T} \times 100\% \tag{9.91}$$

式中，$\dfrac{\Delta c}{c}$为浓度的相对误差。

图 9.22 为对应于$\Delta T = 0.003$ 时浓度的相对误差与透光度的关系。从图中可以看到，$T = 0.2 \sim 0.6$时，相对误差基本一致；而在$T = 0.368$(即$A = 0.434$)时达到最小值。所以，实际测量中，应使透光度在该值附近。这里要说明的是，计算过程设定了在各透光度位置上ΔT不变。对于真实的仪器而言，在不同的透光度处，其精度是不同的。

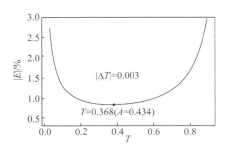

图 9.22　浓度的相对误差与透光度的关系

9.6.2 吸光光度法的仪器结构和常用类型*

吸光光度法所采用的仪器为分光光度计，测量的范围包括可见光区、紫外光区和近红外区。各种型号的分光光度计其基本结构都较类似，通常由光源、单色器、吸收池、检测器及信号显示五个部分组成，如图 9.23 所示。

图 9.23　分光光度计基本结构示意图

分光光度计中常用的光源可分为两类，一类是热辐射光源，如钨灯和碘钨灯，其波长为 340~2500 nm，可用于可见光区域的分析；另一类是气体放电光源，如氢灯和氘灯等，其波长为 160~375 nm，常用于紫外光区域的分析。由于受石英窗吸收的限制，通常紫外光区域波长的有效范围为200~375 nm。单色器是将从光源发出的复合光中分出单色光的光学装置。单色器的性能直接影响入射光的单色性，从而也影响测定的灵敏度、选择性及校准曲线的线性关系等。单色器通常由入射狭缝、准光器(使入射光变成平行光)、色散元件、聚焦元件和出射狭缝五个部分组成。其中，色散元件起了关键的作用，它把复合光分解为单色光。出射狭缝也起着重要作用，它决定了获得谱带的宽度，狭缝宽度过大时，谱带宽度太大，入射光单色性差，狭缝宽度过小时，又会减弱光强。

常用的色散元件是棱镜和光栅。棱镜的原理是依据不同波长的光通过棱镜时有不同的折射率而将不同波长的光分开。玻璃棱镜只适用于 350~3200 nm 的可见和近红外光区波长范围，石英棱镜适用的波长范围较宽，为185~4000 nm，可用于紫外、可见、红外三个光谱区域。光栅依据的是光的衍射和干涉作用原理，可用于紫外、可见和近红外光谱区域。光栅在整个波长区域中具有良好的、几乎均匀一致的色散率，且具有适用波长范围宽、分辨本领高、成本低、便于保存和易于制作等优点，是目前应用最多的色散元件。其缺点是不同级的光谱之间会重叠而产生干扰。图 9.24 为单色器示意图。

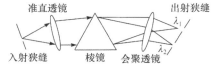

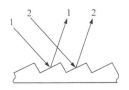

图 9.24　单色器示意图

吸收池用于盛放试样溶液。吸收池一般用玻璃和石英两种材料做成，玻璃池只能用于可见光区，而石英池可用于可见光区及紫外光区。吸收池通常随仪器配给，其规格从几毫米到几厘米不等，最常用的是 1 cm 的吸收池。在高精度分析测定中，吸收池要配对，使盛放标准溶液与未知样品的吸收池有基本一致的吸光度。吸收池在放置时应使其光学面严格垂直于光束方向，以减少光的反射损失。

检测器的作用是将光信号转换为电信号。一种常用的检测器是光电倍增管，如图 9.25 所示。光电倍增管中包含多级倍增电极，其阴极表面涂上了光敏物质，在阴极和阳极之间装有一系列电子倍增板，阴极和阳极之间加直流高压(约 1000V)。当从吸收池出来的光照射到阴极时，它会发出光电子，该电子被电场加速并撞击第一电子倍增极，产生更多的二次电子，二次电子在电场作用下打击第二倍增板……，依此不断进行下去，像"雪崩"一样，最后阳极收集到的电子数将是阴极发射电子的 100 倍左右，由此可将微弱的信号放大到可检测的强度。

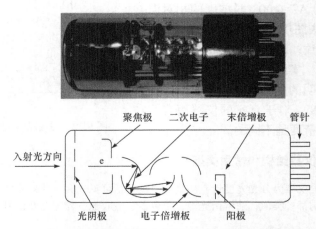

图 9.25　光电倍增管实例图及工作原理示意图

信号显示的作用是以适当的方式显示或记录测量信号。传统的分光光度计通常采用数字电压表、函数记录仪、示波器等来显示或记录信号。计算机技术的引入可将信号储存在计算机中，并通过显示器将信号展示出来。

当前常见的分光光度计为双光束型，如图 9.26 所示。从单色器里出来的单色光，经切光器 1 分解为强度相等的两束光，一束光通过参比池，另一束光经反射镜 1 进入样品池，这两束光最终经切光器 2 和反射镜 2 的作用而交替进入检测器，光度计自动比较两束光的强度，此比值即为试样的透射比，经对数变换将它转换成吸光度并作为波长的函数记录下来。由于两束光同时分别通过参比池和样品池，由此可自动消除光源强度变化所引起的误差。

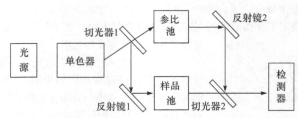

图 9.26　双光束分光光度计光路示意图

9.6.3　吸光光度法的实验条件选择*

吸光光度法受影响的因素较多，必须从实验条件上进行适当的控制，才能得到满意的结果。其中最重要的因素是显色剂的选择。显色剂的作用是使本身无色或颜色很浅的物质形成深颜色的化合物，从而提高测量的信背比。选择显色剂时应考虑如下两个方面。

(1) 显色反应的选择性要好，应只与待测离子有显色反应。显色剂与待测离子形成的化合物的组成应恒定且稳定性好，显色条件应易于控制。

(2) 生成的有色化合物有较高的摩尔吸光系数，显色剂与有色物的最大吸收波长有明显的差别，一般要求$\Delta\lambda_{max} > 60$ nm。

一般而言，显色剂适当过量有利于显色反应的进行。对于稳定常数很大的有色配合物来说，只要显色剂适当过量，都能使待测组分基本上完全转化为有色物质。而对于稳定常数较小或存在逐级配位反应的有色配合物来说，显色剂的用量与有色配合物的稳定性关系较大，一般需过量或严格控制用量。

在实际的分析过程中，显色剂的用量要通过实验来确定，其做法是：①固定被测组分的浓度和其他条件，分别加入不同量的显色剂，由此得到一系列的有色溶液；②测定该有色溶液的吸光度并将吸光度与显色剂浓度作图，如图 9.27 所示；③确定吸光度变化比较平稳的显色剂浓度范围。图 9.27 中前两种情况是比较常见的，在实际的分析过程中也较易掌握。对于第三种情况，显色剂用量的严格控制至关重要。除非特殊情况，一般不建议采用这样的系统。

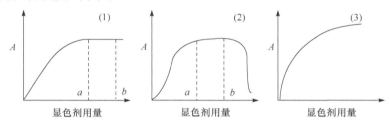

图 9.27　显色剂的用量与吸光度的关系

大多数的显色剂是有机弱酸或弱碱，酸度对它们的各种型体的浓度影响很大，所以酸度的改变通常会影响到它与金属离子形成的有色配合物的浓度。与显色剂用量的确定方法类似，通常是通过作出吸光度与酸度的变化图，从图中确定吸光度变化相对平稳的酸度区域作为实际的酸度范围(图 9.27)。

大多数的显色反应在室温下进行，温度的轻微波动对测量的影响不大。但是，有些显色反应受温度影响很大，甚至需要在加热状态下才能完成。例如，过硫酸铵氧化 Mn^{2+} 生成 MnO_4^- 的显色反应，需要在微沸情况下保持 5 min，待溶液冷却后再进行测定。当采用光度法进行热力学和动力学方面的研究时，反应温度的控制更为重要。

各种显色反应的速度不同，获得稳定的有色配合物所需的时间也不同，故显色反应时间的控制也很重要。此外，介质酸度、显色剂的浓度都会影响显色时间。在进行定量分析之前，应综合考虑各种因素的影响程度，通过实验的方式获得最佳的显色反应时间。

如果不存在其他有色物质的干扰或显色剂本身无色时，测量波长应取待测有色配合物的最大吸收波长。当待测有色配合物的最大吸收波长处存在其他物质的吸收时，选取测定波长的原则是：①选定的波长处待测有色配合物的吸光度应足够大；②其他物质在此波长处的吸光度应为零或足够小。

参比溶液的作用是调节仪器的零点，以此来消除比色皿器壁及溶液中其他介质对入射光的吸收或反射带来的误差。参比溶液应根据下列情况来选择：

(1) 若试液本身及显色剂均无色，可用蒸馏水作参比溶液。

(2) 如果显色剂无色，但待测试液中存在其他有色物质时，可采用不加显色剂的待测试液作参比溶液。

(3) 如果显色剂有色，则采用试剂空白(不加待测试样)溶液作参比溶液。

(4) 如果显色剂和待测试样都有色，则可取一份试液，在其中加入适当的掩蔽剂将待测组分掩蔽，然后此试液作为参比溶液。

9.6.4　吸光光度法的应用

吸光光度法是测定低含量组分的一种很好的方法，而随着分光光度计的普及，该法也已成为一种常规分析方法，被用于微量组分的定量分析、配合物稳定常数的测定、酸碱解离常数的测定等领域。

吸光光度法用于定量分析的一个例子是水中微量亚铁含量的测定。在水溶液中，将过量的邻二氮菲(1, 10-phenanthroline monohydrate, phen)与 Fe^{2+}反应，生成有色配合物，反应式如下：

$$Fe^{2+}(aq) + 3phen(aq) \longrightarrow [Fe(phen)_3]^{2+}(aq)$$

由于 Fe^{2+}与 phen 的反应计量关系是 1：3，因而实际应用中总是将邻二氮菲过量，以确保全部 Fe^{2+}转化为配合物，否则会影响定量分析的准确度。由于吸光光度法无法进行直接定量分析，因而通常使用校正的方法，其一般步骤为：①分别移取不同量被测物质的标准溶液于一系列相同体积的容量瓶中，加入适量的显色剂和其他辅助试剂，在最佳的显色条件下进行显色反应，然后定容；②配制相应的参比溶液；③在选定的波长处测量各标准溶液的吸光度并绘制吸光度与浓度的标准曲线，或者通过线性回归方法建立吸光度与浓度的回归方程；④将未知试液按标准溶液的显色步骤显色后测定其吸光度值，然后根据标准曲线或回归方程求得其浓度值。

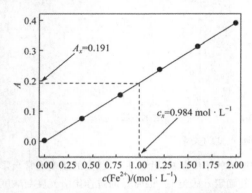

图 9.28　邻二氮菲测铁的标准曲线及预测结果

第③步中建立回归方程及绘制标准曲线的工作可由仪器配备的测量软件完成，图 9.28 为一组学生实验的标准曲线。当未知样品的吸光度为 $A_x=0.1908$，可以通过该图找到对应的亚铁离子浓度为 0.984 mol·L^{-1}。当然，所有这些工作，仪器本身可以自动完成。

本章教学要求

1. 理解和掌握误差概念和有效数字的概念，了解正态分布和 t 分布的数学含义，熟练应用统计学方法处理测量数据。

2. 了解几种常见的沉淀形式，掌握控制沉淀的方法。

3. 理解分布分数的概念，熟练应用质量平衡和电荷平衡建立酸碱滴定方程，了解酸碱滴定终点的判定方法，掌握酸碱滴定终点误差的计算方法。

4. 理解配位滴定中的正反应和副反应概念，掌握相关参数的计算方法，熟练应用质量平衡建立配位滴定方程，了解配位滴定终点的判定方法，掌握配位滴定终点误差的计算方法。

5. 理解表观电极电势的概念，熟练应用质量平衡建立氧化还原滴定方程，掌握氧化还原系统的计算方法。

6. 理解透光度和吸光度的概念及它们之间的关系，掌握比尔定律的原理和相关的计算方法，了解吸光光度法的基本应用步骤。

习　题

1. 下列情况各引起什么误差？如果是系统误差，应如何消除？

(1) 砝码腐蚀 　　　　　　　　　　　　　(2) 称量时试样吸收了空气中的水分

(3) 天平零点稍有变动 　　　　　　　　　(4) 读取滴定管读数时，最后一位数字估测

(5) 试剂中含有微量待测组分　　　　　　　(6) 重量分析法中杂质产生共沉淀

2. 对某样品中铁的质量分数进行了 6 次测定,结果为:33.11%、33.45%、33.38%、33.24%、33.28%、33.29%。计算:(1)分析结果的平均值;(2)标准偏差和相对标准偏差。

3. 下列各数据的有效数字位数各是多少?

(1) 0.068　　　　　　　　(2) 21.080　　　　　　　　(3) 6.4×10^{-3}

(4) 6000　　　　　　　　(5) 99.50　　　　　　　　(6) 101.0

4. 按有效数字运算规则,计算下列各式:

(1) $12.345 + 1.6574 - 0.0954 + 1.57$

(2) $1.781 \times 0.458 + 6.9 \times 10^{-5} - 0.0623 \times 0.00418$

(3) $\dfrac{7.728 \times 62.50}{0.006451 \times 216.3}$

(4) $\sqrt{\dfrac{1.5 \times 10^{-8} \times 6.1 \times 10^{-8}}{3.3 \times 10^{-6}}}$

(5) $\dfrac{1.45 \times 10^{-5} \times 5.23 \times 10^{-9}}{2.3 \times 10^{-5}}$

(6) $\dfrac{\pi \times 35.7^3}{3.45 \times 10^{-5}}$

(7) pH 0.25 的氢离子浓度

5. 某人标定 HCl 溶液的浓度,得到如下数据(mol·L^{-1}):0.1011、0.1011、0.1010、0.1010、0.1012、0.1016。则 0.1016 这个数据是否应该保留? 若再测一次,得到 0.1014,此时 0.1016 这个数据是否应该保留?

6. 在重量分析法中,对沉淀的主要要求是什么?

7. 哪些化学反应效应不利于沉淀的形成?

8. 沉淀是怎样形成的? 形成沉淀的类型与哪些因素有关? 哪些因素主要由沉淀的性质决定? 哪些因素由沉淀条件决定?

9. 为什么要进行陈化? 哪些情况不需要进行陈化?

10. 称取过磷酸钙肥料 0.5000 g,经处理后得到 $Mg_2P_2O_7$ 0.1245 g,计算试样中 P 和 P_2O_5 的质量分数。

11. 将主要含有四氧化三铁的矿样 1.5419 g 溶于盐酸中,用硝酸处理使其中的二价铁全部转化为三价铁。将溶液稀释后用氨水沉淀其中的三价铁。过滤沉淀并进行烧灼,得到 0.8525 g 纯的三氧化二铁。计算样品中四氧化三铁的百分含量。已知 M(Fe)=55.84,M(O)=15.999。

12. 写出下列酸的共轭碱:

$$H_3PO_4 \quad H_2PO_4^- \quad NH_4^+ \quad H_2O \quad HCO_3^- \quad HCOOH$$

13. 下列溶液以 NaOH 溶液或 HCl 溶液滴定时,在滴定曲线上会出现几个突跃? 请用滴定软件进行分析,并总结规律。设滴定剂与试剂的浓度均相等。

(1) $H_2SO_4 + H_3PO_4$　　　　　　(2) $HCl + H_3BO_3$　　　　　　(3) HF + HAc

(4) $NaOH + Na_3PO_4$　　　　　　(5) $Na_2CO_3 + Na_2HPO_4$　　　(6) $Na_2HPO_4 + NaH_2PO_4$

14. 欲使 100 mL 浓度为 0.1000 mol·L^{-1} 的 HCl 溶液的 pH 从 1.00 增至 4.44,需加入固体 NaAc 多少克?(忽略溶液体积的变化)

15. 称取 CCl_3COOH 10.0 g 和 NaOH 2.0 g,将它们混溶于 1 L 水中,配制成缓冲溶液。此缓冲溶液的 pH 为多少?

16. 配制 pH≈3.0 的缓冲溶液,应选择下列哪种酸及其共轭碱?

(1) 二氯乙酸　　　　　(2) 甲酸　　　　　(3) 一氯乙酸　　　　　(4) 乙酸

17. 称取 Na_2CO_3 和 $NaHCO_3$ 的混合试样 0.6850 g,溶于适量水中。以甲基橙为指示剂,用 0.200 mol·L^{-1} 的 HCl 溶液滴定至终点时,消耗 50.0 mL。如果用酚酞为指示剂,用上述 HCl 溶液滴定至终点时,将消耗多少毫升?

18. 用分析浓度为 0.1000 mol·L^{-1} 的 NaOH 滴定分析浓度为 0.1000 mol·L^{-1} 的 HAc 至 pH 7.00,计算终点误差。

19. 用 0.1000 mol·L^{-1} NaOH 滴定 0.1000 mol·L^{-1} 羟胺盐酸盐($NH_2OH·HCl$)和 0.1000 mol·L^{-1} NH_4Cl 的混合溶液。问:(1)化学计量点时溶液的 pH 为多少? (2)在化学计量点有百分之几的 NH_4Cl 参加了反应?

20. 用分析浓度为 0.1000 mol·L^{-1} 的 HCl 溶液滴定分析浓度为 0.1000 mol·L^{-1} 的 NH_3 溶液,计算分别采用酚酞(pK_a=9.1)和甲基橙(pK_a=3.4)作指示剂时的终点误差各为多少?

21. 浓度为 $c(NaOH)$ 的 NaOH 标准溶液已经混入了浓度为 $c(NaAc)$ 的 NaAc。用这个标准溶液滴定浓度为 $c(HCl)$ 的 HCl，写出滴定方程。

22. 无机配位剂难以用作配位滴定的滴定剂的主要原因是什么？EDTA 与金属离子反应时具有哪些特点？

23. 什么是副反应系数？什么是条件稳定常数？绝对稳定常数 $K^{\ominus}(MY)$ 和条件稳定常数 $K^{\ominus\prime}(MY)$ 的关系如何？当 $\alpha(M)=1$ 或 $\alpha(Y)=1$ 时，意味着什么？

24. 在分析浓度为 $0.1\ mol \cdot L^{-1}$ 的锌氨配合物溶液中，若游离的 $[NH_3]$ 的浓度为 $0.1\ mol \cdot L^{-1}$，计算 $[Zn^{2+}]$ 及各级锌氨配合物的平衡浓度为多少。此时溶液中以哪种配合物的型体为主？

25. 在配位滴定中，EDTA 标准溶液的浓度通常是用 $CaCO_3$ 作基准物标定得到的。现称取 $CaCO_3$ 基准物 0.4071 g，先用少量 $6\ mol \cdot L^{-1}$ 的盐酸溶解，再用蒸馏水稀释后转入 500 mL 容量瓶中，定容至刻度。从该溶液中取出 50.00 mL 置于锥形瓶中，加入 5 mL pH 10.0 的 NH_3-NH_4Cl 缓冲溶液，加入适量 Mg^{2+}-EDTA 溶液，以铬黑 T 为指示剂，用 EDTA 滴定该溶液至滴定终点，消耗 42.63 mL EDTA 溶液。计算 EDTA 的浓度。

26. 在溶液的 pH 为 5.0 时，以 PAN 为指示剂，用分析浓度为 $0.020\ mol \cdot L^{-1}$ 的 EDTA 标准溶液滴定分析浓度均为 $0.020\ mol \cdot L^{-1}$ 的 Cu^{2+}，计算终点误差。已知：$pK^{\ominus}(Cu \cdot PAN)=8.0$。

27. 计算在 pH = 1.0 的 $0.10\ mol \cdot L^{-1}$ EDTA 溶液中，Fe^{3+}/Fe^{2+} 电对中的 Fe^{3+} 和 Fe^{2+} 均会与 EDTA 发生配位反应，由此导致其平衡浓度的改变，最终导致电极电势的改变。通过计算说明在此条件下 Fe^{3+} 能否氧化 I^-。

28. 在测定铁矿石中铁的含量时，先用 HCl 溶解试样，然后用 $SnCl_2$ 把 Fe^{3+} 转化为 Fe^{2+}，最后用 $K_2Cr_2O_7$ 标准溶液滴定 Fe^{2+} 而求得铁量。计算 Sn^{2+} 与 Fe^{3+} 反应及 $Cr_2O_7^{2-}$ 与 Fe^{2+} 反应的平衡常数各等于多少？(忽略离子强度)

29. 在浓度为 $1.00\ mol \cdot L^{-1}$ 的 HCl 介质中，以分析浓度为 $0.1000\ mol \cdot L^{-1}$ 的 Fe^{3+} 标准溶液滴定分析浓度为 $0.05000\ mol \cdot L^{-1}$ 的 Sn^{2+}，若以亚甲基蓝为指示剂，计算终点误差。

30. 吸收曲线如何制作？吸收曲线有什么意义？

31. 解释比尔定律的物理意义。

32. 什么是标准曲线？有什么意义？为什么通常以吸光度而非透光度来绘制标准曲线？

33. 有一高锰酸钾溶液，盛于 1.0 cm 厚的比色皿中，在 525 nm 波长处测得的透光度是 60%。如将其浓度增大 1 倍，而其他条件不变，吸光度是多少？透光度是多少？

34. 某有色配合物的 0.0010% 的水溶液在 510 nm 处，用 2 cm 比色皿测得透射比为 42.0%。求此有色配合物的摩尔质量。已知：$\varepsilon=2.5 \times 10^3\ L \cdot mol^{-1} \cdot cm^{-1}$。

(甘　峰)

参 考 文 献

大连理工大学无机化学教研室. 2006. 无机化学. 5 版. 北京: 高等教育出版社.

迪安 J A. 2003. 兰氏化学手册. 2 版. 北京: 科学出版社.

甘峰. 2007. 分析化学基础教程. 北京: 化学工业出版社.

甘峰. 滴定软件. http://ce.sysu.edu.cn//Item/7894.aspx.

龚孟濂, 巢晖, 吴世华, 等. 2011. 无机化学(上册). 北京: 科学出版社.

龚孟濂, 乔正平, 邱晓航, 等. 2013. 无机化学(下册). 北京: 科学出版社.

华彤文, 王颖霞, 卞江, 等. 2013. 普通化学原理. 4 版. 北京: 北京大学出版社.

史启祯. 2011. 无机化学与化学分析. 3 版. 北京: 高等教育出版社.

宋天佑, 程鹏, 徐家宁, 等. 2013. 无机化学(上册). 3 版. 北京: 高等教育出版社.

宋天佑, 徐家宁, 程功臻, 等. 2013. 无机化学(下册). 3 版. 北京: 高等教育出版社.

唐宗薰. 2010. 无机化学热力学. 北京: 科学出版社.

武汉大学《无机及分析化学》编写组. 2008. 无机及分析化学. 3 版. 武汉: 武汉大学出版社.

浙江大学普通化学教研组. 2011. 普通化学. 6 版. 北京: 高等教育出版社.

周公度, 段连运. 2017. 结构化学基础. 5 版. 北京: 北京大学出版社.

Atkins P W, Jones L L. 2008. Chemical Principles. 4th ed. New York: W H Freeman & Company.

Brown T L, LeMay Jr H E, Bursten B E, et al. 2003. Chemistry: The Central Science. 5th ed. Upper Saddle River: Pearson Education, Inc.

Chang R. 2005. Chemistry. 8th ed. Boston: McGraw-Hill Companies, Inc.

Haynes W M, Lide D R, Bruno T J. 2012. CRC Handbook of Chemistry and Physics. 93rd ed. Boca Raton: CRC Press, Taylor & Francis Group.

Hill J W, Petrucci R H, McCreary T W, et al. 2005. General Chemistry. 4th ed. Upper Saddle River: Pearson Education International.

附　　录

附录 1　常用物理化学常数

名称	符号	数值和单位
真空中光速	c_0	299792458 m·s^{-1}
标准大气压	atm	101325Pa(精确值)
摩尔气体常量	R	8.314510(70) J·mol^{-1}·K^{-1}
阿伏伽德罗常量	N_A	6.0221367(36)×10^{23} mol^{-1}
玻尔兹曼常量	k	1.380658(12)×10^{-23} J·K^{-1}
法拉第常量	F	96485.309(29) C·mol^{-1}
普朗克常量	h	6.6260755(40)×10^{-34} J·s
里德伯常量	R	1.0973731534(13)×10^7 m^{-1}
原子质量	m_u=1u	1.6605402(10)×10^{-27} kg
中子静止质量	m_n	1.6749286(10)×10^{-27} kg
质子静止质量	m_p	1.6726231(10)×10^{-27} kg
电子质量	m_e	9.1093897(54)×10^{-31} kg
基本电荷	e	1.60217733(49)×10^{-19} C
电子荷质比	e/m_e	1.758805(5)×10^{-11} C·kg^{-1}
经典电子半径	r_e	2.817938(7)×10^{-15} m
玻尔磁子	μ_B	9.2740154(31)×10^{-24} J·T^{-1}
玻尔半径	a_0	5.29177249(24)×10^{-11} m

引自：迪安 J A. 兰氏化学手册. 2 版. 北京：科学出版社，2003.2.3～2.4

附录 2　SI 基本单位、导出单位及与 SI 单位一起使用的单位

物理量	单位名称	单位符号
SI 基本单位		
长度 length	米 meter	m
电流 electric current	安[培]Ampere	A
时间 time	秒 second	s
温度 temperature	开[尔文]Kelvin	K
物质的量 amount of substance	摩[尔]mole	mol
质量 mass	千克 kilogram	kg

物理量	单位名称		单位符号	
SI 导出单位				SI 基本单位表述
磁通量 magnetic flux	韦[伯]Weber		Wb	$V \cdot s = m^2 \cdot kg \cdot s^{-2} \cdot A^{-1}$
电导 conductance(electric)	西[门子]Siemens		S	$\Omega^{-1} = m^{-2} \cdot kg^{-1} \cdot s^3 \cdot A^2$
电量 charge(electric)	库[仑]Coulomb		C	$A \cdot s$
电容 capacitance(electric)	法[拉]Farady		F	$C \cdot V^{-1} = m^{-2} \cdot kg^{-1} \cdot s^4 \cdot A^2$
电压 potential(electric)	伏[特]Volt		V	$J \cdot C^{-1} = m^2 \cdot kg \cdot s^{-3} \cdot A^{-1}$
电阻 resistance(electric)	欧[姆]Ohm		Ω	$V \cdot A^{-1} = m^2 \cdot kg \cdot s^{-3} \cdot A^{-2}$
功率 power	瓦[特]Watt		W	$J \cdot s^{-1} = m^2 \cdot kg \cdot s^{-3}$
力 force	牛[顿]Newton		N	$J \cdot m^{-1} = m \cdot kg \cdot s^{-2}$
能量、功、热 energy,work,heat	焦[耳]Joule		J	$N \cdot m = m^2 \cdot kg \cdot s^{-2}$
频率 frequency	赫[兹]Hertz		Hz	s^{-1}
温度 temperature, Celsius	[摄氏]度 degree Celsius		℃	℃=(K−273.15)
压强 pressure	帕[斯卡]Pascal		Pa	$N \cdot m^{-2} = m^{-1} \cdot kg \cdot s^{-2}$
与 SI 单位一起使用的单位				换算关系
长度 length	埃 Ångström		Å	10^{-10}m; 0.1nm
能量 energy	电子伏特 electron Volt		eV(e×V)	$\approx 1.60218 \times 10^{-19}$ J
	兆电子伏特 mega electron Volt		MeV	$\approx 1.60218 \times 10^{-13}$ J
体积 volume	升 liter		L	$dm^3 = 10^{-3}$ m^3
	毫升 milliliter		mL	$cm^3 = 10^{-6}$ m^3
压强 pressure	巴 bar		bar	10^5 Pa=10^5 N $\cdot$ m^{-2}
质量 mass	吨 tonne		t	10^3 kg
	原子质量单位(unified) atomic mass unit[=m_a(^{12}C)/12]		u	$\approx 1.66054 \times 10^{-27}$ kg

引自：迪安 J A. 兰氏化学手册. 2 版. 北京：科学出版社，2003.2.2～2.5

附录 3　一些单质和化合物的热力学函数(298.15 K，101.325 kPa)

化学式	状态	$\Delta_f H_m^\ominus$ / (kJ $\cdot$ mol^{-1})	$\Delta_f G_m^\ominus$ / (kJ $\cdot$ mol^{-1})	$S_m^\ominus$ / (J $\cdot$ K^{-1} $\cdot$ mol^{-1})
Ag	s	0	0	42.55(20)
AgBr	s	−100.37	−96.90	107.11
AgCl	s	−127.01(5)	−109.8	96.25(20)
AgF	s	−204.6		83.7
AgI	s	−61.84	−66.19	115.5
AgNO$_3$	s	−124.4	−33.47	140.92
Al	s	0	0	28.30(10)
AlCl$_3$	s	−704.2	−628.8	109.29

化学式	状态	$\Delta_f H_m^\ominus / (kJ \cdot mol^{-1})$	$\Delta_f G_m^\ominus / (kJ \cdot mol^{-1})$	$S_m^\ominus / (J \cdot K^{-1} \cdot mol^{-1})$
Al₂O₃(刚玉)	s	−1675.7(13)	−1582.3	50.92(10)
Al(OH)₃	s	−1284	−1306	71
Ar	g	0	0	154.846(3)
As	s	0	0	35.1
As₂O₅	s	−924.87	−782.3	105.4
As₄O₆	s	−1313.94	−1152.52	214.2
At	s	0	0	121.3
Au	s	0	0	47.4
AuCl	s	−34.7		92.9
AuCl₃	s	−117.6		148.1
Ba	s	0	0	62.48
BaCl₂	s	−855.0	−806.7	123.67
BaCO₃	s	−1213.0	−1134.4	112.1
BaSO₄	s	−1473.19	−1362.2	132.2
Be	s	0	0	9.50(8)
BeCl₂	s	−490.4	−445.6	75.81
Bi	s	0	0	56.7
Bi₂O₃	s	−574.0	−493.7	151.5
B	s	0	0	5.90(8)
BF₃	g	−1136.0(8)	−1119.4	254.42(20)
B₂H₆	g	35.6	86.7	232.1
B₅H₉	l	42.7	171.8	184.2
B₁₀H₁₄	s	−29.83	212.9	234.9
BN	s	−254.4	−228.4	14.80
B₂O₃	s	−1273.5(14)	−1194.3	53.97(30)
Br₂	l	0	0	152.21(30)
Cd	s	0	0	51.80(15)
CdS	s	−161.9	−156.5	64.9
Ca	s	0	0	41.59(40)
CaCO₃	s	−1207.6	−1129.1	91.7
CaF₂	s	−1228.0	−1175.6	68.6
CaO	s	−634.92(90)	−603.3	38.1(4)
Ca(OH)₂	s	−985.2	−897.5	83.4
CaSO₄	s	−1425.2	−1309.1	108.4
C(石墨)	s	0	0	5.74(10)
	g	716.68(45)		158.100(3)
C(金刚石)	s	1.897	2.900	2.377
CO	g	−110.53(17)	−137.16	197.660(4)
CO₂	g	−393.51(13)	−394.39	213.785(10)

化学式	状态	$\Delta_f H_m^\ominus$ / (kJ·mol^{-1})	$\Delta_f G_m^\ominus$ / (kJ·mol^{-1})	$S_m^\ominus$ / (J·K^{-1}·mol^{-1})
Ce	s	0	0	72.0
CeO$_2$	s	−1088.7	−1024.7	62.30
Cs	s	0	0	85.23(40)
CsF	s	−553.5	−525.5	92.8
Cl$_2$	g	0	0	233.08(10)
ClO$_2$	g	102.5	120.5	256.8
Cl$_2$O	g	80.3	97.9	266.2
Cr	s	0	0	23.8
Cr$_2$O$_3$	s	−1140	−1058.1	81.2
Co	s	0	0	30.0
CoCl$_2$	s	−312.5	−269.8	109.2
Co(OH)$_2$	s	−539.7	−454.4	79.0
Cu	s	0	0	33.15(8)
CuCl	s	−137.2	−119.9	86.2
CuCl$_2$	s	−220.1	−175.7	108.09
CuI	s	67.8	−69.5	96.7
CuO	s	−157.3	−129.7	42.6
Cu$_2$O	s	−168.6	−149.0	93.1
Cu(OH)$_2$	s	−450	−373	108.4
CuSO$_4$	s	−771.4(12)	−662.2	109.2(4)
Dy	s	0	0	75.6
Dy$_2$O$_3$	s	−1863.1	−1771.5	149.8
Er	s	0	0	73.18
Er$_2$O$_3$	s	−1897.9	−1808.7	155.6
Eu	s	0	0	77.78
Eu$_2$O$_3$	s	−1651.4	−1556.9	146
F$_2$	g	0	0	202.791(5)
Fe	s	0	0	27.32
FeCl$_3$	s	−399.4	−333.9	142.34
FeO	s	−272.0	−251.4	60.75
Fe$_2$O$_3$	s	−824.2	−742.2	87.40
Fe$_3$O$_4$	s	−1118.4	−1015.4	145.27
Fe(OH)$_2$	s	−574.0	−490.0	87.9
Fe(OH)$_3$	s	−833	−705	104.6
Gd	s	0	0	68.07
Gd$_2$O$_3$	s	−1819.6	−1730	150.6
H$_2$	g	0	0	130.680(3)
HBr	g	−36.29(16)	−53.4	198.700(4)
HCl	g	−92.31(10)	−95.30	186.902(5)
HClO	g	−78.7	−66.1	236.7

化学式	状态	$\Delta_f H_m^\ominus$ / (kJ · mol^{-1})	$\Delta_f G_m^\ominus$ / (kJ · mol^{-1})	$S_m^\ominus$ / (J · K^{-1} · mol^{-1})
HCN	l	108.87	124.93	112.84
	g	135.1	124.7	201.81
HF	g	−273.30(70)	−275.4	173.779(3)
	l	−299.78	75.40	51.67
Hg	l	0	0	75.90(12)
HgCl$_2$	s	−224.3	−178.6	146.0
Hg$_2$Cl$_2$	s	−265.37(40)	−210.7	191.6(8)
HgO	s	−90.79(12)	−58.49	70.25(30)
HgS	s	−58.2	−50.6	82.4
HI	g	26.50(10)	1.7	206.590(4)
HNO$_2$	g	−79.5	−46.0	254.1
HNO$_3$	l	−174.1	−80.7	155.60
H$_2$O	s	−292.72	0	0
	l	−285.830(40)	−237.14	69.95(3)
	g	−241.826(40)	−228.61	188.835(10)
H$_2$O$_2$	l	−187.78	−120.42	109.6
	g	−136.3	−105.6	232.7
H$_3$PO$_4$	s	−1284.4	−1124.3	110.5
	l	−1271.7	−1123.6	150.8
H$_2$S	g	−20.6(5)	−33.4	205.81(5)
H$_2$SO$_4$	l	−814.0	−689.9	156.90
H$_2$SiO$_3$	s	−1188.67	−1092.4	134.0
I$_2$	s	0	0	116.14(30)
	g	62.42(8)	19.37	260.687(5)
K	s	0	0	64.68(20)
	l	2.284	0.264	71.46
	g	89.0(8)		160.341(3)
KCl	s	−436.5	−408.5	82.55
K$_2$CO$_3$	s	−1151.0	−1063.5	155.5
K$_2$CrO$_4$	s	−1403.7	−1295.8	200.12
K$_2$Cr$_2$O$_7$	s	−2061.5	−1882.0	291.2
K$_3$Fe(CN)$_6$	s	−249.8	−129.7	426.06
K$_4$Fe(CN)$_6$	s	−594.1	−453.1	418.8
KH	s	−57.72	−53.01	50.21
KMnO$_4$	s	−837.2	−737.6	171.71
K$_2$O	s	−361.5	−322.1	94.1
KO$_2$	s	−284.9	−239.4	122.5
K$_2$O$_2$	s	−494.1	−425.1	102.0
KOH	s	−424.7	−378.7	78.9

化学式	状态	$\Delta_f H_m^\ominus$ / (kJ · mol^{-1})	$\Delta_f G_m^\ominus$ / (kJ · mol^{-1})	$S_m^\ominus$ / (J · K^{-1} · mol^{-1})
KSCN	s	−200.16	−178.32	124.26
K_2SO_4	s	−1437.8	−1321.4	175.6
$K_2S_2O_8$	s	−1916.10	−1697.41	278.7
La	s	0	0	56.9
La_2O_3	s	−1793.7	−1705.8	127.32
Li	s	0	0	29.12(20)
$LiAlH_4$	s	−116.3	−44.7	78.7
$LiBH_4$	s	−190.8	−125.0	75.9
Li_3N	s	−164.6	−128.6	62.59
Mg	s	0	0	32.67(10)
$MgCl_2$	s	−641.3	−591.8	89.63
$MgCO_3$	s	−1095.8	−1012.1	65.7
Mg_3N_2	s	−461.1	−400.9	87.9
MgO	s	−601.6(3)	−569.3	26.95(15)
$Mg(OH)_2$	s	−924.7	−833.7	63.24
Mn	s	0	0	32.01
MnO_2	s	−520.1	−465.2	53.1
Mo	s	0	0	28.71
MoO_3	s	−745.2	−668.1	77.8
Nd	s	0	0	71.6
Nd_2O_3	s	−1807.9	−1720.9	158.6
NH_3	g	−45.94(35)	−16.4	192.776(5)
NH_4Cl	s	−314.5	−202.9	94.6
NH_4HCO_3	s	−849.4	−665.9	120.9
$(NH_4)_2SO_4$	s	−1180.9	−901.70	220.1
Ni	s	0	0	29.87
NiO	s	−240.6	−211.7	38.00
$Ni(OH)_2$	s	−529.7	−447.3	88.0
N_2	g	0	0	191.609(4)
NCl_3	l	230.0		
NF_3	g	−132.1	−90.6	260.8
Na	s	0	0	51.30(20)
NaCl	s	−411.2	−384.1	72.1
Na_2CO_3	s	−1130.7	−1044.4	135.0
$NaHCO_3$	s	−950.81	−851.0	101.7
NaH	s	−56.34	−33.55	40.02
NaO_2	s	−260.2	−218.4	115.9
Na_2O	s	−414.2	−375.5	75.04
Na_2O_2	s	−510.9	−449.6	94.8

化学式	状态	$\Delta_f H_m^{\ominus} / (kJ \cdot mol^{-1})$	$\Delta_f G_m^{\ominus} / (kJ \cdot mol^{-1})$	$S_m^{\ominus} / (J \cdot K^{-1} \cdot mol^{-1})$
NaOH	s	−425.6	−379.4	64.4
Na$_2$S	s	−364.8	−349.8	83.7
Na$_2$S$_2$	s	−397.0	−392	151
Na$_2$SO$_4$	s	−1387.1	−1270.2	149.6
Na$_2$S$_2$O$_3$	s	−1123.0	−1028.0	155
NH$_2$OH	s	−114.2		
N$_2$H$_4$	l	50.6	149.3	121.2
(NH$_2$)$_2$CO	s	−331.1	−196.8	104.6
NO	g	91.29	87.60	210.76
NO$_2$	g	33.1	51.3	240.1
N$_2$O$_4$	g	11.1	99.8	304.38
N$_2$O$_5$	g	11.3	117.1	355.7
O$_2$	g	0	0	205.152(5)
O$_3$	g	142.7	163.2	238.9
P (白磷)	s	0	0	41.09(25)
	g	316.5(10)	280.1	163.1199(3)
P (红磷)	s	−17.46	−12.46	22.85
P$_4$	g	58.9(3)	24.4	280.01(50)
Pb	s	0	0	64.80(30)
PbCl$_2$	s	−359.4	−314.1	136
PbO$_2$	s	−277.4	−217.3	68.60
PCl$_3$	g	−227.1	−267.8	311.8
PCl$_5$	g	−374.9	−305.0	364.6
PH$_3$	g	5.4	13.4	210.24
P$_4$O$_{10}$	s	−3009.9	−2723.3	228.78
Pr	s	0	0	73.2
Pt	s	0	41.63	25.87
Rb	s	0	0	76.78(30)
RbOH	s	−418.19		
Ru	s	0	0	28.53
Sb	s	0	0	45.7
SbCl$_3$	s	−382.0	−323.7	184.1
SbCl$_5$	l	−440.16	−350.2	301
Se	s	0	0	41.97
SeO$_2$	s	−225.4		
SeO$_3$	s	−166.9		
Si	s	0	0	18.81(8)
SiCl$_4$	l	−686.93	−620.0	239.7
	g	−657.0	−617.0	330.7
SiF$_4$	g	−1615.0(8)	−1572.7	282.76(50)

化学式	状态	$\Delta_f H_m^{\ominus}$ / (kJ · mol^{-1})	$\Delta_f G_m^{\ominus}$ / (kJ · mol^{-1})	$S_m^{\ominus}$ / (J · K^{-1} · mol^{-1})
SiH$_4$	g	34.3	56.8	204.65
Si$_2$H$_6$	g	80.3	127.2	272.7
SiO$_2$(石英)	s	−910.7(10)	−856.4	41.46(20)
Sm	s	0	0	69.58
Sm$_2$O$_3$	s	−1823.0	−1734.7	151.0
Sr	s	0	0	55.0
SrO	s	−592.0	−561.9	54.4
S (斜方)	s	0	0	32.054(50)
S (单斜)	s	0.360	−0.070	33.03
	g	277.17(15)		167.829(6)
S$_8$	g	101.25	49.16	430.20
SO$_2$	g	−296.81(20)	−300.13	248.223(50)
SO$_3$	g	−395.7	−371.02	256.77
SO$_2$Cl$_2$	g	−364.0	−320.0	311.9
Sn (白)	s	0	0	51.08(8)
Sn (灰)	s	−2.09	0.13	44.14
SnCl$_2$	s	−325.1		130
SnCl$_4$	l	−511.3	−440.2	258.6
SnO	s	−280.71(20)	−251.9	57.17(30)
SnO$_2$	s	−577.63(20)	−515.8	49.04(10)
Sn(OH)$_2$	s	−561.1	−491.6	155.0
Ti	s	0	0	30.72(10)
TiO$_2$	s	−944.0(8)	−888.8	50.62(30)
TiCl$_4$	l	−804.2	−737.2	252.3
	g	−763.2(30)	−726.3	353.2(40)
Tm	s	0	0	74.01
Tm$_2$O$_3$	s	−1888.7	−1794.5	139.8
U	s	0	0	50.20(20)
V	s	0	0	28.94
V$_2$O$_5$	s	−1550	−1419.3	130
W	s	0	0	32.6
WO$_3$	s	−842.9	−764.1	75.9
Xe	g	0	0	169.685(3)
XeF$_2$	s	−164.0		
XeF$_4$	s	−261.5	−123.0	
XeF$_6$	s	−360		
XeO$_3$	s	402		
XeOF$_4$	l	146		

化学式	状态	$\Delta_f H_m^{\ominus} / (kJ \cdot mol^{-1})$	$\Delta_f G_m^{\ominus} / (kJ \cdot mol^{-1})$	$S_m^{\ominus} / (J \cdot K^{-1} \cdot mol^{-1})$
Yb	s	0	0	59.87
Yb_2O_3	s	−1814.6	−1726.7	133.1
Zn	s	0	0	41.63(15)
ZnO	s	−350.46(27)	−320.52	43.65(40)
$Zn(OH)_2$	s	−641.91	−553.59	81.2
CH_4	g	−74.6	−50.5	186.3
C_2H_6	g	−84.0	−32.0	229.1
C_2H_4	g	52.5	68.4	219.3
C_2H_2	g	227.4	209.0	201.0
CH_3OH	l	−239.1	−166.6	126.8
C_2H_5OH	l	−277.6	−174.8	161.0
CH_3COOH	l	−484.4	−390.2	159.9
$CH_3COOC_2H_5$	l	−479.3	−332.7	257.7

引自：迪安 J A. 兰氏化学手册. 2 版. 北京：科学出版社，2003.6.4～6.53，6.90～6.144

附录 4　常见弱酸、弱碱水溶液电离平衡常数(298.15 K)

分子式	K_{a1}	K_{a2}	K_{a3}	K_{a4}
H_3BO_3	5.81×10^{-10}			
$H_2B_4O_7$	1.00×10^{-4}	1.00×10^{-9}		
H_2CO_3	4.45×10^{-7}	4.69×10^{-11}		
H_2CrO_4	1.82×10^{-1}	3.25×10^{-7}		
H_2F_2	6.31×10^{-4}			
H_2O_2	2.29×10^{-12}			
H_2S	1.07×10^{-7}	1.26×10^{-13}		
H_2Se	1.29×10^{-4}	1.00×10^{-11}		
H_2SeO_3	2.40×10^{-3}	5.01×10^{-9}		
H_2SeO_4		2.19×10^{-2}		
H_2SO_3	1.29×10^{-2}	6.24×10^{-8}		
H_2SO_4		1.02×10^{-2}		
H_3AsO_4	5.98×10^{-3}	1.74×10^{-7}		
H_3PO_4	7.11×10^{-3}	6.34×10^{-8}		
$H_4P_2O_7$	1.23×10^{-1}	7.94×10^{-3}	2.00×10^{-37}	4.47×10^{-50}
H_4SiO_4	2.51×10^{-10}	1.58×10^{-12}		
H_6TeO_6	2.24×10^{-8}	1.00×10^{-11}		
HBrO	2.82×10^{-9}			
HClO	2.90×10^{-8}			
$HClO_2$	1.15×10^{-2}			
HCN	6.17×10^{-10}			
HIO	3.16×10^{-11}			
HIO_3	1.57×10^{-1}			
HIO_4	2.29×10^{-2}			

分子式	K_{a1}	K_{a2}	K_{a3}	K_{a4}
HNO_2	7.24×10^{-4}			
NH_4^+	5.68×10^{-10}			
Al^{3+}水解	1.05×10^{-5}			
Co^{3+}水解	1.78×10^{-2}			
Cr^{3+}水解	1.12×10^{-4}			
Ti^{3+}水解	2.82×10^{-3}			
Zn^{2+}水解	1.10×10^{-9}			
乙酸 CH_3COOH	1.75×10^{-5}			
甲酸 $HCOOH$	1.77×10^{-4}			
柠檬酸 $HOC(CH_2COOH)_3$	7.45×10^{-4}	1.73×10^{-5}	4.02×10^{-7}	
乙二酸 $HOOCCOOH$	5.36×10^{-2}	5.35×10^{-5}		

分子式	K_b
氨 NH_3	1.76×10^{-5}
甲胺 CH_3NH_2	4.17×10^{-4}
乙胺 $C_2H_5NH_2$	4.27×10^{-4}
苯胺 $C_6H_5NH_2$	3.98×10^{-10}
吡啶 C_5H_5N	1.48×10^{-9}

引自：迪安 J A. 兰氏化学手册. 2 版. 北京：科学出版社，2003.8.19～8.23

附录 5　常见难溶化合物的溶度积(298.15 K)

化合物	K_{sp}	化合物	K_{sp}	化合物	K_{sp}
$AgBr$	5.35×10^{-13}	$Ba_3(PO_4)_2$	3.4×10^{-23}	Hg_2Cl_2	1.43×10^{-18}
Ag_2CO_3	8.46×10^{-12}	BaF_2	1.05×10^{-2}	HgS	1.0×10^{-47}
$AgCl$	1.77×10^{-10}	$CaCO_3$	2.8×10^{-9}	$Mg(OH)_2$	5.61×10^{-12}
Ag_2CrO_4	1.12×10^{-12}	CaF_2	5.3×10^{-9}	MnS(非晶)	2.5×10^{-10}
$AgCN$	5.97×10^{-17}	$CaSO_4$	4.93×10^{-5}	MnS(晶体)	2.5×10^{-13}
AgI	8.52×10^{-17}	$Ca_3(PO_4)_2$	2.07×10^{-29}	$\alpha\text{-}NiS$	3.2×10^{-19}
Ag_3PO_4	8.89×10^{-17}	$Ca(OH)_2$	5.5×10^{-6}	$\beta\text{-}NiS$	1.0×10^{-24}
Ag_2SO_4	1.20×10^{-5}	CdS	8.0×10^{-27}	$\gamma\text{-}NiS$	2.0×10^{-26}
Ag_2S	6.30×10^{-50}	$Cu(OH)_2$	2.2×10^{-20}	$PbCl_2$	1.70×10^{-5}
$AgSCN$	1.03×10^{-12}	CuS	6.3×10^{-36}	PbS	8.0×10^{-28}
$Al(OH)_3$	1.30×10^{-33}	Cu_2S	2.5×10^{-48}	$PbSO_4$	2.53×10^{-8}
$BaCO_3$	2.58×10^{-9}	$Fe(OH)_3$	2.79×10^{-39}	SnS	1.0×10^{-25}
$BaCrO_4$	1.17×10^{-10}	$Fe(OH)_2$	4.87×10^{-17}	$Zn(OH)_2$	3×10^{-17}
BaF_2	1.84×10^{-7}	FeS	6.3×10^{-18}	$\alpha\text{-}ZnS$	1.6×10^{-24}
$BaSO_4$	1.08×10^{-10}	Hg_2Br_2	6.40×10^{-23}	$\beta\text{-}ZnS$	2.5×10^{-22}

引自：迪安 J A. 兰氏化学手册. 2 版. 北京：科学出版社，2003.8.6～8.18

附录 6　常见配离子的累积稳定常数(298.15 K)

配离子	β_1	β_2	β_3	β_4	β_5	β_6
NH_3						
Ag^+	1.74×10^3	1.12×10^7				
Co^{2+}	1.29×10^2	5.50×10^3	6.17×10^4	3.55×10^5	5.37×10^5	1.29×10^5
Co^{3+}	5.01×10^6	1.00×10^{14}	1.26×10^{20}	5.01×10^{25}	6.31×10^{30}	1.58×10^{35}
Cu^{2+}	2.04×10^4	9.55×10^7	1.05×10^{11}	2.09×10^{13}	7.24×10^{12}	
Zn^{2+}	2.34×10^2	6.46×10^4	2.04×10^7	2.88×10^9		
Cl^-						
Cu^+		3.16×10^5	5.01×10^5			
Fe^{3+}	30.2	1.35×10^2	97.7	1.02		
Hg^{2+}	5.50×10^6	1.66×10^{13}	1.17×10^{14}	1.17×10^{15}		
CN^-						
Ag^+		1.26×10^{21}	5.01×10^{21}	3.98×10^{20}		
Au^+		2.00×10^{38}				
Fe^{2+}						1.00×10^{35}
Fe^{3+}						1.00×10^{42}
F^-						
Al^{3+}	1.26×10^6	1.41×10^{11}	1.00×10^{15}	5.62×10^{17}	2.34×10^{19}	6.92×10^{19}
OH^-						
Al^{3+}	1.86×10^9			1.07×10^{33}		
Cr^{3+}	1.26×10^{10}	6.31×10^{17}		7.94×10^{29}		
Fe^{2+}	3.63×10^5	5.89×10^9	4.68×10^9	3.80×10^8		
Fe^{3+}	7.41×10^{11}	1.48×10^{21}	4.68×10^{29}			
Zn^{2+}	2.51×10^4	2.00×10^{11}	1.38×10^{14}	4.57×10^{17}		
I^-						
Hg^{2+}	7.41×10^{12}	6.61×10^{23}	3.98×10^{27}	6.76×10^{29}		
SCN^-						
Fe^{3+}	8.91×10^2	2.29×10^3				
$S_2O_3^{2-}$						
Ag^+	6.61×10^8	2.88×10^{13}				
乙二胺(ethylenediamine)$C_2H_4(NH_2)_2$						
Co^{2+}	8.13×10^5	4.37×10^{10}	8.71×10^{13}			
Co^{3+}	5.01×10^{18}	7.94×10^{34}	4.90×10^{48}			
乙二酸根(oxalate)$C_2O_4^{2-}$						
Fe^{3+}	2.51×10^9	1.58×10^{16}	1.58×10^{20}			
吡啶(pyridine)C_5H_5N						
Cu^{2+}	3.89×10^2	2.14×10^4	8.51×10^5	3.47×10^6	1.00×10^{57}	1.58×10^{10}

引自：迪安 J A. 兰氏化学手册. 2 版. 北京：科学出版社，2003.8.80～8.98

(乔正平)

附录 7　溶液中的标准电极电势(298.15 K)

A. 酸性介质[$a(H^+)=1$]

电极反应	$E^{\ominus}$ / V
$F_2(g)+2e^-\!\!=\!\!2F^-(aq)$	+2.87
$S_2O_8^{2-}(aq)+2H^+(aq)+2e^-\!\!=\!\!2HSO_4^-(aq)$	+2.08
$O_3(g)+2H^+(aq)+2e^-\!\!=\!\!O_2(g)+H_2O(l)$	+2.075
$H_2O_2(aq)+2H^+(aq)+2e^-\!\!=\!\!2H_2O(l)$	+1.763
$MnO_4^-(aq)+4H^+(aq)+3e^-\!\!=\!\!MnO_2(c)+2H_2O(l)$	+1.70
$2HClO(aq)+2H^+(aq)+2e^-\!\!=\!\!Cl_2(g)+H_2O(l)$	+1.630
$MnO_4^-(aq)+8H^+(aq)+5e^-\!\!=\!\!Mn^{2+}(aq)+4H_2O(l)$	+1.51
$PbO_2(c)+4H^+(aq)+2e^-\!\!=\!\!Pb^{2+}(aq)+2H_2O(l)$	+1.468
$Cl_2(aq)+2e^-\!\!=\!\!2Cl^-(aq)$	+1.396
$Cr_2O_7^{2-}(aq)+14H^+(aq)+6e^-\!\!=\!\!2Cr^{3+}(aq)+7H_2O(l)$	+1.36
$Cl_2(g)+2e^-\!\!=\!\!2Cl^-(aq)$	+1.3583
$2HNO_2(aq)+4H^+(aq)+4e^-\!\!=\!\!N_2O(g)+3H_2O(l)$	+1.297
$MnO_2(c)+4H^+(aq)+2e^-\!\!=\!\!Mn^{2+}(aq)+2H_2O(l)$	+1.23
$O_2(g)+4H^+(aq)+4e^-\!\!=\!\!2H_2O(l)$	+1.229
$ClO_4^-(aq)+2H^+(aq)+e^-\!\!=\!\!ClO_3^-(aq)+H_2O(l)$	+1.201
$Br_2(l)+2e^-\!\!=\!\!2Br^-(aq)$	+1.065
$HNO_2(aq)+H^+(aq)+e^-\!\!=\!\!NO(g)+H_2O(l)$	+0.996
$NO_3^-(aq)+4H^+(aq)+3e^-\!\!=\!\!NO(g)+2H_2O(l)$	+0.957
$HNO_3(aq)+2H^+(aq)+2e^-\!\!=\!\!HNO_2(aq)+H_2O(l)$	+0.94
$2Hg^{2+}(aq)+2e^-\!\!=\!\!Hg_2^{2+}(aq)$	+0.991
$Cu^{2+}(aq)+I^-(aq)+e^-\!\!=\!\!CuI(c)$	+0.861
$Ag^+(aq)+e^-\!\!=\!\!Ag(c)$	+0.7991
$Hg_2^{2+}(aq)+2e^-\!\!=\!\!2Hg(l)$	+0.7960
$Fe^{3+}(aq)+e^-\!\!=\!\!Fe^{2+}(aq)$	+0.771
$O_2(g)+2H^+(aq)+2e^-\!\!=\!\!H_2O_2(aq)$	+0.695
$2HgCl_2(aq)+2e^-\!\!=\!\!Hg_2Cl_2(c)+2Cl^-(aq)$	+0.63
$H_3AsO_4(aq)+2H^+(aq)+2e^-\!\!=\!\!HAsO_2(aq)+2H_2O(l)$	+0.560
$I_2(c)+2e^-\!\!=\!\!2I^-(aq)$	+0.5355
$Cu^+(aq)+e^-\!\!=\!\!Cu(c)$	+0.53
$4H_2SO_3(aq)+4H^+(aq)+6e^-\!\!=\!\!S_4O_6^{2-}(aq)+6H_2O(l)$	+0.507
$[Fe(CN)_6]^{3-}(aq)+e^-\!\!=\!\![Fe(CN)_6]^{4-}(aq)$	+0.361
$Cu^{2+}(aq)+2e^-\!\!=\!\!Cu(c)$	+0.340
$Hg_2Cl_2(c)+2e^-\!\!=\!\!2Hg(l)+2Cl^-(aq)$	+0.2676
$H_2SO_4(aq)+2H^+(aq)+2e^-\!\!=\!\!H_2SO_3(aq)+H_2O(l)$	+0.158
$Sn^{4+}(aq)+2e^-\!\!=\!\!Sn^{2+}(aq)$	+0.15
$S(c)+2H^+(aq)+2e^-\!\!=\!\!H_2S(aq)$	+0.144

续表

电极反应	$E^{\ominus}$ / V
$2H^+(aq)+2e^-\!\!=\!\!=\!\!H_2(g)$	0
$Pb^{2+}(aq)+2e^-\!\!=\!\!=\!\!Pb(c)$	−0.125
$Sn^{2+}(aq)+2e^-\!\!=\!\!=\!\!Sn(c)$	−0.136
$Ni^{2+}(aq)+2e^-\!\!=\!\!=\!\!Ni(c)$	−0.257
$Co^{2+}(aq)+2e^-\!\!=\!\!=\!\!Co(c)$	−0.277
$[Ag(CN)_2]^-(aq)+e^-\!\!=\!\!=\!\!Ag(c)+2CN^-(aq)$	−0.31
$Cd^{2+}(aq)+2e^-\!\!=\!\!=\!\!Cd(c)$	−0.4025
$Cr^{3+}(aq)+e^-\!\!=\!\!=\!\!Cr^{2+}(aq)$	−0.424
$Fe^{2+}(aq)+2e^-\!\!=\!\!=\!\!Fe(c)$	−0.44
$Zn^{2+}(aq)+2e^-\!\!=\!\!=\!\!Zn(c)$	−0.7626
$Mn^{2+}(aq)+2e^-\!\!=\!\!=\!\!Mn(c)$	−1.18
$Al^{3+}(aq)+3e^-\!\!=\!\!=\!\!Al(c)$	−1.67
$Be^{2+}(aq)+2e^-\!\!=\!\!=\!\!Be(c)$	−1.99
$Mg^{2+}(aq)+2e^-\!\!=\!\!=\!\!Mg(c)$	−2.356
$Na^+(aq)+e^-\!\!=\!\!=\!\!Na(c)$	−2.714
$Ca^{2+}(aq)+2e^-\!\!=\!\!=\!\!Ca(c)$	−2.84
$Sr^{2+}(aq)+2e^-\!\!=\!\!=\!\!Sr(c)$	−2.89
$Ba^{2+}(aq)+2e^-\!\!=\!\!=\!\!Ba(c)$	−2.92
$K^+(aq)+e^-\!\!=\!\!=\!\!K(c)$	−2.925
$Li^+(aq)+e^-\!\!=\!\!=\!\!Li(c)$	−3.045

B. 碱性介质$[a(OH^-)=1]$

电极反应	$E^{\ominus}$ / V
$O_3(g)+H_2O(l)+2e^-\!\!=\!\!=\!\!O_2(g)+2OH^-(aq)$	+1.246
$ClO^-(aq)+H_2O(l)+2e^-\!\!=\!\!=\!\!Cl^-(aq)+2OH^-(aq)$	+0.890
$MnO_4^{2-}(aq)+2H_2O(l)+2e^-\!\!=\!\!=\!\!MnO_2(c)+4OH^-(aq)$	+0.62
$MnO_4^-(aq)+e^-\!\!=\!\!=\!\!MnO_4^{2-}(aq)$	+0.56
$2ClO^-(aq)+2H_2O(l)+2e^-\!\!=\!\!=\!\!Cl_2(g)+4OH^-(aq)$	+0.421
$O_2(g)+2H_2O(l)+4e^-\!\!=\!\!=\!\!4OH^-(aq)$	+0.401
$IO_3^-(aq)+3H_2O(l)+6e^-\!\!=\!\!=\!\!I^-(aq)+6OH^-(aq)$	+0.257
$S_4O_6^{2-}(aq)+2e^-\!\!=\!\!=\!\!2S_2O_3^{2-}(aq)$	+0.08
$S(s)+2e^-\!\!=\!\!=\!\!S^{2-}(aq)$	−0.407
$2SO_3^{2-}(aq)+3H_2O(l)+4e^-\!\!=\!\!=\!\!S_2O_3^{2-}(aq)+6OH^-(aq)$	−0.576
$AsO_4^{3-}(aq)+2H_2O(l)+2e^-\!\!=\!\!=\!\!AsO_2^-(aq)+4OH^-(aq)$	−0.67
$2H_2O(l)+2e^-\!\!=\!\!=\!\!H_2(g)+2OH^-(aq)$	−0.828

引自：迪安 J A. 兰氏化学手册. 2 版. 北京：科学出版社，2003. 8.121～8.138.

（龚孟濂）

附录 8　原子半径(pm)*

图例（元素符号框）：
- 元素符号
- 金属半径
- 共价半径
- 范德华半径

1	2	3	4	5	6	7	8	9	10	11	12	13	14	15	16	17	18
H — 30 109																	He — — 140
Li 152 — 182	Be 111.3 106 —											B — 86 88	C — 77.2 170	N — 70 155	O — 66 152	F 71.7 64 —	Ne — — 154
Na 186 — 227	Mg 160 140 173											Al 143.1 126 210	Si 118 117 210	P 108 110 180	S 106 104 180	Cl — 99 175	Ar — — 188
K 232 — 275	Ca 197 — —	Sc 162 — —	Ti 147 — —	V 134 — —	Cr 128 — —	Mn 127 — —	Fe 126 — —	Co 125 — —	Ni 124 — 163	Cu 128 135 140	Zn 134 131 139	Ga 135 126 187	Ge 128 122 —	As 124.8 121 185	Se 116 117 190	Br — 114 185	Kr — — 202
Rb 248 — —	Sr 215 — —	Y 180 — —	Zr 160 — —	Nb 146 — —	Mo 139 — —	Tc 136 — —	Ru 134 — —	Rh 134 — —	Pd 137 — 163	Ag 144 152 172	Cd 148.9 148 158	In 167 144 193	Sn 151 140 217	Sb 145 141 —	Te 142 137 206	I — 133 198	Xe — — 216
Cs 265 — —	Ba 217.3 — —	La 183 — —	Hf 159 — —	Ta 146 — —	W 139 — —	Re 137 — —	Os 135 — —	Ir 135.5 — 172	Pt 138.5 — 166	Au 144 — 155	Hg 151 148 —	Tl 170 — 196	Pb 175 — 202	Bi 154.7 — —	Po 164 — —	At	Rn
Fr 270 — —	Ra 220 — —	Ac 187.8 — —	Rf	Db	Sg	Bh	Hs	Mt									

Ce 181.8 —	Pr 182.4 —	Nd 181.4 —	Pm 183.4 —	Sm 180.4 —	Eu 208.4 — 147	Gd 180.4 —	Tb 177.3 —	Dy 178.1 —	Ho 176.2 —	Er 176.1 —	Tm 175.9 —	Yb 193.3 —	Lu 173.8 —
Th 179 —	Pa 163 —	U 156 — 186	Np 155 —	Pu 159 —	Am 173 —	Cm 174 —	Bk —	Cf 186 —	Es 186 —	Fm	Md	No	Lr

引自：迪安 J A. 兰氏化学手册. 2 版. 北京：科学出版社，2003.4.31～4.37；Lide D R. CRC Handbook of Physical Chemistry. 90th ed. Boca Raton: CRC Press, 2009: 9-94.

(乔正平)

附录 9　电　负　性

H 2.20																	
Li 0.98	Be 1.57											B 2.04	C 2.55	N 3.04	O 3.44	F 3.98
Na 0.93	Mg 1.31											Al 1.61	Si 1.90	P 2.19	S 2.58	Cl 3.16
K 0.82	Ca 1.00	Sc 1.36	Ti 1.54	V 1.63	Cr 1.66	Mn 1.55	Fe 1.83	Co 1.88	Ni 1.91	Cu 1.90	Zn 1.65	Ga 1.81	Ge 2.01	As 2.18	Se 2.55	Br 2.96
Rb 0.82	Sr 0.95	Y 1.22	Zr 1.33	Nb 1.6	Mo 2.16	Tc 2.10	Ru 2.2	Rh 2.28	Pd 2.20	Ag 1.93	Cd 1.69	In 1.78	Sn 1.96	Sb 2.05	Te 2.1	I 2.66
Cs 0.79	Ba 0.89	La 1.10	Hf 1.3	Ta 1.5	W 1.7	Re 1.9	Os 2.2	Ir 2.2	Pt 2.2	Au 2.4	Hg 1.9	Tl 1.8	Pb 1.8	Bi 1.9	Po 2.0	At 2.2
Fr 0.7	Ra 0.9	Ac 1.1														

镧系	La 1.10	Ce 1.12	Pr 1.13	Nd 1.14	Pm —	Sm 1.17	Eu —	Gd 1.20	Tb —	Dy 1.22	Ho 1.23	Er 1.24	Tm 1.25	Yb —	Lu 1.0
锕系	Ac 1.1	Th 1.3	Pa 1.5	U 1.7	Np 1.3	Pu 1.3	Am 1.3	Cm 1.3	Bk 1.3	Cf 1.3	Es 1.3	Fm 1.3	Md 1.3	No 1.3	Lr —

引自: Pauling L. The Chemical Bond. New York: Cornell University Press, 1967; Allen L C. J Am Chem Soc, 1989, 111: 9003; Allred A L. J Inorg Nucl Chem, 1961, 17: 215.